LA

COMPOSITION DE MATHÉMATIQUES

DANS

L'EXAMEN D'ADMISSION A L'ÉCOLE POLYTECHNIQUE

DE 1901 A 1921

PAR

<table>
<tr><td>F. MICHEL,</td><td>M. POTRON,</td></tr>
<tr><td>ANCIEN ÉLÈVE DE L'ÉCOLE POLYTECHNIQUE,</td><td>ANCIEN ÉLÈVE DE L'ÉCOLE POLYTECHNIQUE,</td></tr>
<tr><td>LICENCIÉ ÈS SCIENCES MATHÉMATIQUES,</td><td>DOCTEUR ÈS SCIENCES MATHÉMATIQUES.</td></tr>
<tr><td>INGÉNIEUR-CHEF DES SERVICES ÉLECTRIQUES</td><td></td></tr>
<tr><td>DU CHEMIN DE FER DU NORD.</td><td></td></tr>
</table>

EXERCICES D'APPLICATION DU COURS DE MATHÉMATIQUES SPÉCIALES

(Algèbre et Analyse, Trigonométrie, Géométrie analytique, Mécanique)

PARIS

GAUTHIER-VILLARS et Cⁱᵉ, ÉDITEURS

LIBRAIRES DE L'ÉCOLE POLYTECHNIQUE, DU BUREAU DES LONGITUDES

55, Quai des Grands-Augustins, 55

1922

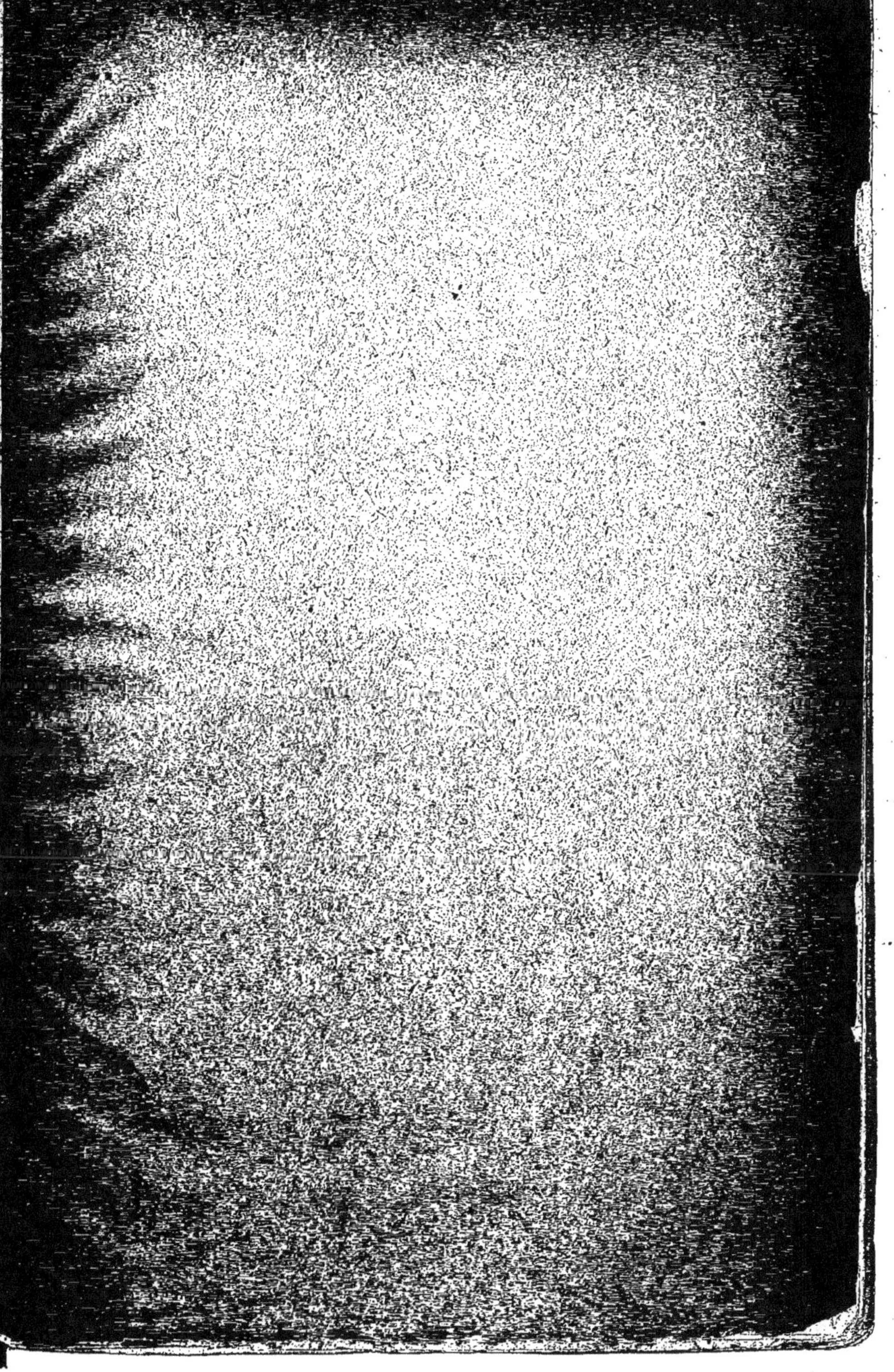

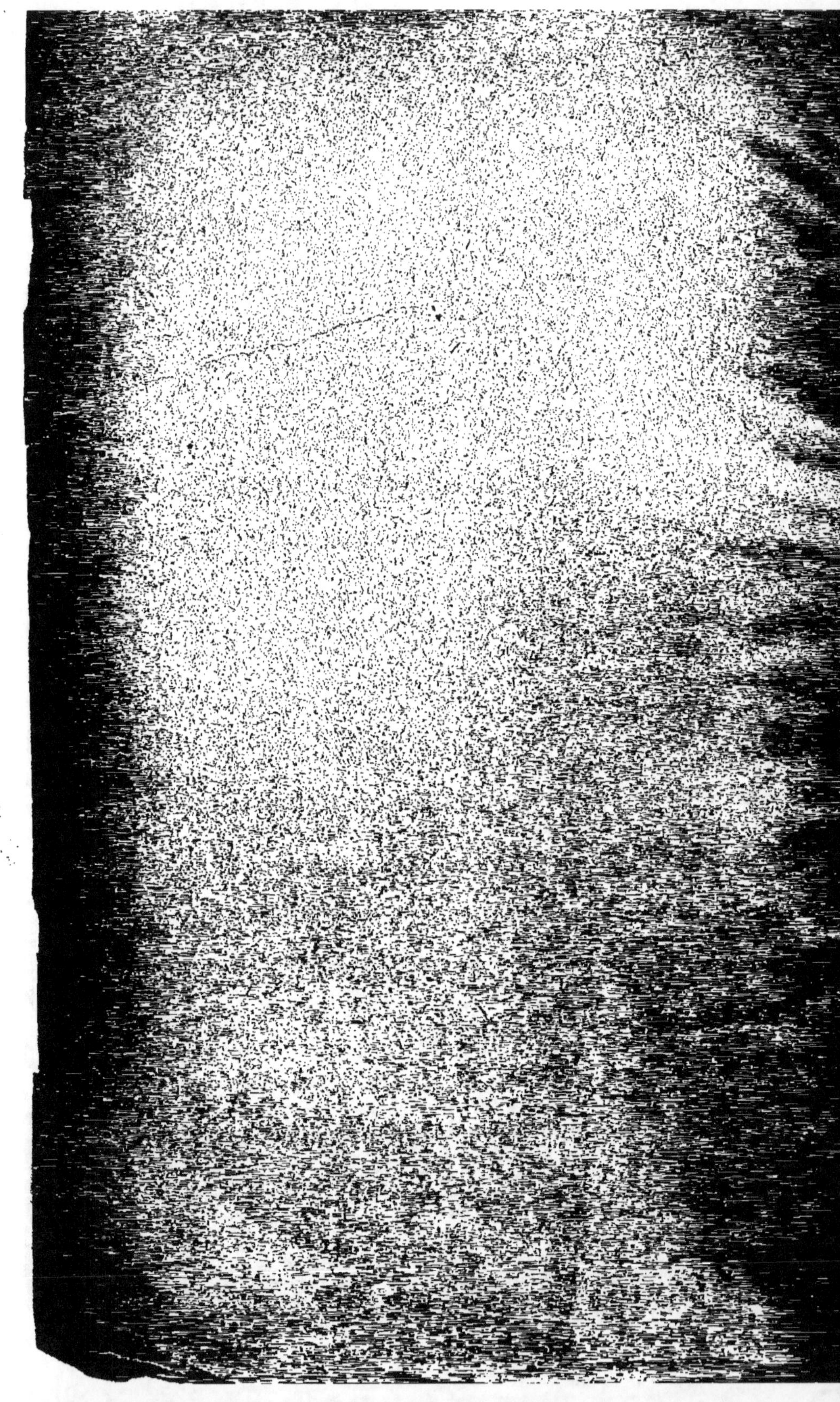

LA

COMPOSITION DE MATHÉMATIQUES.

DANS

L'EXAMEN D'ADMISSION A L'ÉCOLE POLYTECHNIQUE

DE 1901 A 1921

PARIS. — IMPRIMERIE GAUTHIER-VILLARS ET Cⁱᵉ,
Quai des Grands-Augustins, 55.
65444-22

LA
COMPOSITION DE MATHÉMATIQUES

DANS

L'EXAMEN D'ADMISSION A L'ÉCOLE POLYTECHNIQUE

DE 1901 A 1921

PAR

F. MICHEL,
ANCIEN ÉLÈVE DE L'ÉCOLE POLYTECHNIQUE,
LICENCIÉ ÈS SCIENCES MATHÉMATIQUES,
INGÉNIEUR CHEF DES SERVICES ÉLECTRIQUES
DU CHEMIN DE FER DU NORD.

M. POTRON,
ANCIEN ÉLÈVE DE L'ÉCOLE POLYTECHNIQUE,
DOCTEUR ÈS SCIENCES MATHÉMATIQUES.

EXERCICES D'APPLICATION DU COURS DE MATHÉMATIQUES SPÉCIALES

(Algèbre et Analyse, Trigonométrie, Géométrie analytique, Mécanique).

PARIS

GAUTHIER-VILLARS et Cie, ÉDITEURS

LIBRAIRES DE L'ÉCOLE POLYTECHNIQUE, DU BUREAU DES LONGITUDES

55, Quai des Grands-Augustins, 55

1922

PRÉFACE.

Nous n'avons pas la prétention, en publiant ce nouveau
Recueil de Problèmes (¹), de donner aux candidats une
recette infaillible pour réussir les compositions du Concours.
La pensée qui nous a guidés est celle-ci : Tout problème
donné à un examen, dont le programme est bien déterminé, se décompose en problèmes particuliers, dont chacun
peut être résolu, sans aucun effort d'invention, par la simple
application, à un cas *particulier* et pour ainsi dire *concret*,
d'une méthode *générale* et en quelque sorte *abstraite* donnée
dans les Cours. Il est des problèmes complexes dont la
réduction à des problèmes simples est elle même classique,
par exemple la construction d'une courbe $y = f(x)$. On
sait que, en suivant fidèlement une marche bien tracée,
toujours la même, on sera tout naturellement conduit à
divers problèmes simples : discuter les signes d'expressions
algébriques, trouver leurs vraies valeurs quand elles prennent
une forme indéterminée, calculer des dérivées, résoudre ou
discuter des équations, etc. Bien plus souvent, il n'en est pas
ainsi. Ordinairement même, les divers problèmes simples

(¹) Les solutions des problèmes donnés au Concours d'admission à
l'École Polytechnique de 1860 à 1900 sont réunies dans le *Recueil de
Problèmes de Géométrie analytique à l'usage des classes de Mathématiques spéciales*, par F. Michel, ancien Élève de l'École Polytechnique, Licencié ès Sciences (Paris, Gauthier-Villars, 1900). A cet
Ouvrage fait suite la première Partie du présent Recueil.

n'apparaissent pas tout d'abord ; c'est la solution du premier qui fournit l'énoncé du second, et ainsi de suite. Souvent aussi, quand un de ces problèmes simples est résoluble par plusieurs méthodes, la série des problèmes simples suivants peut être complètement modifiée par la substitution de telle méthode à telle autre. En un mot, chaque problème complexe est vraiment *particulier* en ce sens qu'il se décompose en un *système particulier* de problèmes simples. Mais *chacun* de ces derniers rentre dans un type *général* bien défini, dont la solution se trouve pour ainsi dire toute faite dans les Cours.

La préparation des candidats a donc un double objet.

Il s'agit *d'abord* de les mettre en état de résoudre rapidement et sûrement, sans dépense inutile de temps et d'efforts, tout problème particulier dont la solution n'est qu'une *application immédiate* du Cours. D'une part, en effet, il serait bien inutile de décomposer un problème en d'autres problèmes qu'on ne saurait pas davantage résoudre. D'autre part, il est indispensable, pour pouvoir commencer et poursuivre le travail de décomposition, d'être en mesure de *reconnaître* immédiatement les problèmes qu'il est inutile de décomposer davantage, parce que, dans les Cours, on les trouve résolus une fois pour toutes.

C'est pourquoi nous avons, dans la deuxième Partie de ce Recueil, réuni et classé, dans l'ordre même du programme, tous les problèmes *simples* auxquels nous avons été conduits dans la première Partie, c'est-à-dire tous ceux dont les solutions successives constituent les solutions d'ensemble de la première Partie. Les candidats y trouveront donc, pour *chaque* point *important* du Cours, une série d'exercices se rapportant uniquement à ce point précis. Ce sont, pourrait-on dire, des exercices d'assouplissement, absolument néces-

saires aux débutants, et que l'expérience montre n'être pas
inutiles aux élèves plus avancés.

Il s'agit ensuite, pour compléter la préparation des candidats, de les habituer peu à peu à opérer ce travail de décomposition, *particulier à chaque problème*, travail dans lequel
ils n'ont, pour se guider, que des principes généraux, le bon
sens, et, condition nécessaire mais souvent absente, la con-
naissance précise des problèmes particuliers qu'ils savent
résoudre. Cette formation ne peut être que le résultat de
nombreux exercices faits sous la direction des professeurs.
Nous pensons que ce Recueil pourra être utile à ceux-ci, en
leur fournissant de nombreux types d'exercices, dont il leur
sera facile de varier les combinaisons, suivant la force de
leurs élèves.

F. MICHEL, M. POTRON.

TABLE DES MATIÈRES.

PREMIÈRE PARTIE.

Solutions développées des problèmes donnés au Concours
d'admission à l'École Polytechnique de 1901 à 1921.

DEUXIÈME PARTIE.

Recueil méthodique des applications immédiates du Cours de Mathématiques spéciales rencontrées dans les Compositions de Mathématiques données au Concours d'admission à l'École Polytechnique.

CHAPITRE I. — *Algèbre et Analyse.*

CHAPITRE II. — *Trigonométrie et Géométrie analytique
dans le plan.*

CHAPITRE III. — *Géométrie analytique dans l'espace
et Mécanique.*

FIN DE LA TABLE DES MATIÈRES.

COMPOSITION DE MATHÉMATIQUES

DANS

L'EXAMEN D'ADMISSION A L'ÉCOLE POLYTECHNIQUE

DE 1901 A 1920

PREMIÈRE PARTIE.

SOLUTIONS DÉVELOPPÉES DES PROBLÈMES
DONNÉS AU CONCOURS DE L'ÉCOLE POLYTECHNIQUE
DE 1901 A 1920.

ANNÉE 1901.

Soient Ox, Oy *deux axes de coordonnées rectangulaires, soient* a *et* a' *les abscisses de deux points* A *et* A' *de l'axe* Ox *et* b *l'ordonnée d'un point* B *de l'axe* Oy. *On considère toutes les hyperboles équilatères* (H_λ) *circonscrites au triangle* AA'B.

I. — *Calculer les coordonnées* x_1, y_1, *du quatrième point* M *de rencontre de la circonférence circonscrite au triangle* AA'B *avec l'hyperbole* (H_λ). *Montrer qu'en désignant par* λ *un paramètre variable ces coordonnées peuvent être mises sous la forme*

$$x_1 = \frac{A + B\lambda}{1 + \lambda^2}, \qquad y_1 = \lambda x_1 + b,$$

et donner les valeurs des constantes A *et* B.

II. — *Vérifier par le calcul que le diamètre de l'hyperbole qui est mené par le point* M *passe par un point fixe quel que soit* λ.

Le démontrer géométriquement.

III. — *Trouver le lieu géométrique des points de contact des tangentes menées aux hyperboles* (H_λ) *parallèlement à une direction donnée, et examiner en particulier les cas où cette direction est celle des axes de coordonnées.*

N. B. — *Les candidats conserveront toutes les notations indiquées.*

I. — *Calculer les coordonnées* x_1, y_1, *du quatrième point* M *de rencontre de la circonférence circonscrite au triangle* AA′B *avec l'hyperbole* (H_λ). *Montrer qu'en désignant par* λ *un paramètre variable ces coordonnées peuvent être mises sous la forme*

$$x_1 = \frac{A + B\lambda}{1 + \lambda^2}, \qquad y_1 = \lambda x_1 + b,$$

et donner les valeurs des constantes A *et* B.

1. — II-xii [L′ 3 d]. L'équation des hyperboles (H_λ) s'obtient en exprimant que l'hyperbole équilatère générale

$$x^2 + 2\lambda xy - y^2 + 2\alpha x + 2\beta y + \gamma = 0$$

passe par les trois points A, A′ et B; on détermine ainsi les valeurs des trois coefficients α, β, γ,

$$\alpha = \frac{a + a'}{2}, \qquad \beta = \frac{1}{2}\left(b - \frac{aa'}{b}\right), \qquad \gamma = aa',$$

lesquelles substituées dans l'équation prédédente donnent

$$(H_\lambda) \quad x^2 + 2\lambda xy - y^2 - (a + a')x + \left(b - \frac{aa'}{b}\right)y + aa' = 0.$$

2. — II-v [K 10 a]. On obtient de la même manière l'équation du cercle circonscrit au triangle AA′B :

$$(C) \quad x^2 + y^2 - (a + a')x - \left(b + \frac{aa'}{b}\right)y + aa' = 0.$$

3. — II-xix [L′ 17 a]. Les coordonnées (x_1, y_1) du quatrième point de rencontre M des courbes vérifient les équations (H_λ)

et (C), lesquelles donnent par soustraction

$$y(\lambda x - y + b) = 0,$$

équation de la conique évanouissante passant par les points communs aux courbes (H_λ) et (C), et formée par l'axe des x et la droite BM; l'équation de cette dernière droite est donc

$$y = \lambda x + b.$$

En portant cette valeur dans l'équation (C) on trouve après réduction

$$x = \frac{a + a' - \left(b - \dfrac{aa'}{b}\right)\lambda}{1 + \lambda^2},$$

et si l'on pose

$$(1) \qquad A = a + a', \qquad B = \frac{aa'}{b} - b,$$

les coordonnées (x_1, y_1) du point M s'expriment par les formules suivantes :

$$x_1 = \frac{A + B\lambda}{1 + \lambda^2}, \qquad y_1 = \lambda x_1 + b.$$

II. — *Vérifier par le calcul que le diamètre de l'hyperbole qui est mené par le point M passe par un point fixe quel que soit λ.*

Le démontrer géométriquement.

4. — II-xv [L¹ 3 c]. D'après les notations (1) l'équation de l'hyperbole (H_λ) s'écrit

$$(2) \qquad x^2 + 2\lambda xy - y^2 - Ax - By + aa' = 0.$$

Les coordonnées de son centre O vérifient les relations

$$2x + 2\lambda y - A = 0,$$
$$2\lambda x + 2y - B = 0,$$

d'où l'on tire

$$x = \frac{1}{2}\frac{A + B\lambda}{1 + \lambda^2} = \frac{x_1}{2},$$
$$y = \frac{1}{2}\frac{\lambda A - B}{1 + \lambda^2} = \frac{\lambda x_1 - B}{2}.$$

Le diamètre de l'hyperbole (H_λ) passant par le point M a pour équation

$$\begin{vmatrix} x & y & 1 \\ x_1 & \lambda x_1 + B & 1 \\ \dfrac{x_1}{2} & \dfrac{\lambda x_1 - B}{2} & 1 \end{vmatrix} = 0$$

ou

$$x\left(b + \frac{B}{2}\right) - \frac{x_1}{2}(y - \lambda x) - \frac{B + b}{2}\, x_1 = 0,$$

laquelle est satisfaite, quel que soit λ, pour les valeurs

$$x = 0, \qquad y = -\frac{aa'}{b}.$$

5. — II-ɪ [**K 1 c**]. Le diamètre OM passe donc par le point I dont les coordonnées sont : $x = 0$, $y = -\dfrac{aa'}{b}$, c'est-à-dire par l'orthocentre du triangle AA′B.

Cette propriété peut être démontrée géométriquement de la manière suivante :

On sait que toutes les hyperboles (H_λ) passent par l'orthocentre I du triangle AA′B et que le lieu de leurs centres O est le cercle des neuf points de ce triangle; ce cercle et le cercle (C) circonscrit sont d'ailleurs homothétiques, le rapport d'homothétie étant $\frac{1}{2}$; il en résulte que, sur le diamètre IO de l'hyperbole (H_λ), le point M diamétralement opposé au point I est situé sur le cercle circonscrit (C).

III. — *Trouver le lieu géométrique du point de contact des tangentes menées aux hyperboles (H_λ) parallèlement à une direction donnée, et examiner en particulier les cas où cette direction est celle des axes de coordonnées.*

6. — II-xvɪɪ [**L′ 4 c**]. Le point de contact de la tangente à l'hyperbole (H_λ) ayant une direction donnée m est situé à l'intersection de cette courbe et du diamètre conjugué de la direction m, lequel a pour équation

$$(3) \qquad (2x + 2\lambda y - A) + m(2\lambda x - 2y - B) = 0.$$

7. — II-vɪ [**M′ a**]. L'équation du lieu de ce point s'obtient en éliminant λ entre les équations (2) et (3) : le résultat est

$$(4) \qquad (y - mx)(x^2 + y^2) + A m x^2 + B y^2 - aa'(y + mx) = 0,$$

équation d'une cubique circulaire circonscrite au triangle AA'B.

8. — II-ıx [**M' 3 K**]. On vérifie facilement que cette courbe passe par l'orthocentre et par les pieds O, C, D des trois hauteurs du triangle.

L'asymptote réelle de cette courbe est parallèle à la direction donnée m.

Si l'on cherche les points de rencontre de la courbe avec une droite parallèle à cette asymptote :

$$(5) \qquad y = mx + \mu,$$

on trouve, en formant l'équation quadratique des droites joignant l'origine à ces points de rencontre,

$$(6) \qquad (\mu^2 + Am\mu + aa'm^2)x^2 + (\mu^2 + B\mu - aa')y^2 = 0.$$

Ces deux droites sont réelles lorsque

$$(\mu^2 + Am\mu + aa'm^2)(\mu^2 + B\mu - aa') < 0,$$

condition qui devient, en remplaçant A et B par les valeurs (1),

$$(7) \qquad (\mu + am)(\mu + a'm)(\mu - b)\left(\mu + \frac{aa'}{b}\right) < 0,$$

Les quatre valeurs de μ annulant ce produit correspondent aux quatre droites (5) passant par les trois sommets et l'orthocentre I du triangle AA'B; ces quatre droites tangentes à la courbe partagent le plan en cinq régions; d'après la condition (7), la région centrale et les deux régions extrêmes ne contiennent aucun point de la courbe.

Les droites (6) étant également inclinées sur les axes des coordonnées, la droite OE joignant l'origine au point d'intersection de la courbe et de son asymptote a pour équation

$$y + mx = 0;$$

c'est, par conséquent, la tangente en O à la courbe; on peut vérifier que les tangentes aux points C et D passent également en E.

Ces considérations permettent de tracer la courbe qui, dans le cas général, se compose d'une partie fermée et d'une branche infinie (*fig.* 1).

Dans le cas particulier où la direction donnée est celle de l'axe des x, $m = 0$, et l'équation (4) se décompose en deux autres :

$$y = 0 \quad \text{et} \quad x^2 + y^2 + B y - aa' = 0;$$

le lieu est donc formé de l'axe des x et du cercle de diamètre BI.

Fig. 1.

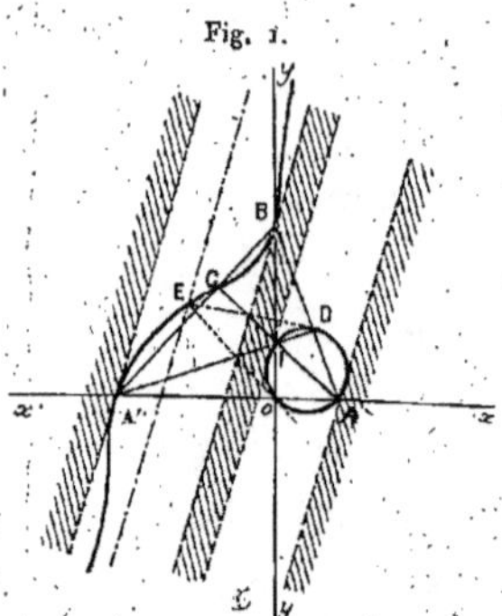

Lorsque la direction donnée est celle de l'axe des y, le lieu se compose de cet axe et du cercle décrit sur AA' comme diamètre :

$$x = 0 \quad \text{et} \quad x^2 + y^2 - A x + aa' = 0.$$

Un cas intéressant est celui où le triangle AA'B est rectangle

Fig. 2.

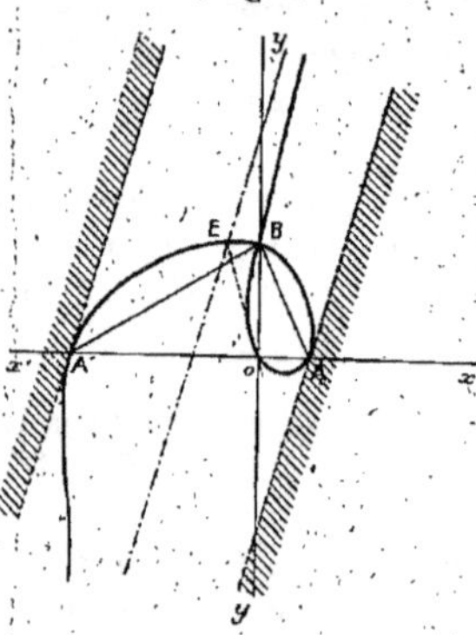

en B; alors les deux points B et C coïncident; la courbe (4) présente un point double en B; elle a la forme indiquée figure 2.

BIBLIOGRAPHIE.

Nouvelles Annales de Mathématiques, 4e série, t. I, p. 565. Solution par M. Philbert du Plessis.

Feuilles d'examen (Croville-Morant). Solution par M Duporcq.

Mathésis, 3e série, t. I, p. 252. Solution par M. Barisien

Revue de Mathématiques spéciales, t. VI, p. 431. Solution par M. R. Elghozi

ANNÉE 1902.

On donne relativement à un système de trois axes rectangulaires $Oxyz$ un point P de coordonnées a, b, c, et un cercle (C) défini par les équations

$$x^2 = y^2 - 2rx = 0, \qquad z = 0.$$

I. — *Former l'équation du lieu des projections orthogonales du point* P *sur les droites qui rencontrent à la fois le cercle* (C) *et l'axe* Oz.

Reconnaître que ce lieu se compose d'une sphère et d'une surface du quatrième degré (S).

II. — *Trouver les sections de la surface* (S) *par les plans contenant* Oz, *et le lieu des centres de ces sections.*

III. — *Déterminer les limites entre lesquelles sont compris les plans parallèles à* xOy *qui coupent la surface* (S) *en des points réels. Trouver les sections de cette surface par le plan* xOy, *et par le plan, parallèle à ce dernier, qui contient le point* P.

I. — *Former l'équation du lieu des projections orthogonales du point* P *sur les droites qui rencontrent à la fois le cercle* (C) *et l'axe* Oz.

Reconnaître que ce lieu se compose d'une sphère et d'une surface du quatrième degré (S).

1. — III-1 [**K 13 a**]. Soit AB (*fig.* 3) une des droites s'appuyant à la fois sur le point (C) et sur l'axe Oz. En désignant par θ l'angle xOA et par h la cote du point B, les équations de cette droite sont :

$$(1) \qquad \frac{x}{2r\cos^2\theta} = \frac{y}{2r\sin\theta\cos\theta} = \frac{z-h}{-h};$$

celles d'une droite quelconque PM passent au point P :

$$(2) \qquad \frac{x-a}{\lambda} = \frac{y-b}{\mu} = \frac{z-c}{\nu},$$

λ, μ, ν étant trois paramètres arbitraires.

Exprimant que ces deux droites sont perpendiculaires, on a la condition

$$(3) \qquad 2\,r\,\lambda\cos^2\theta + 2\,r\,\mu\sin\theta\cos\theta - h\nu = 0.$$

2. — III-vii [$\mathbf{M^2\,1\,a}$]. L'équation du lieu du point M s'obtient en éliminant λ, μ, ν, θ et h entre les équations (1), (2) et la condition (3); cette dernière s'écrit en tenant compte des équations (2)

$$2\,r(x-a)\cos^2\theta + 2\,r(y-b)\sin^2\theta\cos\theta - h(z-c) = 0,$$

et, en y remplaçant θ et h par leurs valeurs tirées des équations (1) :

$$\tan\theta = \frac{y}{x}, \qquad h = \frac{2\,r\,zx}{x^2+y^2-2\,r\,x};$$

on trouve, après réductions :

$$(\delta) \quad (x^2+y^2-2\,r\,x)(x^2+y^2-ax-by) + z(x^2+y^2)(z-c) = 0,$$

ou bien

$$(S) \quad (x^2+y^2)(x^2+y^2+z^2) - (x^2+y^2)[(a+2\,r)x + by + cz] + 2\,r\,x(ax+by) = 0,$$

équation d'une surface de quatrième ordre.

Il y a lieu de remarquer toutefois que toute droite passant à l'origine O y rencontre à la fois l'axe Oz et le cercle (C); le lieu du pied de la perpendiculaire abaissée du point P sur cette droite est la sphère du diamètre OP.

Le lieu du point M est formé de cette sphère et de la surface (S).

3. — III-i [$\mathbf{K\,13\,a}$]. On peut retrouver ce résultat par une voie purement analytique. La condition pour qu'une droite passant par un point B(o, o, h) de l'axe Oz, et d'équations

$$(1') \qquad \frac{x}{\lambda} = \frac{y}{\mu} = \frac{z-h}{\nu},$$

rencontre le cercle d'équations

$$(2') \qquad x^2 + y^2 - 2rx = 0, \qquad z = 0,$$

s'obtient par élimination de x, y, z entre $(1')$ et $(2')$. C'est

$$h[h(\lambda^2 + \mu^2) + 2r\lambda\nu] = 0,$$

relation qui se décompose en deux :

$$(3') \qquad h = 0$$

et

$$(4') \qquad h(\lambda^2 + \mu^2) + 2r\lambda\nu = 0.$$

La relation $(3')$ correspond précisément au cas où B est en O. Le point dont on cherche le lieu est alors déterminé par l'intersection de la droite $(1')$ avec le plan perpendiculaire mené par P dont l'équation est

$$(5') \qquad \lambda(x - a) + \mu(y - b) + \nu(z - c) = 0.$$

Les paramètres variables λ, μ, ν, h sont liés par les relations $(3')$ ou $(4')$.

4. — III-VII [M² 1 a]. L'équation du lieu s'obtient par élimination de λ, μ, ν, h entre $(1')$, $(2')$, $(5')$ et, soit $(3')$, ce qui donne

$$(6') \qquad x(x - a) + y(y - b) + z(z - c) = 0,$$

sphère de diamètre OP, soit $(4')$: alors en éliminant d'abord λ, μ, ν entre $(1')$ et $(4')$, puis entre $(1')$ et $(5')$, puis h entre les deux équations obtenues, il vient

$$[x(x - a) + y(y - b) + z(z - c)](x^2 + y^2 - 2rx) + 2rxz(z - c) = 0,$$

qui n'est autre, après réduction, que l'équation (3) de la surface du quatrième ordre déjà trouvée :

$$(x^2 + y^2)(x^2 + y^2 + z^2) - (x^2 + y^2)[(a + 2r)x + by + cz]$$
$$+ 2rx(ax + by) = 0.$$

II. — *Trouver les sections de la surface* (S) *par les plans contenant* Oz *et le lieu des centres de ces sections.*

5. — III-1 [K 6 b]. Si l'on coupe la surface S par un plan quel-

conque passant par l'axe Oz,

$$y = x \tan\theta,$$

et si l'on appelle x' et z' les coordonnées d'un point de ce plan, on aura l'équation de la section en remplaçant dans l'équation (S) les coordonnées x, y, z par les valeurs suivantes :

$$(4) \qquad \begin{cases} x = x' \cos\theta, \\ y = x' \sin\theta, \\ z = z'; \end{cases}$$

on trouve ainsi

$$x'^2 [(x' - 2r\cos\theta)(x' - a\cos\theta + b\sin\theta) + z(z - c)] = 0.$$

Le premier facteur $x'^2 = 0$ montre que l'axe Oz est une droite double de la surface; le second développé s'écrit :

$$(T) \quad x'^2 + z^2 - [(a + 2r)\cos\theta + b\sin\theta]x' - cz + 2r\cos\theta(a\cos\theta + b\sin\theta) = 0.$$

Les sections de la surface (S) par des plans contenant Oz sont donc des cercles.

6. — III-I [**K 6 b**]. Les coordonnées des centres de ces cercles sont

$$x = \frac{(a + 2r)\cos\theta + b\sin\theta}{2},$$

$$z = \frac{c}{2}.$$

7. — II-VII [$\mathbf{M_1'}$ a]. En remplaçant dans la première de ces relations x', $\sin\theta$ et $\cos\theta$ par leurs valeurs tirées des formules (4), on trouve :

$$2(x^2 + y^2) - (a + 2r)x - by = 0.$$

Le lieu de ces centres est donc un cercle situé dans le plan $z = \dfrac{c}{2}$.

III. — *Déterminer les limites entre lesquelles sont compris les plans parallèles à xOy qui coupent la surface (S) en des points réels. Trouver les sections de cette surface par le plan xOy, et par le plan, parallèle à ce dernier, qui contient le point P.*

8. — III-VII [$\mathbf{M^2}$ 2 j]. Les sections de la surface (S) par des plans

parallèles à xOy sont représentées par l'équation (S) en y considérant z comme une constante ; ce sont en général des quartiques bicirculaires, ayant un point double sur l'axe Oz.

Pour déterminer les cas où ces courbes sont réelles on cherchera les points d'intersection de ces courbes avec une droite de leur plan rencontrant Oz :

$$\frac{x}{\cos\theta} = \frac{y}{\sin\theta} = \rho.$$

9. — I-vi [**A 2 b**]. Les valeurs de ρ correspondant à ces points d'intersection sont données par l'équation

$$(\rho - 2r\cos\theta)(\rho - a\cos\theta - b\sin\theta) + z(z - c) = 0;$$

elles sont réelles si

$$4z(z - c) < [(2r - a)\cos\theta - b\sin\theta]^2.$$

Le maximum du second membre de cette inégalité correspond à la valeur de θ satisfaisant à l'équation dérivée

$$(2r - a)\sin\theta + b\cos\theta = 0.$$

En remplaçant θ par cette valeur dans l'inégalité précédente, la condition de réalité devient

$$4z^2 - 4cz - (a - 2r)^2 - b^2 < 0.$$

Les sections de la surface (S) sont donc réelles lorsque z reste compris entre les racines de ce trinôme

$$z = \frac{c}{2} \pm \frac{1}{2}\sqrt{(a - 2r)^2 + b^2 + c^2}.$$

Dans le cas particulier où $z = 0$, l'équation (S) se décompose en deux autres :

$$x^2 + y^2 - 2rx = 0, \qquad x^2 + y^2 - ax - by = 0.$$

L'intersection de la surface S par le plan xOy est donc formée du cercle C et du cercle ayant pour diamètre le segment compris entre l'origine O et la projection du point P sur le plan xOy.

La section de la surface (S) par le plan $z = c$ se compose de deux cercles égaux aux précédents.

Ces résultats peuvent être vérifiés géométriquement.

Un point M de la surface (S) correspondant à une droite AB est évidemment situé sur la sphère de rayon PA ; le lieu du point M dans le plan BOA est donc le cercle (T) d'intersection de cette sphère et du plan.

Le centre I de ce cercle est la projection sur le plan BOA du milieu E de la droite PA lorsque ce plan tourne autour de Oz ;

Fig. 3.

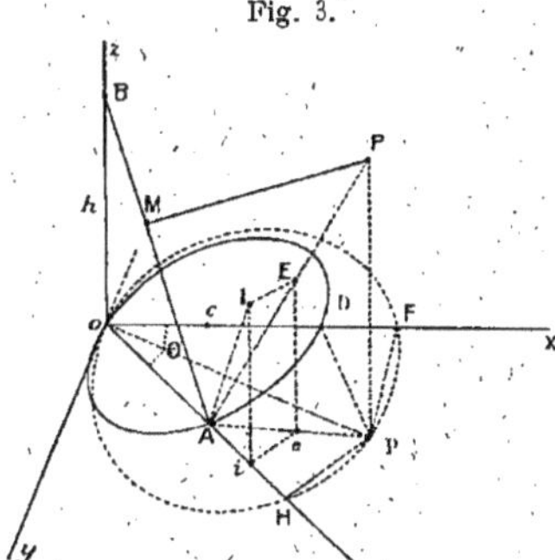

le point I se déplace donc dans un plan (II) mené parallèlement à xOy à une distance égale à la demi-cote du point P ; il décrit dans le plan (II) un cercle ayant pour diamètre la distance du point E à l'axe Oz.

On retrouve ainsi les propriétés démontrées analytiquement ci-dessus, relatives aux sections de la surface (S) par des plans contenant Oz.

En ce qui concerne les sections parallèles à xOy, il est évident qu'elles ne seront réelles que si le plan sécant rencontre en des points réels le cercle (T) considéré comme courbe génératrice de la surface (S). Ce plan sécant devra donc être situé de part et d'autre du plan (II) à une distance au plus égale au maximum du rayon du cercle (T).

Or ce rayon IA est évidemment maximum avec sa projection Ai sur xOy ou encore avec le segment AH qui est égal au double de cette projection.

Le segment AH, étant lui-même la projection sur OA du segment fixe Dp, atteint sa valeur maxima lorsque OA est parallèle à Dp ;

dans ce cas,

$$\mathrm{A}i = \frac{\mathrm{AH}}{2} = \frac{\mathrm{D}p}{2} = \frac{1}{2}\sqrt{\overline{p\mathrm{F}^2} + \overline{\mathrm{DF}^2}} = \frac{1}{2}\sqrt{(a-2r)^2 + b^2}$$

et, par suite,

$$\mathrm{IA} = \sqrt{\overline{\mathrm{A}i^2} + \overline{\mathrm{I}i^2}} = \frac{1}{2}\sqrt{(a-2r)^2 + b^2 + c^2}.$$

Pour obtenir des sections réelles, il faut donc que la cote du plan sécant soit comprise entre les deux valeurs

$$\frac{c}{2} \pm \frac{1}{2}\sqrt{(a-2r)^2 + b^2 + c^2},$$

résultat trouvé précédemment par l'analyse.

BIBLIOGRAPHIE.

Nouvelles Annales de Mathématiques, 4ᵉ série, t. II, p. 313. Solution par M. Philbert du Plessis.

Ibid., p. 320. Note de M. Fouret.

Feuilles d'examen (Croville-Morant). Solution par M. Duporcq.

Revue de Mathématiques spéciales, t. VII, p. 91. Solution anonyme.

ANNÉE 1903.

Deux points P, P₁ rapportés à un système d'axes rectangulaires Ox, Oy, Oz ont pour coordonnées a, b, c et a_1, b_1, c_1. De ces points partent respectivement deux droites (D) et (D₁) ayant pour cosinus directeurs α, β, γ et α_1, β_1, γ_1. L'axe des z est vertical.

Deux points pesants, placés d'abord en P et P₁, sont abandonnés à eux-mêmes au même instant et descendent sur les droites (D) et (D₁) sur lesquelles ils occupent, au bout du temps t, les positions M et M₁.

I. — *Exprimer les coordonnées des points M et M₁ en fonction du temps.*

Les masses des deux points étant μ et μ_1, déterminer le mouvement de leur centre de gravité G.

En supposant $c_1 = c$, $\gamma_1 = \gamma$, trouver à quelles conditions doivent satisfaire α, α_1, β, β_1 et quelle doit être la valeur du rapport $\dfrac{\mu}{\mu_1}$ pour que G décrive une droite verticale.

II. — *Ces dernières conditions étant remplies, former l'équation de la surface lieu de la droite MM₁ quand le temps varie.*

Mettre en évidence les génératrices rectilignes de cette surface.

Calculer les coordonnées de son sommet.

III. — *Le mètre étant pris pour unité de longueur, on suppose que l'on ait :*

$$a = b = 0, \qquad c = 1, \qquad a_1 = 0, \qquad b_1 = 2, \qquad c_1 = 1,$$

$$\alpha = \gamma = \frac{1}{\sqrt{2}}, \qquad \beta = 0, \qquad \alpha_1 = -\sqrt{\frac{3}{2}}, \qquad \beta_1 = 0, \qquad \gamma_1 = \frac{1}{2}.$$

Dans ce cas particulier, calculer le rapport $\frac{\mu}{\mu_1}$ de telle sorte que G parcoure une droite verticale; calculer en outre sa vitesse v à l'instant où il vient rencontrer l'axe des y ainsi que la durée t de sa chute jusqu'à cet instant. Ces valeurs seront calculées en secondes pour le temps, en mètres à la seconde pour la vitesse en prenant 9,8 pour valeur de l'accélération due à la pesanteur.

N. B. — *Il est entendu qu'on ne tient aucun compte du frottement ni de la résistance de l'air dans le mouvement des points M et M₁.*

____

I. — *Exprimer les coordonnées des points M et M₁ en fonction du temps.*

Les masses des deux points étant μ *et* μ_1, *déterminer le mouvement de leur centre de gravité G.*

En supposant $c_1 = c$, $\gamma_1 = \gamma$, *trouver à quelles conditions doivent satisfaire* α, α_1, β, β_1 *et quelle doit être la valeur du rapport* $\frac{\mu}{\mu_1}$ *pour que G décrive une droite verticale.*

1. — III-xx [**R 7 a α**]. En désignant par g l'accélération due à la pesanteur, l'accélération du point M sur la droite (D) est $g\gamma$ et ses composantes suivant les trois axes de coordonnées sont $g\gamma\alpha$, $g\gamma\beta$, $g\gamma^2$; de même l'accélération du point M_1 sur la droite (D_1) est $g\gamma_1$ et ses composantes sont $g\gamma_1\alpha_1$, $g\gamma_1\beta_1$, $g\gamma_1^2$; par conséquent, les coordonnées des deux points M et M_1 au bout du temps t (en supposant l'axe Oz dirigé de bas en haut) s'expriment respectivement par les formules

$$(M)\begin{cases} x = a - \dfrac{1}{2}g\gamma\alpha\, t^2, \\[2mm] y = b - \dfrac{1}{2}g\gamma\beta\, t^2, \\[2mm] z = c - \dfrac{1}{2}g\gamma^2\, t^2; \end{cases} \qquad (M_1)\begin{cases} x_1 = a_1 - \dfrac{1}{2}g\gamma_1\alpha_1\, t^2, \\[2mm] y_1 = b_1 - \dfrac{1}{2}g\gamma_1\beta_1\, t^2, \\[2mm] z_1 = c_1 - \dfrac{1}{2}g\gamma_1^2\, t^2. \end{cases}$$

Ils sont animés l'un et l'autre d'un mouvement uniformément varié.

2. — III-II [**R 2 b**]. Leur centre de gravité G a pour coordonnées :

$$X = \frac{\mu x + \mu_1 x_1}{\mu + \mu_1}, \qquad Y = \frac{\mu y + \mu_1 y_1}{\mu + \mu_1}, \qquad Z = \frac{\mu z + \mu_1 z_1}{\mu + \mu_1},$$

ou, en remplaçant x, y, z et x_1, y_1, z_1 par leurs valeurs,

$$(G) \quad \begin{cases} X = \dfrac{\mu a + \mu_1 a_1}{\mu + \mu_1} - \dfrac{1}{2} g \dfrac{\mu \gamma \alpha + \mu_1 \gamma_1 \alpha_1}{\mu + \mu_1} t^2, \\[2mm] Y = \dfrac{\mu b + \mu_1 b_1}{\mu + \mu_1} - \dfrac{1}{2} g \dfrac{\mu \gamma \beta + \mu_1 \gamma_1 \beta_1}{\mu + \mu_1} t^2, \\[2mm] Z = \dfrac{\mu c + \mu_1 c_1}{\mu + \mu_1} - \dfrac{1}{2} g \dfrac{\mu \gamma^2 + \mu_1 \gamma_1^2}{\mu + \mu_1} t^2. \end{cases}$$

Ce point décrit une droite d'un mouvement uniformément varié.

3. — III-I [**K 13**]. Pour que cette droite soit verticale, il faut que les valeurs de X et Y soient indépendantes du temps t; en supposant, comme l'indique l'énoncé, $\gamma_1 = \gamma$, ces conditions se traduisent par les relations

$$(1) \qquad \begin{cases} \mu \alpha + \mu_1 \alpha_1 = 0, \\ \mu \beta + \mu_1 \beta_1 = 0, \end{cases}$$

d'où l'on déduit

$$\alpha = \alpha_1 = 0, \qquad \frac{\mu}{\mu_1} = -\frac{\beta_1}{\beta},$$

ou bien

$$\beta = \beta_1 = 0, \qquad \frac{\mu}{\mu_1} = -\frac{\alpha_1}{\alpha},$$

ou bien, si $(\alpha^2 + \alpha_1^2)(\beta^2 + \beta_1^2) \neq 0$,

$$-\frac{\mu}{\mu_1} = \frac{\alpha_1}{\alpha} = \frac{\beta_1}{\beta} = \pm \frac{\sqrt{\alpha_1^2 + \beta_1^2}}{\sqrt{\alpha^2 + \beta^2}} = \frac{\gamma_1}{\gamma} = \pm 1.$$

Les masses μ et μ_1 étant essentiellement positives, il y a lieu de prendre le signe — dans le second membre et l'on a

$$(2) \qquad \frac{\mu}{\mu_1} = 1.$$

D'ailleurs, en admettant $c_1 = c$, la coordonnée z s'écrit

$$z = c - \frac{1}{2} g \gamma^2 t^2,$$

formule qui représente le mouvement uniformément accéléré du point G sur la droite verticale.

II. — *Ces dernières conditions étant remplies, former l'équation de la surface lieu de la droite* MM_1 *quand le temps varie.*

Mettre en évidence les génératrices rectilignes de cette surface.

Calculer les coordonnées de son sommet.

Les relations (1) et (2) montrent que, dans l'hypothèse admise par l'énoncé, on doit avoir

$$\alpha_1 = -\alpha, \qquad \beta_1 = -\beta.$$

Les coordonnées du point M_1 s'écrivent donc :

$$(M_1) \quad \begin{cases} x_1 = a_1 + \dfrac{1}{2} g\,\gamma\alpha\,t^2, \\[2mm] y_1 = b_1 + \dfrac{1}{2} g\,\gamma\beta\,t^2, \\[2mm] z_1 = c - \dfrac{1}{2} g\,\gamma^2\,t^2. \end{cases}$$

4. — III-vii [$M^2\,1\,a$]. Les équations de la droite MM_1 se déduisent immédiatement des formules (M) et (M_1) :

$$(M, M_1) \quad \begin{cases} \dfrac{x - a + \dfrac{1}{2} g\,\gamma\alpha\,t^2}{a_1 - a + g\,\gamma\alpha\,t^2} = \dfrac{y - b + \dfrac{1}{2} g\,\gamma\beta\,t^2}{b_1 - b + g\,\gamma\beta\,t^2}, \\[3mm] z = c - \dfrac{1}{2} g\,\gamma^2\,t^2. \end{cases}$$

La droite MM_1 restant parallèle au plan xOy, en s'appuyant sur les droites (D) et (D_1), décrit un paraboloïde, dont l'équation s'obtient en éliminant t entre les deux équations précédentes :

$$(\pi) \quad \frac{\gamma(x - a) + \alpha(z - c)}{\gamma(a_1 - a) + 2\alpha(z - c)} = \frac{\gamma(y - b) + \beta(z - c)}{\gamma(b_1 - b) + 2\beta(z - c)}.$$

5. — III-xvi [$L^2\,7$]. La forme de cette équation met en évidence les deux systèmes de génératrices ou paraboloïde :

$$(3) \quad \begin{cases} \gamma(x - a) + \alpha(z - c) = \lambda\,[\gamma(y - b) + \beta(z - c)], \\ \gamma(a_1 - a) + 2\alpha(z - c) = \lambda\,[\gamma(b_1 - b) + 2\beta(z - c)]; \end{cases}$$

$$(4) \quad \begin{cases} \gamma(x - a) + \alpha(z - c) = \mu\,[\gamma(a_1 - a) + 2\alpha(z - c)], \\ \gamma(y - b) + \beta(z - c) = \mu\,[\gamma(b_1 - b) + 2\beta(z - c)]. \end{cases}$$

Les génératrices du système (3) sont parallèles au plan xOy; c'est le système que décrit la droite MM_1.

6. — III-xii [$L^2\,4\,a$]. Si l'on transporte l'origine au point dont les coordonnées sont,

$$x = \frac{a + a_1}{2}, \qquad y = \frac{b + b_1}{2}, \qquad z = c,$$

l'équation du paraboloïde se simplifie et devient

$$2Z(\beta X - \alpha Y) + \gamma(b_1 - b)X - \gamma(a_1 - a)Y = 0.$$

On obtient les équations de l'axe et du plan tangent au sommet en introduisant deux paramètres h et k dans son équation

$$2(Z + h)(\beta X - \alpha Y + k) + [\gamma(b_1 - b) - 2h\beta]X$$
$$- [\gamma(a_1 - a) - 2hX]Y - 2k(Z + h) = 0,$$

et en déterminant h et k par la condition que la droite qui est représentée par les équations

$$(5) \qquad \begin{cases} Z + h = 0, \\ \beta X - \alpha Y + k = 0, \end{cases}$$

soit perpendiculaire au plan|

$$(6) \quad [\gamma(b_1 - b) + 2h\beta]X - [\gamma(a_1 - a) - 2h\alpha]Y - 2k(\alpha + \mu) = 0.$$

On trouve ainsi :

$$h = \frac{\gamma[\beta(b_1 - b) + \alpha(a_1 - a)]}{2(\alpha^2 + \beta^2)}, \qquad k = 0.$$

En portant ces valeurs dans les équations (5) et (6) on obtient les équations de l'axe

$$(7) \qquad \begin{cases} Z + \dfrac{\gamma[\beta(b_1 - b) + \alpha(a_1 - a)]}{2(\alpha^2 + \beta^2)} = 0, \\ \beta X - \alpha Y = 0, \end{cases}$$

et celles du plan tangent au sommet

$$\alpha X + \beta Y = 0.$$

Les coordonnées du sommet sont donc :

$$X = 0, \qquad Y = 0, \qquad Z = -\frac{\gamma[\beta(b_1 - b) + \alpha(a_1 - a)]}{2(\alpha^2 + \beta^2)},$$

ou, en revenant aux axes de coordonnées primitifs,

$$x = \frac{a + a_1}{2}, \qquad y = \frac{b + b_1}{2}; \qquad z = c - \frac{\gamma[\alpha(a_1 - a) + \beta(b_1 - b)]}{2(\alpha^2 + \beta^2)}.$$

On peut aussi d'abord transporter l'origine au point (a, b, c), l'équation de [II], ordonnée, devient

$$(7) \qquad 2z(\beta x' - \alpha y') + \gamma(b_1 - b)x' - \gamma(a_1 - a)y'$$
$$+ z'[\alpha(b_1 - b) - \beta(a_1 - a)] = 0.$$

La direction asymptotique principale a pour paramètres directeurs α, β, 0. L'axe, diamètre des plans perpendiculaires à cette direction, a pour équations

$$(8) \qquad 2(\alpha^2 + \beta^2)z' + \gamma[\alpha(a_1 - a) + \beta(b_1 - b)] = 0,$$

$$(9) \qquad 2(\beta x' - \alpha y') + \alpha(b_1 - b) - \beta(a_1 - a) = 0.$$

Les coordonnées du sommet sont solutions de (8), (9) et (7) qui, en tenant compte de (9), s'écrit

$$(10) \qquad (b_1 - b)x' - (a_1 - a)y' = 0.$$

7. — I-v [**A 2 a**]. Résolvant le système et ajoutant a, b, c pour revenir au premier trièdre de référence, on retrouve, pour les coordonnées du sommet, les valeurs déjà données. La résolution de (9) et (10) se fait aisément en posant

$$x' = t(a_1 - a), \qquad y' = t(b_1 - b),$$

et substituant dans (9), ce qui donne $t = \frac{1}{2}$.

III. — *Le mètre étant pris pour unité de longueur, on suppose que l'on ait :*

$$a = b = 0, \qquad c = 1, \qquad a_1 = 0, \qquad b_1 = 2, \qquad c_1 = 1,$$
$$\alpha = \gamma = \frac{1}{\sqrt{2}}, \qquad \beta = 0, \qquad \alpha_1 = -\sqrt{\frac{3}{2}}, \qquad \beta_1 = 0, \qquad \gamma_1 = \frac{1}{2}.$$

Dans ce cas particulier, calculer le rapport $\frac{\mu}{\mu_1}$ de telle sorte que G parcoure une droite verticale; calculer en outre sa *vitesse v à l'instant où il vient rencontrer l'axe des y ainsi que la durée t de sa chute jusqu'à cet instant. Ces valeurs seront calculées en secondes pour le temps, en mètres à la seconde pour la vitesse en prenant 9,8 pour valeur de l'accélération due à la pesanteur.*

N. B. — *Il est entendu qu'on ne tient aucun compte du frottement ni de la résistance de l'air dans le mouvement des points* M *et* M_1.

Avec les valeurs indiquées à l'énoncé, le mouvement du centre de gravité s'exprime par les formules

$$x = -\frac{1}{8} g \frac{2\mu - \mu_1\sqrt{3}}{\mu + \mu_1} t^2,$$

$$y = \frac{2\mu_1}{\mu + \mu_1},$$

$$z = 1 - \frac{1}{8} g \frac{2\mu + \mu_1}{\mu - \mu_1} t^2.$$

Pour que ce point décrive une droite verticale il faut que x soit, comme y, indépendant du temps t; on doit donc avoir

$$2\mu - \mu_1\sqrt{3} = 0,$$

d'où

$$\frac{\mu}{\mu_1} = \frac{\sqrt{3}}{2}.$$

En tenant compte de cette valeur, les formules précédentes deviennent

$$x = 0, \quad y = 4\left(2 - \sqrt{3}\right), \quad z = 1 - \frac{\sqrt{3}-1}{4} g t^2.$$

Le point G décrit une droite verticale du plan YOZ; partant de la cote 1, il rencontrera l'axe des y au bout du temps t donné par l'équation

$$\frac{\sqrt{3}-1}{4} g t^2 = 1,$$

laquelle donne, en y remplaçant g par sa valeur 9,8,

$$t = 0^s,746.$$

La vitesse du point G à cet instant sera

$$v = \frac{dz}{dt} = \frac{\sqrt{3}-1}{2} gt = \frac{\sqrt{3}-1}{2} \times 9,8 \times 0^s,746 = 2^m,675.$$

BIBLIOGRAPHIE.

Nouvelles Annales de Mathématiques, 4ᵉ série, t. III, p. 314. Solution par M. Philbert du Plessis.

Feuilles d'examen (Croville-Morant). Solution par M. Pomey.

ANNÉE 1904.

Première question.

On donne à une sphère de rayon r, de centre O origine de coordonnées rectangulaires Ox, Oy, Oz. Un point de cette sphère primitivement situé en M_0 sur Ox se déplace uniformément sur le grand cercle M_0N, de M_0 vers N, avec une vitesse angulaire ω. En même temps le plan primitivement situé en OM_0N tourne uniformément autour de ON, de OM_0N vers OEN, avec la même vitesse angulaire. Par suite de ce double mouvement le point mobile considéré, au bout du temps t, occupera une certaine position M.

I. — Déterminer en fonction de t les coordonnées du point M, les composantes de sa vitesse v et celle de son accélération w suivant les directions des axes.

Déterminer aussi la grandeur de la vitesse, celle de l'accélération tangentielle w_t et de l'accélération normale w_n.

II. — Construire les projections sur les trois plans coordonnés de la trajectoire de M.

III. — 1° L'accélération totale de M étant représentée par une droite MW, et cette droite venant percer le plan des xy en P, déterminer dans ce plan le mouvement du point P.

2° Démontrer que la droite MW rencontre une droite fixe.

I. — Déterminer en fonction de t les coordonnées du point M, les composantes de sa vitesse v et celles de son accélération w suivant les directions des axes.

Déterminer aussi la grandeur de la vitesse, celle de l'accélération tangentielle w_t et de l'accélération normale w_n.

1. — III-1 [K 13 a]. Les coordonnées du point M sont

$$x = OQ = OP \cos \omega t, \qquad y = PQ = OP \sin \omega t, \qquad z = MP = OM \sin \omega t,$$

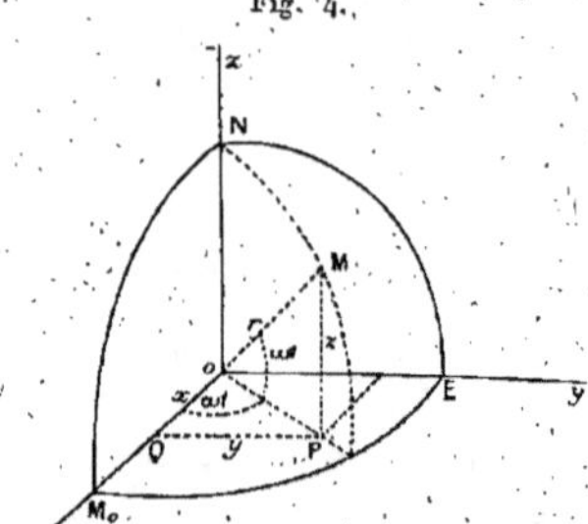

Fig. 4.

ou, en remplaçant OM et OP par leurs valeurs, $OM = r$ et $OP = r \cos \omega t$;

$$(\text{M}) \qquad \begin{cases} x = r \cos^2 \omega t, \\ y = r \cos \omega t \sin \omega t, \\ z = r \sin \omega t. \end{cases}$$

2. — III-xix [R 1 a]. Les composantes de la vitesse v de ce point suivant les trois axes de coordonnées sont les dérivées premières de x, y, z par rapport au temps t :

$$(v) \qquad \begin{cases} x' = - r \omega \sin 2 \omega t, \\ y' = r \omega \cos 2 \omega t, \\ z' = r \omega \cos \omega t; \end{cases}$$

celles de l'accélération w, en sont les dérivées secondes :

$$(w) \qquad \begin{cases} x'' = - 2 r \omega^2 \cos 2 \omega t, \\ y'' = - 2 r \omega^2 \sin 2 \omega t, \\ z'' = - r \omega^2 \sin \omega t. \end{cases}$$

La grandeur de la vitesse v est

$$v = \sqrt{x'^2 + y'^2 + z'^2} = r \omega \sqrt{1 + \cos^2 \omega t};$$

celle de l'accélération totale

$$w = \sqrt{x''^2 + y''^2 + z''^2} = r \omega^2 \sqrt{4 + \sin^2 \omega t}.$$

L'accélération tangentielle est la dérivée de la vitesse par rapport
au temps

$$w_t = v' = -\frac{r\omega^2 \sin\omega t \cos\omega t}{\sqrt{1 + \cos^2\omega t}}.$$

L'accélération normale est donnée par la formule

$$w_n = \sqrt{w^2 - w_t^2} = r\omega^2 \sqrt{\frac{5 + 3\cos^2\omega t}{1 + \cos^2\omega t}}.$$

II. — *Construire les projections sur les trois plans coordonnées de la trajectoire de* M.

3. — II-vi [**M'1a**]. La projection de la trajectoire du point M
sur le plan xOy s'obtient en éliminant t entre les deux premières
formules (M.); on trouve ainsi :

$$x^2 + y^2 - rx = 0,$$

équation d'un cercle décrit sur le segment OM_0 comme diamètre.

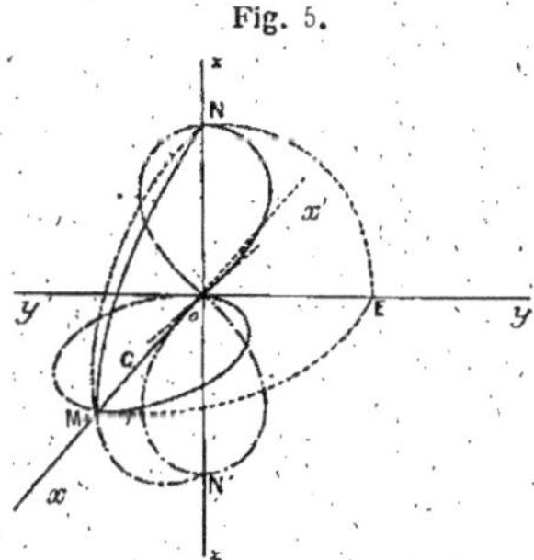

Fig. 5.

L'élimination de t entre la première et la troisième formule (M)
donne

$$z^2 + r(x - r) = 0.$$

La projection de la trajectoire sur le plan zOx est donc constituée
par un arc de parabole, parabole ayant pour sommet le point M_0,
limité aux points $z = \pm r$, où il rencontre l'axe Oz.

Enfin la trajectoire se projette sur le plan yOz suivant la courbe représentée par l'équation

$$z^4 + r^2(y^2 - z^2) = 0,$$

obtenue en éliminant t entre les dernières formules (M). Cette courbe est fermée et présente un point double à l'origine avec tangentes rectangulaires.

4. — II-xx [   ]. Si l'on pose

$$y = \rho \cos\theta, \qquad z = \rho \sin\theta,$$

l'équation de cette dernière courbe devient

$$\rho^2 + r^2 \cos 2\omega = 0$$

et permet de la construire aisément.

La figure 5 représente ces trois projections.

III. — 1° *L'accélération totale de M étant représentée par une droite MW, et cette droite venant percer le plan des xy en P, déterminer dans ce plan le mouvement du point P.*

5. — III-1 [**K 13 a**]. La droite MW a pour équations

$$\frac{X - x}{x''} = \frac{Y - y}{y''} = \frac{Z - z}{z''}$$

ou, en remplaçant x, y, z et x'', y'', z'' par leurs valeurs ci-dessus :

$$\frac{X - r\cos^2\omega t}{2\cos 2\omega t} = \frac{Y - r\sin\omega t\cos\omega t}{2\sin 2\omega t} = \frac{Z - r\sin\omega t}{\sin\omega t}.$$

Le point P, où cette droite rencontre le plan xOy, a pour coordonnées :

$$X = r(2 - 3\cos^2\omega t),$$
$$Y = 3r\cos\omega t\sin\omega t.$$

6. — II-vɪ [**M' 1 a**]. En éliminant t entre ces deux relations on obtient l'équation de la trajectoire du point P :

(C) $$\qquad X^2 + Y^2 - rX - 2r^2 = 0.$$

Ce point se déplace donc sur un cercle de rayon $\dfrac{3r}{2}$ ayant pour centre le point C milieu de OM_0.

7. — III-XIX [**R 1 a**]. D'ailleurs; on a

$$X' = 3\,r\omega \sin 2\,\omega\,t,$$
$$Y' = 3\,r\omega \cos^2 \omega\,t,$$

et la vitesse du point P est

$$V = \sqrt{X'^2 + Y'^2} = 3\,r\omega;$$

cette vitesse étant constante, le point P décrit le cercle (C) d'un mouvement uniforme.

2° *Démontrer que la droite* MW *rencontre une droite fixe.*

8. — III-I [**K 13 a**]: Remarquons que, pour $t = 0$, on a

$$x = r, \quad y = z = 0, \quad x'' = -2\,r\omega^2, \quad y'' = z'' = 0;$$

la droite MW se confond alors avec Ox; pour $t = \dfrac{\pi}{2\,\omega}$, on a

$$x = y = 0, \quad z = r, \quad x'' = 2\,r\omega^2, \quad y'' = 0, \quad z'' = -r\omega^2;$$

la droite MW joint alors le point N$(0, 0, r)$ au point $(2r, 0, 0)$. Si donc MW rencontre une droite fixe, ou bien cette droite fixe passe par ce dernier point, ou bien elle est contenue dans le plan Oxz.

Or, si l'on cherche l'intersection de la droite MW avec le plan Oxz, on trouve, en faisant X $= 0$ dans les équations de cette droite :

$$X = \frac{r}{2}.$$

La droite MW rencontre donc constamment la verticale du point C milieu de OM$_0$.

Deuxième question.

Déterminer à 0,001 près la racine positive de l'équation

$$x^3 + x^2 - 27,48 = 0,$$

en appliquant la méthode d'approximation de Newton.

9. — I-XV [**A 3 g**]. La racine positive de l'équation proposée, $f(x) = 0$, est comprise entre 2 et 3, car $f(2) < 0$ et $f(3) > 0$; on

peut approcher de la valeur de cette racine à 0,1 par la substitution de nombres compris entre 2 et 3, on trouve ainsi

$$f(2,7) < 0 \quad \text{et} \quad f(2,8) > 0.$$

La racine est donc comprise entre 2,7 et 2,8. Or, on a

$$f(x) = x^3 + x^2 - 27,48,$$
$$f'(x) = 3x^2 + 2x,$$
$$f''(x) = 6x + 2.$$

La substitution du nombre 2,8 donnant le même signe à $f(x)$ et à $f''(x)$; la méthode d'approximation de Newton est applicable à la limite 2,8; le maximum de $f''(x)$ dans l'intervalle considéré étant

$$f''(2,8) = 18,8,$$

le rapport

$$\frac{f''(2,8)}{2f'(2,8)} = \frac{18,8}{58,24}$$

est inférieur à l'unité; et, comme l'intervalle compris entre 2,7 et 2,8 est de 0,1, il suffira d'appliquer deux fois la méthode de Newton, à partir de la limite 2,8, pour obtenir la racine avec une approximation de 0,001.

Première approximation. — Si l'on pose $x_0 = 2,8$, on a

$$f(x_0) = 2,312,$$
$$f'(x_0) = 29,12,$$
$$f''(x_0) = 18,8,$$

le terme correctif est

$$\frac{-f(x_0)}{f'(x_0)} = -0,0794;$$

par suite,

$$x_1 = 2,8 - 0,0794 = 2,7206.$$

Deuxième approximation. — On a $x_1 = 2,7206$:

$$f(x_1) = 0,0585,$$
$$f'(x_1) = 27,646,$$
$$f''(x_1) = 18,3236$$

et

$$\frac{-f(x_1)}{f'(x_1)} = 0,0021;$$

donc
$$x_2 = 2,7206 - 0,0021 = 2,7185.$$

La valeur de la racine, à 0,001 près, est
$$x_2 = 2,718.$$

C'est celle du nombre e avec trois décimales exactes.

BIBLIOGRAPHIE.

Nouvelles Annales de Mathématiques, 4e série, t. IV, p. 257. Solution par M. Philbert du Plessis.

Feuilles d'examen (Croville-Morant). Solution par M. Pomey.

Revue de Mathématiques spéciales, t. VIII, p. 140. Solution par J. R.

ANNÉE 1905.

ALGÈBRE ET TRIGONOMÉTRIE.

Première question.

Démontrer que l'égalité

$$\sin B = \frac{1}{5}\sin(2A + B)$$

entraîne la suivante :

$$\tang(A + B) = \frac{3}{2}\tang A.$$

1. — 11-I [**K 20 d**]. L'égalité proposée s'écrit, en posant $A + B = C$ et éliminant B,

$$\frac{\sin(C + A)}{\sin(C - A)} = 5.$$

En développant les deux termes de la fraction et les divisant par le produit $\cos A \cos C$, on a

$$\frac{\tang C + \tang A}{\tang C - \tang A} = 5,$$

d'où

$$\tang C = \frac{3}{2}\tang A.$$

Deuxième question.

Calculer la valeur de e^2 *à* $\frac{1}{10000}$ *près. (On ne supposera pas connue la valeur du nombre e.)*

2. — 1-VIII [D 2 b]. De la formule

$$e^x = 1 + \frac{x}{1} + \frac{x^2}{2!} + \frac{x^3}{3!} + \ldots + \frac{x^n}{n!} + \ldots$$

on déduit

$$e^2 = 1 + \frac{2}{1} + \frac{2^2}{2!} + \frac{2^3}{3!} + \ldots + \frac{2^n}{n!} + \ldots$$

Les trois premiers termes de cette série se calculent exactement; en calculant chaque terme à partir du quatrième avec μ décimales, on commet sur chacun d'eux une erreur moindre que $\frac{1}{10^\mu}$; si l'on arrête le calcul au $n^{\text{ième}}$ terme, l'erreur est inférieure à $\frac{n-3}{10^\mu}$. Mais on néglige ainsi la somme

$$\frac{2^n}{n!} + \frac{2^{n+1}}{(n+1)!} + \ldots = \frac{2^n}{n!}\left[1 = \frac{2}{n+1} + \frac{2^2}{(n+1)(n+2)} + \ldots\right],$$

laquelle est plus petite que

$$\frac{2^n}{n!}\left[1 + \frac{2}{n+1} + \frac{2^2}{(n+1)^2} + \ldots\right] = \frac{2^n}{n!}\,\frac{n+1}{n-1}.$$

L'erreur totale commise en arrêtant le calcul au $n^{\text{ième}}$ terme de la série est donc moindre que

$$\frac{n-3}{10^\mu} + \frac{2^n(n+1)}{n!(n+)};$$

et, d'après la condition de l'énoncé, on doit avoir

$$\frac{n-3}{10^\mu} + \frac{2^n(n+1)}{n!(n+1)} < \frac{1}{10^4}.$$

Si l'on prend $\mu = 5$, c'est-à-dire si l'on calcule les n premiers termes avec cinq décimales, la plus grande valeur que l'on puisse donner à n, pour essayer de satisfaire à l'inégalité précédente, est $n = 12$. La substitution de ces valeurs dans cette inégalité démontre qu'elles ne conviennent pas.

La substitution $\mu = 6$ et $n = 13$ satisfait à l'inégalité; on calculera donc les 13 premiers termes de la série avec six décimales.

exactes. Les valeurs de ces 13 termes sont les suivantes :

$$
\begin{aligned}
&1 \\
&2 \\
&2 \\
&1,333333 \\
&0,666666 \\
&0,266666 \\
&0,088888 \\
&0,025396 \\
&0,006349 \\
&0,001410 \\
&0,000282 \\
&0,000051 \\
&0,000008 \\
\hline
\text{Total} = {}&7,389049
\end{aligned}
$$

La valeur de e^2 calculée à $\frac{1}{10^4}$ près est donc :

$$e^2 = 7,3890.$$

Troisième question.

I. — *Trouver une série* S *ordonnée suivant les puissances entières et positives d'une variable* x, *et telle qu'on ait identiquement la relation*

$$x(1+x)[2+(2-p)x]S'' + [(p^2-p-2)x^2-4x-2]S'$$
$$+ 2p[1+(2-p)x]S = 0,$$

S' *désignant la série des dérivées premières et* S" *la série des dérivées secondes des termes de la série* S.

II. — *Étudier les conditions de convergence des séries* S *ainsi obtenues.*

III. — *Examiner en particulier les solutions qui s'annulent pour* $x = 0$.

IV. — *Qu'arrive-t-il si* p *est un nombre entier et positif ?*

N. B. — *Les candidats pourront commencer par traiter les cas les plus simples où* p *a l'une des valeurs* 1, 2 *ou* — 1.

1. — *Trouver une série S ordonnée suivant les puissances entières et positives d'une variable x, et telle qu'on ait identiquement la relation*

$$x(1+x)[2+(2-p)x]S'' + [(p^2-p-2)x^2-4x-2]S'$$
$$+2p[1+(2-p)x]S = 0,$$

S' désignant la série des dérivées premières et S'' la série des dérivées secondes des termes de la série S.

3. — J-XVI [**H 1 c**]. La série S peut, d'après l'énoncé, s'écrire sous la forme

$$S = a_0 + a_1 x + a_2 x^2 + \ldots + a_{n-1} x^{n-1} + a_n x^n + \ldots,$$

on en déduit

$$S' = a_1 + 2a_2 x + 3a_3 x^2 + \ldots + (n-1)a_{n-1} x^{n-2} + na_n x^{n-1} + \ldots,$$
$$S'' = 2a_2 + 6a_3 x^2 + \ldots + (n-1)(n-2)a_{n-1} x^{n-3} + n(n-1)a_n x^{n-2} + \ldots$$

Si l'on introduit ces expressions dans la relation indiquée à l'énoncé, on obtient une identité, et, en annulant le coefficient du terme en x^n dans le développement, on a

$$(n-3)(n-p-1)(2-p)a_{n-1} + (n-2)[(4-p)n-p]a_n$$
$$+ 2(n^2-1)a_{n+1} = 0,$$

formule de récurrence qui permet de calculer les coefficients de la série S. Si l'on y fait successivement $n=1$, $n=2$, $n=3$, …, on obtient

$$a_1 = pa_0, \qquad a_2 = \frac{(p-1)(p-2)}{6}a_1, \qquad a_3 = \frac{p-3}{4}a_3,$$

ou

$$a_1 = \frac{p}{1}a_0, \quad a_3 = \frac{p(p-1)(p-2)}{3!}a_0, \quad a_4 = \frac{p(p-1)(p-2)(p-3)}{4!}a_0.$$

La loi de formation de ces coefficients s'aperçoit facilement; elle est générale.

En effet, si l'on admet qu'elle soit vraie jusqu'au coefficient a_n, on a

$$a_{n-1} = \frac{p(p-1)\ldots(p-n+2)}{(n-1)!}, \qquad a_n = \frac{p(p-1)\ldots(p-n+1)}{n!}.$$

En portant ces valeurs dans la relation de récurrence précédente, il vient

$$\frac{p(p-1)\ldots(p-n+1)}{n!}\big\{ n(n-3)(p-2)+(n-2)[(4-p)n-p]\big\}\, a_0$$
$$+\, 2(n^2-1)a_{n+1}=0;$$

ou, après réduction et suppression du facteur $2(n-1)$,

$$a_{n+1}=\frac{p(p-1)\ldots(p-n)}{(n+1)!}.$$

La loi est donc générale et la série S peut s'écrire

$$S = a_2 x^2 + a_0\left[1 + \frac{p}{1}x + \frac{p(p-1)(p-2)}{3!}x^3\right.$$
$$\left. +\ldots+ \frac{p(p-1)\ldots(p-n+1)}{n!}x^n +\ldots\right]$$

ou encore

$$S = \left[a_2 - \frac{p(p-1)}{2!}\right]x^2 + a_0(1+x)^p.$$

Si l'on pose

$$a_2 - \frac{p(p-1)}{2!} = b_0,$$

on a

$$S = b_0 x^2 + a_0(1+x)^p,$$

Telle est la forme de la série S, elle renferme deux constantes, ce qui pouvait être prévu *a priori* puisque S est l'intégrale générale de l'équation différentielle du second ordre donnée par l'énoncé.

II. — *Étudier les conditions de convergence des séries* S *ainsi obtenues.*

4. — I-XVI [**D a a**]. Les conditions de convergence de la série S sont les mêmes que celles de la série du binôme $(1+x)^p$; la série S est donc convergente si $\operatorname{mod} x < 1$ et divergente si $\operatorname{mod} x > 1$.

Pour $x = 1$, il y a convergence si $p \geqq 0$ et pour $x = -1$ si $p + 1 > 0$.

III. — *Examiner en particulier les solutions qui s'annulent pour* $x = 0$.

Les solutions qui s'annulent pour $x = 0$ sont de la forme

$$S = b_0 x^2.$$

IV. — *Qu'arrive-t-il si p est un nombre entier et positif?*

N. B. — *Les candidats pourront commencer par traiter les cas les plus simples où p a l'une des valeurs $1, 2$ ou -1.*

Lorsque p est un nombre entier et positif, la série S est un polynome entier de degré p.

Enfin, pour $p = 1$, $p = 2$ et $p = -1$, on a les solutions

$$S = b_0 x^2 + a_0 (1 + x), \qquad S = b_1 x^2 + a_0 (1 + x)^2,$$

$$S = b_0 x^2 + \frac{a_0}{1 + x}.$$

GÉOMÉTRIE ANALYTIQUE.

Étant donnés trois axes de coordonnées rectangulaires Ox, Oy, Oz, on considère deux cônes (S) et (T) se coupant à angle droit suivant Oz et dont les sommets S et T sont situés sur la

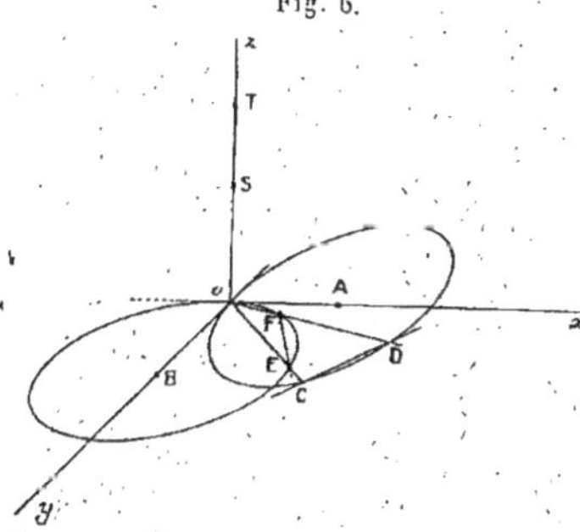

Fig. 6.

partie positive de Oz de façon que $OS = \gamma$, $OT = \gamma' (\gamma' > \gamma)$; leurs bases dans le plan Oxy sont des circonférences dont les centres et les rayons sont A et a pour (S) et B et b pour (T).

Les deux cônes ont ainsi en commun, outre l'axe Oz, une courbe (Γ).

I. — *Former l'équation de la cubique (C), projection de (Γ) sur le plan xOy, et construire cette cubique.*

II. — *Soit PQ une corde quelconque de (Γ), obtenue par exemple en la considérant comme située sur une génératrice (G)* *d'un hyperboloïde passant par l'intersection complète des cônes* (S) *et* (T), *soit pq la projection de* PQ *sur le plan* xOy; *cette projection rencontre la cubique* (C) *en un troisième point m.*

On demande le lieu de la droite PQ dans les cas suivants ;
1° *Le point m est fixe;*
2° *Les droites* Op *et* Oq *font des angles égaux avec* Ox;
3° *La corde pq est vue de l'origine suivant un angle droit.*
Généraliser.

I. — *Former l'équation de la cubique* (C), *projection de* (Γ) *sur le plan* xOy, *et construire cette cubique.*

1. — III-vii [$\mathbf{L^2\,2}$]. Les cônes [S] et [T] sont décrits par des droites passant par le point S ou par le point T et s'appuyant respectivement sur les cercles du plan xOy pris pour bases :

$$\text{(1)} \qquad\qquad x^2 + y^2 - 2ax = 0$$

et

$$\text{(2)} \qquad\qquad x^2 + y^2 - 2by = 0.$$

Les équations de ces cônes peuvent s'obtenir en considérant [S] comme lieu d'un point M tel que la droite SM rencontre le cercle (1), et [T] comme lieu d'un point M tel que TM rencontre le cercle (2). On trouve ainsi

$$\text{(S)} \qquad\qquad \gamma(x^2 + y^2) + 2ax(z + \gamma) = 0,$$
$$\text{(T)} \qquad\qquad \gamma'(x^2 + y^2) + 2by(z + \gamma') = 0.$$

2. — III-vii [$\mathbf{M^2\,1\,a\,\beta}$]. L'élimination de z entre elles donne l'équation de la cubique (C), projection sur xOy de la courbe (Γ) d'intersection des deux cônes :

$$\text{(C)} \qquad (b\gamma y - a\gamma' x)(x^2 + y^2) + 2abxy(\gamma' - \gamma) = 0.$$

3. — II-ix [$\mathbf{M^1\,5\,a\,\alpha}$]. Cette cubique étant circulaire et ayant à l'origine un point double à tangentes rectangulaires est une strophoïde.

Pour la construire on détermine les points d'intersection de cette courbe avec des parallèles à son asymptote

$$(3) \qquad b\gamma y - a\gamma' x = \mu.$$

L'équation quadratique des droites qui joignent l'origine à ces points d'intersection est

$$(4) \qquad \mu(x^2 + y^2) + 2ab(\gamma' - \gamma)xy = 0,$$

et ces points seront réels si

$$- ab(\gamma' - \gamma) < \mu < ab(\gamma' - \gamma).$$

Les valeurs $\mu = \pm ab(\gamma' - \gamma)$ correspondent à des droites (3) tangentes à la courbe et entre lesquelles elle est entièrement comprise; les points de contact sont situés, d'après l'équation (4), sur les bissectrices des axes Ox et $O\gamma$.

L'asymptote de la strophoïde (C) a pour équation

$$(b^2\gamma^2 + a^2\gamma'^2)(b\gamma y - a\gamma' x) + 2a^2 b^2 \gamma\gamma'(\gamma' - \gamma) = 0;$$

son ordonnée à l'origine est négative. Ces considérations permettent de tracer la courbe qui a la forme indiquée (*fig.* 7).

Fig. 7.

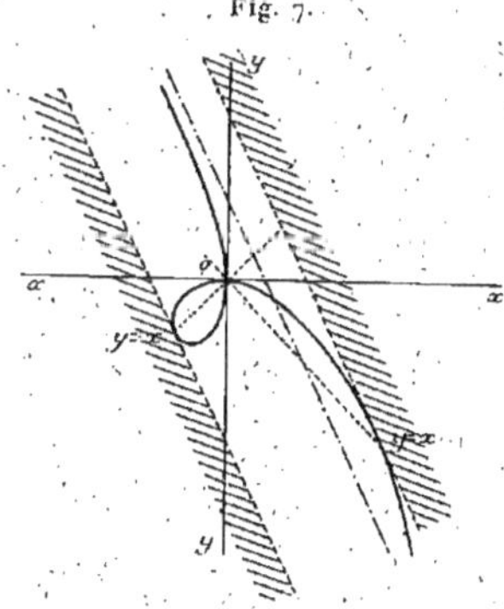

4. — III-v [$M^3 5a$]. On peut aussi, en procédant comme en descriptive, former les équations paramétriques de la cubique commune aux deux cônes. En coupant par des plans $y = tx$

passant par la génératrice commune Oz, on obtient successivement

$$x = \frac{2\,ab(\gamma'-\gamma)\,t}{(a\gamma'-b\gamma t)(1+t^2)}, \qquad y = \frac{2\,ab(\gamma'-\gamma)\,t^2}{(a\gamma'-b\gamma t)(1+t^2)}, \qquad z = \frac{\gamma\gamma'(a-bt)}{a\gamma'-b\gamma t}.$$

Ce sont les équations paramétriques de la cubique gauche. Les deux premières formules donnent les équations paramétriques de sa projection (C) sur le plan Oxy.

5. — II-VIII [M' 1 h]. Le point double en O correspond aux valeurs o et ∞ de t. La valeur $t = \dfrac{a\gamma'}{b\gamma}$ fournit une direction asymptotique. L'ordonnée à l'origine de l'asymptote correspondante est la limite d de

$$\delta = y - \frac{a\gamma'}{b\gamma}x = -\frac{2\,ab(\gamma'-\gamma)t}{b\gamma(1+t^2)}.$$

En faisant $t = \dfrac{a\gamma'}{b\gamma}$, on trouve

$$d = -\frac{2\,a^2 b\gamma'(\gamma'-\gamma)}{b^2\gamma^2 + a^2\gamma'^2} < o.$$

La position de la courbe par rapport à son asymptote est donnée par le signe de

$$\left(y - \frac{a\gamma'}{b\gamma}\right)x - d \qquad \text{ou} \qquad \left(t - \frac{a\gamma'}{b\gamma}\right)(a\gamma'-b\gamma),$$

et par la remarque que x et y sont positifs pour $t < \tau$ et négatifs pour $t > \tau$. On a donc les deux formes de courbe (*fig.* 8 et 9).

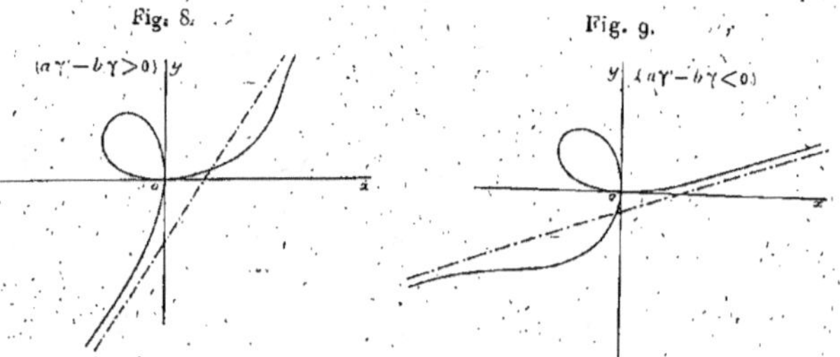

II. — *Soit* PQ *une corde quelconque de* (Γ), *obtenue par exemple en la considérant comme située sur une génératrice* (G)

d'un hyperboloïde passant par l'intersection complète des cônes (S) et (T), soit pq la projection de PQ sur le plan xOy ; cette projection rencontre la cubique (C) en un troisième point m.

On demande le lieu de la droite PQ dans les cas suivants :

1° Le point m est fixe ;

2° Les droites Op et Oq font des angles égaux avec Ox ;

3° La corde pq est vue de l'origine suivant un angle droit. Généraliser.

6. — II-1 [**K 10 e**]. Si l'on imagine dans le plan xOy deux droites issues de l'origine ayant pour coefficients angulaires λ et λ' ; ces droites rencontrent le cercle (1) base du cône (S) en des points C et D, et le cercle (2) base du cône (T) en deux autres points E et F.

L'équation de la droite CD est

$$(CD) \qquad (1-\lambda\lambda')x + (\lambda+\lambda')y - 2a = 0,$$

et celle de la droite EF,

$$(EF) \qquad (\lambda+\lambda')x - (1-\lambda\lambda')y - 2b\lambda\lambda' = 0.$$

7. — III-1 [**K 13 a**]. Les plans passant respectivement par la droite CD et le point S, par la droite EF et le point T, déterminent par leur intersection une droite (G) qui rencontre en deux points P et Q la courbe (Γ) intersection des cônes (S) et (T), les équations de la droite G sont donc

$$(G) \quad \begin{cases} (1-\lambda\lambda')x + (\lambda+\lambda')y + \dfrac{2a}{\gamma}(z-\gamma) = 0, \\[2mm] (\lambda+\lambda')x - (1-\lambda\lambda')y + \dfrac{2b\lambda\lambda'}{\gamma'}(z-\gamma') = 0. \end{cases}$$

La projection de cette droite sur le plan xOy rencontre la cubique (C) en deux points p et q tels que les droites Op et Oq ont pour coefficients angulaires λ et λ' et un troisième point m. Le coefficient angulaire λ'' de OM est d'ailleurs facile à déterminer en fonction de λ et λ'.

8. — II-1 [**M' 1 a α**]. En effet, si l'on met sous la forme

$$ux + vy = 1,$$

l'équation de la projection de (G) sur le plan xOy, les droites qui joignent l'origine O aux points d'intersection de la cubique (C) et de cette projection ont pour équation quadratique

$$(b\gamma y - a\gamma'x)(x^2 + y^2) + 2ab(\gamma' - \gamma)(ux + vy)xy = 0.$$

9. — I-xv [**A 3 b**]. Cette équation montre que

$$\lambda\lambda'\lambda'' = \frac{a\gamma'}{b\gamma},$$

d'où

(5)
$$\lambda'' = \frac{a\gamma'}{b\gamma\lambda\lambda'}.$$

10. — III-vii [**M' 7 a**]. 1° Si l'on suppose que le point m soit fixe, le produit $\lambda\lambda'$ est constant d'après la relation (5) et l'on obtient le lieu de la droite (G) en éliminant $\lambda + \lambda'$ entre les équations de cette droite; on trouve, en posant $\lambda\lambda' = k$:

(H)
$$x^2 + y^2 + \frac{2ax}{\gamma}(z - \gamma) - k\left[x^2 + y^2 + \frac{2by}{\gamma'}(z - \gamma')\right] = 0,$$

équation d'une quadrique passant par l'intersection des cônes (S) et (T).

Cette quadrique est un hyperboloïde lorsque $1 - k \neq 0$; c'est un paraboloïde lorsque $1 - k = 0$.

2° Lorsque les droites Op et Oq font des angles égaux avec Ox, on a $\lambda + \lambda' = 0$ et les équations de (G) deviennent

$$(1 - \lambda')x + \frac{2a}{\gamma}(z - \gamma) = 0,$$

$$-(1 - \lambda')y + \frac{2b\lambda'}{\gamma'}(z - \gamma') = 0.$$

L'élimination de $\lambda\lambda'$ entre ces deux équations donne

$$b\gamma x(z - \gamma') + a\gamma'y(z - \gamma) + 2ab(z - \gamma)(z - \gamma') = 0.$$

Le lieu de (G) est dans ce cas un paraboloïde ayant pour plans directeurs les plans xOy et

$$b\gamma x + a\gamma'y + 2abz = 0.$$

3° Si les droites Op et Oq sont rectangulaires, $\lambda\lambda' = -1$; en portant cette valeur dans les équations de la droite (G) et éliminant entre elles la somme $\lambda + \lambda'$, on obtient

$$\gamma\gamma'(x^2+y^2) + ax(z-\gamma) + by(z-\gamma') = 0,$$

équation d'un hyperboloïde lieu de (G); ce cas rentre d'ailleurs dans l'hypothèse $\lambda\lambda' = k$, examinée ci-dessus, et l'équation précédente peut être obtenue immédiatement en faisant $k = -1$ dans celle de l'hyperboloïde (H).

Le cas général est celui où les droites Op et Oq sont les rayons conjugués d'une involution définie par la relation

$$A\lambda\lambda' + B(\lambda + \lambda') + C = 0.$$

Le lieu de la droite G, obtenu en éliminant λ et λ' entre cette relation et les équations de la droite s'écrit

$$\begin{vmatrix} A & B & C \\ -y & y & x + \dfrac{2a}{\gamma}(z-\gamma) \\ y + \dfrac{2b}{\gamma'}(z-\gamma') & x & -y \end{vmatrix} = 0$$

ou, en développant,

$$A\left[x^2+y^2+\frac{2ax}{\gamma}(z-\gamma)\right] - 2B\left[\frac{bx}{\gamma'}(z-\gamma') + \frac{ay}{\gamma}(z-\gamma)\right]$$
$$+ C\left[x^2+y^2-\frac{2by}{\gamma'}(z-\gamma')\right] = 0,$$

équation d'une quadrique passant par l'axe Oz.

Remarque. — Pour traiter ce problème, on aurait pu, comme le propose l'énoncé, former les équations de la droite (G) en la considérant comme une des génératrices de même système que Oz de l'hyperboloïde (H) passant par l'intersection des cônes (S) et (T).

11. — III-XVII [M^3 5 c]. L'équation de [H] est

$$(8) \quad \gamma(x^2+y^2) - 2ax(\gamma-z) + k[\gamma'(x^2+y^2) - 2by(\gamma'-z)] = 0.$$

Pour déterminer ses génératrices, mettons son équation sous la forme

$$(9) \quad x[(\gamma+k\gamma')x - 2a(\gamma-z)] + y[(\gamma+k\gamma')y - 2kb(\gamma'-z)] = 0.$$

12. — III-xvi [L^2 **7 a**]. Un système de génératrices est formé de celles qui rencontrent Oz; elles ne rencontrent (Γ) qu'en un seul point. Leurs équations sont

$$\begin{cases} y = \lambda x, \\ (\gamma + k\gamma')x + 2az - 2a\gamma = -\lambda[(\gamma + k\gamma')y + 2kbz - 2kb\gamma)] \end{cases}$$

ou

$$(10) \quad \begin{cases} y = \lambda x, \\ (\gamma + k\gamma')(x + \lambda y) + 2(a + bk\lambda)z + 2(bk\lambda\gamma' - a\gamma) = 0. \end{cases}$$

13. — III-v [M^3 **5 a**]. Le t du point où cette génératrice rencontre (Γ) est précisément égal à la valeur du paramètre λ de la génératrice. La génératrice de ce système qui est parallèle à Oz correspond à

$$(11) \qquad a + bk\lambda = 0$$

et rencontre (Γ) en un point M correspondant à la valeur $-\dfrac{a}{bk}$ du paramètre t.

L'autre système de génératrices a pour équations

$$(12) \quad \begin{cases} x + \mu[(\gamma + k\gamma')y + 2bkz - 2bk\gamma'] = 0, \\ y - \mu[(\gamma + k\gamma')x + 2az - 2a\gamma] = 0. \end{cases}$$

Chacune rencontre (Γ) en deux points P et Q. On peut former l'équation qui donne les t de ces points en formant les équations $f(t) = 0$, $g(t) = 0$ qui donnent les t des trois points d'intersection de (Γ) avec les plans (12).

Ces équations ont deux racines communes qui sont les t des points P et Q, l'équation cherchée s'obtiendra donc en annulant le plus grand commun diviseur du second degré de $f(t)$ et de $g(t)$, autrement dit le reste de l'un par l'autre.

Au lieu d'opérer sur les plans (12), on peut remarquer que (G_μ) rencontre toujours la (G_λ) parallèle à Oz; son plan projetant sur xOy rencontre donc (Γ) au point M. Ainsi une des racines de l'équation en t correspondant à ce plan sera $-\dfrac{a}{bk}$, les deux autres seront les t des points P et Q.

Or l'équation du plan projetant (G_μ), obtenue par élimination de z entre les deux équations (12), est

$$(13) \quad bky + ax + \mu(\gamma + k\gamma')(ay - bkx) + 2abk\mu(\gamma - \gamma') = 0.$$

L'équation en t correspondante est, d'après (6) et (7), en divisant par $2ab(\gamma' - \gamma)$ et multipliant par $(a\gamma' - b\gamma t)(1 + t^2)$,

(14) $\quad t(bkt + a) + \mu[(\gamma + k\gamma')(at - bk)t - k(a\gamma' - b\gamma t)(1 + t^2)] = 0.$

Le $[\quad]$ ordonné donne

$$bk\gamma t^3 + a\gamma t^2 - bk^2\gamma' t - ak\gamma'$$

ou

$$(bkt + a)(\gamma t^2 - k\gamma').$$

L'équation aux t des points P et Q est donc,

(15) $\qquad \mu\gamma t^2 + t - \mu k\gamma' = 0.$

Ce sont aussi, pour la cubique projection (C), les t des points p et q. Le troisième point d'intersection de pq avec (C) est m projection de M, dont le t est par suite $-\dfrac{a}{bk}$.

14. — III-vii [$\mathbf{L^2 \, 1 \, b}$]. *On demande le lieu de la droite* PQ *dans les trois cas suivants :*

1° *m est fixe.*

Alors la génératrice de $|$II$|$ parallèle à Oz est fixe, donc (H) est fixe. Le lieu de PQ est donc (H). Si t_0 désigne la valeur fixe du paramètre du point m de (C), l'équation de (H$_0$) s'obtient en remplaçant k par $-\dfrac{a}{bt_0}$ dans l'équation (8).

2° *Les droites* Op *et* Oq *font avec* Ox *des angles égaux.*

t_1 et t_2, coefficients angulaires des droites Op et Oq sont racines de (15); la condition donnée est donc

$$\mu' = \frac{1}{\mu} = 0.$$

Les équations (12) de PQ se réduisent à

$$(\gamma + k\gamma')y + 2bkz - 2bk\gamma' = 0,$$
$$(\gamma + k\gamma')x + 2az - 2a\gamma = 0;$$

ordonnant en k,

$$k(\gamma'y + 2bz - 2b\gamma') + \gamma y = 0,$$
$$k\gamma'x + \gamma x + 2az - 2a\gamma = 0;$$

éliminant k,

$$(\gamma'y + 2bz - 2b\gamma')(\gamma x + 2az - 2a\gamma) - \gamma\gamma'xy = 0$$

ou

$$(16) \qquad z(b\gamma x + a\gamma'y + 2abz) - \gamma\gamma'(bx + ay - 2ab) = 0.$$

Le lieu est un paraboloïde hyperbolique.

3° *La corde pq est vue de l'origine sous un angle droit.*
La condition est alors $t_1 t_2 + 1 = 0$, ou

$$(17) \qquad\qquad\qquad k\gamma' - \gamma = 0.$$

L'hyperboloïde [H] est encore fixe; c'est donc encore lui le lieu des cordes PQ. Son équation, d'après (8), est, en multipliant par $\dfrac{\gamma'}{2}$,

$$2\gamma\gamma'(x^2 + y^2) + a\gamma'x(z - \gamma) + b\gamma y(z - \gamma') = 0$$

ou

$$2(x^2 + y^2) + \frac{b}{\gamma}\,yz + \frac{a}{\gamma}\,zx - ax - by = 0.$$

C'est un cas particulier du 1° où le paramètre du point fixe m, t_0, vérifie

$$-\frac{a}{bt_0} = \frac{\gamma}{\gamma'} \qquad \text{ou} \qquad t_0 = -\frac{a\gamma'}{b\gamma}.$$

Le point fixe m est alors le point à l'infini de (C) et la droite pq conserve une direction fixe.

En général, le lieu sera une quadrique, quand on donnera entre t_1 et t_2 une relation involutive

$$A\lambda_1\lambda_2 + B(\lambda_1 + \lambda_2) + C = 0.$$

Le lieu de la droite (G), obtenu en éliminant λ_1 et λ_2 entre cette relation et les équations de la droite, s'écrit

$$\begin{vmatrix} A & B & C \\ -x & y & x + \dfrac{2a}{\gamma}(z - \gamma) \\ y - \dfrac{2b}{\gamma'}(z - \gamma') & x & +y \end{vmatrix} = 0$$

ou, en développant,

$$A\left[x^2+y^2+\frac{2ax}{\gamma}(z-\gamma)\right]-2B\left[\frac{bx}{\gamma'}(z-\gamma')+\frac{ay}{\gamma}(z-\gamma)\right]$$
$$+C\left[x^2+y^2-\frac{2by}{\gamma'}(z-\gamma')\right]=0,$$

équation d'une quadrique passant par l'axe Oz.

BIBLIOGRAPHIE.

Nouvelles Annales de Mathématiques, 4ᵉ série, t. V, p. 271. Solution par M. Jamet (Géométrie analytique).

Ibid., p. 263. Solution par M. Philbert du Plessis.

Ibid., p. 260. Solution par M. Servais (Algèbre et Trigonométrie).

Revue de Mathématiques spéciales, t. VIII, p. 447. Solution par M. Grangier et par J. R. (Algèbre et Trigonométrie).

Ibid., p. 452. Solution par J. R. (Géométrie analytique).

Feuilles d'examen (Croville–Morant). Solution par M. Pomey.

ANNÉE 1906.

ALGÈBRE ET TRIGONOMÉTRIE.

I. *Étudier la variation de la fonction* $y = L\dfrac{x-1}{x+2}$, *où* L *désigne un logarithme népérien.*

1. — I-x [**O 6 b**], [**C 1 f**]; II-vii [**M⁴m**]. La fonction y n'est définie que si l'expression sous le signe L est positive, c'est-à-dire si la variable x n'est pas comprise dans l'intervalle $x = -2$ à $x = 1$.
On a d'ailleurs

$$y' = \frac{3}{(x-1)(x+2)}$$

et le tableau de la variation de y est le suivant :

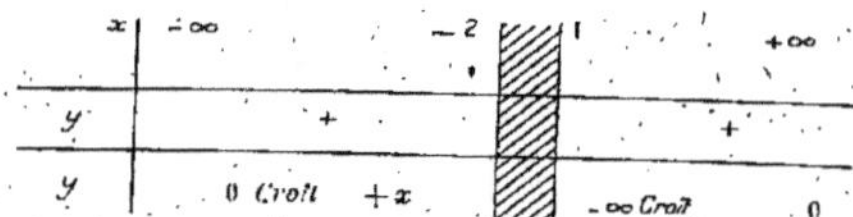

Cette variation est représentée par la courbe ci-contre (*fig.* 10).

II. *Évaluer l'intégrale*

$$\int_0^\alpha \frac{dx}{(2x^2+1)\sqrt{x^2+1}}$$

et calculer sa valeur à un centième près quand $\alpha = \dfrac{1}{\sqrt{2}}$.

2. — I-xix [**C 2 x**]. Si l'on pose

$$x = \tang\varphi, \qquad \text{d'où} \qquad dx = \frac{d\varphi}{\cos^2\varphi},$$

on a

$$\int \frac{dx}{(2x^2+1)\sqrt{x^2+1}} = \int \frac{\cos\varphi\, d\varphi}{1+\sin^2\varphi} = \text{arc tang}(\sin\varphi);$$

or
$$\sin\varphi = \frac{x}{\sqrt{1+x^2}};$$

donc
$$\int_0^\alpha \frac{dx}{(2x^2+1)\sqrt{x^2+1}} = \left| \operatorname{arc\,tang} \frac{x}{\sqrt{1+x^2}} \right|_0^\alpha = \operatorname{arc\,tang} \frac{\alpha}{\sqrt{1+\alpha^2}}.$$

Fig. 10.

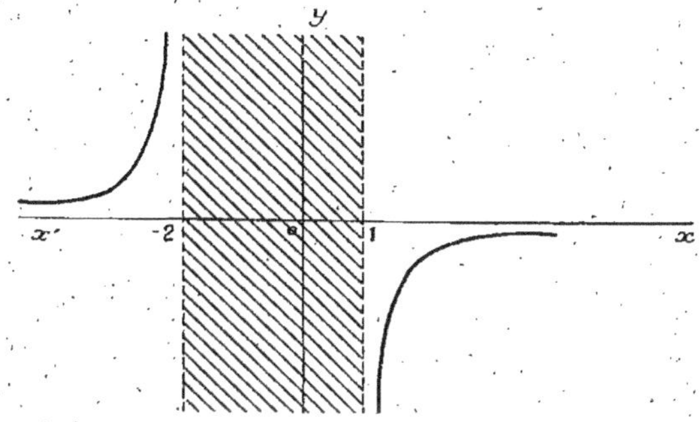

En supposant $\alpha = \frac{1}{\sqrt{2}}$, la valeur de l'intégrale est
$$\operatorname{arc\,tang} \frac{\sqrt{3}}{3} = \frac{\pi}{6} = \frac{3,1416}{6} = 0,52$$

à un centième près.

III. *L'équation $x^3 - \alpha x^2 + \beta x - \gamma = 0$ a pour racines les longueurs des côtés d'un triangle ABC.*

Former l'équation ayant pour racines $\cos A$, $\cos B$, $\cos C$.

3. — 1-xv [**A 3 h**]. En désignant par a, b, c les longueurs des côtés du triangle, on a

$$(1)\qquad \begin{cases} a+b+c = \alpha, \\ a(b+c)+bc = \beta, \\ abc = \gamma \end{cases}$$

et
$$\cos A = \frac{a^2 - b^2 - c^2}{2bc},$$

d'où

$$1 - \cos A = \frac{(a+b+c)(b+c-a)}{2bc} = \alpha\left(\frac{\alpha - 2a}{2bc}\right).$$

On obtient l'équation en y, ayant pour racines $\cos A$, $\cos B$, $\cos C$, en cherchant la transformée en

$$(2) \qquad y = 1 - \frac{\alpha(\alpha - 2a)}{2bc}$$

de l'équation proposée, il faut donc éliminer a, b, c entre les relations (1) et (2); en éliminant d'abord b et c, on obtient les deux équations

$$2\alpha a^3 - a^2\alpha + 2\gamma(1-y) = 0,$$
$$2(1-y)a^2 + 2\alpha y a + 2\beta(1-y) - a^2 = 0$$

entre lesquelles l'élimination de a donne

$$[\alpha^3 - 2\alpha\beta(1-y) + 2\gamma(1-y^2)]$$
$$\times [\alpha^3 - 4\alpha\beta + 4\gamma(1-y)] + 2\gamma\alpha^2(1-y)^2 = 0.$$

Telle est l'équation aux cosinus.

IV. *On donne une fonction* $f(x)$.
Deux autres fonctions $\varphi(x)$ *et* $F(x)$ *sont définies par les relations suivantes où* k *est un nombre constant :*

$$\varphi(x) = k\int \frac{dx}{f'(x)}, \qquad F(x) = f(x)\varphi(x).$$

Démontrer qu'on a identiquement

$$\frac{F''(x)}{F(x)} = \frac{f''(x)}{f(x)} + \frac{\varphi''(x)}{\varphi(x)} + \frac{2k}{f(x)\varphi(x)}, \qquad \frac{F'''(x)}{F(x)} = \frac{f'''(x)}{f(x)} + \frac{\varphi'''(x)}{\varphi(x)}.$$

4. — I-xi [**C 1 a**]. De la relation

$$F(x) = f(x)\varphi(x)$$

on déduit

$$F' = f'\varphi + \varphi' f,$$
$$F'' = f''\varphi + 2f'\varphi' + \varphi'' f,$$
$$F''' = f'''\varphi + 3f''\varphi' + 3f'\varphi'' + f\varphi'''.$$

En divisant membre à membre les deux dernières de ces relations par la première, il vient

$$\frac{\mathrm{F}''}{\mathrm{F}} = \frac{f''}{f} + \frac{\varphi''}{\varphi} + \frac{2\,f'\varphi'}{f\varphi},$$

$$\frac{\mathrm{F}'''}{\mathrm{F}} = \frac{f'''}{f} + \frac{\varphi'''}{\varphi} + \frac{3\,f''\varphi' + f'\varphi''}{f\varphi}.$$

Mais en dérivant l'égalité

$$\varphi(x) = k \int \frac{dx}{f'(x)},$$

on a

$$\varphi' = \frac{k}{f'}$$

ou

$$f'\varphi' = k.$$

et par suite

$$f''\varphi' + f'\varphi'' = 0.$$

En introduisant les valeurs de ces expressions dans les relations précédentes, il vient

$$\frac{\mathrm{F}''}{\mathrm{F}} = \frac{f''}{f} + \frac{\varphi''}{\varphi} + \frac{2k}{f\varphi}, \qquad \frac{\mathrm{F}'''}{\mathrm{F}} = \frac{f'''}{f} + \frac{\varphi'''}{\varphi}.$$

GÉOMÉTRIE ANALYTIQUE ET MÉCANIQUE.

On considère un système d'axes rectangulaires fixes Ox, Oy, Oz, et, dans le plan xOy, un cercle (C), de rayon $\frac{1-m}{2}a$, animé d'un mouvement de translation dans lequel son centre C décrit, dans le sens de la flèche F, et avec une vitesse angulaire $(1-m)\omega$, un cercle de centre O et de rayon $\frac{1+m}{2}a$.

En même temps que ce cercle (C) se déplace, un point P est mobile sur sa circonférence et la parcourt dans le sens de la flèche f, avec la vitesse angulaire $(1+m)\omega$. Il décrit ainsi une courbe (E) épicycloïde.

Les quantités a, ω, m sont trois constantes positives dont la dernière est moindre que l'unité.

1. — On demande d'exprimer, en fonction du temps t, les coordonnées x, y du point P, sachant qu'à l'époque $t = 0$ les points C et P sont tous deux sur la partie positive de Ox, P à la distance a du point O.

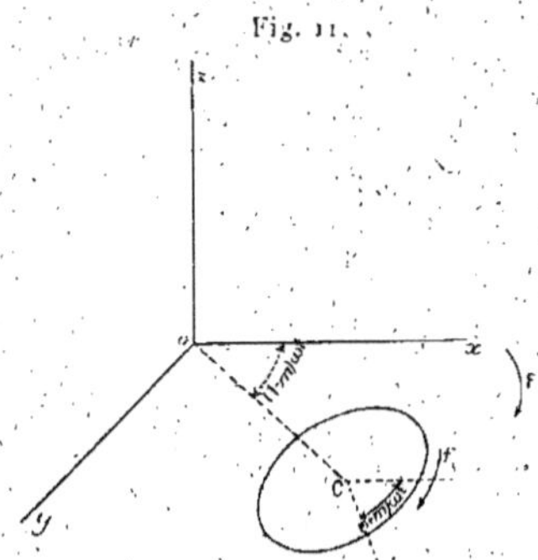

II. — Le point P est la projection d'un point M mobile dans l'espace; on demande d'exprimer sa cote z en fonction du temps t, sachant qu'elle est nulle à l'époque $t = 0$, et que la vitesse v de M fait avec l'axe Oz un angle constant θ, quelconque d'ailleurs.

On montrera que la trajectoire (K) du point M s'obtient en coupant le cylindre dont (E) est la section droite par un ellipsoïde de révolution autour de Oz,

$$\frac{x^2 + y^2}{a^2} + \frac{z^2}{b^2} = 1.$$

où la longueur b varie avec θ.

On introduira, au lieu de θ, la constante b dans la représentation de la cote z du point M.

III. — Calculer la grandeur et les cosinus directeurs α, β, γ de la vitesse v du point M, ainsi que l'arc de la courbe (K) parcouru par ce mobile pendant le temps t. Exprimer en fonction du temps le rayon de courbure R de la courbe (K) et vérifier que la vitesse lui est proportionnelle.

IV. — Après avoir formé l'équation du plan osculateur de la courbe (K), on démontrera que, à une même époque t, tous ceux de ces plans qui correspondent aux diverses courbes (K) qu'on obtient en faisant varier b passent par une même droite Δ du plan xOy. Montrer que, lorsque t varie, cette droite Δ enveloppe une épicycloïde (E') homothétique à celle que décrit le point P' diamétralement opposé au point P dans le cercle (C). Faire voir que la courbe (E') a pour développée l'épicycloïde (E).

(On conservera les notations indiquées.)

————

I. — On demande d'exprimer en fonction du temps t, les coordonnées x, y du point P, sachant qu'à l'époque $t = 0$ les points C et P sont tous deux sur la partie positive de Ox, P à la distance a du point O.

1. — II-11 [**K 11 e**]. Les coordonnées du point P s'écrivent immédiatement, d'après les données du problème,

$$(E) \begin{cases} x = \dfrac{1+m}{2} a \cos(1-m)\omega t + \dfrac{1-m}{2} a \cos(1+m)\omega t, \\ y = \dfrac{1+m}{2} a \sin(1-m)\omega t + \dfrac{1-m}{2} a \sin(1+m)\omega t. \end{cases}$$

Leur ensemble représente l'épicycloïde (E) lieu de ce point.

II. — Le point P est la projection d'un point M mobile dans l'espace ; on demande d'exprimer sa cote z en fonction du temps t, sachant qu'elle est nulle à l'époque $t = 0$, et que la vitesse v de M fait avec l'axe Oz un angle constant θ, quelconque d'ailleurs.

On montrera que la trajectoire (K) du point M s'obtient en coupant le cylindre dont (E) est la section droite par un ellipsoïde de révolution autour de Oz,

$$\frac{x^2+y^2}{a^2} + \frac{z^2}{b^2} = 1,$$

où la longueur b varie avec θ.

On introduira au lieu de θ, la constante b dans la représentation de la cote z du point M.

2. — III-vi [$\mathbf{M^3\ 1\ a}$]. La tangente à la trajectoire du point M dont la cote est z faisant un angle constant θ avec l'axe Oz, on a

$$dz = d\sigma \cos\theta,$$

$d\sigma$ étant l'arc infinitésimal décrit par le point P sur l'épicycloïde (E) pendant le temps dt, mais

$$d\sigma^2 = dx^2 + dy^2$$

et

$$dx = -\frac{1-m^2}{2} a\omega \left[\sin(1-m)\omega t + \sin(1+m)\omega t\right] dt,$$

$$dy = -\frac{1-m^2}{2} a\omega \left[\cos(1+m)\omega t + \cos(1+m)\omega t\right] dt.$$

On en déduit, après réductions,

$$d\sigma = (1-m^2)\, a\omega \cos m\omega t\, dt.$$

et par suite

$$dz = (1-m^2)\, a\omega \cos\theta \cos m\omega t\, dt,$$

et, en intégrant entre les limites o et z, on obtient la cote du point M,

$$(1) \qquad z = \frac{1-m^2}{m} a\omega \cos\theta \sin m\omega t.$$

3. — III-v [$\mathbf{M^2\ 1\ d\ \alpha}$]. Or, des équations (E), on tire

$$\frac{x^2 + y^2}{a^2} = \cos^2 m\omega t + m^2 \sin^2 m\omega t ;$$

d'autre part, on a, d'après (1),

$$\frac{z^2}{a^2 \dfrac{1-m^2}{m^2}\cos^2\theta} = (1-m^2)\sin^2 m\omega t.$$

Si l'on pose

$$(2) \qquad b = \frac{a}{m}\cos\theta \sqrt{1-m^2},$$

on trouve, en ajoutant membre à membre les égalités précédentes,

$$\frac{x^2 + y^2}{a_2} + \frac{z^2}{b^2} = 1.$$

La trajectoire (K) du point M est donc la courbe d'intersection de cet ellipsoïde de révolution et du cylindre droit ayant pour base l'épicycloïde (E).

En tenant compte de la relation (2), la cote z du point M s'écrit :

$$z = b\sqrt{1 + m^2}\, \sin m\,\omega\, t.$$

III. — *Calculer la grandeur et les cosinus directeurs* α, β, γ *de la vitesse* v *du point* M *ainsi que l'arc de la courbe* (K) *parcouru par ce mobile pendant le temps* t. *Exprimer en fonction du temps le rayon de courbure* R *de la courbe* (K), *et vérifier que la vitesse lui est proportionnelle.*

4. — III-xıx [R 1 a]. La vitesse v du point M s'exprime par la formule

$$v = \sqrt{x'^2 + y'^2 + z'^2},$$

x', y' et z' étant les dérivées des coordonnées de ce point par rapport à la variable t; or

$$(3) \quad \begin{cases} x' = -(1 - m^2)\,a\,\omega\,\sin \omega\,t\,\cos m\,\omega\,t, \\ y' = (1 - m^2)\,a\,\omega\,\cos \omega\,t\,\cos m\,\omega\,t, \\ z' = b\,m\,\omega\,\sqrt{1 - m^2}\,\cos m\,\omega\,t; \end{cases}$$

par suite,

$$v = \omega\,\cos m\,\omega\,t\,\sqrt{(1 - m^2)\,[a^2(1 - m^2) + b^2 m^2]}.$$

Les cosinus directeurs de cette vitesse sont :

$$\alpha = \frac{x'}{v}, \qquad \beta = \frac{y'}{v}, \qquad \gamma = \frac{z'}{v},$$

ou

$$\alpha = -a\,\sin \omega\,t\,\sqrt{\frac{1 - m^2}{a^2(1 - m^2) + b^2 m^2}} = \sin\theta\,\sin \omega\,t,$$

$$\beta = a\,\cos \omega\,t\,\sqrt{\frac{1 - m^2}{a^2(1 - m^2) + b^2 m^2}} = \sin\theta\,\cos \omega\,t,$$

$$\gamma = \frac{b\,m}{\sqrt{a^2(1 - m^2) + b^2 m^2}} = \cos\theta.$$

En désignant par S l'arc de la courbe (K) parcouru par le point M dans le temps t, on a

$$s = \int_0^t v\,dt = \omega\,\sqrt{(1 - m^2)\,[a^2(1 - m^2) + b^2 m^2]} \int_0^t \cos m\,\omega\,t\,dt.$$

ou

$$s = \frac{\omega}{m} \sqrt{(1 - m^2)\left[a^2(1 - m^2) + b^2 m^2\right]} \sin m\,\omega\,t.$$

5. — III-VI [O 3 d]. Le rayon de courbure R de la courbe (K) est donné par la relation

$$R = \frac{(x'^2 + y'^2 + z'^2)^{\frac{3}{2}}}{(A^2 + B^2 + C^2)^{\frac{1}{2}}},$$

dans laquelle

$$A = y'z'' - z'y'', \qquad B = z'x'' - x'z'', \qquad C = x'y'' - y'x''.$$

Or on a, d'après les formule (3),

$$x'' = - a\omega^2(1 - m^2)(\cos \omega t \cos m\,\omega t - m \sin \omega t \sin m\,\omega t),$$
$$y'' = - a\omega^2(1 - m^2)(\sin \omega t \cos m\,\omega t + m \cos \omega t \sin m\,\omega t),$$
$$z'' = - b m^2 \omega^2 \sqrt{1 - m^2} \sin m\,\omega t,$$

et, par suite,

$$A = \quad ab\, m\, \omega^3 (1 - m^2)^{\frac{3}{2}} \sin \omega t \cos^2 m\,\omega t,$$
$$B = - ab\, m\, \omega^3 (1 - m^2)^{\frac{3}{2}} \cos \omega t \cos^2 m\,\omega t,$$
$$C = \quad a^2 \omega^3 (1 - m^2)^2 \cos^2 m\,\omega t.$$

En portant ces valeurs et celles de x', y', z' dans la relation qui donne le rayon de courbure, on trouve, toutes réductions faites,

$$R = \frac{a^2(1 - m^2) + b^2 m^2}{a} \cos m\,\omega t.$$

Le rayon de courbure est proportionnel à la vitesse v, car

$$\frac{R}{v} = \frac{\left[a^2(1 - m^2) + b^2 m^2\right]^{\frac{1}{2}}}{a\omega(1 - m^2)^{\frac{1}{2}}} = \frac{1}{\omega \sin\theta} = \text{const.}$$

IV. — Après avoir formé l'équation du plan osculateur de la courbe (K), *on démontrera que, à une même époque* t, *tous ceux de ces plans qui correspondent aux diverses courbes* (K) *qu'on obtient en faisant varier* b *passent par une même droite* Δ *du plan* xOy. *Montrer que lorsque* t *varie, cette droite* Δ *enveloppe une épicycloïde* (E) *homothétique à celle que décrit le point* P' *diamétralement opposé au point* P *dans le cercle* (C).

Faire voir que la courbe (E') a pour développée l'épicy-cloïde (E).

6. — III-VI [**03 b**]. L'équation du plan osculateur à la courbe (K) au point M est

$$A(X - x) + B(Y - y) + C(Z - z) = 0,$$

ou, en remplaçant A, B, C et x, y, z par leurs valeurs et réduisant,

$$bm[X \sin \omega t - Y \cos \omega t - am \sin m\omega t]$$
$$+ a(1 - m^2)^{\frac{1}{2}}(Z - b\sqrt{1 - m^2} \sin m \omega t) = 0.$$

7. — III-I [**K 13 a**]. Si l'on fait $Z = 0$, on obtient l'équation de la droite Δ, trace du plan osculateur sur le plan xOy,

$$(\Delta) \qquad X \sin \omega t - Y \cos \omega t - \frac{a}{m} \sin m \omega t = 0.$$

Cette équation est indépendante du paramètre b; donc, à une même époque t, les plans osculateurs à toutes les courbes (K) obtenues en faisant varier b passent par la même droite Δ.

8. II XI [**02 f**]. L'enveloppe de la droite Δ lorsque t varie, est définie par l'équation de cette droite et sa dérivée par rapport à t :

$$X \cos \omega t + Y \sin \omega t - a \cos m \omega t = 0.$$

De ces deux équations on déduit

$$(E') \quad \begin{cases} X = \dfrac{a}{m}(m \cos \omega t \cos m \omega t + \sin \omega t \sin m \omega t), \\ Y = \dfrac{a}{m}(m \sin \omega t \cos m \omega t - \cos \omega t \sin m \omega t). \end{cases}$$

Ces relations définissent une épicycloïde (E').

Or le point P' diamétralement opposé au point P dans le cercle (C) décrit une épicycloïde dont les équations s'obtiennent en remplaçant $(1 + m)\omega t$ par $\pi + (1 + m)\omega t$ dans les relations (E); on trouve ainsi pour les coordonnées du point P' :

$$x_1 = a(m \cos \omega t \cos m \omega t + \sin \omega t \sin m \omega t);$$
$$y_1 = a(m \sin \omega t \cos m \omega t - \cos \omega t \sin m \omega t).$$

On a donc

$$\frac{X}{x_1} = \frac{Y}{y_1} = \frac{1}{m},$$

La courbe (E') est donc homothétique, par rapport au point O et dans le rapport $\frac{1}{m}$, de l'épicycloïde décrite par le point P'.

Les coordonnées d'un point X_1, Y_1 de la courbe (E') sont données par les formules (E'), et la normale en ce point à cette courbe a pour équation

$$(X - X_1)X'_1 + (Y - Y_1)Y'_1 = 0.$$

D'autre part, l'équation de la tangente à la courbe (E) au point (x, y) est

$$(X - x)y' - (Y - y)y' = 0.$$

Si dans ces équations on remplace X_1, Y_1, X'_1, Y'_1 et x, y, x', y' par leurs valeurs tirées respectivement des formules (E') et (E), on obtient le même résultat

$$X \cos \omega t + Y \sin \omega t - a \cos m \omega t = 0.$$

Les deux droites coïncident : la courbe (E) est donc la développée de l'épicycloïde (E').

BIBLIOGRAPHIE.

Nouvelles Annales de Mathématiques, 4ᵉ série, t. VI, p. 271. Solution par M. Philbert du Plessis (Géométrie analytique et Mécanique).

Ibid., p. 313. Solution par M. J. Servais (Algèbre et Trigonométrie).

Feuilles d'examen (Croville-Morant). Solution par M. Pomey.

ANNÉE 1907.

ALGÈBRE ET TRIGONOMÉTRIE.

Première question.

Soient $f(\theta)$ et $\varphi(\theta)$ deux fonctions de la variable indépendante θ, et soient $f'(\theta)$ et $\varphi'(\theta)$ leurs dérivées; on pose

$$x = f(\theta) - \varphi'(\theta), \qquad y = \varphi(\theta) - f'(\theta),$$
$$X = f'(\theta)\sin\theta - \varphi'(\theta)\cos\theta, \qquad Y = f'(\theta)\cos\theta + \varphi'(\theta)\sin\theta.$$

Démontrer que l'on a identiquement

$$dx^2 + dy^2 = dX^2 + dY^2.$$

Différentiant les égalités ci-dessus, je trouve,

$$dx = [f'(\theta) - \varphi''(\theta)]\,d\theta, \qquad dy = [\varphi'(\theta) + f''(\theta)]\,d\theta,$$
$$dX = [\varphi'(\theta) + f''(\theta)]\sin\theta\,d\theta + [f'(\theta) - \varphi''(\theta)]\cos\theta\,d\theta,$$
$$dY = -[f'(\theta) - \varphi''(\theta)]\sin\theta\,d\theta + [\varphi'(\theta) + f''(\theta)]\cos\theta\,d\theta,$$

c'est-à-dire

$$dX = \sin\theta\,dy + \cos\theta\,dx,$$
$$dY = -\sin\theta\,dx + \cos\theta\,dy;$$

il en résulte

$$dX^2 + dY^2 = dx^2 + dy^2.$$

Deuxième question.

Former l'équation du troisième degré qui admet pour racines les longueurs des côtés d'un triangle, connaissant : le périmètre $2p$, la somme des trois hauteurs $2h$ et l'aire S du triangle.

Application numérique. — Calculer les trois côtés en supposant $2p = 16^m$, $2h = 13^m,60$, $S = 12^{m^2}$.

2. — II-1 [**K 1 b**]. Soient a, b, c les longueurs des trois côtés du triangle

(1) $$a + b + c = 2p.$$

Si h_1, h_2, h_3 en sont les trois hauteurs,

$$h_1 + h_2 + h_3 = 2h,$$

et

$$\frac{2S}{a} = h_1, \qquad \frac{2S}{b} = h_2, \qquad \frac{2S}{c} = h_3.$$

En ajoutant ces trois dernières relations, il vient

$$S\left(\frac{1}{a} + \frac{1}{b} + \frac{1}{c}\right) = h.$$

On a enfin

$$p(p-a)(p-b)(p-c) = S^2.$$

3. — I-xv [**A 3 b**]. De ces deux égalités, je déduis

(2) $$bc + ca + ab = \frac{h(S^2 + p^4)}{p(hp - S)},$$

(3) $$abc = \frac{S(S^2 + p^4)}{p(hp - S)}.$$

Les relations (1), (2) et (3) permettent d'écrire immédiatement l'équation aux longueurs des trois côtés,

$$x^3 - 2px^2 + \frac{h(S^2 + p^4)}{p(hp - S)}x - \frac{S(S^2 + p^4)}{p(hp - S)} = 0.$$

4. — I-xv [**A 3 g**]. Pour les valeurs numériques indiquées à l'énoncé, cette équation devient

$$x^3 - 16x^2 + 85x - 150 = 0;$$

elle admet la racine double $x = 5$, comme on le voit en cherchant à séparer les racines par application du théorème de Rolle, et la racine simple $x = 6$, le produit des racines étant $5^2 \times 6$; le triangle correspondant est donc isoscèle.

Troisième question.

On donne quatre quantités a, b, c, d, réelles et différentes entre elles. Soit

$$f(x) = (x-a)(x-b)(x-c)(x-d).$$

I. — *Déterminer une fonction* $\varphi_1(x)$, *polynome du troisième degré, telle que l'on ait*

$$\varphi_1(a) = b, \qquad \varphi_1(b) = c, \qquad \varphi_1(c) = d, \qquad \varphi_1(d) = a.$$

II. — *Si l'on permute dans* $\varphi_1(x)$, a, b, c, d *de toutes les manières possibles, on trouve six fonctions différentes :*

$$\varphi_1(x), \quad \varphi_2(x), \quad \varphi_3(x), \quad \varphi_4(x), \quad \varphi_5(x), \quad \varphi_6(x).$$

Soit $F(x)$ *la somme de ces six fonctions et*

$$G(x) = f(x) + \frac{1}{2} x^3 F(x) ;$$

former la fonction $G(x)$ *et étudier la variation de cette fonction.*

III. — *Déterminer les deux intégrales indéfinies :*

$$\int G(x)\, dx, \quad \int \frac{dx}{G(x)}.$$

I. — *Déterminer une fonction* $\varphi_1(x)$, *polynome du troisième degré, telle que l'on ait*

$$\varphi_1(a) = b, \qquad \varphi_1(b) = c, \qquad \varphi_1(c) = d_1 \qquad \varphi_1(d) = a.$$

3. — I-v1 [**A 2 a**]. En posant

$$\varphi_1(x) = A\,x^3 + B\,x^2 + C\,x + D,$$

les coefficients inconnus A, B, C, D seront déterminés par les relations

$$(1) \quad \begin{cases} A\,a^3 + B\,a^2 + C\,a + D = b, \\ A\,b^3 + B\,b^2 + C\,b + D = c, \\ A\,c^3 + B\,c^2 + C\,c + D = d, \\ A\,d^3 + B\,d^2 + C\,d + D = a. \end{cases}$$

La résolution de ce système linéaire, dont le déterminant Δ est celui de Vandermonde :

$$\Delta = (a-b)(a-c)(a-d)(b-c)(b-d)(c-d),$$

donne

$$\Delta A = \begin{vmatrix} b & a^2 & a & 1 \\ c & b^2 & b & 1 \\ d & c^2 & c & 1 \\ a & d^2 & d & 1 \end{vmatrix};$$

ou, en développant par rapport aux éléments de la première colonne du deuxième membre,

$$\Delta A = b(b-c)(b-d)(c-d) - c(a-c)(a-d)(c-d)$$
$$+ d(a-b)(a-d)(b-d) - a(a-b)(a-c)(b-c)$$

et, par suite,

$$A = \frac{b}{(a-b)(a-c)(c-d)} + \frac{c}{(b-a)(b-c)(b-d)}$$
$$+ \frac{d}{(c-a)(c-b)(c-d)} + \frac{a}{(d-a)(d-b)(d-c)}.$$

Si je pose

$$f_1(x) = (x-b)(x-c)(x-d), \quad f_2(x) = (x-a)(x-c)(x-d),$$
$$f_3(x) = (x-a)(x-b)(x-d), \quad f_4(x) = (x-a)(x-b)(x-c),$$

l'expression de A s'écrit

$$(2) \qquad A = \frac{b}{f_1(a)} + \frac{c}{f_2(b)} + \frac{d}{f_3(c)} + \frac{a}{f_4(d)}.$$

Par un calcul analogue, je déduis du système (1) les valeurs des coefficients B, C, D :

$$(3)\ B = \frac{b(b+c+d)}{f_1(a)} + \frac{c(c+d+a)}{f_2(b)} + \frac{d(d+a+b)}{f_3(c)} + \frac{a(a+b+c)}{f_4(d)},$$

$$(4) \qquad C = \frac{b(bc+cd+da)}{f_1(a)} + \frac{c(ca+cd+da)}{f_2(b)}$$
$$+ \frac{d(ad+bd+ab)}{f_3(c)} + \frac{a(ab+ac+bc)}{f_4(d)},$$

$$(5) \qquad D = b\frac{bcd}{f_1(a)} + c\frac{cad}{f_2(b)} + d\frac{dba}{f_3(c)} + a\frac{abc}{f_4(d)}.$$

Formant alors $\varphi_1(x)$ au moyen des égalités (2), (3), (4) et (5), j'obtiens

$$\varphi_1(x) = b\frac{f_1(x)}{f_1(a)} + c\frac{f_2(x)}{f_2(b)} + d\frac{f_3(x)}{f_3(c)} + a\frac{f_4(x)}{f_4(d)}.$$

On peut aussi éliminer A, B, C, D entre l'équation définissant $\varphi_1(x)$ et le système (1), ce qui donne, pour déterminer $\varphi_1(x)$, la relation

$$\begin{vmatrix} x^3 & x^2 & x & 1 & \varphi_1(x) \\ a^3 & a^2 & a & 1 & b \\ b^3 & b^2 & b & 1 & c \\ c^3 & c^2 & c & 1 & d \\ d^3 & d^2 & d & 1 & a \end{vmatrix} = 0.$$

6. — I-ı [**A 5 a**]. On peut encore, en posant

$$f(x) = (x - a)(x - b)(x - c)(x - d),$$

former le développement en fractions simples de $\dfrac{\varphi_1(x)}{f(x)}$, on retrouve ainsi la première expression de $\varphi_1(x)$.

II. — *Si l'on permute, dans $\varphi_1(x)$, a, b, c, d de toutes les manières possibles, on trouve six fonctions différentes :*

$$\varphi_1(x), \quad \varphi_2(x), \quad \varphi_3(x), \quad \varphi_4(x), \quad \varphi_5(x), \quad \varphi_6(x).$$

Soit $F(x)$ la somme de ces six fonctions, et

$$G(x) = f(x) + \frac{1}{2}x^3 F(x);$$

former la fonction $G(x)$, et étudier la variation de cette fonction.

7. — I-ıı [**J 1 a α**]. En permutant, dans l'égalité précédente, les coefficients b, c, d, a, de toutes les manières possibles, j'obtiendrai les fonctions $\varphi_2(x)$, $\varphi_3(x)$, $\varphi_4(x)$, $\varphi_5(x)$, $\varphi_6(x)$, et, en posant

$$a + b + c + d = p,$$

la somme $F(x)$ des six fonctions $\varphi(x)$ aura pour expression

$$F(x) = 2\left[(p - a)\frac{f_1(x)}{f_1(a)} + (p - b)\frac{f_2(x)}{f_2(b)}\right.$$
$$\left. + (p - c)\frac{f_3(x)}{f_3(c)} + (p - d)\frac{f_4(x)}{f_4(d)}\right].$$

8. — I-ı [**A 5 b**]. Or, la quantité entre crochets, au deuxième

membre, n'est autre que le développement de la fonction $p - x$ [1];
j'ai donc

$$(6) \qquad\qquad F(x) = 2(p - x).$$

9. — I-ɪɪ [**A 5 b**]. On peut encore, dans les relations

$$\varphi_1(a) = b, \qquad \varphi_1(b) = c, \qquad \varphi_1(c) = d, \qquad \varphi_1(d) = a,$$

permuter a, b, c, d de toutes les manières possibles. Comme une
permutation circulaire ne change rien, on obtient ainsi les six systèmes distincts correspondant aux six permutations $abcd$, $bcad$,
$cabd$, $bacd$, $acbd$, $cbad$, obtenues en ajoutant d à toutes les permutations de a, b, c, et dont toutes les autres se déduisent par
permutations circulaires. Ces six systèmes sont, avec celui déjà
écrit :

$$\varphi_2(a) = d, \qquad \varphi_2(b) = c, \qquad \varphi_2(c) = a, \qquad \varphi_2(d) = b,$$
$$\varphi_3(a) = b, \qquad \varphi_3(b) = d, \qquad \varphi_3(c) = a, \qquad \varphi_3(d) = c,$$
$$\varphi_4(a) = c, \qquad \varphi_4(b) = a, \qquad \varphi_4(c) = d, \qquad \varphi_4(d) = b,$$
$$\varphi_5(a) = c, \qquad \varphi_5(b) = d, \qquad \varphi_5(c) = b, \qquad \varphi_5(d) = a,$$
$$\varphi_6(a) = d, \qquad \varphi_6(b) = a, \qquad \varphi_6(c) = b, \qquad \varphi_6(d) = c.$$

10. — I-ɪ [**A 1 a**]. On voit donc que le polynôme $F(x)$ vérifie

$$F(a) = 2(b + c + d)$$

et trois autres relations obtenues par permutations circulaires. On
peut donc poser

$$\frac{1}{2} F(x) = (x - a) F_1(x) + b + c + d,$$

$F_1(x)$ étant de degré ≤ 2. En donnant successivement à x les
valeurs b, c, d, il vient, en tenant compte des relations précédentes,

$$F_1(b) = F_1(c) = F_1(d) = -1.$$

---

[1] En effet, si l'on décompose la fraction rationnelle $\dfrac{p - x}{f(x)}$ en fraction simple,
on a

$$\frac{p - x}{f(x)} = \frac{p - a}{(x - a) f_1(a)} + \frac{p - b}{(x - b) f_2(b)} + \frac{p - c}{(x - c) f_3(c)} + \frac{p - d}{(x - d) f_4(d)},$$

d'où

$$p - x = (p - a) \frac{f_1(x)}{f_1(a)} + (p - b) \frac{f_2(x)}{f_2(b)} + (p - c) \frac{f_3(x)}{f_3(c)} + (p - d) \frac{f_4(x)}{f_4(d)}.$$

On en conclut que le polynome du deuxième degré, $F_1(x) - 1$, nul pour trois valeurs distinctes de x, est nul quel que soit x, et, par suite, que

$$\frac{1}{2} F(x) = a + b + c + d - x.$$

II. — I-1 [**A 3 b**]. D'autre part, en adoptant les notations

$$q = \Sigma ab, \qquad r = \Sigma abc, \qquad s = abcd,$$

la fonction donnée $f(x)$ s'écrit

$$(7) \qquad f(x) = x^4 - p x^3 + q x^2 - r x + s.$$

Formant alors la fonction $G(x)$ d'après les relations (6) et (7), j'ai

$$G(x) = f(x) + \frac{1}{2} x^3 F(x) = q x^2 - r x + s.$$

$G(x)$ est donc un trinome du deuxième degré, et ses variations sont indiquées dans l'un des tableaux ci-dessous, suivant le signe du coefficient q :

$$(a). \quad q > 0.$$

x	$-\infty$		$\dfrac{r}{2q}$		$+\infty$
$G'(x)$		$-$	0	$+$	
$G(x)$	$+\infty$	décroît	$s - \dfrac{r^2}{4q}$	croît	$+\infty$
			minimum		

$$(b) \quad q < 0.$$

x	$-\infty$		$\dfrac{r}{2q}$		$+\infty$
$G'(x)$		$+$	0	$-$	
$G(x)$	$-\infty$	croît	$s - \dfrac{r^2}{4q}$	décroît	$-\infty$
			maximum		

Dans les deux cas, ces variations sont représentées par une parabole.

III. — *Déterminer les deux intégrales indéfinies :*

$$\int G(x)\, dx, \quad \int \frac{dx}{G(x)}.$$

L'intégrale indéfinie $\int G(x)\,dx$ se calcule immédiatement

$$\int G(x)\,dx = \int (q x^2 - r x + s)\,dx = q\,\frac{x^3}{3} - r\,\frac{x^2}{2} + s x.$$

Quant à l'intégrale $\int \frac{dx}{G(x)}$, elle a des valeurs différentes suivant la nature des racines de $G(x)$.

12. — I-xxi [C 2 a]. Si $r^2 - 4qs > 0$, ces racines sont réelles, et en les désignant par α et β, j'ai

$$\int \frac{dx}{G(x)} = \int \frac{dx}{q(x - \alpha)(x - \beta)} = \frac{1}{q(\alpha - \beta)} \int \left(\frac{1}{x - \alpha} - \frac{1}{x - \beta} \right) dx$$
$$= \frac{1}{q(\alpha - \beta)} \, \mathrm{L}\, \frac{x - \alpha}{x - \beta}.$$

13. — I-xviii [C 2 a]. Si $r^2 - 4qs = 0$, les deux racines sont égales et

$$\int \frac{dx}{G(x)} = 4q \int \frac{dx}{(2q x - r)^2} = - \frac{2}{2q x - r}.$$

14. — I-xix [C 2 a]. Enfin, si $r^2 - 4qs < 0$, les deux racines sont imaginaires, et, en les désignant par $\lambda + \mu i$ et $\lambda - \mu i$, il vient

$$\int \frac{dx}{G(x)} = \frac{1}{q} \int \frac{dx}{(x - \lambda)^2 + \mu^2} = \frac{1}{q\mu} \arctan \frac{x - \lambda}{\mu}.$$

GÉOMÉTRIE ANALYTIQUE ET MÉCANIQUE.

On considère trois axes de coordonnées rectangulaires Ox, Oy, Oz. A tout point $M(x, y, z)$ de l'espace, on fait correspondre le point Q de coordonnées $\frac{a^2 x}{x^2 + y^2}$, $\frac{a^2 y}{x^2 + y^2}$, 0, a étant une constante.

Le point M, dont on suppose la masse égale à l'unité, est sollicité par une force MF dirigée suivant MQ (et dans le sens MQ), et dont la grandeur est égale au produit de MQ par un coefficient donné K^2.

1. — Évaluer les projections de la force MF sur les axes Ox, Oy, Oz.

II. — *Dans le champ de forces ainsi défini, déterminer les surfaces de niveau et les lignes de force.*

III. — *Le point M se mouvant sous l'action de la force MF, chercher le mouvement de sa projection M' sur Oz.*

IV. — *On fera voir que l'on peut disposer des conditions initiales du mouvement du point M, de façon que la trajectoire de ce point se projette sur le plan des xy suivant un cercle donné de centre O et de rayon R supérieur à a. Exprimer les coordonnées du point M en fonction du temps. Tâcher d'interpréter cinématiquement ce mouvement.*

V. — *En supposant toujours remplies les conditions initiales dont il s'agit à l'énoncé IV, démontrer que la trajectoire du point M est une courbe algébrique si le rapport $\dfrac{R^2 - a^2}{R^2}$ est le carré d'un nombre rationnel.*

———

I. — *Évaluer les projections de la force MF sur les axes Ox, Oy, Oz.*

1. — III-1 [**K 13 a**]. En désignant par α, β, γ les coordonnées du point Q, les composantes X, Y, Z, suivant les trois axes de coordonnées, de la force $MF = K^2 \times MQ$, ont pour expressions

$$X = K^2(\alpha - x), \qquad Y = K^2(\beta - y), \qquad Z = K^2(\gamma - z),$$

ou, en remplaçant α, β, γ par leurs valeurs,

$$(1) \quad \begin{cases} X = -K^2 x \left(1 - \dfrac{a^2}{x^2 + y^2}\right), \qquad Y = -K^2 y \left(1 - \dfrac{a^2}{x^2 + y^2}\right), \\ Z = -K^2 z. \end{cases}$$

II. — *Dans le champ de forces ainsi défini, déterminer les surfaces de niveau et les lignes de force.*

2. — I-XVIII [**C 2 a**]. Ces composantes sont les dérivées partielles, par rapport à x, y, z, de la fonction

$$-\frac{K^2}{2}\left[(x^2 + y^2 + z^2) - a^2 L(x^2 + y^2)\right].$$

La force MF admet donc un potentiel, et les surfaces de niveau du champ de forces qu'elle définit ont pour équation

$$x^2 + y^2 + z^2 - a^2 \mathrm{L}(x^2 + y^2) = \text{const.}$$

Ce sont des surfaces de révolution autour de l'axe Oz.

3. — I-x [**D 6 b**]; II-VII [**M⁴m**]. Elles ont pour courbes méridiennes

$$z = \sqrt{a^2 \mathrm{L} x^2 - x^2 - \lambda}.$$

4. — I-XIV [**C 1 f**]. La fonction z prend des valeurs réelles pour les valeurs de x qui rendent positive la fonction

$$f(x) = a^2 \mathrm{L} x^2 - x^2 - \lambda.$$

Or $f(0) = f(+\infty) = -\infty$; et comme $f'(x) = \dfrac{2a^2}{x} - 2x$, $f(x)$ prend, pour $x = a$, la valeur maximum $f(a) = a^2(\mathrm{L} a^2 - 1) - \lambda$. Si donc la constante λ dépasse la valeur $a^2(2\mathrm{L} a - 1)$, la courbe méridienne est imaginaire. Si $\lambda < a^2(\mathrm{L} a^2 - 1)$, $f(x)$ s'annule pour deux valeurs α et β de x, séparées par a et prend des valeurs > 0 pour $\alpha \leqq x \leqq \beta$. La courbe méridienne est donc inscrite dans le rectangle

$$x = \alpha, \quad x = \beta, \quad \nu = \pm \sqrt{f(a)}.$$

Comme $z' = \dfrac{1}{2} f'(x)[f(x)]^{-\frac{1}{2}}$, les tangentes aux points $(\alpha, 0)$ et $(\beta, 0)$ sont parallèles à Oz.

La méridienne a donc une forme ovale, et la surface du niveau est une sorte de tore, dont l'équateur est dans le plan Oxy, et dont les parallèles extrêmes, de rayon a, sont d'autant plus éloignés de l'équateur que λ est plus petit.

Les lignes de force, trajectoires orthogonales des surfaces de niveau, sont définies par les équations différentielles

$$\frac{dx}{\mathrm{X}} = \frac{dy}{\mathrm{Y}} = \frac{dz}{\mathrm{Z}} \quad \text{ou} \quad \frac{dx}{x\left(1 - \dfrac{a^2}{x^2 + y^2}\right)} = \frac{dy}{y\left(1 - \dfrac{a^2}{x^2 + y^2}\right)} = \frac{dz}{z}.$$

L'égalité des deux premiers rapports donne l'équation différentielle

$$\frac{dx}{x} = \frac{dy}{y}$$

dont l'intégrale est

$$(2) \qquad\qquad y = C_1 x,$$

C_1 étant une constante arbitraire.

D'autre part, en multipliant les deux termes du premier rapport par x, ceux du second par y et ajoutant terme à terme, j'obtiens

$$\frac{x\,dx + y\,dy}{x^2 + y^2 - a^2} = \frac{dz}{z},$$

et, en intégrant,

$$(3) \qquad\qquad x^2 + y^2 - a^2 = C_2 z^2.$$

Les équations (2) et (3) montrent que les lignes de force sont des coniques ayant leur centre à l'origine O, dont les plans passent par l'axe Oz, et dont les sommets décrivent, dans le plan xOy, le cercle $x^2 + y^2 = a^2$.

5. — II-x [O 2 b]. On peut aussi remarquer que, les surfaces de niveau étant de révolution, leurs trajectoires orthogonales seront, dans leurs divers plans méridiens, les trajectoires orthogonales de leurs courbes méridiennes

$$0 = g(x, z) = a^2 L x^2 - x^2 - z^2 - \lambda.$$

6. — I-xviii [C 2 a]. Or ces trajectoires orthogonales ont pour équation différentielle

$$\frac{x\,dx}{x^2 - a^2} - \frac{dz}{z} = 0,$$

et, pour équation,

$$L(x^2 - a^2) - 2 L z = L \mu,$$

ou

$$x^2 - \mu z^2 - a^2 = 0.$$

III. — *Le point M se mouvant sous l'action de la force MF, chercher le mouvement de sa projection M' sur Oz.*

Les équations différentielles du mouvement du point M, de masse égale à l'unité, sont

$$(4) \qquad \begin{cases} \dfrac{d^2 x}{dt^2} = -K^2 x \left(1 - \dfrac{a^2}{x^2 + y^2}\right), \\[2mm] \dfrac{d^2 y}{dt^2} = -K^2 y \left(1 - \dfrac{a^2}{x^2 + y^2}\right), \\[2mm] \dfrac{d^2 z}{dt^2} = -K^2 z. \end{cases}$$

La dernière, considérée isolément, définit le mouvement de la projection M' du point M sur l'axe Oz; son intégrale est

$$z = A \cos K t + B \sin K t$$

et représente un mouvement vibratoire simple; les constantes A et B sont déterminées par les conditions initiales ($t = 0$) du mouvement; en désignant respectivement par z_0 et v_0 la position et la vitesse initiales du point M', $A = z_0$ et $B = \dfrac{v_0}{K}$, et l'équation du mouvement s'écrit

$$z = z_0 \cos K t + \frac{v_0}{K} \sin K t.$$

IV. — On fera voir que l'on peut disposer des conditions initiales du mouvement du point M de façon que la trajectoire de ce point se projette sur le plan des xy suivant un cercle donné de centre O et de rayon R supérieur à a. Exprimer les coordonnées du point M en fonction du temps. Tâcher d'interpréter cinématiquement ce mouvement.

7. — III-xx [R 7 b]. Les deux premières équations (4) définissent le mouvement de la projection P du point M sur le plan xOy; on en tire

$$y \frac{d^2 x}{dt^2} - x \frac{d^2 y}{dt^2} = 0,$$

égalité qui montre que la force MF rencontre constamment l'axe Oz, ou encore que sa projection f sur le plan xOy passe à l'origine. Le mouvement de la projection P du point M peut donc être considéré comme s'effectuant sous l'action d'une force centrale f.

Dès lors, en désignant par r et θ les coordonnées polaires du point P dans le plan Oxy, les équations différentielles du mouvement de ce point sont

$$(5) \quad \begin{cases} \dfrac{d^2 r}{dt^2} - r \left(\dfrac{d\theta}{dt} \right)^2 = - f, \\[2mm] r \dfrac{d^2 \theta}{dt^2} + 2 \dfrac{dr}{dt} \dfrac{d\theta}{dt} = 0. \end{cases}$$

L'intégrale de la seconde de ces équations est

$$r^2 \frac{d\theta}{dt} = \text{const.} ;$$

la variation de l'aire balayée par le rayon vecteur OP est donc proportionnelle à celle du temps ; cette propriété résulte de ce que la force MF rencontre constamment l'axe Oz.

D'autre part, la force f a pour valeur

$$f = \sqrt{X^2 + Y^2} = K^2 \frac{x^2 + y^2 - a^2}{\sqrt{x^2 + y^2}}$$

ou, en tenant compte de la relation $r^2 = x^2 + y^2$,

$$f = K^2 \frac{r^2 - a^2}{r^2}.$$

Introduisant cette expression dans la première des équations (5), il vient

$$(6) \qquad \frac{d^2 r}{dt^2} - r\left(\frac{d\theta}{dt}\right)^2 = - K^2 \frac{r^2 - a^2}{r}.$$

Pour que la trajectoire du point P soit un cercle de centre O et de rayon r_0, il faut que $r = r_0$ et, par suite,

$$(7) \qquad \frac{dr}{dt} = 0 ;$$

ceci indique que la vitesse du point P doit être perpendiculaire au rayon vecteur OP ; dans ces conditions, l'équation (6) devient

$$(8) \qquad \frac{d\theta}{dt} - \frac{K}{r_0} \sqrt{r_0^2 - a^2} ;$$

pour que la vitesse angulaire $\frac{d\theta}{dt}$ du point P ait une valeur réelle, il faut donc que le rayon r_0 soit plus grand que a ; cette vitesse angulaire est alors constante, c'est-à-dire que le mouvement est uniforme.

On peut donc résumer comme suit les conditions initiales, correspondant à $t = 0$, nécessaires pour que le point P décrive autour de l'origine un cercle de rayon r_0 :

1° la position initiale P_0 doit être à une distance r_0 de l'origine ;

$2°$ la vitesse initiale doit être perpendiculaire au rayon vecteur OP_0, et de grandeur v_0 égale à $K\sqrt{r_0^2 - a^2}$.

Ces conditions sont suffisantes, car le système différentiel (5) admet une solution unique, satisfaisant à ces conditions initiales; et l'on voit immédiatement qu'il est vérifié par $r = r_0$, $\theta = v_0 t + \theta_0$, à condition que

$$v_0^2 = \frac{K^2(r_0^2 - a^2)}{r_0^2}.$$

En posant

$$K^2 \frac{R^2 - a^2}{R^2} = \omega^2,$$

les équations différentielles du mouvement du point M, dans l'hypothèse envisagée, s'écrivent

$$\frac{d^2 x}{dt^2} = -\omega^2 x,$$

$$\frac{d^2 y}{dt^2} = -\omega^2 y,$$

$$\frac{d^2 z}{dt^2} = -\omega^2 z,$$

et, par intégration, donnent les coordonnées du point M :

$$(9)\qquad \begin{cases} x = R\cos(\omega t + \varphi), \\ y = R\sin(\omega t + \varphi), \\ z = r_0 \cos Kt + \dfrac{v_0}{K}\sin Kt, \end{cases}$$

l'angle φ définissant la position angulaire initiale du point M dans le plan xOy.

Au point de vue cinématique, le point M peut être considéré comme effectuant un mouvement vibratoire simple sur une droite parallèle à l'axe Oz, tandis que cette droite décrit elle-même un cylindre de révolution autour de cet axe.

V. — *En supposant toujours remplies les conditions initiales dont il s'agit à l'énoncé IV, démontrer que la trajectoire du point M est une courbe algébrique si le rapport $\dfrac{R^2 - a^2}{R^2}$ est le carré d'un nombre rationnel.*

8. — III-v [**M**, 4 a]. Lorsque le rapport $\dfrac{R^2 - a^2}{R^2}$ est le carré d'un nombre rationnel m, on a

$$\frac{\omega^2}{K^2} = m^2 \quad \text{ou} \quad \omega = K m.$$

Dans ce cas, les valeurs de $\sin K mt$ et de $\cos K mt$ qui entrent dans les deux premières relations (9) peuvent s'exprimer rationnellement en fonction de $\sin K t$ et de $\cos K t$, et l'élimination de $\sin K t$ et $\cos K t$, entre les trois relations (9), fournit une équation *algébrique* en x, y, z, laquelle, avec la relation $x^2 + y^2 - R^2 = 0$, définit la trajectoire du point M.

En particulier, lorsque $m = 1$, la trajectoire est plane ; le point M décrit une ellipse.

BIBLIOGRAPHIE.

Nouvelles Annales de Mathématiques, 4ᵉ série, t. VII, p. 266. — Solution par M. G. Servais (Algèbre et Trigonométrie).

Ibid., p. 270. — Solution par M. Philbert du Plessis (Géométrie analytique et Mécanique).

Feuilles d'examen (Croville-Morant). — Solution par M. Pomey.

ANNÉE 1908.

ALGÈBRE ET TRIGONOMÉTRIE.

I. — *Construire la courbe qui représente la fonction*

$$y = 4\,e\,\frac{\operatorname{Log}\frac{x}{e}}{(\operatorname{Log}x)^2}.$$

II. — *Soit* (C) *l'arc de cette courbe qui a pour origine le point A où elle traverse l'axe des x et pour extrémité le point B*

Fig. 12.

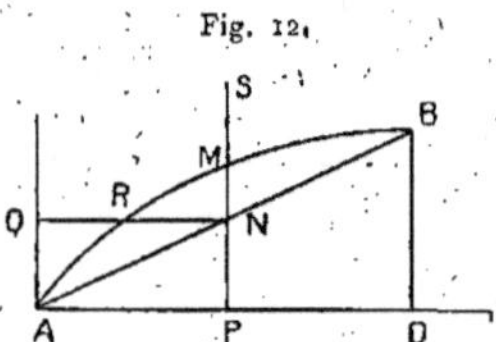

qui correspond au maximum des y. Calculer l'aire (Σ) *comprise entre l'arc* (C), *l'axe des x et l'ordonnée BD de B.*

III. — *Soit* M *un point quelconque de* (C). *Menons la perpendiculaire* PM *à l'axe des x; soit* N *le point où elle rencontre la corde* AB. *Menons par* N *la parallèle à l'axe des x qui coupe en* R *l'arc* (C) *et en* Q *la parallèle à l'axe des y menée par* A. *Portons sur le prolongement de* PM *une longueur* MS *égale à* QR.

Lorsque M *décrit* (C), S *décrit un arc de courbe* (C'); *cet arc passe au point* A. *Calculer, à un centième près, le coefficient angulaire de la tangente à cet arc* (C') *au point* A.

IV. — *Soit (Σ') l'aire balayée par le segment de droite MS lorsque M décrit (C). Montrer qu'il existe entre (Σ) et (Σ') une relation numérique, qui subsiste lorsqu'on remplace, dans les constructions précédentes, l'arc (C) par un arc de courbe quelconque ayant les mêmes extrémités A et B, pourvu toutefois que ce nouvel arc soit situé au-dessus de AB, et ne soit pas rencontré en plus d'un point par une parallèle quelconque à l'un ou l'autre des axes de coordonnées.*

Nota. — *Le signe Log représente des logarithmes népériens dont la lettre e représente la base.*

Les axes de coordonnées sont supposés rectangulaires.

---

1. — *Construire la courbe qui représente la fonction*

$$y = 4e\,\frac{\mathrm{Log}\dfrac{x}{e}}{(\mathrm{Log}\,x)^2}.$$

1. — I-x [D6b], I-xiv [C1f], II-vii [M⁴m]. La fonction donnée n'est définie que si la variable x est positive, et elle devient discontinue pour $x = 1$. Le calcul de la dérivée

$$y' = \frac{4\,e}{x}\,\frac{\mathrm{Log}\dfrac{e^2}{x}}{(\mathrm{Log}\,x)^3}$$

permet de dresser le tableau suivant des variations de la fonction y :

x	0		1		e		e^2		$+\infty$
y'	$-\infty$	$-$	$+\infty$	$+$	4	$+$	0	$-$	$-\infty$
y	0	décroît	$-\infty$	croît	0	croît	maximum $= e$	décroît	0,

Lorsque x tend vers zéro, la dérivée y' tend vers $-\infty$: la courbe représentative de la fonction se rapproche donc de l'origine O tangentiellement à l'axe Oy' ; elle a pour asymptote la droite $x = 1$, et coupe l'axe des x au point $A\,(x = e)$; sa tangente en ce point a pour coefficient angulaire 4. L'ordonnée y devient maxima et égale à e (ordonnée BD) pour $x = e^2$. Enfin, la variable x continuant à croître, la courbe se rapproche asymptotiquement de l'axe Ox; elle a la forme ci-dessous.

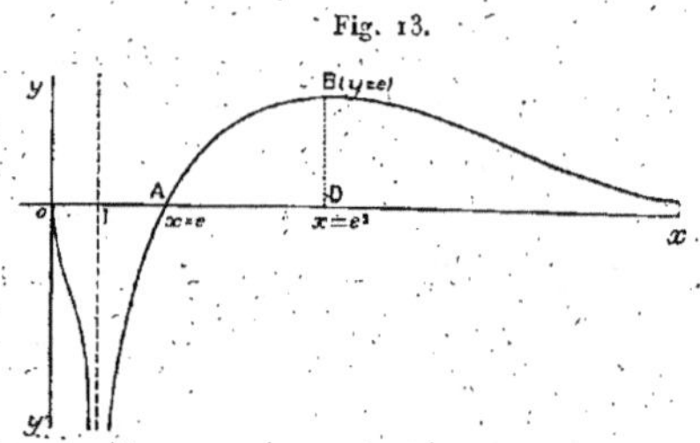

Fig. 13.

II. — *Soit* (C) *l'arc de cette courbe qui a pour origine le point* A *où elle traverse l'axe des* x, *et pour extrémité le point* B *qui correspond au maximum de* y. *Calculer l'aire* (Σ) *comprise entre l'arc* (C), *l'axe des* x *et l'ordonnée* BD *de* B.

2. — II-xxi [C 2 a]. L'aire (Σ) comprise entre l'arc de courbe (C), l'axe des x et l'ordonnée BD a pour valeur

$$(\Sigma) = \int_e^{e^2} y\, dx.$$

Remarquant que l'expression de y peut s'écrire

$$y = 4\,e\,\frac{\operatorname{Log} x - 1}{(\operatorname{Log} x)^2},$$

$$(\Sigma) = 4\,e \int_e^{e^2} \frac{\operatorname{Log} x - 1}{(\operatorname{Log} x)^2}\, dx = 4\,e\left[\frac{x}{\operatorname{Log} x}\right]_e^{e^2} = 2\,e^2(e-2).$$

3. — I-xix [C 2 a]. Ce résultat peut se retrouver aisément au moyen du changement de variable $x = e^y$. On a

$$\int \frac{\operatorname{Log} x - 1}{(\operatorname{Log} x)^2}\, dx = I_1 - I_2,$$

avec

$$I_k = \int \frac{e^y\, dy}{y^k} \qquad (k = 1,\, 2).$$

4. — I-xx [C 2 a]. On peut, au moyen d'une intégration par

parties, en posant

$$e^y = u, \qquad \frac{dy}{y^2} = dv, \qquad \text{d'où} \qquad v = -\frac{1}{y},$$

établir entre I_1 et I_2 la relation $I_2 = -\dfrac{e^y}{y} + I_1$ en sorte que

$$\int \frac{\operatorname{Log} x - 1}{(\operatorname{Log} x)^2} \, dx = \frac{e^y}{y} = \frac{x}{\operatorname{Log} x}.$$

III. — *Soit M un point quelconque de* (C). *Menons la perpendiculaire PM à l'axe des x; soit N le point où elle rencontre la corde AB. Menons par N la parallèle à l'axe des x qui coupe en R l'arc* (C) *et en Q la parallèle à l'axe des y menée par A. Portons sur le prolongement de PM une longueur MS égale à QR.*

Lorsque M décrit (C), *S décrit un arc de courbe* (C'); *cet arc passe au point A. Calculer, à un centième près, le coefficient angulaire de la tangente à cet arc* (C') *au point A.*

S. — II-x [O 2 b]. Soient Y l'ordonnée du point S, x et y les coordonnées du point M, α et β celles du point R; d'après les conditions de l'énoncé,

$$(1) \qquad \mathrm{Y} = y + \mathrm{MS} = y + \mathrm{QR} = y + \alpha - e;$$

l'abscisse du point A étant e.

En dérivant par rapport à x la relation précédente, j'obtiens la valeur du coefficient angulaire Y'_x de la tangente en S à la courbe (C')

$$Y'_x = y'_x + \alpha'_x.$$

Or, les deux triangles semblables APN, ADB donnent la relation

$$\frac{\mathrm{PN}}{\mathrm{BD}} = \frac{\mathrm{AP}}{\mathrm{AD}} \qquad \text{ou} \qquad \frac{\beta}{e} = \frac{x - e}{e^2 - e},$$

d'où je déduis

$$(2) \qquad \beta = \frac{x - e}{e - 1},$$

et, en dérivant par rapport à x,

$$\beta'_x \, \alpha'_x = \frac{1}{e - 1}.$$

Il en résulte

$$\alpha'_x = \frac{1}{(e-1)\beta'_\alpha},$$

et, par suite,

$$Y'_x = y'_x + \frac{1}{(e-1)\beta'_\alpha}.$$

Lorsque le point variable S vient en A, le coefficient angulaire de la tangente à la courbe (C) a pour valeur

$$y'_x = \beta'_\alpha = 4;$$

celle du coefficient angulaire de la tangente à la courbe (C') est donc

$$Y'_x = 4 + \frac{1}{4(e-1)}.$$

6. — I-VIII [C 1 e]. On obtiendra une valeur approchée de $\frac{1}{4(e-1)}$ à $\frac{1}{100}$ près en remplaçant d'abord $\frac{1}{4(e-1)}$ par une fraction $\frac{1}{4(e_0-1)}$, qui en diffère de moins de $\frac{1}{100} - \frac{1}{1000}$, puis en remplaçant cette fraction par un nombre décimal qui en diffère de moins de $\frac{1}{1000}$.

Cette deuxième opération consiste simplement à calculer le quotient avec trois décimales exactes. Pour la première, il suffit de déterminer e_0 de manière que

$$\frac{1}{e_0-1} - \frac{1}{e-1} < \frac{4 \times 9}{1000} = \frac{9}{250}.$$

Et comme $(e_0-1)(e-1) > 1$, il suffit de prendre

$$e - e_0 < \frac{1}{30}.$$

Comme en s'arrêtant au $p^{\text{ième}}$ terme dans la série $e = 1$, l'erreur est $< \frac{p+1}{p!\,p}$, on voit qu'il suffit de prendre les quatre premiers termes, soit

$$e_0 - 1 = \frac{1}{1} + \frac{1}{2} + \frac{1}{6} + \frac{1}{24} = \frac{41}{24},$$

d'où

$$\frac{1}{4(e_0-1)} = \frac{6}{41},$$

dont la valeur décimale à $\frac{1}{1000}$ près est $0,146$.

L'expression à $\frac{1}{100}$ près du coefficient angulaire de la tangente en A est donc $4,14$.

IV. — *Soit* (Σ') *l'aire balayée par le segment de droite* MS *lorsque* M *décrit* (C). *Montrer qu'il existe entre* (Σ) *et* (Σ') *une relation numérique, qui subsiste lorsqu'on remplace dans les constructions précédentes l'arc* C *par un autre arc de courbe quelconque ayant les mêmes extrémités* A *et* B, *pourvu toutefois que ce nouvel arc soit situé au-dessus de* AB, *et ne soit pas rencontré en plus d'un point par une parallèle quelconque à l'un ou l'autre des axes de coordonnées.*

7. — II-xxi [O 2 a]. L'aire (Σ'), balayée par le segment MS lorsque le point M décrit l'arc de courbe (C), est

$$(\Sigma') = \int_{e}^{e^2} (Y - y)\,dx$$

ou, en tenant compte de la relation (1),

$$(\Sigma') = \int_{e}^{e^2} (x - e)\,dx.$$

8. — I-xix [C 2 a]. Or, en différentiant l'équation (2), on a

$$dx = (e - 1)\beta'_\alpha\,d\alpha;$$

donc

$$(\Sigma') = (e - 1) \int_{e}^{e^2} (x - e)\beta'_\alpha\,d\alpha = (e - 1)\left(\int_{e}^{e^2} \alpha\beta'_\alpha\,d\alpha - e \int_{e}^{e^2} \beta'_\alpha\,d\alpha \right).$$

Mais

$$\int \alpha\beta'_\alpha\,d\alpha = \alpha\beta - \int \beta\,d\alpha, \qquad \int \beta'_\alpha\,d\alpha = \beta;$$

par suite,

$$(\Sigma') = (e - 1)\left[\beta(\alpha - e) - \int \beta\,d\alpha \right]_{e}^{e^2} = (e-1)[e^2(e - 1) - (\Sigma)].$$

Telle est la relation numérique qui lie les aires (Σ) et (Σ').

On peut aussi transformer $\int_{e}^{e^2} (x - e)\,dx$ par le changement de variable défini par (2), qui donne

$$(\Sigma') = (e - 1) \int_{0}^{e} (x - 1)\,d\beta.$$

Or $\int_0^e (\alpha - 1)\, d\beta$ est l'aire comprise entre (C), Oy, et la parallèle à Ox menée par B; donc

$$\int_0^e (\alpha - 1)\, d\beta = e^2(e-1) - (\Sigma)$$

et

$$(\Sigma') = (e - 1)[e^2(e-1) - (\Sigma)].$$

Il est évident que le calcul ci-dessus n'est justifié que si α et β n'ont ni maximum ni minimum entre les points A et B, ce qui correspond à la condition que l'arc (C) ne soit coupé qu'en un seul point par des parallèles aux axes de coordonnées.

La valeur de (Σ') ne dépend d'ailleurs que des limites de l'intégrale définie, c'est-à-dire de la position des points A et B.

GÉOMÉTRIE ANALYTIQUE ET MÉCANIQUE.

On considère un plan P et un système (S) de forces appliquées à un solide invariable; ce système, par hypothèse, n'est équivalent ni à une force unique, ni à un couple, ni à zéro.

I. — Démontrer sans calcul que le système (S) peut être, en général, remplacé par deux forces : l'une F_1 normale au plan P, l'autre F_2 située dans ce plan.

Indiquer les conditions de possibilité du problème.

II. — Soient Ox, Oy, Oz trois axes de coordonnées rectangulaires; $\mathfrak{X}, \mathfrak{Y}, \mathfrak{Z}, \mathfrak{L}, \mathfrak{M}, \mathfrak{N}$ les six coordonnées du système (S), c'est-à-dire les projections sur les axes de la résultante générale et du moment résultant relatif au point O.

Soit, enfin, $ux + vy + wz + h = 0$ l'équation du plan P.

On demande de calculer les coordonnées x_1, y_1, z_1 du point de rencontre A de la force F_1 avec le plan P, ainsi que l'équation du plan II mené perpendiculairement au plan P par la droite D qui porte F_2.

III. — On assujettit le plan P à passer par une droite fixe Δ. Trouver le lieu géométrique [C] du point A, et le lieu géomé-

trique [Σ] de la droite D, *quand le plan* P *pivote autour de la droite donnée* Δ.

IV. — *Former l'équation réduite de la surface* [Σ], *et discuter la nature de cette surface suivant les positions diverses de la droite donnée* Δ.

I. — *Démontrer sans calcul que le système* (S) *peut-être, en général, remplacé par deux forces : l'une* F_1 *normale au plan* P, *l'autre* F_2 *située dans ce plan.*

Indiquer les conditions de possibilité du problème.

1. — III-11 [**R 4 a**]. Pour que le système considéré [F_1, F_2] soit équivalent au système donné (S), il faut et il suffit :

1° Que la résultante de translation $\mathfrak{R}$ de (S) soit la somme géométrique $F_1 + F_2$, ce qui, d'après l'hypothèse $F_1 F_2 \neq 0$, exige que $\mathfrak{R}$ ne soit ni parallèle, ni perpendiculaire au plan [P]; nous supposerons qu'il en est ainsi.

2° Que, par rapport à la trace A de F_1 sur [P], le moment résultant $\mathcal{G}$ du système (S) soit égal au moment résultant de [F_1, F_2], c'est-à-dire au moment de F_2.

Donc $\mathcal{G}$ est normal au plan [P]. La direction de $\mathcal{G}$ étant donnée, il résulte de deux théorèmes connus que $\mathcal{G}$ est donné en grandeur et sens, et que le point A se trouve sur une parallèle déterminée à $\mathfrak{R}$, qui rencontre [P] en un point unique à distance finie. Le vecteur F_1 est alors déterminé par son origine A et son équipollence à la projection de $\mathfrak{R}$ sur la normale à [P]. Le vecteur F_2 est déterminé par les conditions d'être équipollent à la projection de $\mathfrak{R}$ sur [P] et d'avoir $\mathcal{G}$ pour moment par rapport à A. On sait que ces deux conditions déterminent d'une façon unique la droite portant le vecteur F_2.

Ainsi la réduction demandée est possible et d'une seule manière, à condition que [P] ne soit ni parallèle, ni perpendiculaire à $\mathfrak{R}$.

II. — *Soient* Ox, Oy, Oz *trois axes de coordonnées rectangulaires;* $\mathfrak{X}$, $\mathfrak{Y}$, $\mathfrak{Z}$, $\mathfrak{L}$, $\mathfrak{M}$, $\mathfrak{N}$ *les six coordonnées du système* (S), *c'est-à-dire les projections sur les axes de la résultante générale et du moment résultant relatif au point* O.

Soit, enfin, $ux + vy + wz + h = 0$ *l'équation du plan* P.

On demande de calculer les coordonnées x_1, y_1, z_1 *du point de rencontre* A *de la force* F_1 *avec le plan* P, *ainsi que l'équation du plan* II *mené perpendiculairement au plan* P *par la droite* D *qui porte* F_2.

2. — III-II [**R 3 a**]. En désignant par $X_1 Y_1 Z_1$ et $X_2 Y_2 Z_2$ les composantes des forces F_1 et F_2 suivant les trois axes Ox, Oy, Oz, et par $x_1 y_1 z_1$ et $x_2 y_2 z_2$ les coordonnées de leurs points d'application, j'ai les six relations

$$(1) \quad \begin{cases} X_1 + X_2 = \mathfrak{X}, \\ Y_1 + Y_2 = \mathfrak{Y}, \\ Z_1 + Z_2 = \mathfrak{Z}; \end{cases}$$

$$(2) \quad \begin{cases} y_1 Z_1 - z_1 Y_1 + y_2 Z_2 - z_2 Y_2 = \mathfrak{L}, \\ z_1 X_1 - x_1 Z_1 + z_2 X_2 - x_2 Z_2 = \mathfrak{M}, \\ x_1 Y_1 - y_1 X_1 + x_2 Y_2 - y_2 X_2 = \mathfrak{N}. \end{cases}$$

Les deux relations suivantes expriment que les points $(x_1 y_1 z_1)$ et $(x_2 y_2 z_2)$ sont situés dans le plan P :

$$(3) \quad \begin{cases} u x_1 + v y_1 + w z_1 + h = 0, \\ u x_2 + v y_2 + w z_2 + h = 0. \end{cases}$$

Enfin, la force F_1 étant perpendiculaire au plan P, et la force F_2 située dans ce plan, j'ai les conditions

$$(4) \quad \frac{X_1}{u} = \frac{Y_1}{v} = \frac{Z_1}{w},$$

$$(5) \quad u X_2 + v Y_2 + w Z_2 = 0.$$

Pour déterminer les coordonnées x_1, y_1, z_1 du point de rencontre A de la force F_1 et du plan P, je tire des équations (3) et (5) les valeurs de u, v, w; désignant par Δ le déterminant

$$\Delta = \begin{vmatrix} X_2 & Y_2 & Z_2 \\ x_1 & y_1 & z_1 \\ x_2 & y_2 & z_2 \end{vmatrix},$$

j'obtiens

$$u = \frac{h}{\Delta}\begin{vmatrix} 0 & Y_2 & Z_2 \\ 1 & y_1 & z_1 \\ 1 & y_2 & z_2 \end{vmatrix} = \frac{h}{\Delta}(z_1 Y_2 - y_1 Z_2 - z_1 Y_2 + y_1 Z_2),$$

ou, en tenant compte de la première des relations (2) et des deux dernières relations (1),

$$u = \frac{h}{\Delta}(y_1\mathfrak{Z} - z_1\mathfrak{Y} - \mathcal{L}),$$

j'ai, de même,

$$v = \frac{h}{\Delta}(z_1\mathfrak{X} - x_1\mathfrak{Z} - \mathfrak{M}),$$

$$w = \frac{h}{\Delta}(x_1\mathfrak{Y} - y_1\mathfrak{X} - \mathfrak{N}).$$

3. — I-v [**A 2 a**]. Il en résulte que

$$(6) \qquad \begin{cases} \mathcal{L} - y_1\mathfrak{Z} + z_1\mathfrak{Y} = \lambda u, \\ \mathfrak{M} - z_1\mathfrak{X} + x_1\mathfrak{Z} = \lambda v, \\ \mathfrak{N} - x_1\mathfrak{Y} + y_1\mathfrak{X} = \lambda w; \end{cases}$$

et ces deux équations, avec la première des relations (3), déterminent les coordonnées x_1, y_1, z_1, du point A :

$$(A') \qquad \begin{cases} x_1 = \dfrac{-\mathfrak{M}w + \mathfrak{N}v - h\mathfrak{X}}{u\mathfrak{X} + v\mathfrak{Y} + w\mathfrak{Z}}, \\[2ex] y_1 = \dfrac{-\mathfrak{N}u + \mathcal{L}v - h\mathfrak{Y}}{u\mathfrak{X} + v\mathfrak{Y} + w\mathfrak{Z}}, \\[2ex] z_1 = \dfrac{-\mathcal{L}v + \mathfrak{M}u - h\mathfrak{Z}}{u\mathfrak{X} + v\mathfrak{Y} + w\mathfrak{Z}}. \end{cases}$$

Les équations (6) pouvaient d'ailleurs être écrites *a priori*, car elles expriment que le moment résultant du système (S) par rapport au point A est perpendiculaire au plan P.

4. — II-I [**K 13 a**]. Pour obtenir les équations de la droite D qui porte la force F_2, je remarque que le point d'application x_2, y_2, z_2 de cette force est indéterminé sur la droite D ; cette indétermination ressort d'ailleurs des équations même du problème qui, au nombre de onze, renferment douze inconnues.

5. — I-v [**A 2 a**]. Dans ces conditions, la droite D est représentée par deux équations entres les variables x_2, y_2, z_2 et leurs

quantités connues du problème : l'une de ces équations est la seconde des relations (3); pour en avoir une autre, j'élimine x_1, y_1, z_1 en multipliant respectivement les relations (2) par X_1, Y_1, Z_1 et les ajoutant; j'obtiens :

$$X_1(y_2 Z_2 - z_2 Y_2) + Y_1(z_2 X_2 - x_2 Z_2)$$
$$+ Z_1(x_2 Y_2 - y_2 X_2) = \mathfrak{L} X_1 + \mathfrak{M} Y_1 + \mathfrak{N} Z_1,$$

puis X_1, Y_1, Z_1 en les remplaçant par leurs valeurs proportionnelles u, v, w :

$$x_2(w Y_2 - v Z_2) + y_2(u Z_2 - w X_2) + z_2(v X_2 - u Y_2) = \mathfrak{L} u + \mathfrak{M} v + \mathfrak{N} w;$$

enfin X_2, Y_2, Z_2 entre cette relation, la relation (5) et les relations obtenues par élimination de X_1, Y_1, Z_1 entre (1) et (4), d'où,

$$(\text{II}) \qquad (w \mathfrak{Y} - v \mathfrak{Z}) x_2 + (u \mathfrak{Z} - w \mathfrak{X}) y_2 + (v \mathfrak{X} - u \mathfrak{Y}) z_2$$
$$= \mathfrak{L} u + \mathfrak{M} v + \mathfrak{N} w,$$

équation qui représente un plan II, passant par la droite D et perpendiculaire au plan P.

III. — *On assujettit le plan P à passer par une droite fixe* Δ. *Trouver le lieu géométrique* [C] *du point* A, *et le lieu géométrique* [Σ] *de la droite* D, *quand le plan P pivote autour de la droite donnée* Δ.

6. — III-1 [**K 13 a**]. Soient

$$(\Delta) \qquad \begin{cases} P_1 \equiv u_1 x + v_1 y + w_1 z + h_1 = 0, \\ P_2 \equiv u_2 x + v_2 y + w_2 z + h_2 = 0 \end{cases}$$

les équations de la droite (Δ); le plan [P], assujetti à contenir cette droite, a pour équation

$$P \equiv P_1 + \lambda P_2 \equiv (u_1 + \lambda u_2) x + (v_1 + \lambda v_2) y + (w_1 + \lambda w_2) z + h_1 + \lambda h_2 = 0,$$

λ étant un paramètre arbitraire.

Le lieu du point A, lorsque le plan [P] pivote autour de la droite (Δ), s'obtient en remplaçant u, v, w dans les formules (A) par leurs valeurs respectives $u_1 + \lambda u_2$, $v_1 + \lambda v_2$, $w_1 + \lambda w_2$, et en éliminant le paramètre λ entre ces trois relations; pour faire cette élimination je pose, en vue de simplifier l'écriture,

$$R_i = u_i X + v_i Y + w_i Z \qquad \text{et} \qquad \begin{cases} U_i = M w_i - N v_i + h_i X, \\ V_i = N u_i - L w_i + h_i Y, \\ W_i = L v_i - M u_i + h_i Z, \end{cases}$$

relations dans lesquelles l'indice i peut prendre les valeurs 1 et 2. J'obtiens ainsi

$$\lambda = \frac{R_1 x_1 + U_1}{R_2 x_1 + U_2} = \frac{R_1 y_1 + V_1}{R_2 y_1 + V_2} = \frac{R_1 z_1 + W_1}{R_2 z_1 + W_2},$$

ce qui peut s'écrire

$$(C) \qquad \frac{R_1 x_1 + U_1}{R_1 U_2 - R_2 U_1} = \frac{R_1 y_1 + V_1}{R_1 V_2 - R_2 V_1} = \frac{R_1 z_1 + W_1}{R_1 W_2 - R_2 W_1}.$$

Le lieu du point $A(x_1, y_1, z_1)$ est donc une ligne droite.

On peut aussi remarquer simplement que les formules (A), où l'on remplace u, v, w, h par des fonctions linéaires de λ, donnent des équations paramétriques du lieu (C). Les trois numérateurs et le dénominateur commun étant des polynômes linéaires en λ, (C) est une droite.

7. — III-vii [$\mathbf{L^2\,1\,b}$]. D'autre part, les équations de la droite (D), dans l'hypothèse envisagée, sont

$$P_1 + \lambda P_2 = 0,$$

$$[(w_1 + \lambda w_2)\mathfrak{Y} - (v_1 + \lambda v_2)\mathfrak{Z}]x + [(u_1 + \lambda u_2)\mathfrak{Z} - (w_1 + \lambda w_2)\mathfrak{X}]y$$
$$+ [(v_1 + \lambda v_2)\mathfrak{X} - (u_1 + \lambda u_2)\mathfrak{Y}]z$$
$$- \mathfrak{L}(u_1 + \lambda u_1) - \mathfrak{M}(v_1 + \lambda v_2) - \mathfrak{N}(w_1 + \lambda w_1) = 0.$$

En posant, pour simplifier,

$$Q_1 \equiv u_1(y\mathfrak{Z} + z\mathfrak{Y} - \mathfrak{L}) + v_1(z\mathfrak{X} - x\mathfrak{Z} - \mathfrak{M}) + w_1(x\mathfrak{Y} - y\mathfrak{X} - \mathfrak{N}),$$
$$Q_2 \equiv u_2(y\mathfrak{Z} - z\mathfrak{Y} - \mathfrak{L}) + v_2(z\mathfrak{X} - x\mathfrak{Z} - \mathfrak{M}) + w_2(x\mathfrak{Y} - y\mathfrak{X} - \mathfrak{N}),$$

ces deux équations deviennent

$$P_1 + \lambda P_2 = 0,$$
$$Q_1 + \lambda Q_2 = 0,$$

et l'élimination de λ donne l'équation du lieu (Σ) de la droite D :

$$(\Sigma) \qquad P_1 Q_2 - P_2 Q_1 = 0.$$

Ce lieu est une surface du second ordre passant par la droite $\Delta\left(\begin{array}{l}P_1 = 0 \\ P_2 = 0\end{array}\right)$ et par la droite $\left\{\begin{array}{l}Q_1 = 0 \\ Q_2 = 0\end{array}\right\}$, dont les équations développées s'écrivent

$$\frac{y\mathfrak{Z} - z\mathfrak{Y} - \mathfrak{L}}{v_1 w_2 - v_2 w_1} = \frac{z\mathfrak{X} - x\mathfrak{Z} - \mathfrak{M}}{w_1 u_2 - w_2 u_1} = \frac{x\mathfrak{Y} - y\mathfrak{X} - \mathfrak{N}}{u_1 v_2 - u_2 v_1}.$$

Sous cette forme, on voit que cette dernière droite est le lieu des points pour lesquels le moment résultant du système est parallèle à la droite (Δ).

Les équations de la droite [C], lieu du point A, se simplifient en prenant, pour axe des z, l'axe principal du système (S), c'est-à-dire la droite suivant laquelle le moment résultant et la résultante générale du système ont la même direction; dès lors, les quantités $\mathfrak{X}$, $\mathfrak{Y}$, $\mathfrak{L}$, $\mathfrak{M}$ sont nulles, et, en posant

$$\frac{\mathfrak{N}}{\mathfrak{Z}} = k,$$

les équations de la droite (C) deviennent

$$\frac{w_1 x - kv}{k(v_1 w_2 - v_2 w_1)} = \frac{w_1 y + ku}{k(u_2 w_1 - u_1 w_2)} = \frac{w_1 z - h_1}{h_2 w_1 - h_1 w_2}$$

et montrent que la projection de cette droite sur le plan $x\,O\,y$ est parallèle à celle de la droite (Δ) sur ce plan.

IV. — *Former l'équation réduite de la surface* $[\Sigma]$ *et discuter la nature de cette surface suivant les positions diverses de la droite donnée* Δ.

Pour former l'équation réduite de la surface (Σ), je ferai la même hypothèse sur le choix de l'axe Oz; en posant alors

$$(7) \qquad \left\{\begin{array}{ll} v_1 w_2 - v_2 w_1 = \alpha, & h_2 u_1 - h_1 u_2 = m, \\ w_1 u_2 - w_2 u_1 = \beta, & h_2 v_1 - h_1 v_2 = n, \\ u_1 v_2 - u_2 v_1 = \gamma, & h_2 w_1 - h_1 w_2 = p, \end{array}\right.$$

et supprimant les indices des lettres x_2, y_2, z_2, l'équation de (Σ) devient

$$\gamma(x^2 + y^2) - \beta yz - \alpha zx - (k\beta + n)x + (k\alpha + m)y - kp = 0.$$

Je vois, sur cette équation, que la surface $[\Sigma]$ a des sections circulaires parallèles au plan xOy.

8. — III-XIII $[L^2 \, 1 \, a]$. Je désigne par δ le déterminant

$$\delta = \begin{vmatrix} \gamma & o & -\dfrac{\alpha}{2} \\[2mm] o & \gamma & -\dfrac{\beta}{2} \\[2mm] -\dfrac{\alpha}{2} & -\dfrac{\beta}{2} & o \end{vmatrix} = -\frac{\gamma(\alpha^2+\beta^2)}{4}.$$

1° Si δ n'est pas nul, c'est-à-dire si $\gamma \ne o$, ou en d'autres termes si la droite Δ n'est pas perpendiculaire à la résultante générale du système, l'équation réduite de la surface (Σ) peut s'écrire

$$S_1 x'^2 + S_2 y'^2 + S_3 z'^2 + \frac{H}{6} = o,$$

dans laquelle S_1, S_2, S_3 sont les trois racines de l'équation en S, et H le déterminant

$$H = \begin{vmatrix} \gamma & o & \dfrac{\alpha}{2} & \dfrac{k\beta+n}{2} \\[2mm] o & \gamma & -\dfrac{\beta}{2} & \dfrac{k\alpha+m}{2} \\[2mm] -\dfrac{\alpha}{2} & -\dfrac{\beta}{2} & o & o \\[2mm] -\dfrac{k\beta+n}{2} & \dfrac{k\alpha+m}{2} & o & -kp \end{vmatrix}$$

L'équation en S

$$(S-\gamma)(4S^2 - 4\gamma S - \alpha^2 - \beta^2) = o$$

a pour racines

$$S_1 = \gamma \quad \text{et} \quad \left.\begin{matrix} S_2 \\ S_3 \end{matrix}\right\} = \frac{\gamma \pm \sqrt{\alpha^2+\beta^2+\gamma^2}}{2};$$

ces deux dernières racines sont de signe contraire.

Quant au déterminant H, son développement donne

$$H = \frac{1}{16}[k(\alpha^2+\beta^2) + m\alpha + n\beta]^2 + \frac{k}{4}p\gamma(\alpha^2+\beta^2);$$

or, des relations (7), je tire

$$m\alpha + n\beta + p\gamma = 0;$$

donc

$$H = \frac{1}{16}[k(\alpha^2 + \beta^2) + p\gamma]^2;$$

et l'équation réduite de la surface (Σ) s'écrit

$$\gamma x'^2 + S_2 y'^2 + S_3 z'^2 - \frac{[k(\alpha^2 + \beta^2) + p\gamma]^2}{4\gamma(\alpha^2 + \beta^2)} = 0.$$

Elle représente un hyperboloïde à une nappe, sauf dans le cas où

$$\gamma = -\frac{k(\alpha^2 + \beta^2)}{p};$$

la surface est alors un cône; remarquant que $-p = h_1 \varpi_2 - h_2 \varpi_1$ représente la plus courte distance de la droite Δ et de l'axe Oz, et que $\dfrac{\alpha^2 + \beta^2}{\gamma}$ est la tangente trigonométrique de l'angle θ formé par Δ et Oz, on a, dans ce cas particulier, la relation

$$p = k \operatorname{tang}\theta.$$

2° Si le déterminant δ est nul, c'est-à-dire si $\gamma = 0$, la droite Δ est perpendiculaire à la résultante générale, et l'équation de la surface $[\Sigma]$ devient

$$z(\alpha x + \beta y) + (k\beta + n)x - (k\alpha + m)y + kp = 0$$

et représente un paraboloïde hyperbolique équilatère, dont un des plans directeurs est perpendiculaire à la résultante générale et dont l'axe est parallèle à la droite Δ.

L'équation réduite de la surface est, dans ce cas, de la forme

$$S_2 y'^2 + S_3 z'^2 + 2Cx = 0,$$

dans laquelle S_2 et S_3 sont les racines de l'équation en S :

$$\left.\begin{array}{c} S_2 \\ S_3 \end{array}\right\} = \pm \frac{\sqrt{\alpha^2 + \beta^2}}{2},$$

et le coefficient C à la valeur

$$C = \sqrt{-\frac{H}{S_2 S_3}} = \frac{k}{2}\sqrt{\alpha^2 + \beta^2}.$$

Cette équation s'écrit donc

$$y'^2 - z'^2 + 2kx = 0.$$

BIBLIOGRAPHIE.

Nouvelles Annales de Mathématiques, 4ᵉ série, t. VIII, p. 360. Solution par M. Philbert du Plessis (Géométrie analytique et Mécanique).

Ibid., p. 370. Solution par M. J. Servais (Algèbre et Trigonométrie).

Feuilles d'examen (Croville-Morant). Solution par M. Pomey.

ANNÉE 1909.

ALGÈBRE ET TRIGONOMÉTRIE.

Étant donnée la fonction

$$y = \sqrt[3]{x^2(x-6)}$$

de la variable réelle x :

I. — *Étudier les variations de cette fonction, et les représenter par une courbe.*

II. — *Calculer l'intégrale indéfinie* $\int y\,dx$.

III. — *Soit* $F(x)$ *l'une quelconque des fonctions primitives de* y ; *trouver trois constantes* P, Q, R, *telles que la fonction*

$$\Phi(x) = F(x) - P\,x^2 - Q\,x - R\operatorname{Log}|x|$$

reste finie lorsque x *devient infini, et prouver qu'il n'y a qu'un seul système de valeur des constantes* P, Q, R *satisfaisant à cette condition.*

Nota. — *La notation* $\operatorname{Log}|x|$ *désigne le logarithme népérien de la valeur absolue de* x.

IV. — *Les constantes* P, Q, R, *étant celles qui satisfont à la condition précédente, et* F(x) *désignant la fonction*

$$F(x) = \int_{3}^{x} y\,dx,$$

*déterminer, d'une manière précise, ce que devient la fonc-
tion $\Phi(x)$ lorsque x devient infini.*

I. — *Étudier les variations de la fonction, et les représenter par une courbe.*

1. — I-xiv [**C 1 f**], II-vii [**M¹ 5 a**]. Pour étudier les variations
de la fonction donnée, j'en calcule la dérivée

$$y' = \frac{x - 4}{\sqrt[3]{x(x-6)^2}}.$$

Cette dérivée est négative pour les valeurs de x comprises
entre o et 4, positive pour toutes les autres valeurs; je puis donc
établir le tableau suivant des variations de la fonction :

x	$-\infty$		o		4		6		$+\infty$
y'	1	$+$	∞	$-$	o	$+$	∞	$+$	1
y	$-\infty$	croît	o	décroît	$-2\sqrt[3]{3}$	croît	o	croît	$+\infty$
					minimum				

La courbe représentative de ces variations présente donc une
branche infinie; le coefficient angulaire de l'asymptote est la
valeur limite de y' ou de

$$\frac{y}{x} = \left(1 - \frac{6}{x}\right)^{\frac{1}{3}}$$

lorsque x devient infini; cette limite est égale à 1.

2. — I-xii [**C 1 e α**]. L'ordonnée à l'origine de cette asymptote
est la limite de

$$y - x = x^{\frac{2}{3}}(x - 6)^{\frac{1}{3}} - x = -2 + \frac{4}{x} + \dots,$$

c'est-à-dire -2; l'asymptote a donc pour équation

$$y = x - 2.$$

La courbe présente un point de rebroussement à l'origine; la
tangente en ce point est l'axe des y; enfin elle coupe l'axe des x
au point $x = 6$, où la tangente est parallèle à Oy.

Cette courbe a la forme ci-dessous (*fig.* 14).

Fig. 14.

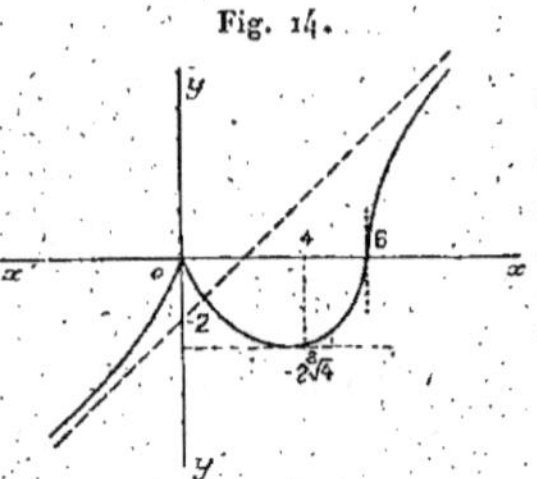

II. — *Calculer l'intégrale indéfinie* $\int y\,dx$.

3. — I-xix [**C 2 a**]. En posant

$$y = tx$$

j'ai

$$x = \frac{6}{1-t^3}, \qquad y = \frac{6t}{1-t^3};$$

et, par suite,

$$\mathrm{F}(x) = \int y\,dx = 108 \int \frac{t^3}{(1-t^3)^3}\,dt.$$

4. — I-xxi [**C 2 a**]. Pour calculer cette intégrale je décompose la fraction rationnelle $\dfrac{t^3}{(1-t^3)^3}$ en fractions simples; désignant par α l'une quelconque des racines du dénominateur ($\alpha^3 = 1$); et posant $t = \alpha + h$, j'obtiens

$$\frac{t^3}{(1-t^3)^3} = \frac{1 + 3\alpha^2 h + 3\alpha h^2 + h^3}{-h^3(3\alpha^2 + 3\alpha h + h^2)^3} = -\frac{1}{27h^3} + \frac{\alpha}{27h} - \dots,$$

d'où

$$\frac{108\,t^3}{(1-t^3)^3} = -\frac{4}{h^3} + \frac{4\alpha}{h} - \dots.$$

Dès lors, si je remplace successivement, dans ce développement, α par les racines cubiques de l'unité 1, θ, θ^2, il vient

$$\frac{108\,t^3}{(1-t^3)^3} = -4\left[\frac{1}{(t-1)^3} + \frac{\theta}{(t-\theta)^3} + \frac{\theta^2}{(t-\theta^2)^3}\right]$$
$$+ 4\left(\frac{1}{t-1} + \frac{\theta}{t-\theta} + \frac{\theta^2}{t-\theta^2}\right)$$

el, en intégrant,

$$F(x) = \int y\, dx = 2\left[\frac{1}{(t-1)^2} + \frac{0}{(t-0)^2} + \frac{0^2}{(t-0^2)^2}\right]$$
$$+ 4\log(t-1) + 4\int\left(\frac{0}{t-0} + \frac{0^2}{t-0^2}\right)dt + C,$$

C étant une constante arbitraire.

Or,

$$\frac{1}{(t-1)^2} + \frac{0}{(t-0)^2} + \frac{0^2}{(t-0^2)^2} = \frac{3t(t^3+2)}{(t^3-1)^2},$$

et

$$\int\left(\frac{0}{t-0} + \frac{0^2}{t-0^2}\right)dt = -\int\frac{t+2}{t^2+t+1}dt$$
$$= -\frac{1}{2}\log(t^2+t+1) - \sqrt{3}\,\text{arc tang}\frac{2t+1}{\sqrt{3}}.$$

Donc

$$F(x) = \frac{6t(t^3+2)}{(t^3-1)^2} + 2\log\frac{(t-1)^2}{t^2+t+1} - 4\sqrt{3}\,\text{arc tang}\frac{2t+1}{\sqrt{3}} + C.$$

Il suffirait de remplacer, dans le second membre, la variable t par $\frac{y}{x}$ ou par $\sqrt[3]{\frac{x-6}{x}}$ pour obtenir la valeur de l'intégrale demandée, en fonction de x.

III. — *Soit* $F(x)$ *l'une quelconque des fonctions primitives de* y; *trouver trois constantes* P, Q, R, *telles que la fonction*

$$\Phi(x) = F(x) - Px^2 - Qx - R\,\text{Log}\,|x|$$

reste finie lorsque x *devient infini, et prouver qu'il n'y a qu'un seul système de valeurs des constantes* P, Q, R *satisfaisant à cette condition.*

Si, dans la relation

$$\Phi(x) = F(x) - Px^2 - Qx - R\,\text{Log}\,|x|,$$

je substitue à x sa valeur en fonction de t, j'obtiens

$$\Phi(x) = \frac{6t(t^3+2) + 36P + 6Q(t^3-1)}{(t^3-1)^2}$$
$$+ \text{Log}\frac{(t-1)^4(1-t^3)^R}{6^R(t^2+t+1)^2} - 4\sqrt{3}\,\text{arc tang}\frac{2t+1}{\sqrt{3}} + C.$$

5. — I-ɪ [**A 1 a**]. Lorsque x devient infinie, t est égal à l'unité; le premier terme du second membre restera fini, si le numérateur est divisible par $(t-1)^2$, c'est-à-dire s'il s'annule, ainsi que sa dérivée, pour $t=1$; en exprimant ces deux conditions, je trouve

$$P = -\frac{1}{2}, \qquad Q = -2.$$

Le second terme restera également fini pour $t=1$, si

$$R = -4.$$

Quant au troisième terme, il garde la valeur finie $-\dfrac{2\pi}{\sqrt{3}}$.

6. — I-xɪɪɪ [**D 1 a**]. Donc, en donnant aux constantes P, Q, R les valeurs ci-dessus, la fonction $\Phi(x)$ a une limite finie, lorsque x devient infini; cette limite est

$$4\log 2 - 2\log 3 - 4\frac{\pi\sqrt{3}}{3} + C.$$

La manière dont les constantes P, Q, R ont été déterminées montre bien que leurs valeurs sont uniques.

7. — I-xvɪ [**D 2 a γ**]. On peut aussi résoudre la question par application de la théorie des séries entières. Si, en effet, je pose $x = \dfrac{1}{u}$, il vient

$$F(x) = -\int \frac{y\,du}{u^2}, \qquad y = \frac{1}{u}(1-6u)^{\frac{1}{3}}.$$

On a donc, pour y, le développement

$$y = \frac{1}{u} - 2 - 4u - \frac{40}{3}u^2 - \ldots,$$

les termes non écrits étant ceux d'une série entière, absolument convergente pour $|u| < \dfrac{1}{6}$, et

$$F(x) = \frac{1}{2u^2} - \frac{2}{u} + 4L|u| + S(u),$$

$S(u)$ désignant une série entière absolument convergente. On a donc

$$\Phi(x) = \left(\frac{1}{2} + P\right) u^2 - (2 + Q)\frac{1}{u} + (4 + R)L|u| + S(u).$$

On voit directement qu'une expression de la forme $\dfrac{\alpha}{u^2} + \dfrac{\beta}{u} + \gamma L|u|$ ne peut avoir une limite finie quand u tend vers zéro que si

$$\alpha = \beta = \gamma = 0;$$

d'où l'on déduit, pour P, Q, R, les valeurs indiquées.

IV. — *Les constantes* P, Q, R, *étant celles qui satisfont à la condition précédente, et* F(x) *désignant la fonction*

$$F(x) = \int_3^x y\,dx,$$

déterminer, d'une manière précise, ce que devient la fonction $\Phi(x)$ *lorsque* x *devient infini.*

Si $F(x) = \int_3^x y\,dx$, la constante C correspondante s'obtient en annulant la valeur de $\int y\,dx$ pour $x = 3$, c'est-à-dire pour $t = -1$:

$$C = \frac{3}{2} - 4\log 2 - 2\frac{\pi\sqrt{3}}{3}.$$

La limite de la fonction $\Phi(x)$ devient, dans ce cas,

$$\frac{3}{2} - 2\log 3 - 2\pi\sqrt{3}.$$

GÉOMÉTRIE ANALYTIQUE ET MÉCANIQUE.

On considère une hélice (H) *tracée sur un cylindre de révolution ayant* Oz *pour axe. Soient* a *le rayon du cercle de base et* h *le pas réduit, c'est-à-dire que* $2\pi h$ *est la longueur interceptée par deux spires consécutives sur toute génératrice du cylindre. Sur l'hélice* (H) *on prend deux points* L *et* N, *et l'on considère le centre de gravité* G *de l'arc* LN *supposé homogène.*

I. — *On suppose que l'arc* LN *varie en conservant le même milieu* M. *Démontrer que, dans ces conditions, le point* G *décrit une droite rencontrant normalement* Oz.

II. — *On demande le lieu du point* G, *quand l'arc* LN *varie de telle manière que la corde* LN *reste parallèle à un plan fixe quelconque.*

III. — *Appelons* (S) *la surface lieu du point* G *lorsque* L *et* N *varient arbitrairement sur l'hélice. Montrer que le plan tangent en* G *à la surface* (S) *n'est autre que le plan* Π *mené par les extrémités* L, N *de l'arc et par son milieu* M.

Comment varie ce plan tangent lorsque l'arc varie en conservant le même milieu?

IV. — *On suppose que chaque élément* ds *de l'arc* LN *attire un point fixe* P *proportionnellement à la distance* r *de ce point à l'élément, et proportionnellement à la longueur* ds *elle-même, en sorte que l'attraction exercée par l'élément* ds *sur le point* P *a pour expression* μr ds, *où* μ *désigne une constante positive.*

On demande de démontrer que les attractions exercées sur le point P *par l'ensemble des éléments* ds *ont pour résultante une force finie* F *dirigée vers le point* G.
Dire quelle est l'expression de cette résultante F.

V. — *Avec quelle vitesse faudrait-il lancer le point* P, *à partir du point* L, *pour qu'il décrive, sous l'influence de la force* F, *le cercle* Ω *qui a pour centre le point* G, *et qui passe non seulement au point* L, *mais encore au point* N ?

---

1. — *On suppose que l'arc* LN *varie en conservant le même milieu* M. *Démontrer que, dans ces conditions, le point* G *décrit une droite rencontrant normalement* Oz.

1. — III-v [**M^{t}g**]. Je prends pour axe des x une droite perpendiculaire à l'axe Oz du cylindre et rencontrant l'hélice (H) en

un point A; tout point I de cette courbe est déterminé par l'angle ω

Fig. 15.

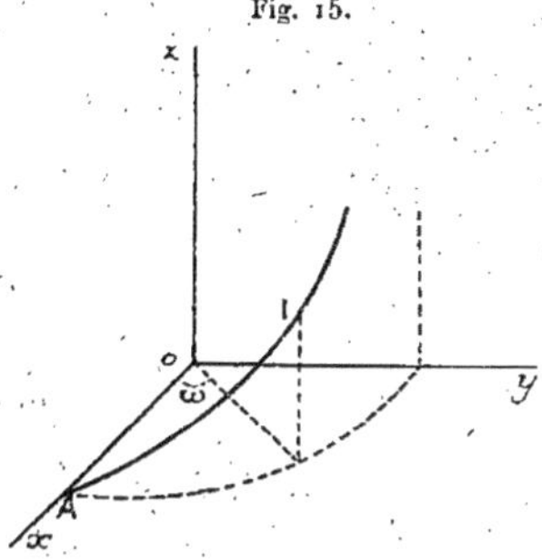

de l'axe Ox avec la trace du plan zOI sur le plan xOy; ses coordonnées sont en effet

$$x = u\cos\omega, \qquad y = u\sin\omega, \qquad z = h\omega.$$

2. — III-XVIII [0 2 d]. En désignant par $\alpha \pm \beta$ les angles correspondant aux deux points donnés L et N de l'hélice, les coordonnées ξ, η, ζ du centre de gravité G de l'arc LN ont pour valeurs

$$\xi = \frac{\displaystyle\int_{\alpha-\beta}^{\alpha+\beta} x\,ds}{\displaystyle\int_{\alpha-\beta}^{\alpha+\beta} ds}, \qquad \eta = \frac{\displaystyle\int_{\alpha-\beta}^{\alpha+\beta} y\,ds}{\displaystyle\int_{\alpha-\beta}^{\alpha+\beta} ds}, \qquad \zeta = \frac{\displaystyle\int_{\alpha-\beta}^{\alpha+\beta} z\,ds}{\displaystyle\int_{\alpha-\beta}^{\alpha+\beta} ds},$$

ds étant l'élément infiniment petit de l'arc d'hélice; or

$$ds = \sqrt{dx^2 + dy^2 + dz^2} = \sqrt{a^2 + h^2}\,d\omega;$$

par suite,

$$(1) \qquad s = \int_{\alpha-\beta}^{\alpha+\beta} ds = 2\beta\sqrt{a^2 + h^2}.$$

Remplaçant dans les formules précédentes x, y, z et ds par leurs valeurs, et intégrant, il vient

$$(2) \qquad \begin{cases} \xi = \dfrac{a[\sin(\alpha+\beta) - \sin(\alpha-\beta)]}{2\beta}, \\[2mm] \eta = -\dfrac{a[\cos(\alpha+\beta) - \cos(\alpha-\beta)]}{2\beta}, \\[2mm] \zeta = h\alpha, \end{cases}$$

ou encore

$$(3) \quad \begin{cases} \xi = \dfrac{a}{\beta}\cos\alpha\sin\beta, \\[2mm] \eta = \dfrac{a}{\beta}\sin\alpha\sin\beta, \\[2mm] \zeta = h\alpha. \end{cases}$$

3. — III-ı [**K 13 a**]. — Le lieu du point G est donc la droite D menée par le point M perpendiculairement à Oz, ayant pour équations

$$x\,\tan g\,\alpha - y = 0, \qquad z - h\alpha = 0.$$

II. — *On demande le lieu du point G, quand l'arc LN varie de telle manière que la corde LN reste parallèle à un plan fixe quelconque.*

4. — III-ı [**K 13 a**]. Je désigne par u, v, w les coefficients directeurs de la normale au plan fixe auquel la droite LN reste parallèle; ceux de cette droite étant

$$a[\cos(\alpha+\beta) - \cos(\alpha-\beta)], \qquad a[\sin(\alpha+\beta) - \sin(\alpha-\beta)],$$
$$h[\alpha+\beta-(\alpha-\beta)],$$

ou

$$-\,a\sin\alpha\sin\beta, \qquad a\cos\alpha\sin\beta, \qquad h\beta,$$

j'ai la relation

$$-\,ua\sin\alpha\sin\beta + va\cos\alpha\sin\beta + wh\beta = 0,$$

ou, d'après la relation (3),

$$(4) \qquad v\xi - u\eta + wh = 0.$$

5. — III-vıı [**M^4 i**]. D'ailleurs l'élimination de α entre les équations de (D) donne la seconde équation du lieu du point G

$$\frac{\eta}{\xi} = \tan g\,\frac{\zeta}{h},$$

ou

$$(S) \qquad \zeta - h\,\text{arc}\,\tan g\,\frac{\eta}{\xi} = 0.$$

Ce lieu est donc la courbe d'intersection de l'hélicoïde [S] par un plan (L) parallèle à Oz et dont la trace sur le plan xOy est perpendiculaire à celle du plan fixe donné.

III. — *Appelons (S) la surface lieu du point G lorsque L et N varient arbitrairement sur l'hélice. Montrer que le plan tangent en G à la surface (S) n'est autre que le plan Π mené par les extrémités L, N de l'arc et par son milieu M.*

Comment varie ce plan tangent lorsque l'arc varie en conservant le même milieu?

6. — III-VIII [O 5 c]. Le lieu du point G lorsque les points L et N varient arbitrairement sur l'hélice est l'hélicoïde [S] : le plan tangent à cette surface au point $G(\xi, \eta, \zeta)$ a pour équation

$$(x - \xi)(S)'_\xi + (y - \eta)(S)'_\eta + (z - \zeta)(S)'_\zeta = 0.$$

Remplaçant $(S)'_\xi$, $(S)'_\eta$, $(S)'_\zeta$ par leurs valeurs, et réduisant, cette équation devient

$$h(\eta x - \xi y) + (z - \zeta)(\xi^2 + \eta^2) = 0,$$

ou, en y substituant à ξ, η, ζ, leurs valeurs (3);

$$(5) \qquad x \sin\alpha - y \cos\alpha + \frac{a \sin\beta}{\beta}\left(\frac{z}{h} - \alpha\right) = 0.$$

7. — I-V [A 2 a]. On peut vérifier, en résolvant le système

$$au \cos\alpha + av \sin\alpha + wh\alpha + 1 = 0,$$
$$au \cos(\alpha \pm \beta) + av \sin(\alpha \pm \beta) + wh(\alpha \pm \beta) + 1 = 0,$$

que le plan LMN est bien le plan (5). Sous cette forme (5), on voit aussi que ce plan tangent passe au point M dont les coordonnées sont : $a \cos\alpha$, $a \sin\alpha$, $h\alpha$, ce qui était à prévoir, puisque le plan tangent à l'hélicoïde en G contient la génératrice de la surface passant en ce point, c'est-à-dire la droite GM.

D'autre part, si je remplace, dans le premier membre de l'équation (5), x, y, z par les coordonnées du point L, $a \cos(\alpha + \beta)$, $a \sin(\alpha + \beta)$, $h(\alpha + \beta)$, j'obtiens l'expression

$$-a \sin\beta + \frac{a \sin\beta}{\beta}\beta,$$

qui est identiquement nulle; le plan tangent en G passe donc au point L.

On vérifierait de même que ce plan passe au point N.

8. — III-VIII [O 4 d]. Lorsque les points L et N varient de manière que le milieu M de l'arc LN reste fixe, le plan tangent en G se meut autour de la génératrice MG de l'hélicoïde (S). Pour étudier ce mouvement, je supposerai que le point M soit situé au point de rencontre de l'arc Ox et de l'hélice, et, par conséquent, que la génératrice MG coïncide avec l'axe Ox; dans ces conditions, $\eta = \zeta = 0$, et l'équation du plan tangent s'écrit

$$y = \frac{\xi}{h} z,$$

ou, en désignant par β l'angle qui définit le point N,

$$y = \frac{a}{h} \frac{\sin \beta}{\beta} z.$$

9. — II-VII [M⁴ m]. Ce plan fait, avec l'axe Oz, un angle φ déterminé par la relation

$$\tang \varphi = \frac{a}{h} \frac{\sin \beta}{\beta},$$

qui s'annule pour toutes les valeurs $\beta = k\pi$ (k prenant toutes les valeurs entières).

La dérivée

$$(\tang \varphi)' = \frac{a}{h} \frac{\beta \cos \beta - \sin \beta}{\beta^2}$$

est nulle pour les valeurs de β qui sont racines de l'équation

$$\tang \beta = \beta.$$

Or, cette équation est satisfaite pour $\beta = 0$ et pour des valeurs β_1, β_2, ..., en nombre infini, comprises respectivement dans les intervalles $k\pi$ à $(2k+1)\frac{\pi}{2}$ (k prenant toutes les valeurs entières).

La considération du signe de la dérivée $(\tang \varphi)'$ dans les intervalles 0 à β_1, β_1 à β_2, ... montre que $\tang \varphi$, qui est égale à $\frac{a}{h}$ pour $\beta = 0$, décroît ou croît alternativement dans ces intervalles, et devient minima ou maxima pour les valeurs β_1, β_2, ... de β.

Ces minima et maxima ont, d'ailleurs, des valeurs absolues

décroissantes, puisque le rapport $\dfrac{\sin\beta}{\beta}$ diminue lui-même en valeur absolue, lorsque β prend des valeurs croissantes.

En résumé, la variation de $\tan\varphi$ peut être représentée par la courbe ci-dessous (*fig.* 16), d'équation

$$y = \frac{a}{h}\,\frac{\sin x}{x}.$$

Lorsque l'angle β croît, le plan tangent en G oscille donc autour de GM de part et d'autre du plan MOz, en se rapprochant indéfiniment de ce plan.

Fig. 16.

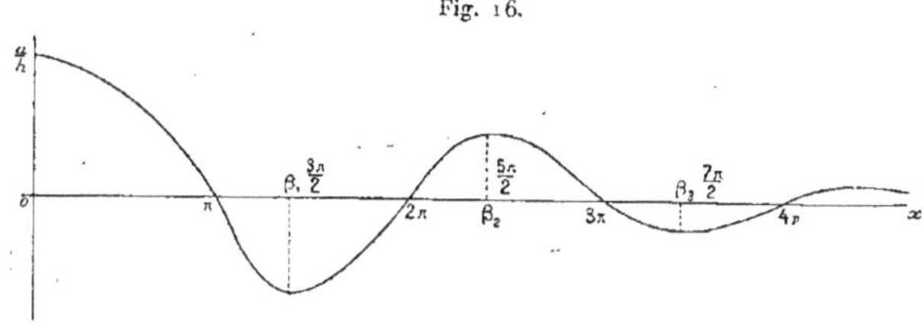

Les maxima et minima successifs de l'angle φ correspondent aux positions limites que prend le plan tangent, lorsque sa trace sur yOz coïncide avec l'une des tangentes issues de l'origine à la sinusoïde projection de l'hélice sur ce plan. Tout point de cette sinusoïde est, en effet, défini par les formules

$$y = a\sin\beta,$$
$$z = h\beta;$$

et la tangente en ce point a pour équation

$$\frac{y - a\sin\beta}{a\cos\beta} = \frac{z - h\beta}{h};$$

et l'on voit que cette tangente passe à l'origine O, lorsque l'angle β correspondant au point considéré satisfait à la relation $\tan\beta = \beta$, qui définit les maxima et minima de $\tan\varphi$.

IV. — *On suppose que chaque élément ds de l'arc LN attire un point fixe* P, *proportionnellement à la distance r de ce point à l'élément, et proportionnellement à la longueur ds* elle-même, en sorte que l'attraction exercée par l'élément ds sur le point P a pour expression $\mu r\,ds$, où μ désigne une constante positive.

On demande de démontrer que les attractions exercées sur le point P par l'ensemble des éléments ds ont pour résultante une force finie F dirigée vers le point G.

Dire quelle est l'expression de cette résultante F.

10. — III-xviii [**R 5 a** α]. Soient x_0, y_0, z_0 les coordonnées du point P; les composantes, suivant les trois axes, de la force attractive $\mu r\,ds$ exercée sur le point P par l'élément d'hélice ds dont les coordonnées sont x, y, z, ont pour expression

$$\mu(x - x_0)ds, \qquad \mu(y - y_0)ds, \qquad \mu(z - z_0)ds.$$

11. — III-i [**K 13 a**]. Toutes les forces élémentaires issues du point P et relatives aux divers éléments de l'arc LN ont évidemment pour résultante une force F dont les composantes, suivant les trois axes de coordonnées, sont

$$X = \mu \int_{\alpha-\beta}^{\alpha+\beta} (x - x_0)\,ds, \qquad Y = \mu \int_{\alpha-\beta}^{\alpha+\beta} (y - y_0)\,ds,$$

$$Z = \mu \int_{\alpha-\beta}^{\alpha+\beta} (z - z_0)\,ds.$$

Remplaçant x, y, z et ds par leurs valeurs en fonction de β, et effectuant l'intégration, il vient

$$X = 2\mu \sqrt{a^2 + h^2}\,(a \cos\alpha \sin\beta - x_0\beta),$$
$$Y = 2\mu \sqrt{a^2 + h^2}\,(a \sin\alpha \sin\beta - y_0\beta),$$
$$Z = 2\mu\beta \sqrt{a^2 + h^2}\,(h\alpha - z_0).$$

12. — III-i [**K 13 a**]. D'après les formules (1) et (2),

$$X = \mu s(\xi - x_0),$$
$$Y = \mu s(\eta - y_0),$$
$$Z = \mu s(\zeta - z_0).$$

J'en déduis

$$\mu s = \frac{X}{\xi - x_0} = \frac{Y}{\eta - y_0} = \frac{Z}{\zeta - z_0}$$

$$= \frac{\sqrt{X^2 + Y^2 + Z^2}}{\sqrt{(\xi - x_0)^2 + (\eta - y_0)^2 + (\zeta - z_0)^2}} = \frac{F}{R},$$

R désignant la distance PG.

Ces relations montrent que la force F, résultante des attractions élémentaires, est dirigée suivant la droite PG, et a pour valeur

$$F = \mu R s.$$

V. — *Avec quelle vitesse faudrait-il lancer le point* P, *à partir du point* L, *pour qu'il décrive, sous l'influence de la force* F, *le cercle* Ω *qui a pour centre le point* G, *et qui passe non seulement au point* L, *mais encore au point* N?

13. — III-xx[**R 7 b**]. Le cercle (Ω) de centre G passant en L, et trajectoire du point P, passe également par le point N, puisque le centre de gravité G est équidistant de L et de N.

Soient m la masse du point P et v sa vitesse à l'époque t; la force F étant constamment normale à la trajectoire, l'accélération tangentielle $\dfrac{dv}{dt}$ est nulle; la vitesse v est donc constante et le mouvement uniforme. Quant à l'accélération normale, elle est égale à $\dfrac{v^2}{R}$, et l'on a

$$m\frac{v^2}{R} = F = \mu R s.$$

La vitesse constante a donc pour valeur

$$v = R\sqrt{\frac{\mu s}{m}}.$$

Ce résultat peut se vérifier analytiquement. Prenons le plan GLN pour plan Oxy, l'origine en G, Ox passant en L(c, o); soit $k \times \overline{PG}$ l'intensité de la force attractive et m la masse de P. Les équations différentielles du mouvement sont

$$m\frac{d^2x}{dt^2} = -kx, \qquad m\frac{d^2y}{dt^2} = -ky,$$

d'où

$$x = \mathrm{A}\cos t\sqrt{\frac{k}{m}} + \mathrm{B}\sin t\sqrt{\frac{k}{m}}, \qquad y = \mathrm{C}\cos t\sqrt{\frac{k}{m}} + \mathrm{D}\sin t\sqrt{\frac{k}{m}}.$$

Si v_0 est la vitesse initiale et φ son angle avec Ox, les conditions initiales donnent

$$\mathrm{A} = c, \qquad \mathrm{B} = v_0\sqrt{\frac{m}{k}}\cos\varphi, \qquad \mathrm{C} = 0, \qquad \mathrm{D} = v_0\sqrt{\frac{m}{k}}\sin\varphi.$$

14. — II-vi [L$^\mathrm{t}$ 1 a]. La trajectoire a donc pour équations paramétriques

$$x = c\cos t\sqrt{\frac{m}{k}} + v_0\sqrt{\frac{m}{k}}\cos\varphi\sin t\sqrt{\frac{k}{m}},$$

$$y = v_0\sqrt{\frac{m}{k}}\sin\varphi\sin t\sqrt{\frac{k}{m}},$$

et, pour équation, en éliminant t,

$$\frac{(x\sin\varphi - y\cos\varphi)^2}{c^2\sin^2\varphi} + \frac{ky^2}{mv_0^2\sin^2\varphi} - 1 = 0.$$

15. — II-v [K 10 a]. Cette équation représente un cercle si

$$\cos\varphi = 0, \qquad kc^2 = mv_0^2.$$

BIBLIOGRAPHIE.

Nouvelles Annales de Mathématiques, 4e série, t. IX, p. 361. Solution par M. Philbert du Plessis (Géométrie analytique et Mécanique).
Ibid., p. 372. Solution par M. J. Servais (Algèbre et Trigonométrie).
Feuilles d'examen (Croville-Morant). Solution par M. Pomey.

ALGÈBRE ET TRIGONOMÉTRIE.

I. — *Trouver une série entière en x qui satisfasse à l'équation différentielle*

$$(E) \qquad 9(1 - x^2)\frac{d^2 y}{dx^2} - 9x\frac{dy}{dx} + y = 0,$$

et aux conditions suivantes : pour $x = 0$, la série doit prendre la valeur 1 et sa dérivée doit prendre la valeur $-\frac{1}{3}$.

II. — *Déterminer l'intervalle de convergence de la série trouvée. La fonction de x, que définit cette série dans son intervalle de convergence, sera désignée par $f(x)$.*

III. — *Montrer qu'il existe une infinité de changements de la variable indépendante, de la forme $t = \varphi(x)$, qui transforment identiquement l'équation (E) en une équation linéaire à coefficients constants; trouver tous ces changements de variable.*

IV. — *L'un des changements de variable précédents est $x = \cos 3t$. Partant de là, prouver que les formules*

$$x = \cos 3t, \qquad y = \cos t + \sin t$$

définissent, en coordonnées cartésiennes rectangulaires, le même arc de courbe que l'équation $y = f(x)$, pourvu que t varie dans un intervalle qu'on déterminera.

V. — *Les équations paramétriques précédentes représentent, quand on n'y limite pas la variabilité du paramètre, une courbe* (C). *Montrer que cette courbe est coupée par une droite* $y = h$ *en deux points au plus, et que ces points existent pour toutes les valeurs de la constante* h *qui sont comprises entre deux certains nombres* α *et* β. *Ces points seront désignés par* M *et* M'.

VI. — *On imagine qu'on divise le segment de droite* MM' *en trois parties égales; soient* P *et* P' *les points de division. Calculer l'aire comprise entre les arcs de courbe que décrivent* P *et* P' *quand* h *varie de* α *à* β.

I. — *Trouver une série entière en* x *qui satisfasse à l'équation différentielle*

$$\text{(E)} \qquad 9(1 - x^2)\frac{d^2 y}{dx^2} - 9x\frac{dy}{dx} + y = 0$$

et aux conditions suivantes : pour $x = 0$, *la série doit prendre la valeur* 1 *et sa dérivée doit prendre la valeur* $-\frac{1}{3}$.

1. — I-XVI [**H 1 c**]. Soit la série entière

$$y = A_0 + A_1 x + A_2 x^2 + \ldots + A_{n-1} x^{n-1}$$
$$+ A_n x^n + A_{n+1} x^{n+1} + A_{n+2} x^{n+2} + \ldots$$

dont les deux premières dérivées sont :

$$\frac{dy}{dx} = A_1 + 2A_2 x + \ldots + n A_n x^{n-1} + (n+1)A_{n+1} x^n + \ldots,$$

$$\frac{d^2 y}{dx^2} = 2A_2 + \ldots + n(n-1)A_n x^{n-2}$$
$$+ (n+1)n A_{n+1} x^{n-1} + (n+2)(n+1)A_{n+2} x^n + \ldots.$$

Si cette série satisfait à l'équation proposée, celle-ci devient une identité lorsqu'on y remplace y, $\frac{dy}{dx}$ et $\frac{d^2 y}{dx^2}$ par leurs valeurs; en écrivant que le coefficient du terme général en x^n est nul, j'obtiens la relation

$$(1) \qquad A_{n+2} = \frac{n^2 - \frac{1}{9}}{(n+2)(n+1)} A_n.$$

Or, d'après les conditions imposées,

$$A_0 = 1, \qquad A_1 = -\frac{1}{3};$$

je puis donc calculer successivement, au moyen de la formule (1), les coefficients de la fonction y; et en désignant respectivement par S_0 et S_1 les deux séries suivantes :

$$S_0 = 1 - \frac{\frac{1}{9}}{2!} x^2 - \frac{\frac{1}{9}\left(2^2 - \frac{1}{9}\right)}{4!} x^4 - \cdots$$
$$- \frac{\frac{1}{9}\left(2^2 - \frac{1}{9}\right)\left(4^2 - \frac{1}{9}\right)\cdots\left[(2n-2)^2 - \frac{1}{9}\right]}{2n!} x^{2n} - \cdots,$$

$$S_1 = -\frac{1}{3} x - \frac{\frac{1}{3}\left(1^2 - \frac{1}{9}\right)}{3!} x^3 - \frac{\frac{1}{3}\left(1^2 - \frac{1}{9}\right)\left(3^2 - \frac{1}{9}\right)}{5!} x^5 - \cdots$$
$$- \frac{\frac{1}{3}\left(1^2 - \frac{1}{9}\right)\left(3^2 - \frac{1}{9}\right)\cdots\left[(2n-1)^2 - \frac{1}{9}\right]}{(2n-1)!} x^{2n-1} \cdots,$$

j'ai

$$y = S_0 + S_1.$$

II. — *Déterminer l'intervalle de convergence de la série trouvée. La fonction de x, que définit cette série dans son intervalle de convergence sera désignée par $f(x)$.*

2. — I-VIII [**D** 2 a γ]. Dans chacune des séries S_0 et S_1, le rapport d'un terme au précédent a pour valeur

$$\frac{n^2 - \frac{1}{9}}{(n+2)(n+1)} x^2.$$

La limite de ce rapport, lorsque n croît indéfiniment, est x^2; les deux séries S_0 et S_1 sont donc convergentes si la valeur de x est comprise entre -1 et $+1$; il en est de même de la série y.

Lorsque x prend les valeurs limites -1 ou $+1$, le rapport précédent peut se mettre sous la forme $\dfrac{1}{1+\theta}$, où

$$\theta = \dfrac{3n - \dfrac{17}{9}}{n^2 - \dfrac{1}{9}},$$

et comme, lorsque n croît indéfiniment, la quantité $n\theta$ a pour limite 3, on peut conclure, d'après la règle de Raabe et Duhamel, que la convergence des séries S_0 et S_1, et par suite de la série y, subsiste pour les valeurs limites -1 et $+1$ de la variable x.

III. — *Montrer qu'il existe une infinité de changements de la variable indépendante, de la forme $t = \varphi(x)$, qui transforment identiquement l'équation* (E) *en une équation linéaire à coefficients constants; trouver tous ces changements de variable.*

3. — I-xi [C 1 c]. Si, dans l'équation (E), j'effectue une substitution quelconque

$$t = \varphi(x),$$

j'ai

$$\frac{dy}{dx} = \frac{dy}{dt}\frac{dt}{dx},$$

$$\frac{d^2y}{dx^2} = \frac{dy}{dt}\frac{d^2t}{dx^2} + \frac{d^2y}{dt^2}\left(\frac{dt}{dx}\right)^2.$$

Introduisant ces valeurs dans l'équation (E), j'obtiens

$$(2)\qquad 9(1-x^2)\left(\frac{dt}{dx}\right)^2\frac{d^2y}{dt^2} + 9\left[(1-x^2)\frac{d^2t}{dx^2} - x\frac{dt}{dx}\right]\frac{dy}{dt} + y = 0.$$

La valeur absolue de x étant inférieure à l'unité, je puis poser, en désignant par ω une quantité constante,

$$9(1-x^2)\left(\frac{dt}{dx}\right)^2 = \frac{1}{\omega^2}.$$

4. — I-xviii [C 2 a]. D'où je déduis

$$3\omega\, dt = \frac{dx}{\sqrt{1-x^2}},$$

et, en intégrant,

$$(3)\qquad 3\omega t + \lambda = \arccos x \qquad \text{ou} \qquad x = \cos(3\omega t + \lambda).$$

Mais, dans ces conditions, le coefficient de $\dfrac{dy}{dt}$ dans l'équation (2) s'annule, car il est égal à

$$\frac{\dfrac{d}{dx}\left[9(1-x^2)\left(\dfrac{dt}{dx}\right)^2\right]}{2\dfrac{dt}{dx}}.$$

5. — I-xi [C 1 c]. Il en résulte que, du fait d'une substitution quelconque de la forme (3), l'équation (E) se transforme en une équation à coefficients constants :

$$(4) \qquad \frac{d^2y}{dt^2} + \omega^2 y = 0.$$

6. — I-xxiv [H 5 a]. L'intégrale de cette équation est de la forme

$$y = A\cos\omega t + B\sin\omega t,$$

où A et B sont deux constantes arbitraires.

En résumé, si l'on suppose que la variable x soit comprise entre -1 et $+1$, la formule (3) définit les changements de variable, en nombre infini, qui donnent à l'équation (E) la forme (4).

En choisissant pour les constantes ω et λ, qui sont arbitraires, les valeurs

$$\omega = 1, \qquad \lambda = 0,$$

les relations

$$(5) \qquad x = \cos 3t, \qquad y = A\cos t + B\sin t$$

représentent l'intégrale générale de l'équation (E); mais il convient de remarquer que, la variable x restant comprise entre -1 et $+1$, l'angle t ne peut varier que dans l'intervalle de $\dfrac{K\pi}{3}$ à $\dfrac{(K+1)\pi}{3}$, K étant un nombre entier positif.

Si la variable x est plus grande que l'unité en valeur absolue, on est conduit à poser, pour rendre constants les coefficients de l'équation (2),

$$9(x^2-1)\left(\frac{dt}{dx}\right)^2 = \frac{1}{\omega^2}.$$

7. — I-xix [**C 2 c**]. D'où l'on tire, par intégration,

$$3\omega t + \lambda = \mathrm{L}\big(x + \sqrt{x^2 - 1}\big).$$

8. — I-xi [**C 1 c**]. L'équation proposée devient alors

$$\frac{d^2 y}{dt^2} - \omega^2 y = 0.$$

9. — I-xxiv [**H 5 a**]. Son intégrale est de la forme

$$y = \mathrm{P}\, e^{\omega t} + \mathrm{Q}\, e^{-\omega t},$$

P et Q étant deux constantes arbitraires.

En prenant comme précédemment

$$\omega = 1, \qquad \lambda = 0,$$

l'intégrale générale de l'équation proposée est représentée par les relations

$$3t = \mathrm{L}\big(x + \sqrt{x^2 - 1}\big), \qquad y = \mathrm{P}\, e^{t} + \mathrm{Q}\, e^{-t}.$$

IV. — *L'un des changements de variable précédents est* $x = \cos 3t$. *Partant de là, prouver que les formules*

$$x = \cos 3t, \qquad y = \cos t + \sin t$$

définissent, en coordonnées cartésiennes rectangulaires, le même arc de courbe que l'équation $y = f(x)$, *pourvu que* t *varie dans un intervalle qu'on déterminera.*

En supposant que les constantes A et B soient égales à l'unité, les formules (5) deviennent

$$(6) \qquad x = \cos 3t, \qquad y = \cos t + \sin t.$$

La variable t étant comprise entre $\dfrac{\mathrm{K}\pi}{3}$ et $\dfrac{(\mathrm{K}+1)\pi}{3}$, ces formules représentent la fonction $y = f(x)$, à la condition que t puisse prendre, dans cet intervalle, une valeur telle que, pour $x = 0$, on ait simultanément

$$y = 1, \qquad \frac{dy}{dx} = -\frac{1}{3}.$$

Pour que ces conditions soient réalisées, il faut que t vérifie les deux relations

$$\cos t + \sin t = 1,$$
$$\cos t + \sin t = \sin 3 t,$$

lesquelles sont satisfaites pour $t = \dfrac{\pi}{2}$. Les formules (6) représentent donc la fonction $y = f(x)$, et définissent le même arc de courbe que cette fonction, pourvu que t varie entre $\dfrac{\pi}{3}$ et $\dfrac{2\pi}{3}$, intervalle dans lequel se trouve comprise la valeur $\dfrac{\pi}{2}$.

V. — *Les équations paramétriques précédentes représentent, quand on n'y limite par la variabilité du paramètre, une courbe (C). Montrer que cette courbe est coupée par une droite $y = h$ en deux points au plus, et que ces points existent pour toutes les valeurs de la constante h qui sont comprises entre deux certains nombres α et β. Ces points seront désignés par M et M'.*

10. — II-viii [**M 7 b**]. La courbe (C) représentée par les équations (6), lorsque la variabilité du paramètre t n'est pas limitée,

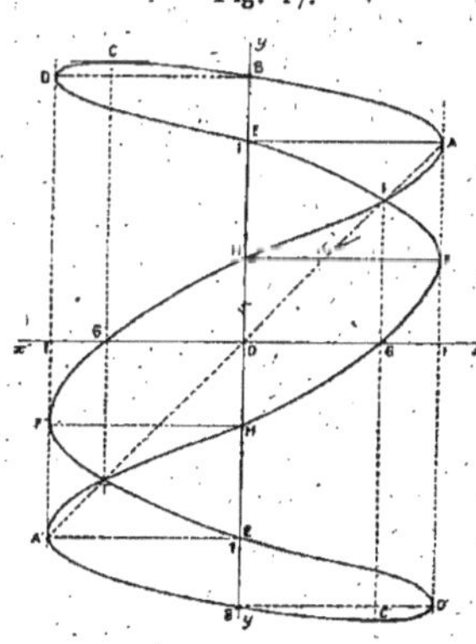

Fig. 17.

est symétrique par rapport à l'origine des coordonnées, puisque x et y reprennent les mêmes valeurs lorsqu'on change t en $t + \pi$. Il suffit donc de construire la partie de la courbe correspondant aux valeurs de t comprises entre 0 et π, et de la compléter par une partie symétrique par rapport à l'origine.

La considération des signes des deux dérivées

$$x' = -3\sin 3t, \qquad y' = \cos t - \sin t,$$

et des valeurs qui les annulent respectivement, permettent d'établir le tableau ci-dessous des variations de x et y, et de tracer la courbe (C) (*fig.* 17).

t.	x'_t.	x.	y'_t.	y.	Coefficient angulaire de la tangente $\dfrac{y'}{x'}$.	Points correspondants de la courbe.
0	0	maximum $= 1$		1	$+\infty$	A
		décroît		croît		
$\dfrac{\pi}{6}$		0	$+$	$\dfrac{1+\sqrt{3}}{2}$		B
	$-$	décroît		croît		
$\dfrac{\pi}{4}$		$-\dfrac{\sqrt{2}}{2}$	0	maximum $= \sqrt{2}$	0	C
		décroît		décroît		
$\dfrac{\pi}{3}$	0	minimum $= -1$		$\dfrac{1+\sqrt{3}}{2}$	$+\infty$	D
		croît		décroît		
$\dfrac{\pi}{2}$	$+$	0		1	$-\dfrac{1}{3}$	E
		croît		décroît		
$\dfrac{2\pi}{3}$	0	maximum $= 1$	$-$	$\dfrac{\sqrt{3}-1}{2}$	$+\infty$	F
		décroît		décroît		
$\dfrac{3\pi}{4}$		$\dfrac{\sqrt{2}}{2}$		0		G
	$-$	décroît		décroît		
$\dfrac{5\pi}{6}$		0		$\dfrac{1-\sqrt{3}}{2}$		H
		décroît		décroît		
π	0	minimum $= -1$		-1	$+\infty$	A'

11. — II-1 [**K 20**]. Les valeurs du paramètre t correspondant aux points d'intersection de la courbe et de la droite $y = h$, sont données par l'équation

$$\cos t + \sin t = h,$$

qui peut s'écrire

$$(7) \qquad 2\cos^2 t - 2h\cos t + h^2 - 1 = 0.$$

A chacune des racines de cette équation en $\cos t$ correspond une valeur de l'abscisse x, puisque celle-ci est une fonction entière de $\cos t$:

$$(8) \qquad x = \cos 3t = 4\cos^3 t - 3\cos t.$$

Toute droite $y = h$ coupe donc la courbe (C) en deux points M et M'; ces points ne sont réels que si l'équation (7) a ses deux racines réelles, c'est-à-dire si

$$-\sqrt{2} < h < \sqrt{2}.$$

Aux deux valeurs limites $\left(\alpha = \sqrt{2},\ \beta = -\sqrt{2}\right)$ de h correspondent les points C et C' de la courbe où la tangente est parallèle à l'axe des x.

La courbe (C) présente deux points doubles I et I'; ces points correspondent à des droites $y = h$ dont les points d'intersection M et M' avec la courbe sont confondus; en désignant par μ et μ' les racines de l'équation (7), et exprimant que les abscisses correspondantes x et x' sont égales, j'obtiens, après suppression du facteur commun $\mu - \mu' = 0$, qui correspond aux points C et C',

$$4(\mu + \mu')^2 - 4\mu\mu' - 3 = 0,$$

ou, d'après l'équation (7),

$$2h^2 - 1 = 0.$$

Les ordonnées des points doubles I et I' ont donc pour valeur respective

$$h = \pm \frac{\sqrt{2}}{2},$$

et les abscisses correspondantes sont

$$x = \pm \frac{\sqrt{2}}{2}.$$

Les points doubles sont donc situés sur la bissectrice A'OA des axes de coordonnées.

VI. — *On imagine qu'on divise le segment de droite MM' en trois parties égales; soient P et P' les points de division. Calculer l'aire comprise entre les arcs de courbe que décrivent P et P' quand h varie de α à β.*

12. — II-xxi [O 2 a]. L'aire Σ comprise entre les arcs de courbe décrits par les points P et P' qui divisent le segment MM' en trois parties égales est évidemment le tiers de celle qui est balayée par le segment MM', lorsque l'ordonnée h de ce segment varie entre $-\sqrt{2}$ et $+\sqrt{2}$, c'est-à-dire le tiers de l'aire de la courbe (C); mais comme cette courbe est symétrique par rapport à l'origine O, il en est de même de celle décrite par les points P et P', et l'aire Σ est donc égale aux deux tiers de celle balayée par MM' lorsque l'ordonnée de ce segment varie de o à $+\sqrt{2}$.

La longueur du segment MM' est $x' - x$; mais comme cette différence, qui est positive pour les valeurs de h comprises entre o et $\frac{\sqrt{2}}{2}$, ordonnée du point double I, devient négative pour les valeurs de h comprises entre $\frac{\sqrt{2}}{2}$ et $\sqrt{2}$, j'ai

$$\Sigma = \frac{2}{3}\left[\int_0^{\frac{\sqrt{2}}{2}}(x'-x)\,dh - \int_{\frac{\sqrt{2}}{2}}^{\sqrt{2}}(x'-x)\,dh\right].$$

13. — I-vi [A 2 b]. Or, d'après la relation (8),

$$x' - x = (\mu' - \mu)[4(\mu + \mu')^2 - 4\mu\mu' - 3],$$

μ et μ' étant les racines de l'équation (7); j'en déduis

$$x' - x = (2h^2 - 1)\sqrt{2 - h^2}.$$

Il en résulte que

$$\Sigma = \frac{2}{3}\left[\int_0^{\frac{\sqrt{2}}{2}}(2h^2-1)\sqrt{2-h^2}\,dh - \int_{\frac{\sqrt{2}}{2}}^{\sqrt{2}}(2h^2-1)\sqrt{2-h^2}\,dh\right].$$

14. — I-xix [C 2 c]. Pour calculer cette intégrale, je pose

$$h = \sqrt{2}\,\sin u,$$

d'où

$$dh = \sqrt{2}\,\cos u\,du,$$

et j'ai

$$\int (2h^2 - 1)\sqrt{2 - h^2}\,dh = 2\int \cos u \cos 3u\,du = \int (\cos 4u + \cos 2u)\,du.$$

Par suite,

$$\Sigma = \frac{2}{3}\left[\int_0^{\frac{\pi}{6}} (\cos 4u + \cos 2u)\,du - \int_{\frac{\pi}{6}}^{\frac{\pi}{2}} (\cos 4u + \cos 2u)\,du\right]$$

et j'obtiens, en intégrant,

$$\Sigma = \frac{2}{3}\left[\frac{\sin 4u}{4} + \frac{\sin 2u}{2}\right]_0^{\frac{\pi}{6}} - \frac{2}{3}\left[\frac{\sin 4u}{4} + \frac{\sin 2u}{2}\right]_{\frac{\pi}{6}}^{\frac{\pi}{2}} = \frac{\sqrt{3}}{2}.$$

GÉOMÉTRIE ANALYTIQUE ET MÉCANIQUE.

Un point matériel de masse unité $M(x, y; z)$ est soumis à une force MF, qui a pour composantes

$$X = -ax, \quad Y = -by, \quad Z = -cz,$$

où a, b, c sont trois constantes positives données.

I. — Calculer les coordonnées x, y, z en fonction du temps, connaissant la position initiale $M_0(x_0, y_0, z_0)$, ainsi que la vitesse initiale $M_0V_0(x_0', y_0', z_0')$. Conditions pour que le mouvement soit périodique.

II. — Un second point matériel libre, de masse 1, se trouve coïncider constamment avec l'extrémité F, de la force MF. Montrer que le point F obéit au même champ de force que le point M, et trouver la vitesse correspondant à la position initiale F_0 de ce point.

III. — *Plus généralement, montrer que tout point matériel* N *de masse* 1, *placé initialement sur la droite* $M_0 F_0$, *peut recevoir une vitesse initiale* $N_0 W_0$ *telle qu'il reste constamment situé sur la droite* MF. *On examinera le cas particulier où la position initiale* N_0 *du point* N *serait dans l'un des plans de coordonnées.*

IV. — *La position initiale* N_0 *variant sur la droite* $M_0 F_0$, *trouver le lieu du point* W_0, *et le lieu de la droite* $N_0 W_0$.

———————

I. — *Calculer les coordonnées* x, y, z *en fonction du temps, connaissant la position initiale* $M_0(x_0, y_0, z_0)$, *ainsi que la vitesse initiale* $M_0 V_0(x'_0, y'_0, z'_0)$. *Conditions pour que le mouvement soit périodique.*

1. — I-xxiv [**H 5 a**]; III-xx [**R 7 o**]. Les équations différentielles du mouvement du point M sont :

$$(1) \qquad \frac{d^2 x}{dt^2} = -ax, \qquad \frac{d^2 y}{dt^2} = -by, \qquad \frac{d^2 z}{dt^2} = -cz.$$

Les intégrales de ces équations sont de la forme

$$x = A \cos t \sqrt{a} + A' \sin t \sqrt{a},$$
$$y = B \cos t \sqrt{b} + B' \sin t \sqrt{b},$$
$$z = C \cos t \sqrt{c} + C' \sin t \sqrt{c}.$$

Déterminant les constantes qui entrent dans ces relations, par les conditions initiales du mouvement, relativement à la position du point mobile (x_0, y_0, z_0) et à sa vitesse (x'_0, y'_0, z'_0), j'obtiens

$$(2) \qquad \begin{cases} x = x_0 \cos t \sqrt{a} + \dfrac{x'_0}{\sqrt{a}} \sin t \sqrt{a}, \\[2mm] y = y_0 \cos t \sqrt{b} + \dfrac{y'_0}{\sqrt{b}} \sin t \sqrt{b}, \\[2mm] z = z_0 \cos t \sqrt{c} + \dfrac{z'_0}{\sqrt{c}} \sin t \sqrt{c}. \end{cases}$$

Ces relations définissent la position du point mobile M à une époque quelconque t.

2. — I-x [**D 6 b**]. Elles montrent que les projections de ce point sur les trois axes de coordonnées ont des mouvements vibratoires dont les périodes respectives sont $\dfrac{2\pi}{\sqrt{a}}$, $\dfrac{2\pi}{\sqrt{b}}$, $\dfrac{2\pi}{\sqrt{c}}$; pour que le mouvement du point M soit, lui-même, périodique, il faut donc qu'il existe une période T qui soit un commun multiple des précédentes

$$T = p\,\frac{2\pi}{\sqrt{a}} = q\,\frac{2\pi}{\sqrt{b}} = r\,\frac{2\pi}{\sqrt{c}},$$

p, q, r étant des nombres entiers positifs; ces conditions peuvent s'écrire

$$\frac{a}{p^2} = \frac{b}{q^2} = \frac{c}{r^2},$$

et prouvent que le mouvement du point M est périodique lorsque les constantes a, b, c sont proportionnelles aux carrés de trois nombres entiers.

Dans le cas particulier où $a = b = c$, on a

$$\frac{X}{x} = \frac{Y}{y} = \frac{Z}{z},$$

la force MT est constamment dirigée vers l'origine, l'élimination de $\sin t\sqrt{a}$ et $\cos t\sqrt{a}$ entre les trois relations (2) donne

$$\begin{vmatrix} x & x_0 & x'_0 \\ y & y_0 & y'_0 \\ z & z_0 & z'_0 \end{vmatrix} = 0.$$

La trajectoire du point M est donc située dans un plan passant à l'origine des coordonnées; en éliminant successivement le paramètre t entre deux des relations (2), on obtiendrait les équations des projections de cette trajectoire sur les plans de coordonnées; ces projections étant des ellipses, j'en conclus que la trajectoire, elle-même, est elliptique.

II. — *Un second point matériel libre de masse 1 se trouve coïncider constamment avec l'extrémité F, de la force MF. Montrer que le point F obéit au même champ de force que le point M, et trouver la vitesse correspondant à la position initiale F_0 de ce point.*

3. — III-1 [**K 13 a**]. Les coordonnées du point F, situé à la distance 1 du point M sur le vecteur MF, sont :

$$\alpha = x + X, \qquad \beta = y + Y, \qquad \gamma = z + Z,$$

ou

$$\alpha = x(1 - a), \qquad \beta = y(1 - b), \qquad \gamma = z(1 - c).$$

4. — III-xx [**R 7**]. De ces formules je déduis, d'après les équations (1),

$$\frac{d^2\alpha}{dt^2} = -\, a\alpha, \qquad \frac{d^2\beta}{dt^2} = -\, b\beta, \qquad \frac{d^2\gamma}{dt^2} = -\, c\gamma,$$

relations qui démontrent que le point F obéit au même champ de force que le point M.

5. — III-xix [**R 1 a**]. Les coordonnées initiales du point F sont :

$$\alpha_0 = x_0(1 - a), \qquad \beta_0 = y_0(1 - b), \qquad \gamma_0 = z_0(1 - c)$$

et sa vitesse initiale a pour composantes

$$\alpha'_0 = x'_0(1 - a), \qquad \beta'_0 = y'_0(1 - b), \qquad \gamma'_0 = z'_0(1 - c).$$

III. — *Plus généralement, montrer que tout point matériel N de masse 1, placé initialement sur la droite $M_0 F_0$, peut recevoir une vitesse initiale $N_0 W_0$ telle qu'il reste constamment situé sur la droite MF. On examinera le cas particulier où la position initiale N_0 du point N serait dans l'un des plans de coordonnées.*

6. — III-1 [**K 13 a**]. Un point N quelconque du vecteur MF a pour coordonnées

$$\xi = x + \lambda X, \qquad \eta = y + \lambda Y, \qquad \zeta = z + \lambda Z,$$

λ étant un paramètre arbitraire fixe ; ces formules peuvent s'écrire

$$\xi = x(1 - \lambda a), \qquad \eta = y(1 - \lambda b), \qquad \zeta = z(1 - \lambda c).$$

7. — III-xx [**R 7**]. Elles montrent, d'après les équations (1), que le mouvement du point est défini par les équations

$$(3) \qquad \frac{d^2\xi}{dt^2} = -\, a\xi, \qquad \frac{d^2\eta}{dt^2} = -\, b\eta, \qquad \frac{d^2\zeta}{dt^2} = -\, c\zeta.$$

Ce point est donc soumis au même champ de force que le point M, et ses coordonnées, à l'époque t, ont pour valeurs

$$(4) \quad \begin{cases} \xi = (1 - \lambda a)\left(x_0 \cos t \sqrt{a} + \dfrac{x'_0}{\sqrt{a}} \sin t \sqrt{a}\right), \\[2mm] \eta = (1 - \lambda b)\left(y_0 \cos t \sqrt{b} + \dfrac{y'_0}{\sqrt{b}} \sin t \sqrt{b}\right), \\[2mm] \zeta = (1 - \lambda c)\left(z_0 \cos t \sqrt{c} + \dfrac{z'_0}{\sqrt{c}} \sin t \sqrt{c}\right). \end{cases}$$

Inversement, si l'on prend sur la droite MF un point N dont les coordonnées initiales soient

$$(5) \qquad \xi_0 = x_0(1 - \lambda a), \qquad \eta_0 = y_0(1 - \lambda b), \qquad \zeta_0 = z_0(1 - \lambda c)$$

et dont la vitesse initiale ait pour composantes

$$(6) \qquad \xi'_0 = x'_0(1 - \lambda a), \qquad \eta'_0 = y'_0(1 - \lambda b), \qquad \zeta'_0 = z'_0(1 - \lambda c),$$

et si le mouvement de ce point est défini par les équations (3), ses coordonnées s'expriment par les formules (4), c'est-à-dire par

$$(4') \qquad \xi = (1 - \lambda a)x, \qquad \eta = (1 - \lambda b)y, \qquad \zeta = (1 - \lambda c)z,$$

qui montrent que le point N reste constamment sur le vecteur MF.

On voit donc que l'on peut donner au point N, initialement placé sur $M_0 F_0$, une vitesse initiale telle qu'il reste toujours sur MF et divise MF dans un rapport constant. On peut se demander s'il n'y a pas d'autre solution, si N peut rester toujours sur MF, sans diviser ce segment dans un rapport constant, c'est-à-dire s'il peut exister une fonction λ de t telle que l'on ait toujours $(4')$ en même temps que (1) et (3).

8. — l-xɪ [**C 1 c**]. Or en dérivant deux fois $(4')$ par rapport à t, il vient, en tenant compte de (1), (3) et $(4')$,

$$2\frac{dx}{dt}\frac{d\lambda}{dt} + x\frac{d^2\lambda}{dt^2} = 0, \qquad 2\frac{dy}{dt}\frac{d\lambda}{dt} + y\frac{d^2\lambda}{dt^2} = 0, \qquad 2\frac{dz}{dt}\frac{d\lambda}{dt} + z\frac{d^2\lambda}{dt^2} = 0.$$

9. — l-xvɪɪɪ [**C 2 a**]. En désignant par A, B, C trois constantes arbitraires, on tire, par intégration immédiate,

$$\sqrt{\frac{d\lambda}{dt}} = \frac{A}{x} = \frac{B}{y} = \frac{C}{z}.$$

Donc, ou bien λ est constant et l'on retrouve la solution déjà donnée, ou bien x, y, z doivent demeurer proportionnels à trois nombres fixes, autrement dit le mouvement doit s'effectuer sur une droite passant par l'origine. Si l'on n'a pas $a = b = c$, la force n'étant pas centrale, ce cas ne peut se présenter que si M_0 est sur un axe de coordonnées, et si la vitesse initiale est dirigée suivant cet axe. Si $a = b = c$, il suffit, M_0 étant arbitraire, que la vitesse initiale soit dirigée suivant la droite OM_0.

Je suppose qu'à l'origine du temps, le point N soit situé dans le plan xOy, j'ai alors $\zeta_0 = 0$, ou

$$z_0(1 - \lambda c) = 0.$$

Si $1 - \lambda c$ n'est pas nul, $z_0 = 0$, le point M_0, et par suite le vecteur initial $M_0 F_0$, est contenu dans le plan xOy; le mouvement du point N est défini par les relations

$$\xi = (1 - \lambda a)\left(x_0 \cos t \sqrt{a} + \frac{x_0'}{\sqrt{a}} \sin t \sqrt{a}\right),$$

$$\eta = (1 - \lambda b)\left(y_0 \cos t \sqrt{b} + \frac{y_0'}{\sqrt{b}} \sin t \sqrt{b}\right),$$

$$\zeta = (1 - \lambda c)\frac{z_0'}{\sqrt{c}} \sin t \sqrt{c}.$$

Si $1 - \lambda c = 0$ ou $\lambda = \frac{1}{c}$, on a $\zeta = 0$; le point N se meut dans le plan xOy.

IV. — *La position initiale N_0 variant sur la droite $M_0 F_0$, trouver le lieu du point W_0, et le lieu de la droite $N_0 W_0$.*

Le point W_0, extrémité du vecteur représentant la vitesse initiale du point N_0, a pour coordonnées

$$u_0 = \xi_0 + \xi_0', \qquad v_0 = \eta_0 + \eta_0', \qquad w_0 = \zeta_0 + \zeta_0',$$

ou, d'après les formules (5) et (6),

$$u_0 = (x_0 + x_0')(1 - \lambda a),$$
$$v_0 = (y_0 + y_0')(1 - \lambda b),$$
$$w_0 = (z_0 + z_0')(1 - \lambda c).$$

Éliminant le paramètre λ entre ces trois relations, j'obtiens

$$\frac{u_0 - (x_0 + x'_0)}{a(x_0 + x'_0)} = \frac{v_0 - (y_0 + y'_0)}{b(y_0 + y'_0)} = \frac{w_0 - (z_0 + z'_0)}{c(z_0 + z'_0)}.$$

10. — III-v [**K 13 a**]. Le lieu du point W_0, lorsque le point N_0 se déplace sur le vecteur MF, est donc une ligne droite passant par l'extrémité de la vitesse initiale $M_0 V_0$ et parallèle à la force du champ en ce point.

Les coordonnées d'un point quelconque (u, v, w) du vecteur $N_0 W_0$ sont, en désignant par μ un paramètre arbitraire,

$$u = \xi_0 + \mu \xi'_0, \qquad v = \eta_0 + \mu \eta'_0, \qquad w = \zeta_0 + \mu \zeta'_0,$$

ou, d'après les formules (5) et (6),

$$(7) \quad \begin{cases} u = (x_0 + \mu x'_0)(1 - \lambda a), \\ v = (y_0 + \mu y'_0)(1 - \lambda b), \\ w = (z_0 + \mu z'_0)(1 - \lambda c). \end{cases}$$

11. — III-vii [**L² 1 b**]. Pour obtenir l'équation du lieu de la droite $N_0 W_0$, il faut éliminer λ et μ entre ces trois relations; or, elles peuvent s'écrire

$$a x'_0 \lambda \mu + a x_0 \lambda - x'_0 \mu + u - x_0 = 0,$$
$$b y'_0 \lambda \mu + b y_0 \lambda - y'_0 \mu + v - y_0 = 0,$$
$$c z'_0 \lambda \mu + c z_0 \lambda - z'_0 \mu + w - z_0 = 0.$$

En supposant que le déterminant

$$\Delta = \begin{vmatrix} a x'_0 & a x_0 & x'_0 \\ b y'_0 & b y_0 & y'_0 \\ c z'_0 & c z_0 & z'_0 \end{vmatrix}$$

ne soit pas nul, et résolvant ces équations par rapport à $\lambda \mu$, λ et μ, j'obtiens

$$\lambda \mu = R, \qquad \lambda = P, \qquad \mu = Q,$$

P, Q, R étant des fonctions linéaires de coordonnées u, v, w; le lieu de la droite $N_0 W_0$ a donc pour équations

$$PQ - R = 0.$$

Les trois fonctions P, Q, R étant indépendantes, cette équation représente un paraboloïde hyperbolique.

Dans le cas particulier où

$$\frac{x'_0}{x_0} = \frac{y'_0}{y_0} = \frac{z'_0}{z_0},$$

c'est-à-dire lorsque la vitesse initiale du point M_0 est dirigée suivant la droite OM_0 qui joint l'origine au point M_0, le déterminant Δ est nul; en désignant par k la valeur commune des rapports ci-dessus, les équations (7) s'écrivent

$$a(k\mu+1)\lambda - k\mu + \frac{u}{x_0} - 1 = 0,$$
$$b(k\mu+1)\lambda - k\mu + \frac{v}{y_0} - 1 = 0,$$
$$c(k\mu+1)\lambda - k\mu + \frac{w}{z_0} - 1 = 0,$$

et l'élimination de $(k\mu+1)\lambda$ et de $k\mu$ entre ces équations donne

$$(b-c)\frac{u}{x_0} + (c-a)\frac{v}{y_0} + (a-b)\frac{w}{z_0} = 0;$$

la droite $N_0 W_0$ décrit donc un plan passant par l'origine.

Le déterminant Δ est également nul lorsque $a = b = c$; des équations (7) je déduis alors

$$\frac{u}{x_0 + \mu x'_0} = \frac{v}{y_0 + \mu y'_0} = \frac{w}{z_0 + \mu z'_0},$$

et, en éliminant μ entre ces deux relations, je trouve, comme lieu de la droite $N_0 W_0$, le plan qui a pour équation

$$(y_0 z'_0 - z_0 y'_0)u + (z_0 x'_0 - x_0 z'_0)v + (x_0 y'_0 - y_0 x'_0)w = 0,$$

ce qui était à prévoir, puisque, dans l'hypothèse envisagée, la trajectoire elliptique du point M est située dans ce plan, ainsi que je l'ai démontré plus haut.

BIBLIOGRAPHIE.

Nouvelles Annales de Mathématiques, 4ᵉ série, t. X, p. 364. — Solutions par M. J. Servais (Géométrie analytique et Mécanique, Algèbre et Trigonométrie).

Feuilles d'examen (Croville-Morant). — Solution par M. Pomey.

ANNÉE 1911.

ALGÈBRE ET TRIGONOMÉTRIE.

On donne l'équation différentielle

$$(1) \qquad a\frac{d^2y}{dx^2} - x\frac{dy}{dx} + by = 0,$$

où a et b désignent deux constantes réelles.

I. — Trouver une série entière $\lambda_0 + \lambda_1 x + \lambda_2 x^2 + \ldots$, qui vérifie l'équation (1) et s'assurer qu'elle est convergente.

II. — Constater :

1° Que les coefficients λ_0 et λ_1 demeurent arbitraires;
2° Que la série peut s'écrire

$$\lambda_0 \varphi(x, a, b) + \lambda_1 \psi(x, a, b),$$

φ et ψ désignant deux séries entières en x, dont les coefficients sont des fonctions de a et b;
3° Que les fonctions φ et ψ satisfont à l'équation (1);
4° Que leurs dérivées φ'_x et ψ'_x satisfont chacune à une équation de même forme.

III. — Exprimer $\varphi'(x, a, b)$ et $\psi'(x, a, b)$ en fonction de $\varphi(x, a, b-1)$ et $\psi(x, a, b-1)$.

IV. — Quand b est un entier positif, suivant qu'il est pair ou impair, la série φ ou ψ devient un polynome.

V. — Discuter, d'après le signe de a, la réalité des racines de ces polynomes φ et ψ, suivant la parité de b.

I. — *Trouver une série entière* $\lambda_0 + \lambda_1 x + \lambda_2 x^2 + \ldots$, *qui vérifie l'équation* (1), *et s'assurer qu'elle est convergente.*

1. — I-xvi [**H 1 c**]. Si l'on introduit, dans l'équation (1), les valeurs de la fonction

$$y = \lambda_0 + \lambda_1 x_1 + \lambda_2 x^2 + \ldots + \lambda_n x^n + \lambda_{n+1} x^{n+1} + \lambda_{n+2} x^{n+2} + \ldots$$

et de ses dérivées

$$\frac{dy}{dx} = \lambda_1 + 2\lambda_2 x^2 + \ldots$$
$$+ n\lambda_n x^{n-1} + (n+1)\lambda_{n+1} x^n + (n+2)\lambda_{n+2} x^{n+1} + \ldots,$$
$$\frac{d^2 y}{dx^2} = 2\lambda_2 + \ldots + (n+1)(n+2)\lambda_{n+2} x^n + \ldots,$$

et si l'on annule le terme coefficient du terme général en x^n, on obtient la relation

$$\lambda_{n+2} = \frac{n-b}{a(n+2)(n+1)}\lambda_n,$$

qui doit lier les coefficients de la série y pour qu'elle vérifie l'équation (1).

En donnant successivement à n une valeur paire $2p-2$ et impaire $2p-1$, on en déduit

$$\lambda_{2p} = (-1)^p \frac{b(b-2)(b-4)\ldots[b-(2p-2)]}{a^p 2p!}\lambda_0,$$
$$\lambda_{2p+1} = (-1)^p \frac{(b-1)(b-3)\ldots[b-(2p-1)]}{a^p(2p+1)!}\lambda_1.$$

Ces relations permettent de calculer les coefficients successifs de la série y en fonction de λ_0 et de λ_1.

II. — *Constater :*

1° *Que les coefficients* λ_0 *et* λ_1 *demeurent arbitraires;*
2° *Que la série peut s'écrire*

$$\lambda_0 \varphi(x, a, b) + \lambda_1(\psi x, a, b),$$

φ *et* ψ *désignant deux séries entières en* x, *dont les coefficients sont des fonctions de* a *et* b;
3° *Que les fonctions* φ *et* ψ *satisfont à l'équation* (1);

$4°$ *Que leurs dérivées φ'_x et ψ'_x satisfont chacune à une équation de même forme.*

$1°$ Elles montrent que les coefficients λ_0 et λ_1 peuvent être choisis arbitrairement.

$2°$ Si l'on pose

$$\varphi(x, a, b) = \Sigma(-1)^p \frac{b(b-2)\dots[b-(2p-2)]}{2p!\,a^p} x^{2p},$$

$$\psi(x, a, b) = \Sigma(-1)^p \frac{(b-1)(b-3)\dots[b-(2p-1)]}{(2p+1)!\,a^p} x^{2p+1},$$

la série y peut se mettre sous la forme

$$(2) \qquad y = \lambda_0 \varphi(x, a, b) + \lambda_1 \psi(x, a, b).$$

2. — I-viii [**D 1 a α**]. Dans chacune des séries φ et ψ, le rapport d'un terme au précédent

$$\frac{\lambda_{n+2}}{\lambda_n} = \frac{n-b}{a(n+2)(n+1)} x^2$$

tend vers zéro lorsque n croît indéfiniment; ces deux séries sont convergentes, la série y l'est donc aussi.

$3°$ Lorsque l'un ou l'autre des coefficients λ_0 et λ_1 prend la valeur zéro, la série y devient identique à l'une des séries φ ou ψ; chacune de ces séries satisfait donc à l'équation (1).

3. — I-xi [**C 1 d**]. $4°$ La dérivée de l'équation (1)

$$a\frac{d^3 y}{dx^3} - x\frac{d^2 y}{dx^2} + (b-1)\frac{dy}{dx} = 0$$

peut s'écrire, en posant $\dfrac{dy}{dx} = z$,

$$(3) \qquad a\frac{d^2 z}{dx^2} - x\frac{dz}{dx} + (b-1)z = 0.$$

Les fonctions φ et ψ satisfaisant à l'équation (1), leurs dérivées φ' et ψ' vérifient l'équation (3), qui est de même forme que l'équation (1).

III. — *Exprimer $\varphi'(x, a, b)$ et $\psi'(x, a, b)$ en fonction de $\varphi(x, a, b-1)$ et $\psi(x, a, b-1)$.*

4. — I-xxiv [**H 4 a**]. L'équation (3) ne diffère de l'équation (1) que par la substitution de $b-1$ à b; elle est évidemment satisfaite par les fonctions

$$\varphi(x, a, b-1) \quad \text{et} \quad \psi(x, a, b-1);$$

on peut donc écrire

$$\varphi'(x, a, b) = \alpha\varphi(x, a, b-1) + \beta\psi(x, a, b-1),$$
$$\psi'(x, a, b) = \gamma\varphi(x, a, b-1) + \delta\psi(x, a, b-1).$$

Les valeurs des constantes α, β, γ, δ s'obtiennent en introduisant dans ces deux relations les expressions de φ et de ψ :

$$\varphi = 1 + \frac{\lambda_2}{\lambda_0} x^2 + \ldots,$$
$$\psi = x + \frac{\lambda_3}{\lambda_1} x^3 + \ldots$$

et de leurs dérivées

$$\varphi' = 2\frac{\lambda_2}{\lambda_0} x + \ldots$$
$$\psi' = 1 + 3\frac{\lambda_3}{\lambda_1} x^2 + \ldots,$$

et en identifiant les deux membres, on trouve ainsi

$$\alpha = 0, \qquad \beta = 2\frac{\lambda_2}{\lambda_0} = -\frac{b}{a}, \qquad \gamma = 1, \qquad \delta = 0.$$

Il en résulte que

$$\varphi'(x, a, b) = -\frac{b}{a} \psi(x, a, b-1),$$
$$\psi'(x, a, b) = \varphi(x, a, b-1).$$

IV. — *Quand b est un entier positif, suivant qu'il est pair ou impair, la série φ ou ψ devient un polynome.*

5. — I-xxiv [**H 5 g**]. Lorsque b est un entier positif, s'il est pair et égal à $2p$, la série φ est limitée au terme en x^{2p} et devient un polynome.

Si b est impair et égal à $2p+1$, c'est la série ψ qui est un polynome limité au terme en x^{2p+1}.

Lorsque b est un nombre pair, $b = 2p$, la fonction φ est un polynome de degré $2p$.

V. — *Discuter, d'après le signe de a, la réalité des racines de ces polynomes φ et ψ, suivant la parité de b.*

6. — I-xv [A 3 d]. Si a est négatif, le polynome φ a tous ses termes positifs, et, comme ils sont de degré pair, le polynome ne s'annule pour aucune valeur réelle de la variable x : φ a donc toutes ses racines imaginaires.

Lorsque a est positif, pour étudier les racines du polynome φ, on remarquera que ce polynome et ses dérivées successives satisfont aux relations suivantes :

$$b\varphi = x\varphi' - a\varphi'',$$
$$(b-1)\varphi' = x\varphi'' - a\varphi''',$$
$$\dots\dots\dots\dots\dots\dots\dots,$$
$$[b-(2p-2)]\varphi^{2p-2} = x\varphi^{2p-1} - a\varphi^{2p}.$$

Ces relations montrent que :

1° Dans la suite des fonctions $\varphi, \varphi', \dots, \varphi^{2p}$, deux fonctions consécutives φ^k et φ^{k+1} ne peuvent s'annuler simultanément, car s'il en était ainsi, toutes les fonctions φ s'annuleraient aussi; or, cela n'est pas possible, puisque φ^{2p} est une constante non nulle.

2° Si l'une des fonctions φ^k s'annule pour une valeur déterminée de la variable, les deux fonctions voisines φ^{k-1} et φ^{k+1} sont de signes contraires, d'après la relation

$$[b-(k-1)]\varphi^{k-1} = x\varphi^k - a\varphi^{k+1},$$

puisque le coefficient $b-(k-1)$ est toujours positif.

Si l'on remarque enfin que le rapport $\frac{\varphi}{\varphi'}$ passe du négatif au positif en s'annulant, on peut conclure que, lorsque x varie de $-\infty$ à $+\infty$, le nombre de variations présenté par la suite des fonctions

$$\varphi, \quad \varphi', \quad \varphi'', \quad \dots, \quad \varphi^{2p}$$

ne change pas lorsque l'une des fonctions intermédiaires φ', φ'', $\dots$, φ^{2p-1} s'annule, mais que cette suite perd une variation chaque fois que la variable x passe par une valeur annulant la fonction φ; le nombre des racines réelles de cette fonction est donc égal au nombre des variations perdues par la suite considérée lorsque x varie de $-\infty$ à $+\infty$.

Or, pour $x = -\infty$, cette suite a ses termes alternativement positifs et négatifs; pour $x = +\infty$, tous ses termes sont positifs; elle a perdu $2p$ variations : le polynome φ a donc ses $2p$ racines réelles.

Remarquant que la fonction φ a tous ses termes de degré pair, on en conclut que ses $2p$ racines sont deux à deux égales et de signes contraires.

Lorsque b est un nombre impair $b = 2p + 1$, le polynome ψ, de degré $2p + 1$, admet toujours la racine $x = 0$. Faisant abstraction de cette racine, on obtient un polynome de degré $2p$.

Si a est négatif, tous les termes de ce polynome sont positifs et de degré pair : la fonction φ n'a donc d'autre racine réelle que $x = 0$.

Si a est positif, on démontre, comme ci-dessus pour la fonction φ, que le polynome ψ a toutes ses racines réelles, égales deux à deux et de signes contraires; cela résulte d'ailleurs de l'identité

$$\varphi'(x, a, 2p + 2) = -\frac{b}{a}\,\psi(x, a, 2p + 1).$$

Dans le cas considéré, le polynome $\varphi(x, a, 2p + 2)$ ayant ses racines réelles, il en est de même de ses dérivées $\varphi'(x, a, 2p + 2)$ et, par suite, du polynome $\psi(x, a, 2p + 1)$.

GÉOMÉTRIE ANALYTIQUE ET MÉCANIQUE.

On donne trois axes de coordonnées rectangulaires Ox, Oy, Oz.

I. — Trouver les équations de la parabole (P) qui satisfait aux conditions suivantes : Son foyer a pour coordonnées $x = 1$, $y = 0$, $z = 0$; son axe est parallèle à Oy; elle passe par O; enfin, elle tourne sa concavité vers les y positifs.

II. — Montrer qu'à chaque point M de l'espace correspond, en général, un point R de l'axe Oz et un seul, autre que O, tel que la droite MR rencontre (P). Calculer OR en fonction de coordonnées de M.

III. — *Parmi les droites MR ainsi définies, on considère celles qui sont parallèles au plan $z = lx$. Trouver et étudier leur lieu géométrique.*

IV. — *On imagine que M soit la position d'un point matériel libre de masse égale à l'unité et que le vecteur MR représente la force unique qui agit sur lui.*

Que peut-on dire du mouvement projeté sur le plan xOy?

Que peut-on dire du mouvement lui-même quand la vitesse initiale de M est dans le plan MOz?

V. — *Faire l'étude complète du mouvement avec les conditions initiales suivantes :*

Coordonnées du point M...... $x_0 = -2$ $y_0 = 0$ $z_0 = 0$,
Projections de sa vitesse...... $x'_0 = 0$ $y'_0 = 0$ $z'_0 = 3$.

I. — *Trouver les équations de la parabole (P) qui satisfait aux conditions suivantes : Son foyer a pour coordonnées $x = 1$, $y = 0$, $z = 0$; son axe est parallèle à Oy; elle passe par O; enfin elle tourne sa concavité vers les y positifs.*

1. — II-xviii [L' 7]. D'après les conditions fixées, les équations de la parabole (P), sous la forme focale, s'écrivent

$$\begin{cases} (x-1)^2 + y^2 - (y+1)^2 = 0, \\ z = 0, \end{cases}$$

ou, en réduisant,

(P) $$\begin{cases} x^2 - 2x - 2y = 0, \\ z = 0. \end{cases}$$

II. — *Montrer qu'à chaque point M de l'espace correspond, en général, un point R de l'axe Oz et un seul, autre que O, tel que la droite MR rencontre (P). Calculer OR en fonction de coordonnées de M.*

2. — III-1 [K 13 a]. Géométriquement, les droites issues de M et rencontrant (P) sont génératrices du cône ayant pour sommet M

et pour directrice (P). Les droites issues de M et rencontrant Oz sont dans le plan $[M, Oz]$. Ce plan coupe le cône suivant MO et une autre génératrice passant par le point unique R, autre que O, où Oz rencontre le cône, et aussi par le point unique, autre que O, où le plan $[M, Oz]$ rencontre la parabole (P).

Analytiquement, soient (ξ, η, ζ) les coordonnées du point M, (o, o, ζ') celles du point R, les équations de la droite MR sont

$$(1) \qquad \frac{x}{\xi} = \frac{y}{\eta} = \frac{z - \zeta'}{\zeta - \zeta'}.$$

L'élimination de x, y, z entre ces deux équations et celles de la parabole (P) donne la valeur de l'ordonnée ζ' du point R :

$$(2) \qquad \zeta' = - \frac{2\zeta(\xi + \eta)}{\xi^2 - 2\xi - 2\eta}.$$

Il n'y a donc qu'un seul point R, sur l'axe Oz, autre que l'origine, correspondant au point M.

III. — *Parmi les droites MR ainsi définies, on considère celles qui sont parallèles au plan $z = lx$. Trouver et étudier leur lieu géométrique.*

3. — III-ı [**K 13 a**]. La condition, pour que la droite MR soit parallèle au plan $z = lx$, est

$$(3) \qquad l\xi - \zeta + \zeta' = o.$$

4. — III-vıı [**L² 21 a**]. Or le lieu demandé est celui d'un point $M(\xi, \eta, \zeta)$ tel que la droite MR soit parallèle au plan $z = lx$. On obtient donc son équation, en éliminant ζ' entre les relations (2) et (3), et remplaçant ξ, η, ζ par x, y, z, soit

$$(4) \qquad x(z - lx) - 2l(x + y) = o.$$

Ce lieu est un paraboloïde hyperbolique, qui a pour plans directeurs le plan donné $z = lx$ et le plan yOz.

Les deux systèmes de génératrices rectilignes de cette surface ont pour équations

$$(G) \quad \begin{cases} z - l'x = 2\lambda(x + y), \\ x = \dfrac{l}{\lambda}; \end{cases}$$

$$(G') \quad \begin{cases} z - lx = \mu l, \\ x = \dfrac{2(x + y)}{\mu}, \end{cases}$$

dans lesquelles λ et μ sont deux paramètres variables.

Mise sous la forme

$$x(z - lx - 2l) - 2ly = 0,$$

l'équation (4) montre que le paraboloïde a pour axe la droite

$$x = 0,$$
$$z = 2l,$$

située dans le plan yOz, et que son sommet est situé sur l'axe Oz, au point $(0, 0, 2l)$.

IV. — *On imagine que M soit la position d'un point maté-riel libre de masse égale à l'unité, et que le vecteur MR repré-sente la force unique qui agit sur lui.*

Que peut-on dire du mouvement projeté sur le plan xOy?

Que peut-on dire du mouvement lui-même quand la vitesse initiale de M est dans le plan MOz?

5. — III-xx [**R 7 b**]. La direction de la force agissant sur le point M rencontre constamment l'axe Oz; la projection du mou-vement de ce point sur le plan xOy est donc soumise à la loi des aires; en effet, des équations différentielles du mouvement, qui sont

$$\frac{d^2x}{dt^2} = - x,$$

$$\frac{d^2y}{dt^2} = - y,$$

$$\frac{d^2z}{dt^2} = -(z - \gamma) = \frac{x^2 z}{2(x + y) - x^2},$$

on tire

$$x\frac{d^2y}{dt^2} - y\frac{d^2x}{dt^2} = 0$$

et, en intégrant,

$$x \frac{dy}{dt} - y \frac{dx}{dt} = \text{const.},$$

relation qui exprime que l'aire décrite par le rayon vecteur, qui joint l'origine à la projection m du point M sur le plan xOy, est proportionnelle au temps.

D'ailleurs, en désignant par x_0, y_0, z_0 les coordonnées initiales du point M, et par x'_0, y'_0, z'_0 les composantes de sa vitesse, les intégrales des deux premières équations sont

$$x = x_0 \cos t + x'_0 \sin t,$$
$$y = y_0 \cos t + y'_0 \sin t,$$

et définissent la projection du mouvement sur le plan xOy. L'élimination du temps t entre ces deux relations donne l'équation de la trajectoire du point m dans ce plan

$$(5) \qquad (y'_0 x - x'_0 y)^2 + (x_0 y - y_0 x)^2 = (x_0 y'_0 - y_0 x'_0)^2,$$

qui représente une ellipse.

La durée de la révolution du point m sur cette ellipse est égale à 2π, puisque x et y reprennent les mêmes valeurs lorsque t varie de 2π.

Le mouvement du point M s'effectue donc sur un cylindre ayant pour base l'ellipse (5), et dont les génératrices sont parallèles à Oz; l'ordonnée z du point M sur ce cylindre est donnée par l'équation

$$\frac{d^2 z}{dt^2} = z \frac{(x_0 \cos t + x'_0 \sin t)^2}{2[(x_0 + y_0) \cos t + (x'_0 + y'_0) \sin t] - (x_0 \cos t + x'_0 \sin t)^2}.$$

Lorsque la vitesse initiale de ce point est dans le plan MOz, on a

$$\frac{x'_0}{x_0} = \frac{y'_0}{y_0} = k,$$

k étant une constante; les coordonnées du point M sont, dans ce cas, données par

$$x = x_0(\cos t + k \sin t),$$
$$y = y_0(\cos t + k \sin t),$$
$$(6) \qquad \frac{d^2 z}{dt^2} = z \frac{x_0^2(\cos t + k \sin t)}{[2(x_0 + y_0) - x_0^2](\cos t + k \sin t)}.$$

On en déduit

$$\frac{y}{x} = \frac{y_0}{x_0}.$$

La trajectoire est donc située sur un plan $[\Pi]$ passant par l'axe Oz; sa projection sur le plan xOy est une droite.

Il en résulte que la droite MR, qui rencontre toujours Oz et la parabole (P), passe maintenant par le point fixe A, point, autre

Fig. 18.

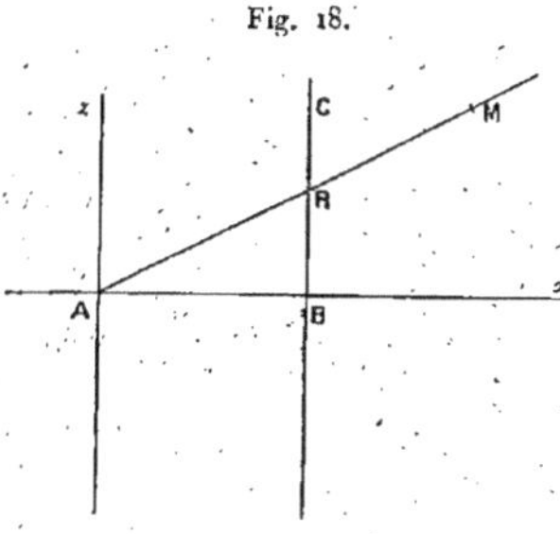

que O, où le plan $[\Pi]$ rencontre la parabole (P). Par une translation d'axes, amenons l'origine en A; puis, par une rotation autour de l'axe Az', amenons le plan $Ax'z'$ à coïncider avec le plan $[\Pi]$, donc à contenir l'ancien axe Oz. Le mouvement à déterminer dans le nouveau plan Axz est alors celui d'un point M soumis à une force représentée par le vecteur MR que détermine, sur la droite MA, la droite BC (ancien axe Oz), $x - c = 0$.

6. — II-11 [K 13 a]. Les coordonnées de R sont c et $\dfrac{cz}{x}$; les composantes de MR sont donc

$$c - x \quad \text{et} \quad \frac{cz}{x} - z = \frac{z(c - x)}{x}.$$

7. — III-xx [R 7 o]. Les équations différentielles du mouvement sont:

$$\frac{d^2 x}{dt^2} = c - x,$$

qui s'intègre immédiatement par le changement de variable

$x = c + \xi$, et donne

$$(7) \qquad x = x_0 \cos t + x'_0 \sin t + c,$$

et

$$\frac{d^2 z}{dt^2} = \frac{z(c - x)}{x},$$

que l'on peut remplacer par l'intégrale des aires

$$(8) \qquad x \frac{dz}{dt} - \frac{dx}{dt} z = C_1 = x_0 z'_0 - x'_0 z_0.$$

8. — I-XXIII [**H 1 c**]. L'intégration de cette équation se ramène à des quadratures en posant $z = uv$, d'où

$$x \left(u \frac{dv}{dt} + v \frac{du}{dt} \right) - uv \frac{dx}{dt} = C_1,$$

prenant pour u une solution particulière de

$$x \frac{du}{dt} - u \frac{dx}{dt} = 0,$$

soit x, et prenant pour v la solution générale de $x^2 \dfrac{dv}{dt} = C_1$, ou

$$\frac{dv}{dt} = \frac{C_1}{(x_0 \cos t + x'_0 \sin t + c)^2}.$$

9. — I-XIX [**C 2 e**]. Pour revenir au cas d'une fonction rationnelle, faisons le changement de variable

$$t = 2 \, \text{arc tang} \, \theta,$$

qui donne

$$dv = \frac{2 \, C_1 (1 + \theta^2) \, d\theta}{[(c - x_0) \theta^2 + 2 x'_0 \theta + c + x_0]^2}.$$

10. — I-XXI [**C 2 a**]. Si l'on désigne par α et β les racines, réelles ou imaginaires, du dénominateur, on a l'identité

$$\frac{(1 + \theta)^2}{(\theta - \alpha)^2 (\theta - \beta)^2} = \frac{A_2}{(\theta - \alpha)^2} + \frac{A_1}{\theta - \alpha} + \frac{B_2}{(\theta - \beta)^2} + \frac{B_1}{\theta - \beta}.$$

Posant $\theta = \alpha + h$, et effectuant, par rapport aux puissances croissantes de h, la division de $1 + \theta^2$ par $\beta^2 - 2\beta\theta + \theta^2$, on trouve

$$A_2 = \frac{1 + \alpha^2}{(\alpha - \beta)^2}, \qquad A_1 = -\frac{2(1 + \alpha\beta)}{(\alpha - \beta)^3} = -\frac{c(c - x_0)}{(x_0^2 + x_0'^2 - c^2)(\alpha - \beta)};$$

d'où, en échangeant α et β,

$$B_2 = \frac{1 + \beta^2}{(\beta - \alpha)^2}, \qquad B_1 = -\frac{2(1 + \beta\alpha)}{(\beta - \alpha)^3} = -A_1.$$

On a donc

$$v = \frac{2C_1}{(c - x_0)^2}(J_1 - J_2),$$

$$J_1 = \int \left[\frac{A_2}{(\theta - \alpha)^2} + \frac{B_2}{(\theta - \beta)^2} \right] d\theta,$$

$$J_2 = \int \left(\frac{A_1}{\theta - \alpha} + \frac{B_1}{\theta - \beta} \right) d\theta.$$

On a, dans tous les cas,

$$J_1 = -\left(\frac{A_2}{\theta - \alpha} + \frac{B_2}{\theta - \beta} \right).$$

11. — I-vi [A. 2 b]. D'où, par un calcul de fonctions symétriques,

$$J_1 = \frac{[(x_0'^2 - cx_0)\theta + cx_0'](c - x_0)}{(x_0^2 + x_0'^2 - c^2)[(c - x_0)\theta^2 + 2x_0'\theta + c + x_0)]}.$$

La forme de J_2 dépend de la réalité de α et β, c'est-à-dire du signe de $x_0^2 + x_0'^2 - c^2$.

Supposons $x_0^2 + x_0'^2 - c^2 > 0$; les racines sont réelles; on a

$$J_2 = A_1 \operatorname{Log} \frac{\theta - \alpha}{\theta - \beta} = -\frac{c(c - x_0)}{x_0^2 + x_0'^2 - c^2} \operatorname{Log} \left(\frac{\theta - \alpha}{\theta - \beta} \right)^{\frac{1}{\alpha - \beta}}.$$

On a donc, dans ce cas, pour intégrale de (8),

$$(9) \quad \begin{cases} z = xv, \\ v = \dfrac{2C_1}{(c - x_0)(x_0^2 + x_0'^2 - c^2)} \left[\dfrac{(x_0'^2 - cx_0)\theta + cx_0'}{(c - x_0)\theta^2 + 2x_0'\theta + c + x_0} \right. \\ \qquad\qquad\qquad\qquad \left. + c \operatorname{Log} \left(\dfrac{\theta - \alpha}{\theta - \beta} \right)^{\frac{1}{\alpha - \beta}} \right] + C_2. \end{cases}$$

Supposons $x_0^2 + x_0'^2 - c^2 < 0$; les racines sont imaginaires; on peut écrire

$$\frac{A_1}{\theta - \alpha} + \frac{B_1}{\theta - \beta} = \frac{A_1(\alpha - \beta)}{(\theta - \alpha)(\theta - \beta)} = \frac{A_1(\alpha - \beta)}{\left(\theta + \dfrac{x'_0}{c - x_0}\right)^2 + \dfrac{c^2 - x_0^2 - x_0'^2}{(c - x_0)^2}},$$

d'où, par intégration immédiate,

$$J_2 = \frac{A_1(\alpha - \beta(c - x_0)}{\sqrt{c^2 - x_0^2 - x_0'^2}} \arctan \frac{\left(\theta + \dfrac{x'_0}{c - x_0}\right)^2 (c - x_0)}{\sqrt{c^2 - x_0^2 - x_0'^2}}$$

$$= - \frac{c(c - x_0)^2}{(c^2 - x_0^2 - x_0'^2)^{\frac{3}{2}}} \arctan \frac{(c - x_0)\theta + x'_0}{\sqrt{c^2 - x_0^2 - x_0'^2}}.$$

On a donc, dans ce cas, pour intégrale de (8),

$$(10) \quad \left\{ \begin{array}{l} z = x\varphi \\[2ex] \varphi = \dfrac{2\,C_1}{c^2 - x_0^2 - x_0'^2} \left[- \dfrac{(x_0'^2 - c x_0)\theta + c x'_0}{(c - x_0)[(c - x_0)\theta^2 + 2 x'_0 \theta + c + x_0]} \right. \\[3ex] \qquad \left. + \dfrac{c}{\sqrt{c^2 - x_0^2 - x_0'^2}} \arctan \dfrac{(c - x_0)\theta + x'_0}{\sqrt{c^2 - x_0^2 - x_0'^2}} \right] + C_2. \end{array} \right.$$

On peut aussi traiter la question au point de vue purement algébrique en posant, dans (6)

$$\varphi(t) = 2(x_0 + y_0) - x_0^2(\cos t + k \sin t),$$

on a

$$\frac{d^2\varphi}{dt^2} = x_0^2(\cos t + k \sin t),$$

et l'ordonnée du point mobile est donnée par l'équation

$$\frac{d^2 z}{dt^2} = \frac{z}{\varphi} \frac{d^2\varphi}{dt^2},$$

ou

$$\varphi \frac{d^2 z}{dt^2} - z \frac{d^2\varphi}{dt^2} = 0,$$

dont l'intégrale est

$$\varphi \frac{dz}{dt} - z \frac{d\varphi}{dt} = C_1,$$

équation linéaire du premier ordre, où C_1 est une constante et φ

et $\frac{d\varphi}{dt}$ des fonctions connues de t; l'intégrale de cette équation est

$$z = \varphi \left[C_1 \int \frac{dt}{\varphi^2} + C_2 \right],$$

C_2 étant une autre constante.

La valeur de z s'obtient donc par une quadrature, que l'on effectue facilement en prenant pour variable $\tan\frac{t}{2} = \alpha$ [1].

V. — *Faire l'étude complète du mouvement avec les conditions initiales suivantes :*

Coordonnées du point M.... $x_0 = -2$ $y_0 = 0$ $z_0 = 0$
Projections de sa vitesse...., $x'_0 = 0$ $y'_0 = 0$ $z'_0 = 3$.

En faisant $x_0 = -2$, $x'_0 = 0$, $y_0 = y'_0 = 0$, on a, pour déterminer le mouvement de la projection de M sur Oxy, les équations

(11) $x = -2\cos t,$ $y = 0,$

et, pour déterminer z, l'équation différentielle

$$\frac{d^2 z}{dt^2} = \frac{xz}{2-x} = -\frac{z\cos t}{1+\cos t}.$$

12. — III-xx [**R 7 b**]. Le point A, intersection, autre que O,

---

[1] L'intégration de l'équation (6) peut également être faite en posant $z = c\varphi$, c étant considérée comme une variable; on en déduit

$$\frac{d^2 z}{dt^2} = \varphi\frac{d^2 c}{dt^2} + 2\frac{d\varphi}{dt}\frac{dc}{dt} + c\frac{d^2\varphi}{dt^2}.$$

En portant cette valeur dans l'équation (6), elle se réduit à la suivante :

$$\varphi\frac{d^2 c}{dt^2} + 2\frac{d\varphi}{dt}\frac{dc}{dt} = 0,$$

dont l'intégration est immédiate :

$$\varphi^2\frac{dc}{dt} = c_1, \quad c = \int\frac{c_1}{\varphi^2}dt + c_2,$$

c_1 et c_2 étant deux constantes arbitraires; par suite,

$$z = c\varphi = \varphi\left[\int\frac{c_1}{\varphi^2}dt + c_2\right].$$

du plan Oxz de la trajectoire avec la parabole (P), est le point $(2, o, o)$. En transportant O, origine en ce point, les équations (11) deviennent

$$(12) \qquad x = -2(1 + \cos t),$$

intégrale de

$$\frac{d^2 x}{dt^2} + x + 2 = o,$$

et

$$\frac{d^2 z}{dt^2} = -\frac{z(x+2)}{x},$$

que l'on peut remplacer par l'intégrale des aires

$$x \frac{dz}{dt} - z \frac{dx}{dt} = x_0 z'_0 - x'_0 z_0.$$

Par rapport aux nouveaux axes, les conditions initiales sont $x_0 = -4$, $x'_0 = o$, $z_0 = o$, $z'_0 = 3$; l'intégrale des aires s'écrit donc

$$(13) \qquad x \frac{dz}{dt} - \frac{dx}{dt} z + 12 = o.$$

13. — I-xxiii [**H 1 c**]. Comme dans le cas général, l'intégration de cette équation se ramène à une quadrature, en posant $z = xv$, v étant la solution générale de

$$x^2 \frac{dv}{dt} + 12 = o \qquad \text{ou} \qquad \frac{dv}{dt} = -\frac{3}{(1+\cos t)^2}.$$

14. — I-xix [**C 2 a**]. Par le changement de variable

$$t = 2 \operatorname{arc\,tang} \theta,$$

cette équation devient

$$dv = -\frac{3}{2}(1 + \theta^2) d\theta,$$

d'où

$$v = -\frac{3}{2} \theta - \frac{1}{2} \theta^3 + C,$$

et

$$z = xv = (1 + \cos t)\left(3 \operatorname{tang} \frac{t}{2} + \operatorname{tang}^3 \frac{t}{2} - C\right).$$

D'après les conditions initiales, z s'annule avec t; donc $C = 0$, et l'équation trouvée peut s'écrire

$$(14) \qquad z = \frac{2 \tang \dfrac{t}{2}\left(3 + \tang^2 \dfrac{t}{2}\right)}{1 + \tang^2 \dfrac{t}{2}} = \sin t \left(3 + \tang^2 \dfrac{t}{2}\right).$$

On peut aussi continuer l'emploi de la méthode purement

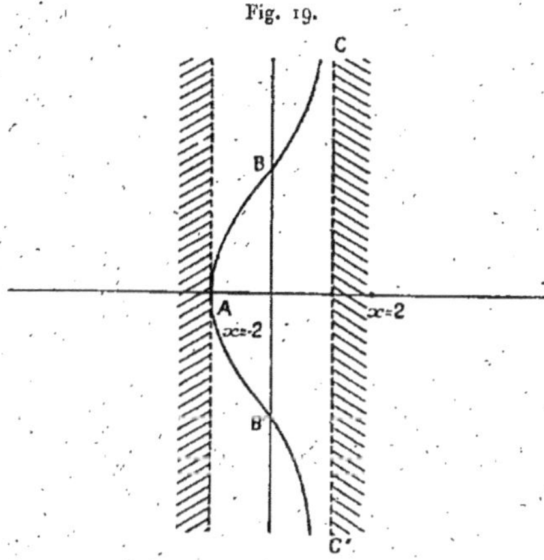

Fig. 19.

algébrique et indiquée au n° IV, qui donne, pour x, l'expression (11) et, pour z, l'expression

$$z = (1 + \cos t)\left[C_1 \int \frac{dt}{(1 + \cos t)^2} + C_2\right].$$

En prenant pour variable $\tang \dfrac{t}{2} = \theta$, l'intégration est simple :

$$\int \frac{dt}{(1 + \cos t)^2} = \frac{1}{2}\int (1 + \theta^2)\, d\theta = \frac{\theta}{2}\left(1 + \frac{\theta^2}{3}\right) = \frac{1}{2}\tang \frac{t}{2}\left(1 + \frac{1}{3}\tang^2 \frac{t}{2}\right).$$

Des conditions initiales $z_0 = 0$, $z'_0 = 3$, on déduit la valeur des constantes $C_1 = 6$, $C_2 = 0$ et, par suite, celle de z :

$$(15) \qquad z = \sin t \left(3 + \tang^2 \frac{t}{2}\right).$$

15. — II-vi [**M¹ 5 a**]. L'élimination de t entre les relations (11) et (15) donne l'équation de la trajectoire du point M dans le plan xOz :

$$z = \pm (4 - x)\sqrt{\frac{2 + x}{2 - x}}.$$

16. — II-vii]**M¹ 1 h**]. Courbe symétrique par rapport à l'axe Ox, ayant pour asymptote la droite CC' ($x = 2$) et affectant la forme ci-dessus (*fig.* 19).

Le mouvement du point M a pour période 2π ; pour $t = 0$, le point mobile est en A ($x = -2$, $z = 0$) ; lorsque t croît de 0 à π, le point M décrit l'arc ABC ; il passe au point B ($x = 0$, $z = 4$) pour $t = \frac{\pi}{2}$; enfin, lorsque t varie de π à 2π, le point M décrit l'arc C'B'A.

17. — II-viii [**M¹ 4 a**]. Remarquons enfin qu'en revenant à la variable $\theta = \tang\frac{t}{2}$, les équations paramétriques de la trajectoire sont

$$x = \frac{2(\theta^2 - 1)}{1 + \theta^2}, \qquad z = \frac{2\theta(3 + \theta^2)}{1 + \theta^2} ;$$

la trajectoire est donc une cubique unicursale.

<h3 style="text-align:center">BIBLIOGRAPHIE.</h3>

Nouvelles Annales de Mathématiques, 4ᵉ série, t. XI, p. 314. — Solutions par M. G. Servais (Géométrie analytique et Mécanique, Algèbre et Trigonométrie).

Feuilles d'examen (Croville-Morant). — Solution par M. Pomey.

ANNÉE 1912.

ALGÈBRE ET TRIGONOMÉTRIE.

Première question.

On donne l'équation différentielle.

$$\sin 2x \frac{dy}{dx} = (3 + 2\cos x - 2\sin x + \cos 2x)y + a\sin x + b\cos x + 6.$$

I. — *Procéder à la recherche des intégrales de cette équation.*

Déterminer les valeurs que doivent prendre les constantes a et b pour que toutes les fonctions y de la variable x qui vérifient cette équation soient des fonctions rationnelles de $\sin x$ *et de* $\cos x$.

Dans ce cas seulement, achever la recherche de l'intégrale générale de l'équation différentielle proposée.

II. — *Les fonctions y comprises dans la formule trouvée peuvent être représentées par des courbes K. Combien passe-t-il de ces courbes par un point quelconque du plan?*

POINTS EXCEPTIONNELS. — *Montrer que certains de ces points jouissent de la propriété suivante : Les courbes K qui passent en un tel point ont, pour ce point, le même centre de courbure.*

I. — *Procéder à la recherche des intégrales de cette équation.*

Déterminer les valeurs que doivent prendre les constantes a et b pour que toutes les fonctions y de la variable x qui vérifient cette équation soient des fonctions rationnelles de $\sin x$ *et de* $\cos x$.

Dans ce cas seulement, achever la recherche de l'intégrale générale de l'équation différentielle proposée.

1. — l-xxiii [**H 1 c**]. L'équation différentielle donnée est de la forme

$$P \frac{dy}{dx} = Q y + R.$$

On l'intègre en effectuant la transformation

$$(1) \qquad y = uv,$$

d'après laquelle cette équation prend la forme

$$P \left(u \frac{dv}{du} + v \frac{du}{dx} \right) = Q uv + R.$$

La fonction étant choisie de manière que

$$(2) \qquad P \frac{dv}{dx} = Q v,$$

on obtient a par l'intégration de

$$(3) \qquad P v \frac{du}{dx} = R.$$

L'équation donnée est donc intégrée par deux quadratures. De l'équation (2) on déduit

$$L v = \int \frac{Q}{P} dx = \int \frac{3 + 2 \cos x - 2 \sin x + \cos 2x}{\sin 2x} dx.$$

2. — l-xviii [**C 2 e**]. En intégrant,

$$L v = \frac{3}{2} L \tan g x + L \tan g \frac{x}{2} + L \tan g \left(\frac{\pi}{4} - \frac{x}{2} \right) + \frac{1}{2} L \sin 2x,$$

c'est-à-dire

$$v = \tan g^{\frac{3}{2}} x \, \tan g \frac{x}{2} \, \tan g \left(\frac{\pi}{4} - \frac{x}{2} \right) \sin^{\frac{1}{2}} 2x.$$

3. — II-i [**K 20 a**]. Tenant compte de la relation usuelle

$$(4) \qquad \tan g \frac{x}{2} = \frac{\sin x}{1 + \cos x},$$

la valeur de v devient

$$v = \frac{\sin x (1 - \cos x)}{1 + \sin x},$$

la constante d'intégration étant choisie égale à l'unité.

La fonction v étant ainsi déterminée, l'équation (3) donne la valeur de u :

$$(5) \quad u = \int \frac{R}{P\,v}\,dx = \int \frac{(a\sin x + b\cos x + 6)(1 + \sin x)}{\sin 2x \sin x (1 - \cos x)}\,dx + C,$$

C étant une constante arbitraire.

La fonction y sera alors donnée par la relation (1).

Pour que cette fonction soit rationnelle en $\sin x$ et $\cos x$, il faut et il suffit que l'intégrale (5) le soit, ou encore, si l'on tient compte de la relation (4), que cette intégrale soit une fonction rationnelle de $\tang \frac{x}{2}$.

4. — II-xix [C 2 e]. En posant

$$\tang \frac{x}{2} = \lambda,$$

il vient

$$(6) \quad u = \int \frac{2a\lambda + 6(1 - \lambda^2) + 6(1 + \lambda^2)}{8\lambda^4(1 - \lambda)}(1 + \lambda)(1 + \lambda^2)\,d\lambda + c.$$

5. — II-xxi [C 2 a]. La fraction à intégrer peut se mettre sous la forme

$$A + \frac{B}{\lambda^4} + \frac{C}{\lambda^3} + \frac{D}{\lambda^2} + \frac{E}{\lambda} + \frac{F}{1 - \lambda},$$

A, B, C, D, E, F étant des fonctions de a et b ; pour que l'intégrale soit rationnelle, il faut et il suffit que $E = 0$ et $F = 0$, car l'intégration de chacune des deux dernières fractions donne un logarithme.

Par identification on trouve immédiatement

$$F = 2a + 12;$$

l'une des conditions est donc

$$a = -6.$$

En portant cette valeur dans la relation (6), on obtient

$$u = \frac{1}{8} \int \frac{[b + 6 + (b - 6)\lambda](1 + \lambda)(1 + \lambda^2)}{\lambda^4}\,d\lambda + c,$$

ce qui peut s'écrire

$$u = \frac{1}{8} \int \left[\frac{b+6}{\lambda} + b - 6 \right] \left(1 + \frac{1}{\lambda} \right) \left(1 + \frac{1}{\lambda^2} \right) d\lambda + c.$$

Sous cette forme, on voit que le coefficient E a pour valeur

$$E = 2b.$$

La seconde condition est donc

$$b = 0.$$

La valeur de u devient alors

$$u = \frac{3}{4} \int \frac{1 - \lambda^4}{\lambda^4} \, d\lambda + c.$$

6. — I-xvii [C 2 a]. On, en intégrant,

$$u = -\frac{1}{4\lambda^3} - \frac{3\lambda}{4} + C,$$

et, d'après les relations (6) et (4),

$$u = -\frac{\cos^2 x - \cos x + 1}{\sin^3 x} (1 + \cos x) + C.$$

La fonction y définie par la relation (1) a donc pour valeur

$$(7) \qquad y = C \frac{\sin x (1 - \cos x)}{1 + \sin x} - \frac{\cos^2 x - \cos x + 1}{1 + \sin x}.$$

II. — *Les fonctions y comprises dans la formule trouvée peuvent être représentées par des courbes (K). Combien passe-t-il de ces courbes par un point quelconque du plan ?*

7. — I-v [A 2 a]. L'équation (7) représente une certaine courbe (K); cette équation est linéaire par rapport au paramètre C; il passe donc, en général, une seule courbe (K) par un point quelconque du plan.

Toutefois, par certains points, il passe une infinité de courbes (K) : ce sont ceux dont les coordonnées vérifient les équations

$$(8) \qquad y = -\frac{\cos^2 x - \cos x + 1}{1 + \sin x},$$

$$(9) \qquad \sin x (1 - \cos x) = 0;$$

pour ces points, en effet, le paramètre C est indéterminé.

8. — I-ı [**K** 20 a]. Or l'équation (9) admet pour racines

$$x = 2m\pi, \qquad x = (2m+1)\pi,$$

m étant un nombre entier; les valeurs correspondantes de y sont

$$y = -1, \qquad y = -3.$$

9. — II-x [O 2 e]. Pour que les courbes K passant en l'un des points définis par ces coordonnées y aient même centre de courbure, il faut que les dérivées $\dfrac{dy}{dx}$ et $\dfrac{dy^2}{dx^2}$ soient indépendantes du paramètre C, c'est-à-dire que l'abscisse du point considéré annule le coefficient de C dans l'expression de ces dérivées, ou, en d'autres termes, que cette abscisse soit racine triple de l'équation (9).

La racine $x = 2m\pi$ remplit cette condition; d'ailleurs, pour cette racine, la dérivée $\dfrac{dy}{dx}$ déduite de l'équation (7) a pour valeur l'unité : les courbes K, passant aux points $(x = 2m\pi, y = -1)$, y ont donc même centre de courbure, et le coefficient angulaire de leur tangente commune en ces points est égal à l'unité.

Quant à la valeur $x = (2m+1)\pi$, elle est seulement racine simple de l'équation (9); les courbes (K), passant aux points $x = (2m+1)\pi, y = -3$, y ont donc des tangentes et des centres de courbure différents.

Deuxième question.

I. — *Étudier la variation de la fonction*

$$y = \frac{\sin x(1 - \cos x)}{1 + \sin x},$$

et la représenter par une courbe.

II. — *On déterminera les constantes* A, B, C *de manière que*

$$y - \frac{A}{\left(x - \dfrac{3\pi}{2}\right)^2} - \frac{B}{x - \dfrac{3\pi}{2}} - C$$

tende vers zéro lorsque x tend vers $\dfrac{3\pi}{2}$.

On calculera avec des erreurs inférieures à 0,1 le maximum de y et la valeur correspondante de x comprise entre 0 et 2π.

1. — Étudier la variation de la fonction

$$y = \frac{\sin x (1 - \cos x)}{1 + \sin x},$$

et la représenter par une courbe.

Il convient de remarquer tout d'abord que la fonction y garde la même valeur lorsqu'on change x en $x + 2\pi$; il suffit donc de faire varier x dans l'intervalle de 0 à 2π; la courbe représentative des variations de y a la même forme dans tout intervalle $2m\pi$ à $(2m + 1)\pi$.

10. — I-x [**D 6 b**], I-xiv [**C 1 f**], II-vii [**M¹m**]. Si l'on prend comme variable

$$\operatorname{tang} \frac{x}{2} = \lambda,$$

la fonction donnée devient

$$y = \frac{4\lambda^3}{(1 + \lambda^2)(1 + \lambda)^2},$$

et sa dérivée

$$y' = \frac{2\lambda^2}{1 + \lambda^2} \frac{\lambda^3 - \lambda^2 - \lambda - 3}{(1 + \lambda)^3}.$$

Cette dérivée s'annule pour $\lambda = 0$ et pour les racines de l'équation

$$\lambda^3 - \lambda^2 - \lambda - 3 = 0.$$

11. — I-xv [**A 3 d**]. Si l'on substitue à λ dans cette équation les nombres de la suite de Rolle :

$$-\infty, \quad -\frac{1}{3}, \quad +1, \quad +\infty,$$

dans laquelle $-\frac{1}{3}$ et 1 sont les racines de l'équation dérivée

$$3\lambda^2 - 2\lambda - 1 = 0,$$

on constate, d'après le signe de son premier membre, qu'elle n'a qu'une racine réelle θ comprise entre 1 et $+\infty$, et qui correspond à une valeur de x comprise entre $\frac{\pi}{2}$ et π.

12. — I-xv [**A 3 g**]. On peut chercher une valeur approchée de cette racine. On voit d'abord, en substituant des entiers succes-

sifs, qu'elle est comprise entre 2 et 3, car $f(2) = -1$, et $f(3) = 12$. Comme $f'(t) = 3t^2 - 2t - 1$ et $f''(t) = 6t - 2$ sont positives dans l'intervalle $(2, 3)$, on peut appliquer simultanément la méthode de Descartes, et, à la limite 3, la méthode de Newton. La première donne, par défaut, $\frac{27}{13}$; la seconde donne, par excès, $\frac{12}{5}$. Les valeurs approchées correspondantes de x sont $0,71\pi$ et $0,75\pi$.

On peut, dès lors, établir le Tableau ci-dessous qui donne les variations de la fonction y dans l'intervalle $x = 0$ à $x = 2\pi$, ainsi

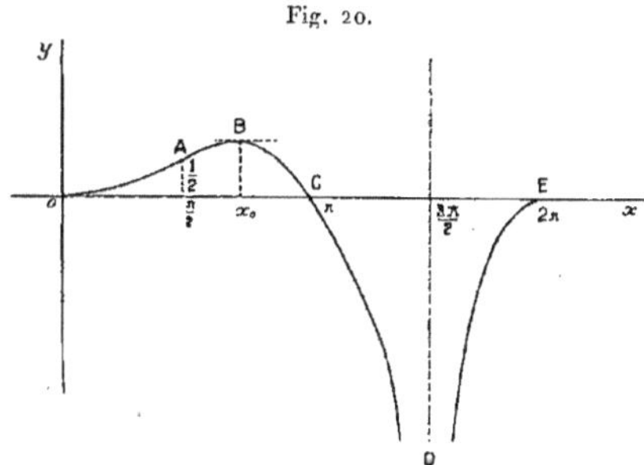

Fig. 20.

que celles du coefficient angulaire y' de la tangente à la courbe représentative :

x.	λ.	y'.	y.	Points correspondants de la courbe.
0	0	0	0	O
		+	croît	
$\frac{\pi}{2}$	1	$\frac{1}{2}$	$\frac{1}{2}$	A
		+	croît	
x_0	0	0	maximum	B
		—	décroît	
π	$\pm \infty$	— 2	0	C
		—	décroît	
$\frac{3\pi}{2}$	— 1	— ∞	— ∞	D
		+	croît	
2π	0	0	0	E

La courbe a donc la forme ci-dessus dans l'intervalle considéré.

II. — *On déterminera les constantes* A, B, C *de manière que*

$$y - \frac{A}{\left(x - \frac{3\pi}{2}\right)^2} - \frac{B}{x - \frac{3\pi}{2}} - C$$

tende vers zéro lorsque x *tend vers* $\frac{3\pi}{2}$.

13. — [-XII [C 1 e]. En posant $x = \frac{3\pi}{2} + \alpha$, l'expression

$$\frac{\sin x (1 - \cos x)}{1 + \sin x} - \frac{A}{\left(x - \frac{3\pi}{2}\right)^2} - \frac{B}{x - \frac{3\pi}{2}} - C$$

s'écrit

$$\frac{-\cos\alpha(1 - \sin\alpha)}{1 - \cos\alpha} - \frac{A}{\alpha^2} - \frac{B}{\alpha} - C$$

ou, en remplaçant $\sin\alpha$ et $\cos\alpha$ par leurs développements en série,

$$\frac{-\left(1 - \frac{\alpha^2}{2} + \ldots\right)(1 - \alpha + \ldots) - \left(\frac{1}{2} - \frac{\alpha^2}{24} + \ldots\right)(A + B\alpha + C\alpha^2)}{\frac{\alpha^2}{2} - \frac{\alpha^4}{24} + \ldots}.$$

Pour que cette fraction tende vers zéro avec α, il faut et il suffit que son numérateur contienne le facteur α au troisième degré, c'est-à-dire que l'on ait les conditions suivantes :

$$1 + \frac{A}{2} = 0, \qquad 1 - \frac{B}{2} = 0, \qquad \frac{1}{2} + \frac{A}{24} - \frac{C}{2} = 0;$$

d'où l'on déduit

$$A = -2, \qquad B = 2, \qquad C = \frac{5}{6}.$$

GÉOMÉTRIE ANALYTIQUE ET MÉCANIQUE.

Première question.

I. — *Trouver l'équation de la surface réglée S qui admet les trois directrices*

(D)
$$\begin{cases} y = 0, \\ z = x\,\dfrac{1+\sqrt{5}}{2}; \end{cases}$$

(Γ)
$$\begin{cases} x = 0, \\ y^2 + z^2 + y = 0; \end{cases}$$

(H)
$$\begin{cases} z = 0, \\ x^2 - y^2 - y = 0. \end{cases}$$

II. — *Montrer que S est coupée par la surface S' qui a pour équation*

$$z^2 - x^2 + y = 0$$

suivant la même courbe (C) *que la surface qui a pour équation*

$$x^2 + y^2 - z^2 - zx - y = 0.$$

Exprimer en fonction du paramètre $t = \dfrac{x}{y}$ *les coordonnées d'un point quelconque de cette courbe* (C).

III. — *Trouver toutes les quadriques* Q *ne passant pas par l'origine, ayant leurs axes parallèles aux axes de coordonnées et tangentes à la courbe* (C) *en quatre points.*

I. — *Trouver l'équation de la surface réglée* S *qui admet les trois directrices*

(D)
$$\begin{cases} y = 0, \\ z = x\,\dfrac{1+\sqrt{5}}{2}; \end{cases}$$

(Γ)
$$\begin{cases} x = 0, \\ y^2 + z^2 + y = 0; \end{cases}$$

(H)
$$\begin{cases} z = 0, \\ x^2 - y^2 - y = 0. \end{cases}$$

1. — II-1 [K 13 a]. Tout plan passant par la droite (D) a pour équation

$$(1) \qquad z - kx + \lambda y = 0,$$

dans laquelle $k = \dfrac{1+\sqrt{5}}{2}$ et λ est un paramètre arbitraire.

Ce plan rencontre le cercle (Γ) et l'hyperbole (H) à l'origine et en des points dont les coordonnées respectives sont

$$\begin{cases} x_1 = 0, \\ y_1 = -\dfrac{1}{1+\lambda^2}, \\ z_1 = \dfrac{\lambda}{1+\lambda^2}; \end{cases}$$

$$\begin{cases} x_2 = \dfrac{k\lambda}{\lambda^2 - k^2}, \\ y_2 = \dfrac{k^2}{\lambda^2 - k^2}, \\ z_2 = 0. \end{cases}$$

2. — III-VII [L² 1 b]. La génératrice (G) de la surface S est donc représentée par les équations

$$\frac{x}{\dfrac{k\lambda}{\lambda^2 - k^2}} = \frac{y + \dfrac{1}{1+\lambda^2}}{\dfrac{k^2}{\lambda^2 - k^2} + \dfrac{1}{1+\lambda^2}} = \frac{z - \dfrac{\lambda}{1+\lambda^2}}{-\dfrac{\lambda}{1+\lambda^2}},$$

ou encore par l'une quelconque de ces équations et par l'équation (1).

En éliminant λ entre ces équations, on obtient celle de la surface S :

$$k(x^2 - y^2 - z^2) + (k^2 - 1)zx - ky = 0,$$

et si l'on remarque que $k = k^2 - 1$, cette équation devient :

$$(S) \qquad x^2 - y^2 - z^2 + 2x - y = 0.$$

II. — *Montrer que* S *est coupée par la surface* S' *qui a pour équation*

$$z^2 - x^2 + y = 0$$

suivant la même courbe (C) *que la surface qui a pour équation*

$$x^2 + y^2 - z^2 - zx - y = 0.$$

Exprimer en fonction du paramètre $t = \dfrac{x}{y}$ les coordonnées d'un point quelconque de cette courbe (C).

3. — III-xvii [L^2 **17 a**]. L'équation de la surface [S] peut être mise sous la forme

$$x^2 + y^2 - z^2 - zx - y + 2(z^2 - x^2 + y) = 0$$

et montre ainsi que [S] est coupée par la surface [S'] :

(S') $z^2 - x^2 + y = 0$

suivant la même courbe (C) que la surface

(2) $x^2 + y^2 + z^2 - zx - y = 0,$

La courbe (C) est donc une biquadratique gauche commune aux trois quadriques [S], [S'] et [S''] représentée par (2). Ces trois quadriques sont tangentes en O au plan Oxz. Donc O est un point double de (C). Les tangentes en ce point sont les génératrices communes au plan Oxz et au cône de sommet O et de directrice (C). L'équation de ce cône est $y^2 - zx = 0$. Les deux tangentes sont donc les axes Ox et Oz.

4. — III-v [**M'6a**]. Tout plan passant par une de ces deux droites rencontre (C) en un point unique autre que O. En coupant par exemple par

(3) $x = ty$

et résolvant les équations (S'), (2) et (3) en x, y, z, on obtient les coordonnées d'un point quelconque de la courbe (C) en fonction du paramètre t

(4) $x = \dfrac{t^3}{t^4 - 1}, \qquad y = \dfrac{t^2}{t^4 - 1}, \qquad z = \dfrac{t}{t^4 - 1}.$

5. — II-viii [**M'6a**]. L'élimination de t entre ces relations deux à deux donne les équations des projections de la courbe C sur les plans de coordonnées :

a. Sur yOz cette projection a pour équation

$$y^4 - z^4 - yz^2 = 0;$$

elle a la forme ci-dessous.

Fig. 21.

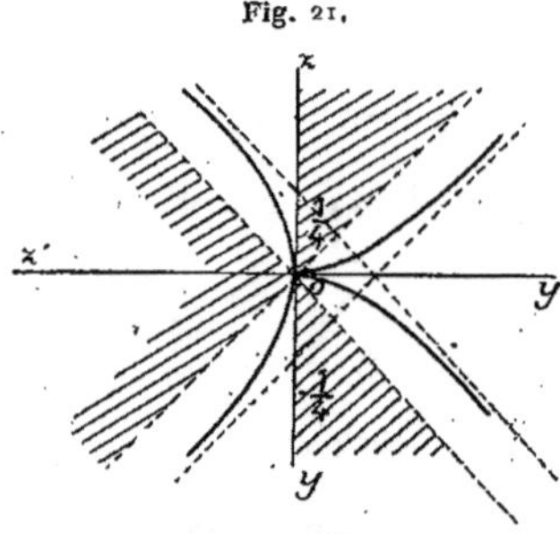

b. Sur zOx l'équation de la projection est

$$(x^2 - z^2)^2 - xz = 0.$$

Cette projection affecte la forme suivante.

Fig. 22.

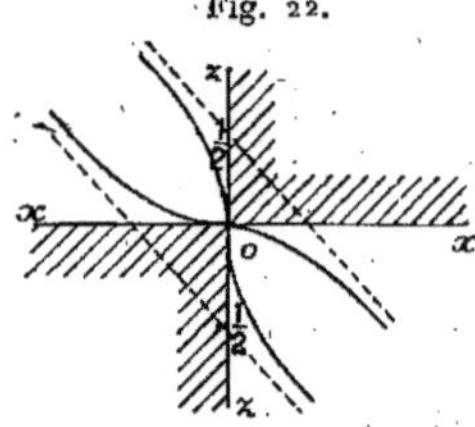

c. Enfin sur xOy, cette projection dont l'équation est

$$x^5 - y^4 - x^2y = 0$$

présente une forme analogue à celle de la projection sur yOz.

III. — *Trouver toutes les quadriques* Q *ne passant pas par l'origine, ayant leurs axes parallèles aux axes de coordonnées et tangentes à la courbe* (C) *en quatre points.*

Toute quadrique ayant ses axes parallèles aux axes de coordonnées et ne passant pas à l'origine a une équation de la forme

$$(5) \qquad A x^2 + A' y^2 + A'' z^2 + 2 C x + 2 C' y + 2 C'' z + 1 = 0.$$

6. — III-v [$\mathbf{M^3 6a}$]. Elle rencontre la courbe (C) en huit points correspondant aux valeurs de t qui sont racines de l'équation obtenue en remplaçant x, y, z par les valeurs (4) :

$$(6) \quad \begin{cases} A t^6 + A' t^4 + A'' t^2 + 2 (C t^3 + C' t^2 + C'' t)(t^4 - 1) + (t^4 - 1)^2 = 0, \\ t^8 + 2 C t^7 + (A + 2 C') t^6 + 2 C'' t^5 \\ \qquad + (A' - 2) t^4 - 2 C t^3 + (A'' - 2 C') t^2 - 2 C'' t + 1 = 0. \end{cases}$$

Pour que la quadrique considérée soit tangente à la courbe C en quatre points, il faut et il suffit que l'équation (6) ait ses racines égales deux à deux, autrement dit que son premier membre se réduise à un carré parfait de la forme

$$\begin{aligned} (t^4 + \alpha t^3 + \beta t^2 + \gamma t + 1)^2 &= t^8 + 2\alpha t^7 + (\alpha^2 + 2\beta) t^6 \\ &+ 2(\alpha\beta + \gamma) t^5 + (\beta^2 + 2\alpha\gamma + 2) t^4 \\ &+ 2(\alpha + \beta\gamma) t^3 + (\gamma^2 + 2\beta) t^2 + 2\gamma t + 1. \end{aligned}$$

7. — I-ɪ [$\mathbf{A 3 c}$]. L'identification des deux formes donne les relations

$$(7) \qquad C = \alpha,$$
$$(8) \qquad A + 2 C' = \alpha^2 + 2\beta,$$
$$(9) \qquad C'' = \gamma + \alpha\beta,$$
$$(10) \qquad A' - 2 = \beta^2 + 2\alpha\gamma + 2,$$
$$(11) \qquad - C = \alpha + \beta\gamma,$$
$$(12) \qquad A'' - 2 C' = \gamma^2 + 2\beta,$$
$$(13) \qquad - C'' = \gamma.$$

En tirant de α, β, γ, de (7), (9) et (13), et substituant dans les autres équations, on obtient

$$C''^2 = C^2,$$
$$A = C^2 + \frac{4 C}{C''} - 2 C',$$
$$A' = \frac{4 C^2}{C''^2} - 2 C C'' + 4,$$
$$A'' = 2 C' + C''^2 + \frac{4 C}{C''}.$$

On en déduit

$$C'' = \varepsilon\, C^2,$$
$$A = C^2 - 2\,C' + 4\,\varepsilon,$$
$$A' = 8 - 2\,\varepsilon\, C^2 \qquad (\varepsilon = \pm 1),$$
$$A'' = C^2 + 2\,C' + 4\,\varepsilon;$$

et l'équation générale des quadriques $|Q|$ est

$$(14) \quad (C^2 - 2\,C' + 4\,\varepsilon)x^2 + (8 - \varepsilon\, C^2)y^2 + (C^2 + 2\,C' + 4\,\varepsilon)z^2$$
$$+ 2\,C x + 2\,C' y + 2\,C z + 1 = 0$$

dans laquelle C et C' sont deux paramètres variables.

Deuxième question.

Une sorte d'arbalète est formée d'un tube rectiligne et d'un fil élastique. Le fil CMD est fixé par ses extrémités à deux points C et D de l'arbalète. Il sert, par son élasticité, à lancer un pro-

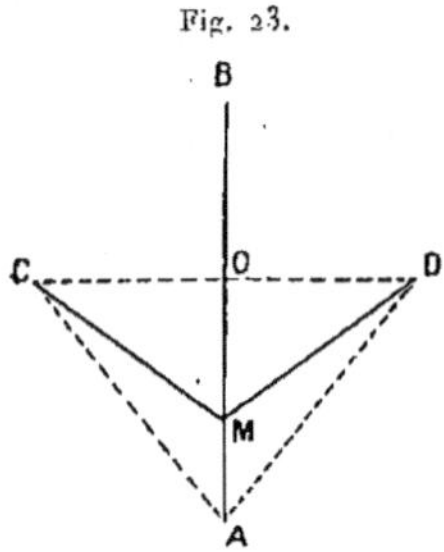
Fig. 23.

jectile M guidé par le tube dont l'axe AOB est perpendiculaire au milieu O de CD.

Ouvert en B, fermé en A, le tube est évidé latéralement de A en O de façon à laisser libre passage au fil.

Pour lancer le projectile, on l'amène à l'extrémité A de sa course, de façon à tendre le fil élastique; puis on l'abandonne à la réaction du fil.

On donne

$$OB = OC = OD = a, \qquad OA = \frac{4a}{3}.$$

Le fil a une section et une masse négligeables. Non tendu, il a pour longueur naturelle CD. *Tendu suivant la ·ligne brisée* CMD, *il agit sur* M, *pendant le mouvement, comme la corde agit sur la poulie, dans l'étude statique de la poulie mobile. Sa tension, proportionnelle à l'allongement, a pour expression* $K\dfrac{CM - CO}{CO}$. *Le projectile est assimilé à un point matériel de masse* m; *l'action du tube sur lui est assimilée à celle d'un plan incliné qui aurait pour ligne de plus grande pente l'axe du tube, le coefficient de frottement* f *ayant la même valeur au départ et pendant le mouvement.*

I. — *Déterminer* K *et* f *par les conditions suivantes :* L'arme *étant verticale, la masse* m *doit être portée à* 112ᵍ *pour que son poids suffise à faire descendre le fil élastique jusqu'au point* A. *Cette masse demeure en* A *pour toutes les positions de* BA *faisant, avec la verticale ascendante, un angle* θ *inférieur à* $\dfrac{\pi}{2}$; *mais elle part dès que* θ *dépasse* $\dfrac{\pi}{2}$.

II. — *Avec les valeurs trouvées pour* K *et* f, *mais pour les diverses valeurs imaginables de* m, *étudier en fonction de* θ *la portée de l'arbalète, c'est-à-dire la distance du point* B *de l'arbalète au point de chute du projectile sur le plan horizontal.*

I. — *Déterminer* K *et* f *par les conditions suivantes :* L'arme *étant verticale, la masse* m *doit être portée à* 112ᵍ *pour que son poids suffise à faire descendre le fil élastique jusqu'au point* A. *Cette masse demeure en* A *pour toutes les positions de* BA *faisant, avec la verticale ascendante, un angle* θ *inférieur à* $\dfrac{\pi}{2}$; *mais elle part dès que* θ *dépasse* $\dfrac{\pi}{2}$.

8. — III-11 [**R 9 a**]. Lorsque le point mobile M est en A son poids mg (où $m = 112$) fait équilibre à la composante suivant AB des tensions des deux brins du fil AC et AD qui a pour valeur

$$2K\,\frac{CA - CO}{CO}\cos\varphi,$$

φ désignant l'angle CAO ; or

$$CO = a, \qquad CA = \sqrt{\overline{CO}^2 + \overline{OA}^2} = \frac{5a}{3}, \qquad \cos\varphi = \frac{OA}{CA} = \frac{4}{5}.$$

La composante est donc égale à

$$2\,K\,\frac{\frac{5a}{3} - a}{a} \times \frac{4}{5} = \frac{16}{15}\,K.$$

Comme elle fait également équilibre à la force de frottement maxima, qui est fmg lorsque l'arbalète est horizontale, on a les deux relations

$$\frac{16\,K}{15} = 112\,g = 112\,fg,$$

qui déterminent K et f :

$$K = 105\,g, \qquad f = 1.$$

II. — *Avec les valeurs trouvées pour* K *et* f, *mais pour les diverses valeurs imaginables de* m, *étudier en fonction de* θ *la portée de l'arbalète, c'est-à-dire la distance du point* B *de l'arbalète au point de chute du projectile sur le plan horizontal.*

9. — III-xx [**R 7 b γ**]. La direction de l'arbalète faisant un angle θ avec la verticale By, les équations du mouvement du projectile à la sortie de l'arme en B, rapporté aux deux axes rectangulaires Bx et By, sont

$$x = v_1\,t\,\sin\theta,$$
$$y = v_1 t \cos\theta - \frac{1}{2}\,g\,t^2,$$

où v_1 est la vitesse du projectile au point B ; la trajectoire a pour équation

$$y = \frac{x}{\tan g\,\theta} - \frac{1}{2}\,\frac{g\,x^2}{v_1^2\,\sin^2\theta},$$

et la portée, c'est-à-dire l'abscisse du point de chute du projectile sur Bx, est

$$x = \frac{v_1^2\,\sin 2\theta}{g}.$$

Il s'agit de déterminer v_1, vitesse avec laquelle le mobile arrive en B par suite de son mouvement de A en O sous l'action de la tension du fil, de la pesanteur et du frottement, puis de O en B, sous l'action de la pesanteur et du frottement seul.

10. — II-11 [**K 6 a**]. Pour étudier ce mouvement, prenons pour axes $O\xi$ dirigé suivant OB et $O\eta$ perpendiculaire, le sens $\xi O\eta$ étant le même que le sens xBy, les formules de transformation sont

$$x = -a \sin\theta + \xi \sin\theta - \eta \cos\theta,$$
$$y = -a \cos\theta + \xi \cos\theta + \eta \sin\theta.$$

Les composantes de la pesanteur suivant $O\xi$ et $O\eta$ sont données par

$$O = \Xi \sin\theta - H \cos\theta, \qquad \text{d'où} \qquad \Xi = -mg \cos\theta,$$
$$-mg = \Xi \cos\theta + H \sin\theta, \qquad \text{d'où} \qquad H = -mg \sin\theta;$$

la force de frottement, de même grandeur que **H** puisque $f = 1$, et dirigée en sens inverse du mouvement, a pour composante, suivant $O\xi$, $-mg \sin\theta$. La tension du fil qui joint $M(\xi, o)$ à $C(o, a)$ est

$$T = K \frac{\sqrt{\xi^2 + a^2} - a}{a} = K \left(\sqrt{\frac{\xi^2}{a^2} + 1} - 1 \right);$$

sa composante suivant $O\xi$ a pour valeur

$$-\xi \frac{T}{CM} = -\xi K \left(\frac{1}{a} - \frac{1}{\sqrt{\xi^2 + a^2}} \right).$$

La tension du fil CD ayant même composante suivant $O\xi$, la composante suivant $O\xi$ de la force qui produit le mouvement de A en O est

$$f_0(\xi) = -mg(\cos\theta + \sin\theta) + 2K\xi \left(\frac{1}{\sqrt{\xi^2 + a^2}} - \frac{1}{a} \right)$$
$$= g \left[-m(\cos\theta + \sin\theta) + 210\xi \left(\frac{1}{\sqrt{\xi^2 + a^2}} - \frac{1}{a} \right) \right].$$

11. — III-xx [**R 6 b ô**]. Au départ de A, le mouvement n'est possible que si cette composante est positive, c'est-à-dire si

$$o < f_0\left(-\frac{4a}{3} \right) = -mg(\cos\theta + \sin\theta) + \frac{16K}{15}$$
$$= g[-m(\cos\theta + \sin\theta) + 112].$$

En posant $\theta = \dfrac{\pi}{4} + \omega$, donc $-\dfrac{\pi}{4} < \omega < \dfrac{\pi}{4}$, cette inégalité s'écrit

$$112 - m\sqrt{2}\cos\omega > 0.$$

Si $m < \dfrac{112}{\sqrt{2}}$, elle est toujours vérifiée; si $m > \dfrac{112}{\sqrt{2}}$, elle impose à $|\omega|$ une valeur maximum ω_0 définie par

$$0 < \omega_0 < \dfrac{\pi}{4}, \qquad \cos\omega_0 = \dfrac{112}{m\sqrt{2}}.$$

Mais cette valeur n'existe que pour $m \leqq 112$.

La vitesse v en un point quelconque $(\xi, 0)$ de AO est, d'après le théorème des forces vives, et en remarquant que la vitesse en A est nulle, donnée par

$$\frac{mv^2}{2} = \int_{-\frac{4a}{3}}^{\xi} f_0(\xi)\, d\xi.$$

12. — I-XVIII [C 2 a]. Si $F_0(\xi)$ désigne une primitive de $f_0(\xi)$, soit

$$F_0(\xi) = -mg\xi(\cos\theta + \sin\theta) + K\left(2\sqrt{\xi^2 + a^2} - \frac{\xi^2}{a}\right),$$

on a

$$(2)\qquad \begin{cases} \dfrac{mv^2}{2} = F_0(\xi) - F_0\left(-\dfrac{4a}{3}\right), \\[2mm] F_0\left(-\dfrac{4a}{3}\right) = \dfrac{4mga}{3}(\cos\theta + \sin\theta) + \dfrac{14Ka}{9}. \end{cases}$$

Comme $F'_0(\xi) = f_0(\xi)$, il résulte des hypothèses que la valeur de v^2, nulle en A, commence par être positive. Son sens de variation dépend du signe de $f_0(\xi)$, fonction continue qui ne peut changer de signe qu'en s'annulant.

Or, si l'on pose

$$\frac{\xi}{a} = \tang\varphi, \qquad -\frac{\pi}{2} < \varphi < \frac{\pi}{2},$$

φ varie dans le même sens que ξ, et l'on a

$$f_0(\xi) = g(\varphi) = -mg(\cos\theta + \sin\theta) + 2K(\sin\varphi - \tang\varphi),$$

d'où

$$g'(\varphi) = 2K\left(\cos\varphi - \frac{1}{\cos^2\varphi}\right) = \frac{2K(\cos^3\varphi - 1)}{\cos^2\varphi}.$$

Donc $g'(\varphi)$ est toujours > 0. Donc $f_0(\xi)$ décroît constamment, et, par suite, ne peut s'annuler qu'une fois. Comme

$$f_0(0) = -mg(\cos\theta + \sin\theta) < 0,$$

$f_0(\xi)$ s'annule une et une seule fois entre A et O. Donc $F_0(\xi_0) - F_0\left(-\dfrac{4a}{3}\right)$ passe par un maximum positif, et ensuite décroît constamment. Donc, pour que M puisse arriver en O, il faut et il suffit que l'on ait

$$(3)\quad 0 < \frac{mv_0^2}{2} = F_0(0) - F_0\left(-\frac{4a}{3}\right)\left[\frac{K}{3} - mg(\cos\theta + \sin\theta)\right]$$
$$= \frac{4ag}{3}[35 - m(\cos\theta + \sin\theta)] = \frac{4ag}{3}(35 - m\sqrt{2}\cos\omega).$$

Si $m < \dfrac{35}{\sqrt{2}}$, cette égalité est toujours vérifiée; si $m > \dfrac{35}{\sqrt{2}}$, elle impose à $|\omega|$ une valeur maximum ω_1 définie par

$$0 < \omega_1 < \frac{\pi}{4}, \qquad \cos\omega_1 = \frac{35}{\sqrt{2}}; \qquad \text{donc } \omega_1 > 4\omega_0.$$

Mais cette valeur n'existe que pour $m \leq 35$.

Ces conditions étant supposées remplies, on connaît donc la vitesse v_0 au point O.

De O en B la composante suivant $O\xi$ de la force qui produit le mouvement est simplement $-mg(\cos\theta + \sin\theta)$. La vitesse v en un point quelconque $(\xi, 0)$ de OB est donnée par

$$\frac{m(v^2 - v_0^2)}{2} = -\int_0^\xi mg(\cos\theta + \sin\theta)\,d\xi = -mg\xi(\cos\theta + \sin\theta).$$

Donc

$$\frac{mv^2}{2} = \frac{4aK}{9} - mg\left(\frac{4a}{3} + \xi\right)(\cos\theta + \sin\theta).$$

Lorsque ξ croît de 0 à a, cette expression décroît constamment. Donc, pour que M puisse arriver en B, il faut et il suffit que l'on ait

$$(4)\quad 0 < \frac{mv_1^2}{2} = \frac{a}{3}\left[\frac{4K}{3} - 7mg(\cos\theta + \sin\theta)\right]$$
$$= \frac{7ag}{3}[20 - m(\cos\theta + \sin\theta)] = \frac{7ag}{3}(20 - m\sqrt{2}\cos\omega).$$

Si $m < \dfrac{20}{\sqrt{2}}$, cette égalité est toujours vérifiée; si $m > \dfrac{20}{\sqrt{2}}$, elle impose à $|\omega|$ une valeur minimum ω_2 définie par

$$0 < \omega_2 < \frac{\pi}{4}, \qquad \cos \omega_2 = \frac{20}{m\sqrt{2}};$$

donc $\omega_2 > \omega_1 > \omega_0$. Mais cette valeur n'existe que pour $m \leqq 20$.

Ces conditions étant supposées remplies, on connaît donc la vitesse v_1 au point B.

En substituant cette valeur de v_1 dans la formule (1), il vient

$$(5) \quad x = \frac{14\,a}{3} \sin^2 \theta \left[\frac{20}{m} - (\cos\theta + \sin\theta) \right] = \frac{14\,a}{3} \cos 2\omega \left(\frac{20}{m} - \sqrt{2}\cos\omega \right).$$

13. — I-xiv [C 1 f]. D'après les résultats trouvés, si l'on a $m < \dfrac{20}{\sqrt{2}}$, — on peut faire varier ω de $-\dfrac{\pi}{4}$ à $+\dfrac{\pi}{4}$; si $\dfrac{20}{\sqrt{2}} < m < 20$, on peut seulement faire varier ω de ω_1 à $\dfrac{\pi}{4}$ ou de $-\omega_1$ à $-\dfrac{\pi}{4}$, ω_1 défini par

$$0 < \omega_1 < \frac{\pi}{4}, \qquad \cos \omega_1 = \frac{20}{m\sqrt{2}}.$$

Dans tous les cas, une même valeur de x correspond à deux valeurs de ω égales et de signes contraires.

La dérivée est donnée par

$$(6) \qquad \frac{dx}{d\omega} = \frac{14\,a \sin\omega}{3} \left(6\sqrt{2}\cos^2\omega - \frac{80}{m}\cos\omega - \sqrt{2} \right).$$

14. — I-vi [A 2 b]. Si l'on désigne la parenthèse par $f(\cos\omega)$, on voit que

$$f(1) = 5\left(\sqrt{2} - \frac{16}{m} \right),$$

$$f\left(\frac{20}{m\sqrt{2}} \right) = \sqrt{2}\left(\frac{400}{m^2} - 1 \right) > 0,$$

$$f\left(\frac{1}{\sqrt{2}} \right) = \sqrt{2}\left(1 - \frac{20}{m} \right) < 0.$$

Le signe de $f(1)$ conduit à séparer en deux le cas où $m < \dfrac{20}{\sqrt{2}}$.

1° Soit $m < \dfrac{16}{\sqrt{2}}$, on a $f(1) < 0$. Comme les deux racines de $f(\cos\omega)$ sont de signes contraires, $f(\cos\omega)$ ne s'annule pas, donc reste constamment < 0 pour $1 > \cos\omega > \dfrac{1}{\sqrt{2}}$. Donc la portée x décroît constamment de $\dfrac{14\,a}{3}\left(\dfrac{20}{m} - \sqrt{2}\right)$ à 0 quand ω croît de 0 à $\dfrac{\pi}{4}$, c'est-à-dire quand θ croît de $\dfrac{\pi}{4}$ à $\dfrac{\pi}{2}$.

$2°$ Soit $\dfrac{16}{\sqrt{2}} < m < \dfrac{20}{\sqrt{2}}$, on a $f(1) > 0$. Donc $f(\cos\omega)$ admet une racine $\cos\alpha$ comprise entre 1 et $\dfrac{1}{\sqrt{2}}$. La portée x croît à partir de $\dfrac{14\,a}{3}\left(\dfrac{20}{m} - \sqrt{2}\right)$ quand ω croît de 0 à α, θ de $\dfrac{\pi}{4}$ à $\dfrac{\pi}{4} + \alpha$, et décroît quand ω croît de α à $\dfrac{\pi}{4}$, θ de $\dfrac{\pi}{4} + \alpha$ à $\dfrac{\pi}{2}$.

$3°$ Soit $\dfrac{20}{\sqrt{2}} < m < 20$, ω ne peut aller que de ω_1 à $\dfrac{\pi}{4}$; $f(\cos\omega)$ admet une racine $\cos\beta$ comprise entre $\dfrac{20}{m\sqrt{2}}$ et $\dfrac{1}{\sqrt{2}}$. La portée x croît à partir de 0 quand ω croît de ω_1 à β, θ de $\dfrac{\pi}{4} + \omega_1$ à $\dfrac{\pi}{4} + \beta$, et décroît jusqu'à 0 quand ω croît de β à $\dfrac{\pi}{4}$, θ de $\dfrac{\pi}{4} + 1$ à $\dfrac{\pi}{2}$.

Si $m > 20$, il n'y a plus de mouvement possible en dehors du tube, celui-ci ayant une direction au-dessus de l'horizon.

Si $20 < m < \dfrac{35}{\sqrt{2}}$, le point M dépasse toujours le point O, mais s'arrête entre A et B.

Si $\dfrac{35}{\sqrt{2}} < m < 35$, le point M dépasse le point O seulement pour certaines inclinaisons suffisamment voisines de l'horizontale ou de la verticale.

Si $35 < m < \dfrac{112}{\sqrt{2}}$, le point M part toujours, mais s'arrête avant O pour toute direction du tube au-dessus de l'horizon.

Si $\dfrac{112}{\sqrt{2}} < m < 112$, le point M part seulement pour certaines inclinaisons suffisamment voisines de l'horizontale ou de la verticale, mais s'arrête toujours avant O.

Si $m > 112$, le point M ne part pour aucune direction du tube au-dessus de l'horizon.

Les résultats essentiels, ceux qui concernent la portée, peuvent s'obtenir de la manière suivante, par l'étude directe de la valeur trouvée pour x, mais sans que l'on puisse rendre compte de la raison physique des conditions trouvées. La solution peut alors être présentée comme suit :

Il s'agit de déterminer v_1 ; or, à l'intérieur de l'arme, le mouvement du mobile est soumis à des conditions différentes durant son trajet de A en O et de O en B.

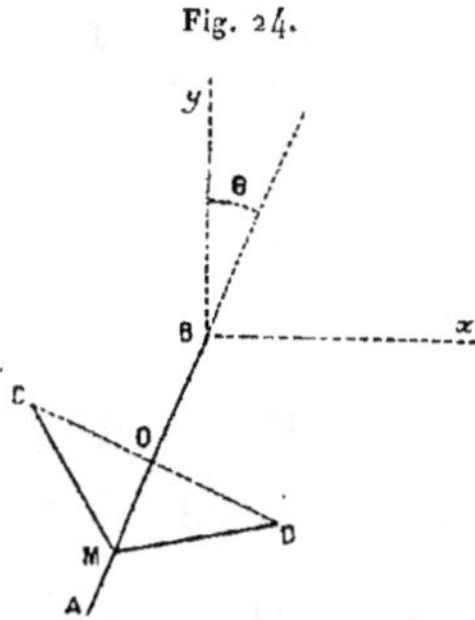
Fig. 24.

Pendant le mouvement de A en O, les forces qui agissent sur le projectile M sont :

1° Le poids de ce projectile et la force du frottement dont les composantes respectives suivant AO sont $-mg\cos\theta$ et $-mg\sin\theta$ (le coefficient de frottement f étant égal à l'unité).

2° La tension du fil dont la composante suivant AO est

$$2\,\mathrm{K}\,\frac{\mathrm{CM}-\mathrm{CO}}{\mathrm{CO}}\cos\widehat{\mathrm{CMO}}.$$

En posant $\mathrm{OM}=\lambda$,

$$\mathrm{CM}=\sqrt{a^2+\lambda^2}, \qquad \cos\widehat{\mathrm{CMO}}=\frac{-\lambda}{\sqrt{a^2+\lambda^2}},$$

et cette valeur devient

$$2\,\mathrm{K}\left(\frac{\lambda}{\sqrt{a^2+\lambda^2}}-\frac{\lambda}{a}\right).$$

Dès lors, si v_0 désigne la vitesse du mobile au point O, en appliquant le théorème des forces vives à cette première phase du mouvement, λ variant de $\dfrac{4a}{3}$ à o, on a

$$\frac{1}{2}mv_0^2 = \int_{-\frac{4a}{3}}^{0} \left[-mg(\cos\theta + \sin\theta) - 2K\left(\frac{\lambda}{a} - \frac{\lambda}{\sqrt{a^2 + \lambda^2}}\right)\right] d\lambda$$

et, en intégrant,

$$(7) \qquad v_0^2 = -\frac{8ag}{3}(\cos\theta + \sin\theta) + \frac{8Ka}{9m}.$$

Durant le mouvement de O en B, seules agissent sur le mobile les composantes suivant OB de son poids et de la force de frottement; l'application du théorème des forces vives à cette seconde phase du mouvement donne la relation

$$v_1^2 - v_0^2 = -2ga(\cos\theta + \sin\theta).$$

En y remplaçant v_0^2 par sa valeur (2), on obtient

$$(8) \qquad v_1^2 = -\frac{14ag}{3}(\cos\theta + \sin\theta) + \frac{8Ka}{9m}.$$

Introduisant cette valeur de v_1^2 dans la relation (1), la portée de l'arme s'exprime définitivement par la formule

$$(9) \qquad x = \frac{14a}{3}\sin 2\theta \left[\frac{20}{m} - (\cos\theta + \sin\theta)\right].$$

On remarque, tout d'abord, que cette portée conserve la même valeur lorsqu'on change θ en $\dfrac{\pi}{2} - \theta$; elle est donc la même pour deux directions symétriques par rapport à la bissectrice de l'angle des axes $x\mathrm{B}y$; il suffit donc d'étudier les variations de x pour les valeurs de θ comprises entre θ et $\dfrac{\pi}{4}$.

Si l'on prend pour variable l'angle $\omega = \dfrac{\pi}{4} - \theta$, la valeur de x devient

$$x = \frac{14a\sqrt{2}}{3}\cos 2\omega \left(\frac{10\sqrt{2}}{m} - \cos\omega\right),$$

où l'angle ω devra varier de o à $\dfrac{\pi}{4}$.

Pour que cette valeur soit acceptable, il faut qu'elle soit positive;

sa dérivée est

$$x' = \frac{14\,a\sqrt{2}}{3}\sin\omega\left(6\cos^2\omega - \frac{40\sqrt{2}}{m}\cos\omega - 1\right).$$

Le trinôme en $\cos\omega$ du second membre a ses racines réelles et de signes contraires; sa racine positive est

$$(10) \qquad \cos\omega_1 = \frac{\dfrac{20\sqrt{2}}{m} + \sqrt{\dfrac{800}{m^2} + 6}}{6};$$

Si cette racine est plus petite que $\cos\frac{\pi}{4}$ ou $\frac{\sqrt{2}}{2}$, c'est-à-dire si l'on a $m > 20$, l'angle ω_1 est plus grand que $\frac{\pi}{4}$, la dérivée ne s'annule pas dans l'intervalle de 0 à $\frac{\pi}{4}$; x reste négative et devient nulle pour $\omega = \frac{\pi}{4}$; on ne peut donc se servir de l'arbalète quel que soit ω.

Si l'on a $m < 20$, l'angle ω_1 est compris entre 0 et $\frac{\pi}{4}$; la dérivée x', positive de 0 à ω, s'annule pour $\omega = \omega_1$ et devient ensuite négative; x passe donc par un maximum lorsque $\omega = \omega_1$; or, pour $\omega = 0$, on a

$$x = \frac{14\,a\sqrt{2}}{3}\left(\frac{10\sqrt{2}}{m} - 1\right).$$

Deux cas se présentent :

$1°\ m > 10\sqrt{2}.$ — La valeur de x n'est positive que pour la valeur de ω supérieure à un angle α tel que $\cos\alpha = \frac{10\sqrt{2}}{m}$, et cette valeur atteint, pour $\omega = \omega_1$, son maximum qui est

$$x = \frac{14\,a\sqrt{2}}{3}\cos 2\omega_1\left(\frac{10\sqrt{2}}{m} - \cos\omega_1\right),$$

où ω a la valeur (4), puis décroît et redevient nulle pour $\omega = \frac{\pi}{4}$.

$2°\ m < 10\sqrt{2}.$ — x est positive pour toutes les valeurs de ω comprises entre 0 et $\frac{\pi}{4}$; son maximum a lieu pour $\omega = \omega_1$.

La discussion qui précède peut se résumer comme suit :

1° $m > 20$. — Il est impossible d'exécuter un tir avec l'arbalète, quel que soit l'angle de tir θ.

2° $10\sqrt{2} < m < 20$. — Le tir est possible pour toute valeur de θ comprise entre o et $\dfrac{\pi}{4} - \alpha$ et entre $\dfrac{\pi}{4} + \alpha$ et $\dfrac{\pi}{2}$, α étant l'angle dont le cosinus est $\dfrac{10\sqrt{2}}{m}$; la portée est maxima lorsque θ prend les valeurs $\dfrac{\pi}{4} - \omega_1$ et $\dfrac{\pi}{4} + \omega_1$, ω_1 étant défini par la relation (10).

3° $m < 10\sqrt{2}$. — Le tir est exécutable pour toutes les valeurs de θ, le maximum de portée étant atteint pour $\theta = \dfrac{\pi}{4} - \omega_1$ et $\theta = \dfrac{\pi}{4} + \omega_1$.

ANNÉE 1913.

ALGÈBRE ET TRIGONOMÉTRIE.

On considère la fonction θ de x, définie par la relation

$$\text{arc.tang } x = \frac{x}{1 + \theta x^2},$$

où le premier membre représente un arc compris entre $-\frac{\pi}{2}$ et $+\frac{\pi}{2}$.

I. — *Déterminer les valeurs limites de θ pour $x = \pm \infty$ et $x = 0$.*

II. — *Suivre les variations de la fonction $\theta(x)$ quand x croît de $-\infty$ à $+\infty$.*

III. — *Dans cette fonction $\theta(x)$, on remplace x par n^p, n étant un entier variable et p un nombre positif donné; on considère la série dont le terme de rang n a pour valeur $\theta(n^p)$. Pour quelles valeurs de p la série est-elle convergente?*

IV. — *Calculer*

$$\int_a^\infty \frac{x}{1 + x^2} \theta(x)\, dx.$$

Étudier la variation de cette intégrale quand a augmente de $-\infty$ à $+\infty$.

V. — *Calculer, à l'approximation de la règle à calcul, la valeur numérique de*

$$\int_{\frac{1}{\sqrt{3}}}^\infty \frac{x}{1 + x^2} \theta(x)\, dx.$$

I. — *Déterminer les valeurs limites de* θ *pour* $x = \pm \infty$ *et* $x = 0$.

1. — I-xiii [**D 1 a**[. En résolvant, par rapport à θ, la relation donnée, remplaçant x par $\frac{1}{u}$, et multipliant les deux termes par u^2, il vient

$$(1) \qquad \theta = \frac{u\left(1 - u \text{ arc tang} \frac{1}{u}\right)}{\text{arc tang} \frac{1}{u}}.$$

Lorsque u tend vers zéro, arc tang $\frac{1}{u}$ tend vers $\pm \frac{\pi}{2}$, suivant le signe de u, donc θ tend vers zéro, en restant > 0.

En fonction de x, θ est donné par

$$(2) \qquad \theta = \frac{x - \text{arc tang} x}{x^2 \text{ arc tang} x}.$$

2. — I-xii [**C 1 e α**]. La limite, pour $x = 0$, s'obtient immédiatement en remplaçant le numérateur et le dénominateur par des développements limités, calculés en remplaçant arc tang x par des développements

$$x - \frac{x^3}{3} + \frac{x^5}{5} - \cdots$$

arrêtés à des termes de degré convenablement choisi. On trouve ainsi

$$\theta = \frac{\frac{1}{3} - A x}{1 + B x},$$

A et B demeurant bornés pour x voisin de 0. La limite de θ est donc $\frac{1}{3}$.

II. — *Suivre les variations de la fonction* $\theta(x)$ *quand* x *croît de* $-\infty$ *à* $+\infty$.

3. — I-x [**D 6 b**], II-vii [**M 4 m**]. Comme $\theta(-x) = \theta(x)$, il suffit de suivre cette variation dans l'intervalle $(0, +\infty)$. La courbe représentative admet Oy pour axe de symétrie et Ox pour

asymptote. Elle rencontre Oy, au point $\left(0, \frac{1}{3}\right)$. Le coefficient angulaire de la tangente en ce point est la limite, pour $x = 0$, de

$$\frac{\theta(x) - \frac{1}{3}}{x} = \frac{x - \operatorname{arc\,tang} x - \frac{x^2}{3} \operatorname{arc\,tang} x}{x^3 \operatorname{arc\,tang} x}.$$

4. — I-XII [C 1.e α]. En opérant, comme précédemment, des développements limités, on trouve

$$\frac{\theta(x) - \frac{1}{3}}{x} = \frac{A x}{1 + B x},$$

A et B demeurant bornés pour x voisin de o. Donc la tangente est parallèle à Ox.

5. — I-XIV [C 1 f]. Le sens de variation est donné par le signe de $\theta'(x)$ qui, pour $x > 0$, a même signe que

$$f(x) = 2(\operatorname{arc\,tang} x)^2 - x \operatorname{arc\,tang} x - \frac{x^2}{1 + x^2}.$$

6. — I-XI [C 1 a]. On voit que $f(0) = 0$, $f(+\infty) = -\infty$, et que $f'(x)$ a même signe que

$$g(x) = (3 - x^2) \operatorname{arc\,tang} x - \frac{x(3 + x^2)}{1 + x^2}.$$

On voit encore que $g(0) = 0$, $g(+\infty) = -\infty$, et que $g'(x)$ a même signe que

$$h(x) = - \operatorname{arc\,tang} x + \frac{x(1 - x^2)}{(1 + x^2)^2}.$$

On voit enfin que $h(0) = 0$, $h(+\infty) = -\infty$, et que

$$h'(x) = - \frac{8 x^2}{(1 + x^2)^3}$$

est toujours négatif. Il en résulte que $h(x)$ décroît constamment, donc est < 0 ainsi que $g'(x)$; donc $g(x)$ décroît constamment, donc est négatif ainsi que $f'(x)$; donc $f(x)$ décroît constamment, donc est négatif ainsi que $\theta'(x)$. Donc $\theta(x)$ décroît constamment.

III. — *Dans cette fonction* $\theta(x)$, *on remplace* x *par* n^p, *n étant un entier variable et p un nombre positif donné; on considère la série dont le terme de rang n a pour valeur* $\theta(n^p)$. *Pour quelles valeurs de p la série est-elle convergente ?*

7. — I-viii [**D** 2 a α]. Soit

$$u_n = \frac{n^p - \arctan n^p}{n^{2p} \cdot \arctan n^p}.$$

Considérons

$$n^\alpha u_n = \frac{n^{p+\alpha} - n^\alpha \arctan n^p}{n^{2p} \arctan n^p}.$$

Comme, quel que soit p, $\arctan n^p$ a pour limite $\frac{\pi}{2}$ pour n infini, $n^\alpha u_n$ a pour limite 0 ou ∞ suivant que α est $<$ ou $> p$; et $n^p u_n$ a pour limite $\frac{2}{\pi}$. Donc, d'après un théorème connu, la série se comporte comme la série $\frac{1}{n^p}$. Elle est convergente pour $p > 1$, et divergente pour $p \leqq 1$.

IV. — 1° *Calculer* $\int_a^\infty \frac{x\,\theta(x)\,dx}{1+x^2}$.

On a

$$\frac{x\,\theta(x)}{1+x^2} = \frac{1}{(1+x^2)\arctan x} - \frac{1}{x(1+x^2)}.$$

L'intégrale cherchée est donc

$$\int_a^\infty \frac{dx}{(1+x^2)\arctan x} \qquad \int_a^\infty \frac{dx}{x(1+x^2)}$$

8. — I-xviii [**C** 2 e]. Le premier terme s'intègre immédiatement et donne $\mathrm{Log}\,\dfrac{\pi}{2\arctan a}$.

9. — I-xxi [**C** 2 a]. Dans le second, on a la décomposition

$$\frac{1}{x(1+x^2)} = \frac{1}{x} - \frac{x}{1+x^2}.$$

L'intégrale définie est donc

$$\left[\mathrm{Log}\,\frac{x}{\sqrt{1+x^2}}\right]_a^\infty = \mathrm{Log}\,\frac{\sqrt{1+a^2}}{a}.$$

L'intégrale cherchée est donc

$$\operatorname{Log} \frac{a\pi}{2\sqrt{1+a^2}\,\text{arc tang}\,a}.$$

2° *Étudier la variation de cette intégrale quand a croît de* $-\infty$ *à* $+\infty$.

Cette intégrale peut s'écrire

$$\mathrm{F}(a) = \operatorname{Log}\frac{\pi}{2} - \operatorname{Log}\frac{\sqrt{1+a^2}\,\text{arc tang}\,a}{a}.$$

La question revient donc à étudier la variation de la fonction

$$y = \operatorname{Log}\frac{\sqrt{1+x^2}\,\text{arc tang}\,x}{x}.$$

10. — I-x [**D 6 b**], II-vii [**M⁴ m**]. On voit que y s'annule en même temps que x, et, pour x infini, tend vers $\operatorname{Log}\frac{\pi}{2}$.

11. — I-xviii]**C 2 h**]. D'ailleurs $\mathrm{F}'(a)$ étant la dérivée de l'intégrale définie par rapport à sa limite inférieure, on a

$$\mathrm{F}'(a) = -\frac{a\,\theta(a)}{1+a^2} = \frac{\text{arc tang}\,a - a}{a(1+a^2)\,\text{arc tang}\,a} < 0.$$

Donc l'intégrale considérée décroît constamment de $\operatorname{Log}\frac{\pi}{2}$ à o.

GÉOMÉTRIE ANALYTIQUE ET MÉCANIQUE.

Dans le plan $x\mathrm{O}y$ du trièdre des coordonnées $\mathrm{O}xyz$, on donne le cercle de rayon r, tangent à $\mathrm{O}y$ au point O, du côté de $\mathrm{O}x$; sur la circonférence les points A et B situés à la distance r du point O.

I. — Un point quelconque P de la circonférence est la projection d'un point M dont la cote est $z = \mathrm{PA} + \mathrm{PB}$.

1° *Calculer les coordonnées x, y, z du point M en fonction de l'angle polaire $\mathrm{PO}x = \omega$ du point P.*

2° *Le lieu du point M est une courbe Γ. En construire les projections sur les plans $x\mathrm{O}z$, $y\mathrm{O}z$.*

II. — *Soit C le point d'abscisse — r pris sur le prolongement de O x; A, B, C sont les points d'appui sur le plan horizontal, supposé rigide, de trois pieds sphériques identiques fixés aux trois sommets d'une lame triangulaire homogène.*

Sous l'action d'efforts horizontaux, la lame se met à tourner autour d'un certain axe vertical dont la trace I sur le plan xOy a pour coordonnées polaires ρ et ω.

1° *Exprimer que la résultante des réactions de frottement du plan sur la lame est perpendiculaire à OI. (On désignera par a, b, c les longueurs IA, IB, IC; par α, β, γ les coefficients de frottement, supposés différents aux trois points A, B, C.)*

2° *On suppose $\alpha = \beta$, γ étant rendu négligeable au moyen d'un lubrifiant. Former l'équation polaire du lieu des points I définis par la condition précédente. Étudier ce lieu.*

3° *Comment varie, avec la position du point I, le moment résultant des réactions de frottement par rapport à la verticale du point I?*

N. B. — *Le trièdre $Oxyz$ est trirectangle, les sommets de la lame triangulaire sont au centre des trois pieds sphériques et le tout constitue un solide indéformable. Dans la question 3° on n'envisage que les points I du lieu 2°.*

———————

I. — *Un point quelconque P de la circonférence est la projection d'un point M dont la cote est $z = PA + PB$.*

1° *Calculer les coordonnées x, y, z du point M en fonction de l'angle polaire $POx = \omega$ du point P.*

1. — II-I [**K 20 e**]. L'angle polaire ω du point P varie de $-\dfrac{\pi}{2}$ à $+\dfrac{\pi}{2}$. Les longueurs PA et PB peuvent se calculer dans les triangles OPA, OPB, dans chacun desquels on connaît, en fonction de ω, deux côtés issus de O et l'angle en O. On utilisera les formules

$$\frac{PA}{\sin POA} = \frac{r}{\sin APO}, \qquad \frac{PB}{\sin POB} = \frac{r}{\sin BPO}.$$

Quelle que soit la position du point P sur la circonférence, les angles APO, BPO sont toujours égaux ou supplémentaires à $\frac{\pi}{6}$; on a donc toujours

$$\frac{\mathrm{PA}}{\sin \mathrm{POA}} = \frac{\mathrm{PB}}{\sin \mathrm{POB}} = \frac{r}{\sin \frac{\pi}{6}} = 2r,$$

et, par suite,

$$\mathrm{PA} + \mathrm{PB} = 2r(\sin \mathrm{POA} + \sin \mathrm{POB}).$$

Mais l'expression des angles POA et POB change avec la posi-

Fig. 25.

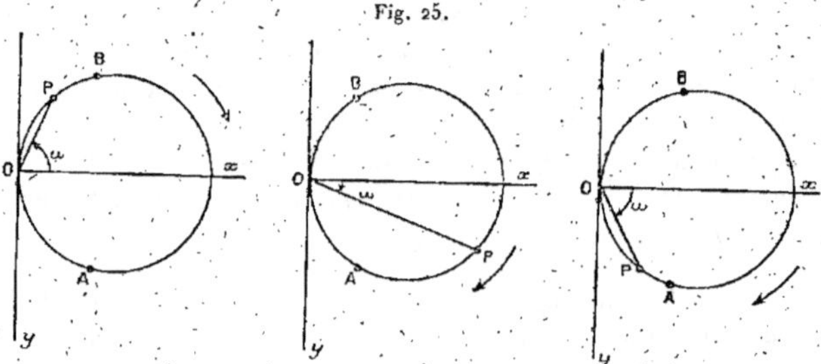

tion du point P. Les trois cas à distinguer correspondent aux trois figures ci-dessus.

Si $-\frac{\pi}{2} < \omega < -\frac{\pi}{3}$, P entre O et B, on a

$$\mathrm{POA} = \frac{\pi}{2} - \omega, \qquad \mathrm{POB} = -\omega - \frac{\pi}{3};$$

donc

$$(1) \quad \mathrm{PA} + \mathrm{PB} = -2r\left[\sin\left(\omega - \frac{\pi}{3}\right) + \sin\left(\omega + \frac{\pi}{3}\right)\right] = -2r\sin\omega.$$

Si $-\frac{\pi}{3} < \omega < \frac{\pi}{3}$, P entre A et B sur l'arc opposé à O, on a

$$\mathrm{POA} = \frac{\pi}{3} - \omega, \qquad \mathrm{POB} = \frac{\pi}{3} + \omega;$$

donc

$$\mathrm{PA} + \mathrm{PB} = 2r\left[\sin\left(\frac{\pi}{3} - \omega\right) + \sin\left(\frac{\pi}{3} + \omega\right)\right] = 2r\sqrt{3}\cos\omega.$$

Si $\frac{\pi}{3} < \omega < \frac{\pi}{2}$, P entre A et O, on a

$$POA = \omega - \frac{\pi}{3}, \qquad POB = \omega + \frac{\pi}{3};$$

donc

$$(2) \qquad PA + PB = 2r\left[\sin\left(\omega - \frac{\pi}{3}\right) + \sin\left(\omega + \frac{\pi}{3}\right)\right] = 2r\sin\omega.$$

2. — II-II [**K 6 a**]. On peut d'ailleurs retrouver ces résultats par une méthode purement analytique. Les coordonnées de P sont, en effet, $2r\cos^2\omega$ et $2r\cos\omega\sin\omega$; celles de A $r\cos\frac{\pi}{3}$ et $r\sin\frac{\pi}{3}$; celles de B $r\cos\frac{\pi}{3}$ et $-r\sin\frac{\pi}{3}$. On a donc

$$\overline{PA}^2 = r^2\left[\left(2\cos^2\omega - \cos\frac{\pi}{3}\right)^2 + \left(2\cos\omega\sin\omega - \sin\frac{\pi}{3}\right)^2\right]$$
$$= r^2\left(2\cos^2\omega - 2\sqrt{3}\cos\omega\sin\omega + 1\right) = r^2\left(\sqrt{3}\cos\omega - \sin\omega\right)^2$$

ou

$$\overline{PA}^2 = 4r^2\sin^2\left(\omega - \frac{\pi}{3}\right), \qquad PA = 2r\left|\sin\left(\omega - \frac{\pi}{3}\right)\right|;$$

de même

$$\overline{PB}^2 = 4r^2\sin^2\left(\omega + \frac{\pi}{3}\right), \qquad PB = 2r\left|\sin\left(\omega + \frac{\pi}{3}\right)\right|.$$

On est donc conduit, comme précédemment, à distinguer trois cas :

1° — $\frac{\pi}{2} < \omega < -\frac{\pi}{3}$, donc $\omega - \frac{\pi}{3} > 0$, $\omega + \frac{\pi}{3} < 0$, et

$$PA = -2r\sin\left(\omega - \frac{\pi}{3}\right), \qquad PB = -2r\sin\left(\omega + \frac{\pi}{3}\right);$$

2° $-\frac{\pi}{3} < \omega < \frac{\pi}{3}$, donc $\omega - \frac{\pi}{3} < 0$, $\omega + \frac{\pi}{3} > 0$, et

$$PA = 2r\sin\left(\frac{\pi}{3} - \omega\right), \qquad PB = 2r\sin\left(\frac{\pi}{3} + \omega\right);$$

3° $\frac{\pi}{3} < \omega < \frac{\pi}{2}$, donc $\omega - \frac{\pi}{3} > 0$, $\omega + \frac{\pi}{3} > 0$, et

$$PA = 2r\sin\left(\omega - \frac{\pi}{3}\right), \qquad PB = 2r\sin\left(\omega + \frac{\pi}{3}\right).$$

3. — II-1 [**K8b**]. Dans le deuxième cas de figure, on peut retrouver le résultat par application d'une propriété élémentaire du quadrilatère inscriptible, qui donne la relation

$$OA \times PB + OB \times PA = OP \times AB$$

ou, en remarquant que $AB = r\sqrt{3}$,

$$PA + PB = 2r\sqrt{3}\cos\omega.$$

2° *Le lieu du point* M *est une courbe* Γ. *En construire les projections sur les plans* xOz, yOz.

La courbe (Γ) se compose de trois arcs (Γ₁), (Γ₂), (Γ₃), situés

Fig. 26.

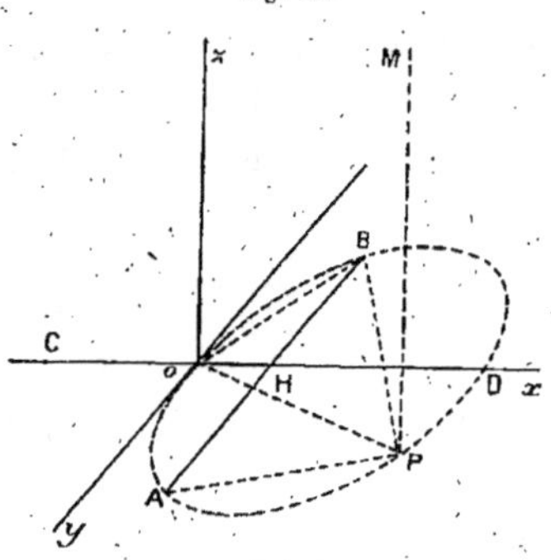

au-dessus du plan Oxy. Les arcs (Γ₁) et (Γ₃) appartiennent, d'après (1) et (3), à la courbe d'équations paramétriques

$$x = 2r\cos^2\omega, \qquad y = 2r\cos\omega\sin\omega, \qquad z = 2r\,|\sin\omega|$$

et correspondent, (Γ₁) à l'intervalle $\left(-\dfrac{\pi}{2},\ -\dfrac{\pi}{3}\right)$ et (Γ₃) à l'intervalle $\left(\dfrac{\pi}{3},\ \dfrac{\pi}{2}\right)$ de variation de ω. Ils sont donc symétriques par rapport au plan Oxz.

Les extrémités de (Γ_3) ont pour coordonnées :

	$\omega.$	$x.$	$y.$	$z.$
C........	$\dfrac{\pi}{3}$	$\dfrac{r}{2}$	$\dfrac{r\sqrt{3}}{2}$	$r\sqrt{3}$
	$\dfrac{\pi}{2}$	o	o	$2r$

Fig. 27.

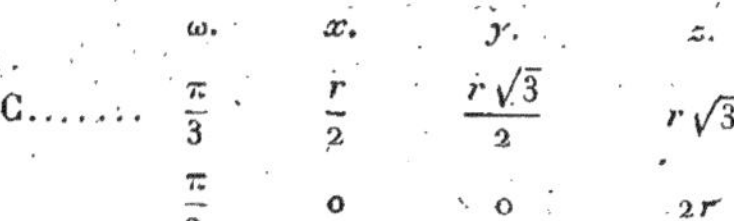

4. — II-vi [**L¹ 10**]. Sa projection sur Oxz est sur la courbe dont l'équation cartésienne est

$$z^2 + 2r(x - 2r) = o.$$

C'est une parabole d'axe Ox, de sommet $(2r, o)$ et tournée vers les x négatifs.

5. — II-vi [**M¹ 6a**]. Sa projection sur Oyz est sur la courbe dont les équations paramétriques sont

$$y = 2r\cos\omega\sin\omega, \qquad z = 2r\sin\omega,$$

et dont l'équation cartésienne est

$$z^4 + 4r^2(y^2 - z^2) = o.$$

6. — II-vii [**M¹ 6a**], II-viii [**M¹ 6a**]. La courbe est symétrique par rapport aux deux axes. Les tangentes à l'origine sont les bissectrices. Elle est tangente à $z = \pm 2r$ sur Oz, et à $y = \pm r$ sur $z = \pm r\sqrt{2}$.

Les projections de (Γ_1) et (Γ_3) sont confondues sur Oxz et symétriques par rapport à Oz.

L'arc (Γ_2) appartient, d'après (2), à la courbe d'équations paramétriques

$$x = 2r\cos^2\omega, \qquad y = 2r\cos\omega\sin\omega, \qquad z = 2r\sqrt{3}\cos\omega.$$

Ses extrémités ont pour coordonnées :

	ω.	x.	y.	z.
D	$-\dfrac{\pi}{3}$	$\dfrac{r}{2}$	$-\dfrac{r\sqrt{3}}{2}$	$r\sqrt{3}$
C	$+\dfrac{\pi}{3}$	$\dfrac{r}{2}$	$\dfrac{r\sqrt{3}}{2}$	$r\sqrt{3}$

7. — II-vi [**L'10**]. Sa projection sur Oxz est sur la courbe dont l'équation cartésienne est

$$z^2 = 6rx = 0.$$

C'est une parabole d'axe Ox, et de sommet O, et tournée du côté des x positifs. La projection de (Γ_2) est l'arc double compris entre $\left(2r,\ 2r\sqrt{3}\right)$ correspondant à $\omega = 0$ et $\left(\dfrac{r}{2},\ r\sqrt{3}\right)$ correspondant à $\omega = \pm\dfrac{\pi}{3}$.

8. — II-vii [**M'6a**]. Sa projection sur Oyz est sur la courbe dont les équations paramétriques sont

$$y = 2r\cos\omega\sin\omega, \qquad z = 2r\sqrt{3}\cos\omega,$$

et dont l'équation cartésienne est

$$z^4 + 12r^2(3y^2 - z^2) = 0.$$

9. — II-vii [**M' 6 a**], II-vii [**M' 6 a**]. La courbe est symétrique par rapport aux deux axes. Les tangentes à l'origine ont pour coefficients angulaires $\pm\sqrt{3}$. Elle est tangente à $z = \pm 2r\sqrt{3}$ sur Oz et à $y = \pm r$ sur $z = \pm\sqrt{6}$ (*fig.* 27).

La figure ci-dessous représente, en traits pleins, les projections de (Γ_1), (Γ_2), (Γ_3), le plan Oyz étant pris pour plan de la figure.

Fig. 28.

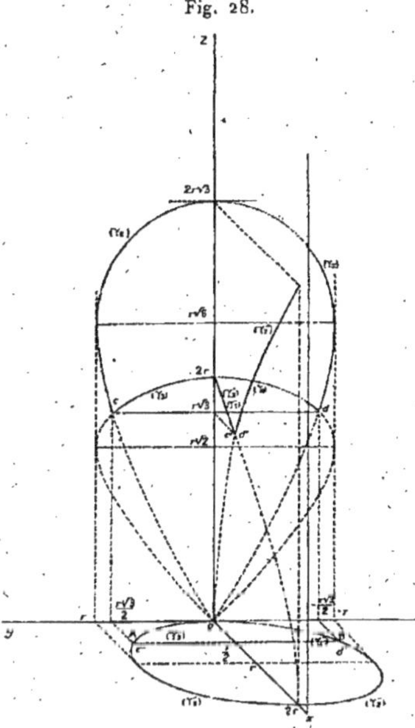

II. — *Soit* C *le point d'abscisse* — r *pris sur le prolongement de* Ox; A, B, C *sont les points d'appui sur le plan horizontal, supposé rigide, de trois pieds sphériques identiques fixés aux trois sommets d'une lame triangulaire homogène.*

Sous l'action d'efforts horizontaux, la lame se met à tourner autour d'un certain axe vertical dont la trace I *sur le plan* xOy *a pour coordonnées polaires* ρ *et* ω.

10. — III-11 [**R9a**]. Le triangle ABC étant équilatéral, les pressions exercées par la lame sur le plan xOy aux points A, B, C sont égales; en désignant par N leur valeur commune, les réactions de frottement du plan sur la lame en ces points sont égales à αN,

βN, γN, dirigées dans le plan, et respectivement perpendiculaires à IA, IB, IC, puisque le mouvement de la lame triangulaire est une rotation autour de l'axe vertical passant en I.

1° *Exprimer que la résultante des réactions de frottement du plan sur la lame est perpendiculaire à OI. (On désignera par a, b, c les longueurs IA, IB, IC; par α, β, γ les coefficients de frottement, supposés différents aux trois points A, B, C.)*

11. — II-11 [**K 13 a**]. Pour exprimer que la résultante de ces trois réactions est perpendiculaire à OI, il suffit d'écrire que la somme de leurs projections sur OI est nulle :

$$(1) \qquad \alpha N \sin(AI, OI) + \beta N \sin(BI, OI) + \gamma N \sin(CI, OI) = 0.$$

Or, en désignant par K l'une quelconque des points A, B, C, on a la relation

$$\frac{r}{\sin(IK.OI)} = \frac{IK}{\sin(\theta - \omega)},$$

dans laquelle θ est l'angle que fait OK avec l'axe Ox.

Pour chacun des points A, B, C, IK et θ ont les valeurs suivantes :

$$A \begin{cases} IA = a, \\ \theta = \dfrac{\pi}{3}; \end{cases} \qquad B \begin{cases} IB = b, \\ \theta = -\dfrac{\pi}{3}; \end{cases} \qquad C \begin{cases} IC = c, \\ \theta = \pi. \end{cases}$$

Par suite,

$$\sin(AI.OI) = \frac{r}{a} \sin\left(\frac{\pi}{3} - \omega\right),$$

$$\sin(BI.OI) = -\frac{r}{b} \sin\left(\frac{\pi}{3} - \omega\right),$$

$$\sin(CI.OI) = \frac{r}{c} \sin\omega.$$

La relation (1) devient, d'après ces valeurs,

$$(2) \qquad \frac{\alpha}{a} \sin\left(\frac{\pi}{3} - \omega\right), \qquad -\frac{\beta}{b} \sin\left(\frac{\pi}{3} + \omega\right) + \frac{r}{c} \sin\omega = 0,$$

après suppression des facteurs communs N et r.

Le lieu du point I s'obtient en remplaçant, dans la condition (2),

a, b, c par leurs valeurs :

$$a^2 = \rho^2 + r^2 - 2\rho r \cos\left(\frac{\pi}{3} - \omega\right),$$

$$b^2 = \rho^2 + r^2 - 2\rho r \cos\left(\frac{\pi}{3} + \omega\right),$$

$$c^2 = \rho^2 + r^2 + 2\rho r \cos\omega.$$

$2°$ *On suppose* $\alpha = \beta$, γ *étant rendu négligeable au moyen d'un lubrifiant. Former l'équation polaire du lieu des points* l *définis par la condition précédente. Étudier ce lieu.*

12. — II-vi [**K 10 e**]. Si l'on suppose $\alpha = \beta$ et $\gamma = 0$, cette condition devient

$$\frac{1}{a} \sin\left(\frac{\pi}{3} - \omega\right) - \frac{1}{b} \sin\left(\frac{\pi}{3} + \omega\right) = 0,$$

et lieu du point l a pour équation

$$(3) \quad \frac{\sin\left(\frac{\pi}{3} - \omega\right)}{\sqrt{\rho^2 + r^2 - 2\rho r \cos\left(\frac{\pi}{3} - \omega\right)}} - \frac{\sin\left(\frac{\pi}{3} + \omega\right)}{\sqrt{\rho^2 + r^2 - 2\rho r \cos\left(\frac{\pi}{3} + \omega\right)}} = 0.$$

L'axe Ox fait partie du lieu, car cette équation est vérifiée pour $\omega = 0$ quelle que soit la valeur de ρ.

L'équation (3) rendue rationnelle s'écrit :

$$\sin^2\left(\frac{\pi}{3} - \omega\right)\left[\rho^2 + r^2 - 2\rho r \cos\left(\frac{\pi}{3} + \omega\right)\right]$$

$$- \sin^2\left(\frac{\pi}{3} + \omega\right)\left[\rho^2 + r^2 - 2\rho r \cos\left(\frac{\pi}{3} - \omega\right)\right] = 0,$$

mais elle ne représente alors le même lieu, qu'à la condition que

$$\sin\left(\frac{\pi}{3} - \omega\right) \sin\left(\frac{\pi}{3} + \omega\right) > 0,$$

c'est-à-dire

$$(4) \quad -\frac{\pi}{3} < \omega < \frac{\pi}{3}.$$

Après simplification, elle devient

$$2(\rho^2 + r^2)\cos\omega - \rho r(1 + 4\cos^2\omega) = 0$$

ou, comme on le voit en résolvant en ρ,

$$(\rho - 2r\cos\omega)(2\rho\cos\omega - r) = 0.$$

Le lieu du point I se compose donc, outre l'axe Ox, de la circonférence donnée :

$$\rho - 2r\cos\omega = 0$$

et de la droite AB :

$$2\rho\cos\omega - r = 0.$$

En raison de la condition (4), ce lieu ne comprend que la portion du cercle et de droite comprise dans l'angle AOB, c'est-à-dire l'arc ADB et le segment AB.

3° *Comment varie, avec la position du point* I, *le moment résultant des réactions de frottement par rapport à la verticale du point* I ?

Le moment résultant des réactions de frottement par rapport à la verticale du point I a pour valeur

$$N(a\alpha + b\beta + c\gamma),$$

et, si l'on suppose $\alpha = \beta$ et $\gamma = 0$,

$$N\alpha(a + b).$$

13. — III-11 [**R** 3 a]. Lorsque le point I$(x, 0, 0)$ parcourt l'axe Ox,

$$a = b = \sqrt{\left(x - \frac{r}{2}\right)^2 + \frac{3r^2}{4}} = \sqrt{x^2 - rx + r^2};$$

le moment résultant est $2N a\alpha$: il varie donc comme le produit par $2N\alpha$ de l'ordonnée de l'hyperbole

$$x^2 - z^2 - rx + r^2 = 0.$$

Lorsque I est sur le segment AB, $a + b = r\sqrt{3}$; le moment résultant est constant et égal à $N r\alpha\sqrt{3}$; les deux réactions de frottement forment d'ailleurs alors un couple.

Enfin, lorsque le point I est sur l'arc de cercle ADB, $a + b = 2r\sqrt{3}\cos\omega$; le moment résultant est $2N r\alpha\sqrt{3}\cos\omega$; il varie comme le produit par $N\alpha$ de la cote de l'arc de courbe (Γ_2).

ANNÉE 1914.

ALGÈBRE ET TRIGONOMÉTRIE.

Première question.

Combien doit-on prendre de termes dans la série qui a pour terme général $u_n = \dfrac{1}{n^3}$ *si l'on veut calculer la valeur de la série à un dix-millième près* (¹) ?

Posons

$$S = S_n + R_n,$$

$$S_n = 1 + \frac{1}{2^3} + \ldots + \frac{1}{n^3},$$

$$R_n = \frac{1}{(n+1)^3} + \frac{1}{(n+2)^3} + \ldots$$

1. — I-VIII [**D 3 b**]. On peut employer, pour l'évaluation approchée de R_n, un quelconque des procédés servant à étudier la convergence de la série donnée.

Fig. 29.

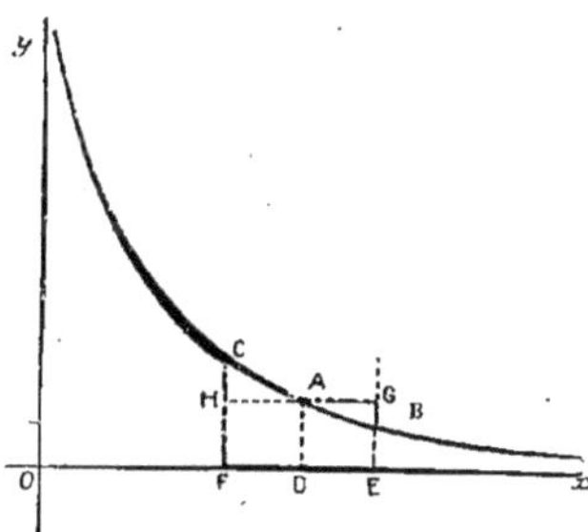

Considérons par exemple la courbe $y = \dfrac{1}{x^3}$, et soient A, B, C trois points de cette courbe ayant respectivement pour abscisses

---

(¹) *R. M. S.*, 1920, p. 273; 1921, p. 372.

$n + k$, $n + k + 1$, $n + k - 1$. Les deux rectangles ADHF et ADGE ont pour aire commune $\dfrac{1}{(n+k)^3}$. Or si l'on désigne par σ_k l'aire curviligne ABDE, l'aire curviligne CAFD sera désignée par σ_{k-1} et l'on a évidemment

$$\sigma_{k-1} > \frac{1}{(n+k)^3} > \sigma_k.$$

En ajoutant les inégalités obtenues en donnant à k les valeurs entières successives à partir de 1, il vient

$$(1) \qquad \int_n^\infty \frac{dx}{x^3} > R_n > \int_{n+1}^\infty \frac{dx}{x^3}.$$

Comme $\int \dfrac{dx}{x^3} = -\dfrac{1}{2x^2}$ s'annule pour x infini, on tire de (1), en ajoutant S_n,

$$(2) \qquad S_n + \frac{1}{2n^2} > S > S_n + \frac{1}{2(n+1)^2}.$$

Si donc Σ désigne la valeur moyenne de l'intervalle, soit

$$S_n + \frac{n^2 + (n+1)^2}{4 n^2 (n+1)^2},$$

on a

$$(3) \qquad |S - \Sigma| < \frac{1}{2}\left[\frac{1}{2n^2} - \frac{1}{2(n+1)^2}\right] = \frac{2n+1}{4 n^2 (n+1)^2}.$$

Il suffit donc, pour répondre à la question, de prendre n tel que l'on ait

$$\frac{n^2(n+1)^2}{2n+1} > 2500.$$

On voit qu'il suffit de prendre $n = 18$, car

$$n^2(n+1)^2 = 116\,964 \qquad \text{et} \qquad 2500(2n+1) = 92\,500.$$

Deuxième question.

$1°$ *Calculer l'intégrale définie*

$$(1) \qquad f(z) = \int_0^\pi \frac{dx}{1 + z \cos^2 x},$$

z étant un nombre supérieur à -1.

2° *Développer, suivant les puissances croissantes de z, l'expression trouvée pour $f(z)$.*

3° *Vérifier qu'on obtient bien le même résultat en partant du développement de $\dfrac{1}{1+z\cos^2 x}$ et intégrant les termes du développement, la variable x variant de 0 à π, comme l'indique la formule (1).*

____

1° *Calculer l'intégrale définie*

$$(1) \qquad f(z) = \int_0^\pi \frac{dx}{1+z\cos^2 x} \qquad (z > -1).$$

2. — I-xıx [**C 2 e**]. Par le changement de variable $\operatorname{tang} x = t$, on est ramené au calcul de

$$F(x, z) = \int \frac{dt}{1+z+t^2};$$

d'où, par intégration immédiate, et retour à la variable x,

$$(2) \qquad F(x, z) = \frac{1}{\sqrt{1+z}} \operatorname{arc\,tang} \frac{\operatorname{tang} x}{\sqrt{1+z}}.$$

3. — I-xvııı [**C 2 p**]. Quand x, croissant de 0 à π, passe par la valeur $\dfrac{\pi}{2}$, $\dfrac{\operatorname{tang} x}{\sqrt{1+z}}$ présente une discontinuité de $+\infty$ à $-\infty$ et $F(x, z)$, si l'on prend par exemple la détermination principale de arc tang, présente une discontinuité de

$$F_1\left(\frac{\pi}{2}, z\right) = \frac{\pi}{2\sqrt{1+z}} \qquad \text{à} \qquad F_2\left(\frac{\pi}{2}, z\right) = -\frac{\pi}{2\sqrt{1+z}}.$$

Il est donc nécessaire, pour calculer $f(z)$ d'après la formule (1), de partager en deux l'intervalle $(0, \pi)$ et d'écrire, en prenant toujours la détermination principale,

$$f(z) = F_1\left(\frac{\pi}{2}, z\right) - F_1(0, z) + F_2(\pi, z) - F_2\left(\frac{\pi}{2}, z\right).$$

Comme $F_1(0, z) = F_2(\pi, z) = 0$, on obtient ainsi

$$(3) \qquad f(z) = \frac{\pi}{\sqrt{1+z}}.$$

$2°$ *Développer, suivant les puissances croissantes de z, l'expression trouvée pour $f(z)$.*

4. — I-xvi [**D 6** α). En faisant $m = -\frac{1}{2}$ dans le développement connu de $(1+z)^m$, convergent pour $-1 < z < 1$, on obtient immédiatement

$$(4) \qquad f(z) = \pi\left[1 + \sum_{n=1}^{n=\infty} (-1)^n \frac{1.3.5\ldots(2n-1)}{2.4.6\ldots 2n} z^n \right].$$

$3°$ *Vérifier qu'on obtient bien le même résultat en partant du développement de $\frac{1}{1+z\cos^2 x}$, et intégrant les terme du développement, la variable x variant de 0 à π.*

5. — I-xvi [**D 6 a** α]. En posant $z\cos^2 x = u$, remarquant que $-1 < z < 1$ entraîne $-1 < u < 1$, et faisant $m = -1$ dans le développement connu de $(1+u)^m$, on obtient le développement, convergent pour $-1 < z < 1$;

$$(5) \qquad \frac{1}{1+z\cos^2 x} = 1 + \sum_{n=1}^{n=\infty} (-1)^n z^n \cos^{2n} x;$$

d'où, en intégrant terme à terme,

$$(6) \qquad f(z) = \pi + \sum_{n=1}^{n=\infty} (-1)^n z^n \int_0^\pi \cos^{2n} x \, dx.$$

6. — I-x [**D 6 b** γ). Or, d'après une formule connue, aisément déduite de la formule d'Euler,

$$2\cos x = e^{ix} + e^{-ix},$$

on a

$$2^{2n-1} \cos^{2n} x = \sum_{q=0}^{q=n-1} C_{2n}^q \cos(2n-q)x + \frac{1}{2} C_{2n}^n;$$

C_q^p désignant le nombre $\dfrac{p(p-1)\ldots(p-q+1)}{q!}$ et C_p^0 désignant 1.
On en tire

$$2^{2n-1}\int_0^\pi \cos^{2n}x\,dx = \sum_{q=0}^{q=n-1} C_{2n}^q \int_0^\pi \cos(2n-q)x\,dx + \frac{1}{2}\,C_{2n}^n \int_0^\pi dx.$$

Comme

$$\int \cos(2n-q)\,dx = \frac{1}{2n-q}\sin(2n-q)x,$$

expression nulle aux deux extrémités de l'intervalle, il reste

$$(7) \qquad\qquad \int_0^\pi \cos^{2n}x\,dx = \frac{\pi}{2^{2n}}\,C_{2n}^n.$$

Il suffit donc pour retrouver dans (6) le développement (4) de vérifier que

$$\frac{1}{2^{2n}}\,C_{2n}^n = \frac{1.3.5\ldots(2n-1)}{2.4.6\ldots2n},$$

ou bien

$$\frac{2n(2n-1)(2n-2)\ldots(n+1)}{2^n} = 1.3.5\ldots(2n-1),$$

ce qui est vrai, car, en multipliant les deux membres par

$$2^n(1.2.3\ldots n) = 2.4.6\ldots2n,$$

on obtient, des deux côtés, $(2n)!$

Troisième question.

Étudier la fonction

$$y = x^2\left(e^{\frac{1}{x}} - 1 - \frac{1}{x}\right).$$

7. — I-x | **D 6 b**|, II-vii | **M'm**]. On voit immédiatement qu'il y a discontinuité pour $x = 0$.

8. — I-xiii | **D 1 a**]. En écrivant

$$y = \frac{e^{\frac{1}{x}}}{\left(\frac{1}{x}\right)^2} - x(x-1),$$

on voit que, lorsque x passe, en croissant, par la valeur 0, y arrive à 0 et part de $+\infty$.

9. — I-xii [**C 1 e α**]. Pour étudier ce que devient y quand $x = \pm\infty$, posons $x = \dfrac{1}{u}$, d'où

$$y = \frac{e^u - 1 - u}{u^2}.$$

En remplaçant e^u par un développement limité, on obtient

$$y = \frac{1}{2} + \frac{u}{3} + \Lambda u^2.$$

Ainsi, pour $x = \pm\infty$, y tend vers $\dfrac{1}{2}$, et la différence $y - \dfrac{1}{2}$ a le signe de x.

10. — I-xiv [**C 1 f**]. On peut vérifier la décroissance constante de la fonction y en étudiant le signe de

$$y' = (2x - 1)\, e^{\frac{1}{x}} - (2x + 1).$$

11. — I-xi [**D 1 c**]. On voit directement que $y' < 0$ pour

$$x = \pm \frac{1}{2}.$$

Si $(2x - 1)(2x + 1) \neq 0$, on peut écrire

$$y' = (2x - 1)\left[e^{\frac{1}{x}} - \frac{2x + 1}{2x - 1} \right].$$

Dans l'hypothèse $-\dfrac{1}{2} < x < \dfrac{1}{2}$, on voit encore directement que $y' < 0$. Dans l'hypothèse $|x| > \dfrac{1}{2}$, le [ ] a même signe que l'expression

$$f(x) = \frac{1}{x} - \mathrm{Log}\,\frac{2x + 1}{2x - 1}.$$

Or on a

$$f(-\infty) = 0, \qquad f\left(-\frac{1}{2}\right) = +\infty, \qquad f\left(\frac{1}{2}\right) = -\infty, \qquad f(+\infty) = 0.$$

D'autre part,

$$f'(x) = \frac{1}{x^2(4x^2 - 1)}$$

est toujours > 0 dans l'hypothèse $|x| > \frac{1}{2}$. Donc $f(x)$, fonction constamment croissante, est > 0 pour $x < \frac{1}{2}$, et < 0 pour $x > \frac{1}{2}$. Il en est de même pour le $|\quad|$ et il en résulte que y' est toujours négatif.

La variation de cette fonction, constamment décroissante, est représentée et résumée par la figure et le tableau suivants :

Fig. 30.

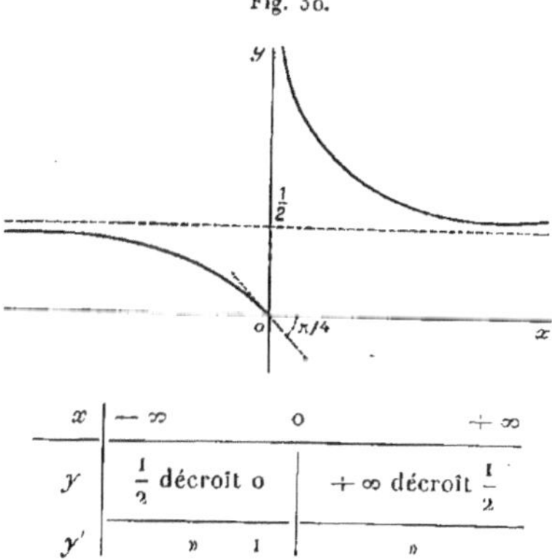

x	$-\infty$		0		$+\infty$
y	$\frac{1}{2}$ décroît 0			$+\infty$ décroît $\frac{1}{2}$	
y'		$\gg$	1	$\gg$	

GÉOMÉTRIE ANALYTIQUE ET MÉCANIQUE.

I. — *Sur la spirale logarithmique définie par l'équation $r = ae^{m\theta}$, en coordonnées polaires, on considère les deux points M_0 et M définis respectivement par les angles polaires θ_0 et θ.*

$1°$ *Déterminer la position du centre de gravité G de l'arc $M_0 M$.*

$2°$ *Déterminer la position limite du point G quand le point M_0 tend vers le pôle O.*

II. — *Dans le cas où le point M_0 coïncide avec le pôle O de la spirale, on suppose que l'angle polaire θ du point M augmente avec la vitesse d'un radian par seconde.*

1° *Étudier la courbe (Γ), lieu du point G.*

2° *Déterminer en grandeur et direction la vitesse V et l'accélération A du point G correspondant à un angle donné θ.*

III. — *Au lieu d'un arc de spirale, on considère une courbe quelconque (C). L'extrémité de l'arc $M_0 M = l$ de cette courbe est supposée parcourir la courbe (C) suivant une loi qui est déterminée en fonction du temps. Étant donné le centre de gravité G de l'arc $M_0 M$, l'extrémité M de l'arc, la tangente MT au point M, la longueur l de l'arc $M_0 M$, les deux premières dérivées l' et l'' de l par rapport au temps, déterminer en grandeur et direction, au moyen de ces données :*

1° *La vitesse V du point G ;*

2° *L'accélération A du même point.*

IV. — *Dans le cas particulier où la ligne (C) est formée de deux segments rectilignes $M_0 O$ et OM :*

1° *Déterminer le centre de gravité G de la ligne $M_0 OM$;*

2° *Trouver le lieu (Γ) du point G quand le segment OM prend toutes les longueurs possibles et pivote autour du point O dans un plan donné.*

I. — *Sur la spirale logarithmique définie par l'équation $r = ae^{m\theta}$, en coordonnées polaires, on considère les deux points M_0 et M définis respectivement par les angles polaires θ_0 et θ.*

1° *Déterminer la position du centre de gravité G de l'arc $M_0 M$.*

I. — II-XXI [O 2 d]. Les coordonnées cartésiennes du point G sont

$$(1) \qquad \xi = \frac{\displaystyle\int_{\theta_0}^{\theta} x\, ds}{\displaystyle\int_{\theta_0}^{\theta} ds}, \qquad \eta = \frac{\displaystyle\int_{\theta_0}^{\theta} y\, ds}{\displaystyle\int_{\theta_0}^{\theta} ds}.$$

Or on a, quand le point (x, y) décrit la spirale $r = ae^{m\theta}$,

$$(2) \qquad x = a\,e^{m\theta}\cos\theta, \qquad y = a\,e^{m\theta}\sin\theta.$$

On tire de (2)

$$(3) \qquad ds = a\sqrt{m^2+1}\,e^{m\theta}, \qquad \operatorname{arc} M_0 M = \frac{a}{m}\sqrt{m^2+1}\,(e^{m\theta} - e^{m\theta_0}),$$

et, en substituant dans (1),

$$(4) \qquad \begin{cases} \xi = \dfrac{am\,\mathrm{I}}{e^{m\theta} - e^{m\theta_0}}, & \mathrm{I} = \displaystyle\int_{\theta_0}^{\theta} e^{2m\theta}\cos\theta\,d\theta, \\[2ex] \eta = \dfrac{am\,\mathrm{J}}{e^{m\theta} - e^{m\theta_0}}, & \mathrm{J} = \displaystyle\int_{\theta_0}^{\theta} e^{2m\theta}\sin\theta\,d\theta. \end{cases}$$

2. — I-xviii [**C 2 e**]. Tenant compte de $e^{i\theta} = \cos\theta + i\sin\theta$, on obtient

$$\mathrm{I} + i\mathrm{J} = \int_{\theta_0}^{\theta} e^{(2m+i)\theta} = \left[\frac{e^{(2m+i)\theta}}{2m+i}\right]_{\theta_0}^{\theta} = \left[e^{2m\theta}\,\frac{\cos\theta + i\sin\theta}{2m+i}\right]_{\theta_0}^{\theta}.$$

3. — I-vii [**B 12 a**]. Or on a, en multipliant les deux termes par $2m - i$,

$$\frac{\cos\theta + i\sin\theta}{2m+i} = \frac{2m\cos\theta + \sin\theta + i(2m\sin\theta - \cos\theta)}{4m^2+1};$$

d'où, en égalant les parties réelles et imaginaires,

$$(5) \quad \mathrm{I} = \frac{[e^{2m\theta}(2m\cos\theta + \sin\theta)]_{\theta_0}^{\theta}}{4m^2+1}, \qquad \mathrm{J} = \frac{[e^{2m\theta}(2m\sin\theta - \cos\theta)]_{\theta_0}^{\theta}}{4m^2+1}.$$

Les formules (4) et (5) déterminent les coordonnées ξ et η de G.

2° Déterminer la position limite de G *quand* M_0 *tend vers* O.

M_0 vient en O pour $\theta_0 = -\infty$, donc $e^{2m\theta_0} = 0$; alors les termes correspondant à la limite inférieure disparaissent, et il vient, en divisant par $e^{m\theta}$,

$$(6) \quad \xi = \frac{am\,e^{m\theta}(2m\cos\theta + \sin\theta)}{4m^2+1}, \qquad \eta = \frac{am\,e^{m\theta}(2m\sin\theta - \cos\theta)}{4m^2+1}.$$

II. — *Dans le cas où le point* M_0 *coïncide avec le pôle* O *de* *la spirale, on suppose que l'angle polaire θ du point M augmente avec la vitesse d'un radian par seconde.*

1° *Étudier la courbe* (Γ), *lieu du point* G.

4. — II-vi [**M⁴ θ**]. L'équation polaire du lieu (Γ) de G s'obtiendra en remplaçant dans (6), ξ et η par $\rho\cos\omega$ et $\rho\sin\omega$, puis éliminant θ entre les deux équations obtenues. Le plus simple est de résoudre d'abord ces deux équations en ρ et ω.

5. — I-vii [**B 12 a**]. Or, par un calcul inverse d'un calcul déjà fait, on trouve

$$\xi + i\eta = \rho(\cos\omega + i\sin\omega) = \frac{am\,e^{m\theta}(\cos\theta + i\sin\theta)}{2m + i}$$

ou

$$\rho[\cos(\omega - \theta) + i\sin(\omega - \theta)] = \frac{am\,e^{m\theta}}{2m + i}.$$

Donc ρ est le module et $\omega - \theta$ est l'argument du second membre. Pour les déterminer, il suffit d'identifier après multiplication par $2m + i$, ce qui donne

$$\rho[2m\cos(\omega - \theta) - \sin(\omega - \theta)] = am\,e^{m\theta},$$
$$\cos(\omega - \theta) + 2m\sin(\omega - \theta) = 0$$

ou bien

$$(7)\quad \tan(\omega - \theta) = -\frac{1}{2m},\qquad -\frac{\pi}{2} < \omega - \theta < \frac{\pi}{2},\qquad \rho = \frac{am\,e^{m\theta}}{\sqrt{4m^2 + 1}}.$$

En posant $\omega - \theta = \alpha$, on a, par élimination de θ,

$$(8)\qquad \rho = \frac{am\,e^{m(\omega-\alpha)}}{\sqrt{4m^2 + 1}}.$$

Telle équation polaire de (Γ). Si l'on fait tourner l'axe polaire de l'angle α défini par

$$\tan\alpha = -\frac{1}{2m},\qquad -\frac{\pi}{2} < \alpha < \frac{\pi}{2},$$

on obtient l'équation d'une spirale homothétique, par rapport au pôle, de la spirale donnée.

2° *Déterminer la vitesse* V *et l'accélération* A *du point* G *correspondant à un angle donné* θ.

6. — III-xix [**R 1 a**]. D'après la loi de variation de θ, on a $\dfrac{d\theta}{dt} = 1$, donc aussi $\dfrac{d\omega}{dt} = 1$. Et, d'après les expressions connues des composantes de la vitesse et de l'accélération suivant les directions respectivement définies par les angles polaires ω et $\omega + \dfrac{\pi}{2}$, on a :

pour les composantes de V,

$$(9) \qquad \frac{d\rho}{dt} = m\rho, \qquad \rho\,\frac{d\omega}{dt} = \rho\,;$$

et, pour celles de A,

$$(10) \qquad \frac{d^2\rho}{dt^2} - \rho\left(\frac{d\omega}{dt}\right)^2 = (m^2 - 1)\rho, \qquad \rho\,\frac{d^2\omega}{dt^2} + 2\,\frac{d\rho}{dt}\,\frac{d\omega}{dt} = 2\,m\rho.$$

III. — *Au lieu d'un arc de spirale, on considère une courbe quelconque* (C). *L'extrémité de l'arc* $M_0 M = l$ *de cette courbe est supposée parcourir la courbe* (C) *suivant une loi qui est déterminée en fonction du temps. Étant donné le centre de gravité* G *de l'arc* $M_0 M$, *l'extrémité* M *de l'arc, la tangente* MT *au point* M, *la longueur* l *de l'arc* $M_0 M$, *les deux premières dérivées* l' *et* l'' *de* l *par rapport au temps, déterminer en grandeur et direction, au moyen de ces données :* $1°$ *la vitesse* V *du point* G; $2°$ *l'accélération* A *du même point.*

7. — III-xix [**R 1 a**]. Soient $M(x, y)$ un point variable de la courbe (C), M_0 sa position à l'instant t_0, l la longueur de l'arc $M_0 M$. Quel que soit t, les coordonnées ξ et η du centre de gravité G de l'arc $M_0 M$ sont données par

$$(11) \qquad l\xi = \int_{t_0}^{t} x\,l'\,dt, \qquad l\eta = \int_{t_0}^{t} y\,l'\,dt.$$

8. — I-xviii [**C 2 h**]. En dérivant deux fois les identités (11), il vient

$$l\xi' + l'\xi = x\,l', \qquad l\eta' + l'\eta = y\,l',$$
$$l\xi'' + 2\,l'\xi' + l''\xi = x\,l'' + x'\,l', \qquad l\eta'' + 2\,l'\eta' + l''\eta = y\,l'' + y'\,l'.$$

En résolvant par rapport à ξ', η', ξ'', η'', on obtient les composantes demandées :

$$(12) \begin{cases} \xi' = \dfrac{l'}{l}(x - \xi), \qquad \eta' = \dfrac{l'}{l}(y - \eta), \\[2mm] \xi'' = \dfrac{ll'' - 2\,l'^2}{l^2}(x - \xi) + \dfrac{l'}{l}\,x', \qquad \eta'' = \dfrac{ll'' - 2\,l'^2}{l^2}(y - \eta) + \dfrac{l'}{l}\,y'. \end{cases}$$

On voit donc que le vecteur V est porté par la même droite que GM et dans le rapport $\dfrac{l'}{l}$ avec ce vecteur, puis que le vecteur A est somme géométrique de deux vecteurs, l'un porté par la même droite que GM et dans le rapport $\dfrac{ll'' - 2\,l'^2}{l^2}$ avec ce vecteur, l'autre porté par la tangente à la courbe (C) et dans le rapport $\dfrac{l'}{l}$ avec le vecteur-vitesse (de longueur l') du point M.

IV. — *Dans le cas particulier où la ligne (C) est formée de deux segments rectilignes* M_0O *et* OM :

1° *Déterminer le centre de gravité* G *de la ligne* M_0OM.

Si l'on désigne par P_0 et P les milieux respectifs de M_0O et OM, G est sur la droite P_0P et l'on a

$$(13) \qquad \frac{\overline{GP}}{\overline{GP_0}} = -\frac{OM_0}{OM},$$

la fraction du second membre désignant un rapport de longueurs.

2° *Trouver le lieu* (Γ) *du point* G *quand le segment* OM *prend toutes les longueurs possibles et pivote en outre autour du point* O *dans un plan donné.*

9. — III-1 [K 6 a]. Soit [P] le plan, passant par O, dans lequel se déplace le point M. Si [P] contient M_0, le lieu de G est évidemment le plan [P] lui-même. Supposons donc M_0 hors de [P]. Prenons pour origine le point O, pour axes des x et des y, deux directions rectangulaires arbitraires du plan [P], et OM_0 pour axe des z. Soient $2r\cos\theta$, $2r\sin\theta$, 0 (r et θ variables) les coordonnées de M et $\overline{OM_0} = 2a > 0$. On en tire immédiatement les coordonnées des points P $(r\cos\theta,\ r\sin\theta,\ 0)$ et $P_0(0,\ 0,\ a)$, puis d'après (13),

celles de G, qui sont

$$(14) \qquad x = \frac{r^2 \cos \theta}{a + r}, \qquad y = \frac{r^2 \sin \theta}{a + r}, \qquad z = \frac{a^2}{a + r}.$$

10. — III-VII [**M² 4**]. Le lieu de G est donc une surface $[\Sigma]$ dont l'équation s'obtiendra par élimination de r et θ entre les trois équations (14). En éliminant θ entre les deux premières, puis r entre l'équation ainsi obtenue et la troisième, il vient

$$(15) \qquad (x^2 + y^2)z^2 - (z - a)^4 = 0.$$

Telle est l'équation de $[\Sigma]$. Mais les positions de G correspondant à des positions réelles de M sont nécessairement comprises entre le plan $[P]$ et le plan parallèle mené par le milieu P_0 de OM_0; elles vérifient donc, avec (15), l'inégalité

$$(16) \qquad z(z - a) < 0.$$

Un plan quelconque parallèle à $[P]$, soit $z = h$, coupe $[\Sigma]$ suivant le cercle

$$(17) \qquad x^2 + y^2 - \frac{(h - a)^4}{h^2} = 0,$$

dont le centre est sur OM_0 et dont le rayon a pour longueur $\dfrac{(h - a)^2}{|h|}$. Ce cercle est toujours réel. Pour $h = a$, il se réduit aux deux parallèles, menées par P_0, aux directions isotropes du plan $[P]$. Pour $h = 0$, il est tout entier à l'infini.

Le plan Oxz, qui est en somme un plan arbitraire passant par OM_0, coupe $[\Sigma]$ suivant les deux hyperboles

$$(18) \qquad \begin{cases} y = 0, \\ z(\varepsilon x + z) - 2az + a^2 = 0 \end{cases} \qquad (\varepsilon = \pm 1).$$

Elles ont pour centres les points $(2\varepsilon a, 0)$, sont tangentes à Oz au point $P_0(0, a)$, et ont pour asymptote commune Ox. Elles sont d'ailleurs symétriques l'une de l'autre par rapport à Oz.

On peut donc se représenter la surface $[\Sigma]$ comme engendrée par un cercle, dont le plan se déplace parallèlement à $[P]$, dont le centre décrit OM_0, et qui rencontre les hyperboles (18).

ANNÉE 1916.

Première composition.

I. — $1°$ *Intégrer l'équation différentielle*

$$(E) \qquad 2x(x-1)y' + (2x-1)y + 1 = 0 \qquad \left(y' = \frac{dy}{dx}\right).$$

$2°$ *Une intégrale étant déterminée par la valeur qu'elle prend pour une valeur particulière de x, dans quel intervalle de variation de x cette intégrale demeure-t-elle définie? Que devient l'intégrale aux limites de cet intervalle?*

II. — *Faire, dans l'équation (E), le changement de variables*

$$x = \frac{(1+u)^2}{4u}, \qquad y = \frac{2uv}{1+u^2};$$

déduire du résultat de ce calcul une représentation paramétrique des intégrales de l'équation (E). Cette représentation est-elle valable pour toutes les valeurs réelles de x? La comparer au résultat de l'intégration directe de (E).

III. — *On propose de satisfaire à l'équation (E) par un développement de la forme*

$$y = \varphi(x) + \frac{1}{\sqrt{|x|}} \psi(x),$$

où $\varphi(x)$ et $\psi(x)$ sont deux séries entières, et où $|x|$ désigne la valeur absolue de x.

$1°$ *Trouver les séries $\varphi(x)$ et $\psi(x)$.*

$2°$ *Dans quel intervalle le nouveau mode de représentation des intégrales ainsi obtenues est-il valable? Le comparer au résultat de l'intégration directe.*

IV. — Forme de la courbe $y = \varphi(x)$. Formes des diverses courbes intégrales.

I. — $1°$ *Intégrer l'équation différentielle*

$$(\mathrm{E}) \qquad 2x(x-1)y' + (2x-1)y + 1 = 0.$$

1. — I-xxiii [**H 1 c**]. La solution générale est $y = uv$, u étant une solution particulière de

$$(1) \qquad 2x(x-1)u' + (2x-1)u = 0.$$

et v la solution générale de

$$(2) \qquad 2x(x-1)uv' + 1 = 0,$$

2. — I xviii [**C 0 a**]. En séparant les variables de (1), on voit immédiatement la solution particulière

$$\log u^2 + \log|x(x-1)| = 0 \qquad \text{ou} \qquad u = |x(x-1)|^{-\frac{1}{2}}.$$

En remplaçant $x(x-1)$ par $\varepsilon|x(x-1)|$, $\varepsilon = \pm 1$, (2) devient

$$(3) \qquad dv = -\frac{\varepsilon\,dx}{2\sqrt{\varepsilon x(x-1)}}.$$

3. — I-xix [**C 2 c**]. L'intégration de (3) se ramène à celle d'une fonction rationnelle en faisant le changement de variable défini par les équations paramétriques de la courbe

$$y = \sqrt{\varepsilon x(x-1)} \qquad \text{ou} \qquad x^2 - \varepsilon y^2 - x = 0,$$

soit, par exemple,

$$(4) \qquad y = tx, \qquad x = \frac{1}{1-\varepsilon t^2}.$$

L'équation (3) devient alors

$$(5) \qquad dv = -\frac{dt}{1-\varepsilon t^2}.$$

L'intégrale se présentera sous deux formes différentes suivant le signe de ε.

4. — I-xxi [C 2 a]. Si $\varepsilon = 1$, c'est-à-dire si x est extérieur à l'intervalle $(0, 1)$, en tenant compte de

$$\frac{1}{1-t^2} = \frac{\frac{1}{2}}{1-t} + \frac{\frac{1}{2}}{1+t},$$

on obtient, par intégration immédiate et retour à la variable x,

$$(6) \qquad v = \frac{1}{2}\operatorname{Log}\left|\frac{t-1}{t+1}\right| + \frac{\lambda}{2} = \frac{1}{2}\operatorname{Log}\left|2x-1-2\sqrt{x(x-1)}\right| + \frac{\lambda}{2},$$

λ désignant une constante arbitraire.

Si $\varepsilon = -1$, c'est-à-dire $0 < x < 1$, on obtient, par intégration immédiate de (5) et retour à la variable x,

$$(7) \qquad v = -\operatorname{arc\,tang} t + \mu = -\operatorname{arc\,tang}\sqrt{\frac{1-x}{x}} + \mu,$$

μ désignant une constante arbitraire.

En résumé, la solution générale de (E) est donnée :
si $x(x-1) > 0$, par

$$(8) \qquad y = \frac{\operatorname{Log}\left|2x-1-2\sqrt{x(x-1)}\right| + \lambda}{2\sqrt{x(x-1)}};$$

si $0 < x < 1$, par

$$(9) \qquad y = \frac{-\operatorname{arc\,tang}\sqrt{\dfrac{1-x}{x}} + \mu}{\sqrt{x(1-x)}}.$$

2° Une intégrale étant déterminée par la valeur qu'elle prend pour une valeur particulière de x, dans quel intervalle de variation de x cette intégrale demeure-t-elle définie? Que devient l'intégrale aux limites de cet intervalle?

Soit β la valeur que prend l'intégrale pour la valeur α de x.
Si $\alpha < 0$, λ est définie, d'après (8), par

$$\lambda = 2\beta\sqrt{\alpha(\alpha-1)} - \operatorname{Log}\left|2\sqrt{\alpha(\alpha-1)} - 2\alpha + 1\right|.$$

Si $0 < \alpha < 1$, μ est définie, d'après (9), par

$$\mu = \beta \sqrt{\alpha(1-\alpha)} + \operatorname{arc\,tang} \sqrt{\frac{1-\alpha}{\alpha}}.$$

Si $1 < \alpha$, λ est définie, d'après (8), par

$$\lambda = 2\beta \sqrt{\alpha(\alpha-1)} - \operatorname{Log}\left[2\alpha - 1 - 2\sqrt{\alpha(\alpha-1)}\right],$$

car, pour $\alpha > 1 > \dfrac{1}{2}$, le $[\quad]$ a le signe de

$$(2\alpha - 1)^2 - 4\alpha(\alpha - 1) = 1.$$

Tant que x demeure placé comme α par rapport à l'intervalle $(0, 1)$, l'intégrale est représentée par une expression bien définie. Cherchons ce que devient cette expression pour les valeurs 0 et 1 données à x.

Supposons d'abord que x tend vers 0 par valeurs < 0. L'intégrale a, d'après (8), la forme

$$(10) \qquad y = \frac{\operatorname{Log}\left[2\sqrt{x(x-1)} - 2x + 1\right] + \lambda}{2\sqrt{x(x-1)}}.$$

Posons $x = -u^2$, $u > 0$, et

$$z = \frac{\operatorname{Log}\left[2u\sqrt{1+u^2} + 2u^2 + 1\right]}{2u\sqrt{1+u^2}},$$

en sorte que

$$y = z + \frac{\lambda}{2u\sqrt{1+u^2}}.$$

5. — I-xii [C 1 e α]. En remplaçant les deux termes de z par des développements limités tirés de celui de $(1+u^2)^{\frac{1}{2}}$ et de $\operatorname{Log}(1+v)$, $v = 2u\sqrt{1+u^2} + 2u^2$, il vient

$$z = \frac{2u(1 + A u)}{2u(1 + B u^2)},$$

$[A]$ et $[B]$ demeurant bornés pour u voisin de 0. Il en résulte que z tend vers 1.

Quant au terme $\dfrac{\lambda}{2u\sqrt{1+u^2}}$, si $\lambda \neq 0$, il tend vers l'infini en gardant le signe de λ; si $\lambda = 0$, il reste nul quels que soient u et x.

Ainsi quand x tend vers o par valeurs $<$ o, une intégrale (10) tend vers $\pm \infty$, avec le signe de λ, si $\lambda \neq$ o, et vers i, si $\lambda =$ o.

6. — I-XIII [**D 1 a**]. Supposons que x tend vers o par valeurs $>$ o. L'intégrale a la forme (9). Prenons pour arc tang la détermination comprise entre $\mp \frac{\pi}{2}$, et posons

$$x = \sin^2 \alpha, \qquad o < \alpha < \frac{\pi}{2},$$

il vient

$$y = \frac{\alpha - \frac{\pi}{2} + \mu}{\cos \alpha \sin \alpha}.$$

Lorsque x, et par suite α, tend vers o, si $\mu \neq \frac{\pi}{2}$, y tend vers $\pm \infty$, avec le signe de $\mu - \frac{\pi}{2}$; si $\mu = \frac{\pi}{2}$, $y = \frac{1}{\cos \alpha} \times \frac{\alpha}{\sin \alpha}$ tend vers i.

Supposons que x tend vers i par valeurs $<$ i. L'intégrale a toujours la forme (9). Prenons pour arc tang la détermination comprise entre $\mp \frac{\pi}{2}$, et posons

$$x = \cos^2 \alpha, \qquad o < \alpha < \frac{\pi}{2},$$

il vient

$$y = \frac{-\alpha + \mu}{\cos \alpha \sin \alpha}.$$

Lorsque x tend vers i et par suite α vers o, si $\mu \neq$ o, y tend vers $\pm \infty$, avec le signe de μ.

7. — I-XIII [**D 1 a**]. Si $\mu =$ o, $y = -\frac{1}{\cos \alpha} \times \frac{\alpha}{\sin \alpha}$ tend vers — i.

8. — I-XII [**C 1 θ α**]. Supposons que x tend vers i par valeurs $>$ i, l'intégrale a, d'après (8), la forme

$$(11) \qquad \frac{\operatorname{Log}\left[2x - 1 - 2\sqrt{x(x-1)}\right] + \lambda}{2\sqrt{x(x-1)}}.$$

Posons $x = 1 + u^2$, $u >$ o, et

$$z = \frac{\operatorname{Log}\left[1 + 2u^2 - 2u\sqrt{1 + u^2}\right]}{2u\sqrt{1 + u^2}},$$

en sorte que

$$y = z + \frac{\lambda}{2\,u\,\sqrt{1+u^2}}.$$

En remplaçant, comme tout à l'heure, les deux termes de z par des développements limités, on trouve de même

$$z = \frac{2\,u\,(-1 + \Lambda\,u)}{2\,u\,(1 + B\,u^2)},$$

$|A|$ et $|B|$ demeurant bornés pour u voisin de o. Il en résulte que z tend vers -1.

Quant au terme $\dfrac{\lambda}{2\,u\,\sqrt{1+u^2}}$, si $\lambda \neq 0$, il tend vers l'infini en gardant le signe de λ; si $\lambda = 0$, il reste nul quels que soient u et x.

Ainsi, quand x tend vers 1 par valeurs > 1, une intégrale (11) tend vers $\pm \infty$, avec le signe de λ, si $\lambda \neq 0$, et vers -1, si $\lambda = 0$.

Ceci posé, une intégrale, définie par la valeur β qu'elle prend pour $x = \alpha$, devient en général infinie quand x, partant de α, atteint une des valeurs o ou 1. Elle cesse donc en général à ce moment d'être bien définie. Il y a exception pour l'intégrale (10) correspondant à $\lambda = 0$, et l'intégrale (9) correspondant à $\mu = \frac{\pi}{2}$, toutes deux égales à 1 pour $x = 0$; et aussi pour l'intégrale (9) correspondant à $\mu = 0$ et l'intégrale (11) correspondant à $\lambda = 0$, toutes deux égales à -1 pour $x = 1$.

11. — *Faire, dans l'équation* (E), *le changement de variables*

$$x = \frac{(1 + u)^2}{4\,u}, \qquad y = \frac{2\,uv}{1 + u^2};$$

déduire du résultat de ce calcul une représentation paramétrique des intégrales de l'équation (E). *Cette représentation est-elle valable pour toutes les valeurs réelles de* x? *La comparer au résultat de l'intégration directe de* (E).

9. — I-xi [C 1 c]. Pour faire ce changement de variables, il suffit, considérant v comme fonction de u et désignant $\frac{dv}{du}$ par v',

de calculer $y' = \dfrac{dy}{dx}$ en fonction de u, v, v'. On trouve ainsi

$$y' = \frac{8\,u^2 v'}{u^4 - 1} - \frac{8\,u^2 v}{(u^2 + 1)^2}\cdot$$

En substituant dans (E), il vient

$$(12)\qquad u(u^4 - 1)v' + 4\,u^2 v + (u^2 + 1)^2 = 0.$$

L'intégration de cette équation va permettre d'exprimer v, puis x et y en fonction de u, et par suite d'obtenir une représentation paramétrique des intégrales de (E).

10. — I-xxiii [**H 1 c**]. Or la solution générale de (12) est $v = rs$, r étant une solution particulière de

$$(13)\qquad (u^4 - 1)\,dr + 4\,u\,r\,du = 0,$$

et s la solution générale de

$$(14)\qquad u(u^2 - 1)r\,ds + (u^2 + 1)\,du = 0.$$

11. — I-xxi [**C 2 a**]. En séparant les variables de (13), et remplaçant $\dfrac{4\,u}{u^4 - 1}$ par la somme de fractions simples

$$\frac{1}{u - 1} + \frac{1}{u + 1} - \frac{2\,u}{u^2 + 1},$$

on obtient, par intégration immédiate, la solution particulière $r = \dfrac{u^2 + 1}{u^2 - 1}\cdot$ L'équation (14) devient alors

$$u\,ds + du = 0,$$

et a pour solution générale

$$s = \mathrm{Log}\left|\frac{C}{u}\right|,$$

C désignant une constante arbitraire.

La solution générale de (12) est donc

$$(15)\qquad v = \frac{u^2 + 1}{u^2 - 1}\,\mathrm{Log}\left|\frac{C}{u}\right|;$$

et une représentation paramétrique des intégrales de (E) est donnée par

$$(16) \qquad x = \frac{(1+u)^2}{4u}, \qquad y = \frac{2u}{u^2-1} \operatorname{Log} \left| \frac{C}{u} \right|.$$

Cette représentation est valable pour toutes les valeurs de x correspondant aux valeurs réelles de u. On voit, d'après la première des formules (13), que ce sont les valeurs de x extérieures à l'intervalle (o, 1). On a donc obtenu une représentation paramétrique des intégrales (8) seulement. On peut d'ailleurs vérifier que si dans (8) on remplace x et y par leurs valeurs (16), la formule est vérifiée pour $\lambda = C$.

III. — *On propose de satisfaire à l'équation* (E) *par un développement de la forme*

$$y = \varphi(x) + \frac{1}{\sqrt{|x|}} \psi(x),$$

où $\varphi(x)$ *et* $\psi(x)$ *sont deux séries entières, et où* $|x|$ *désigne la valeur absolue de* x.

1° *Trouver les séries* $\varphi(x)$ *et* $\psi(x)$.

12. — I-xvi [**H 1 c**]. En posant $x = \varepsilon |x|$, $\varepsilon = \pm 1$, il vient

$$y = \varphi(x) + \frac{1}{\sqrt{\varepsilon x}} \psi(x),$$

d'où, quel que soit ε,

$$y' = \frac{2x \psi'(x) - \psi(x)}{2x \sqrt{|x|}};$$

et, en substituant dans (E), on obtient

$$2x(x-1)\varphi'(x) + (2x+1)\varphi(x) + 1 + \frac{x}{\sqrt{|x|}} [2(x-1)\psi'(x) + \psi(x)] = 0.$$

On aura donc un développement de la forme indiquée en formant une série entière $\varphi(x)$ satisfaisant à (E) et une série entière $\psi(x)$ satisfaisant à

$$(17) \qquad 2(x-1)\psi'(x) + \psi(x) = 0.$$

En posant

$$\varphi(x) = a_0 + a_1 x + a_2 x^2 + \ldots,$$

$\varphi(x)$ vérifie formellement (E) si

$$a_0 = 1, \qquad a_n = \frac{2n\,a_{n-1}}{2n-1} \qquad (n = 1, 2, \ldots).$$

13. — I-VIII [**D 2 a α**]. Dans la série obtenue, le rapport des modules de deux termes consécutifs étant $\frac{2n}{2n-1}\,|x|$, l'intervalle de convergence est $(-1, +1)$. On a ainsi obtenu, pour $-1 < x < 1$, un développement en série de l'intégrale (10) pour $\lambda = 0$ suivie de l'intégrale (9) pour $\mu = 0$, qui prennent la valeur 1 pour $x = 0$.

De même, en posant

$$\psi(x) = b_0 + b_1 x + b_2 x^2 + \ldots,$$

$\psi(x)$ vérifie formellement (17), b_0 restant arbitraire, si

$$b_n = \frac{(2n-1)\,b_{n-1}}{2n} \qquad (n = 1, 2, \ldots);$$

comme précédemment l'intervalle de convergence est $(-1, +1)$.

2° Dans quel intervalle le nouveau mode de représentation des intégrales ainsi obtenues est-il valable? Le comparer au résultat de l'intégration directe.

On doit obtenir pour y un développement de la forme indiquée :

soit dans l'intervalle $(0, -1)$ en partant de (10);
soit dans l'intervalle $(0, 1)$ en partant de (9).

14. — I-XVI [**D 6 c α**]. Soit d'abord $0 > x > -1$, en posant

$$x = -u^2 \;(u > 0) \qquad \text{et} \qquad v = 2u\sqrt{1 + u^2} + 2u^2,$$

il vient

$$y = \frac{1}{2u}(1 + u^2)^{-\frac{1}{2}} \operatorname{Log}(1 + v) + \frac{\lambda}{2u}(1 + u^2)^{-\frac{1}{2}}.$$

Comme $u = \sqrt{|x|}$ et $u^2 = -x$, on voit que le second terme admet précisément le développement $\frac{1}{\sqrt{|x|}}\,\psi(x)$, si $b_0 = \frac{\lambda}{2}$. Quant au premier terme, dans l'intervalle considéré, $(1 + u^2)^{-\frac{1}{2}}$ est développable en série entière en u absolument convergente; $\operatorname{Log}(1+v)$ est développable en série entière en u, absolument convergente, et dont le quotient par $2u$ est encore une série entière absolument convergente. Le premier terme est donc développable en une série entière en u absolument convergente. Mais c'est une fonction paire de u, car si l'on change u en $-u$, la somme de la série, qui ne dépend que de x, doit conserver la même valeur; on voit d'ailleurs directement que si l'on change u en $-u$, l'expression $1+2u^2+2u\sqrt{1+u^2}$ se change en son inverse, car

$$\left(1+2u^2+2u\sqrt{1+u^2}\right)\left(1+2u^2-2u\sqrt{1+u^2}\right)$$
$$= (1+2u^2)^2 - 4u^2(1+u^2) = 1;$$

donc, par ce changement, les deux termes de z changent simplement de signe, et z ne change pas. Donc la série ne contient que les puissances paires de u, et par suite est une série entière en x.

13. — I-xvi [**D 6 c α**]. Soit maintenant $0 < x < 1$. Une intégrale (9) peut s'écrire

$$y = \frac{\operatorname{arc\,tang}\sqrt{\dfrac{x}{1-x}} + \mu - \dfrac{\pi}{2}}{\sqrt{x(1-x)}},$$

ou, en posant $x = u^2\,(u>0)$ et $v = u\,(1-u^2)^{-\frac{1}{2}}$,

$$y = \frac{1}{u}(1-u^2)^{-\frac{1}{2}}\operatorname{arc\,tang}v + \frac{1}{u}\left(\mu - \frac{\pi}{2}\right)(1-u^2)^{-\frac{1}{2}}.$$

Comme précédemment, le second terme admet le développement $\dfrac{1}{\sqrt{x}}\psi(x)$, pour $b_0 = \mu - \dfrac{\pi}{2}$. Quant au premier terme, dans l'intervalle considéré, on a les développements, absolument convergents,

$$\operatorname{arc\,tang}v = v\left(1 - \frac{v^2}{3} + \frac{v^4}{5} - \dots\right),$$
$$v^2 = u^2(1-u^2)^{-1} = u^2(1+u^2+u^4+\dots),$$
$$\frac{v}{u}(1-u^2)^{-\frac{1}{2}} = (1-u^2)^{-1} = 1 + u^2 + u^4 + \dots.$$

On en déduit, pour le développement du premier terme, une série entière en u^2 ou x.

IV. — *Formes des diverses courbes intégrales.*

Les équations de ces courbes sont :

Pour $x < 0$,

$$(10) \qquad y = \frac{\mathrm{Log}\left[1 - 2x + 2\sqrt{x(x-1)}\right] + \lambda}{2\sqrt{x(x-1)}};$$

pour $0 < x < 1$,

$$(9) \qquad y = \frac{-\,\mathrm{arc\,tang}\sqrt{\dfrac{1-x}{x}} + \mu}{2\sqrt{x(1-x)}};$$

pour $1 < x$,

$$(11) \qquad y = \frac{\mathrm{Log}\left[(2x-1) - 2\sqrt{x(x-1)}\right] + \lambda}{2\sqrt{x(x-1)}}.$$

16. — II-vii [**M⁴ m**]. Étudions la courbe (10) pour $x < 0$. Si l'on pose $x = -\dfrac{1}{u}\,(u > 0)$, l'équation (10) devient

$$y = \frac{\mathrm{Log}\left[1 + \dfrac{2}{u} + \dfrac{2\sqrt{1+u}}{u}\right] + \lambda}{\dfrac{2}{u}\sqrt{1+u}} = z + \frac{\lambda.u}{2\sqrt{1+u}},$$

avec

$$z = \frac{1}{2\sqrt{1+u}}\left[u\,\mathrm{Log}(2 + 2\sqrt{1+u} + u) - u\,\mathrm{Log}\,u\right].$$

17. — I-xiii [**D 1 a**]. Lorsque u tend vers zéro, z tend vers

$$\frac{1}{2}\left(0 \times \log 4 + \lim \frac{\log \dfrac{1}{u}}{\dfrac{1}{u}}\right) = 0;$$

le coefficient de λ tend aussi vers zéro; donc y tend vers zéro, l'axe Ox est asymptote.

On peut aussi écrire, d'après la valeur de z,

$$y = \frac{u}{2\sqrt{1+u}}\left[\mathrm{Log}(2 + 2\sqrt{1+u} + u) - \mathrm{Log}\,u + \lambda\right].$$

Le [ ] $= +\infty$ pour $u = 0$; donc $y > 0$ pour les petites valeurs positives de u. La courbe est donc asymptote au-dessus de Ox.

Pour $x = 0$, $y = \pm\infty$ avec le signe de λ, si $\lambda \neq 0$; si $\lambda = 0$, $y = 1$.

18. — I-xII [**C 1 e** α]. Le coefficient angulaire de la tangente en ce point est la limite, quand x tend vers zéro par valeurs < 0, de $\frac{y-1}{x}$; or, en posant

$$x = -u^2(u > 0) \qquad \text{et} \qquad v = 1 + 2u\sqrt{1+u^2} + 2u^2,$$

on a

$$\frac{y-1}{x} = \frac{\text{Log}(1+v) - 2u\sqrt{1+u^2}}{-2u^3\sqrt{1+u^2}}.$$

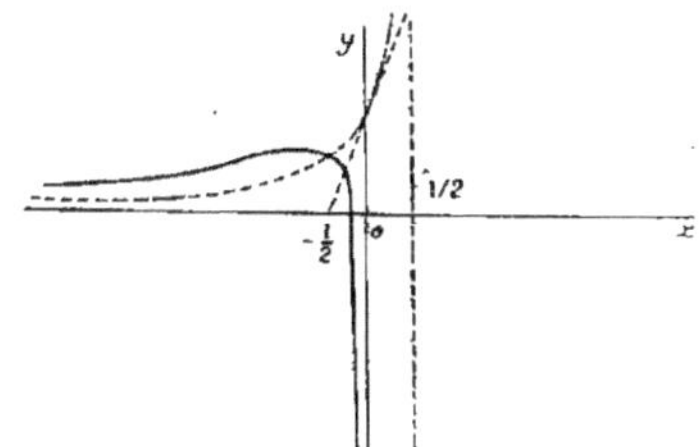

Fig. 31.

Au moyen de développements limités, tirés de ceux de $\text{Log}(1+v)$ par rapport à v, de $\sqrt{1+u^2}$ et de v par rapport à u, on trouve

$$\frac{y-1}{x} = \frac{-\dfrac{4u^3}{3} + A u^4}{-2u^3 + B u^4},$$

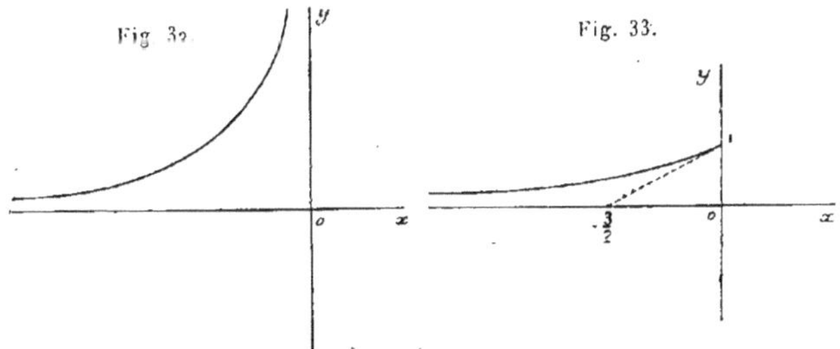

Fig. 32.   Fig. 33.

$|A|$ et $|B|$ demeurant bornés pour u voisin de zéro. Le coefficient angulaire de la tangente est donc $\frac{2}{3}$.

On a donc deux types généraux et une forme intermédiaire.

Pour $\lambda < 0$, la courbe présente la forme de la figure 31. Le maximum ($y' = 0$) se trouve toujours d'après (E) sur l'hyperbole (H)

$$(2x - 1)y - 1 = 0.$$

La courbe coupe toujours Ox.

Pour $\lambda > 0$, on a une sorte de branche d'hyperbole (*fig.* 32).

Pour $\lambda = 0$, on a la courbe de la figure 33.

Étudions la courbe (9) pour $0 < x < 1$.

19. — II-vii [**M⁺m**]. D'après les résultats déjà obtenus au paragraphe II, pour $x = 0$, si $\mu \neq \frac{\pi}{2}$, $y = \pm \infty$, avec le signe de $\mu - \frac{\pi}{2}$; et si $\mu = \frac{\pi}{2}$, $y = 1$. Le coefficient angulaire de la tangente en ce point $(0, 1)$ est la limite, quand x tend vers zéro par valeurs > 0, de $\frac{y - 1}{x}$.

20. — I-xii [**C 1 c α**]. Or, si l'on pose $x = \sin^2\alpha$, il vient

$$\frac{y - 1}{x} = \frac{\alpha - \cos\alpha\sin\alpha}{\cos\alpha\sin^3\alpha},$$

et, au moyen de développements limités tirés de ceux de $\cos\alpha$ et $\sin\alpha$,

$$\frac{y - 1}{x} = \frac{\dfrac{2\alpha^3}{3} + A\alpha^4}{\alpha^3 + B\alpha^4},$$

|A| et |B| demeurant bornés pour α voisin de zéro. Le coefficient angulaire de la tangente est donc $\frac{2}{3}$.

Pour $x = 1$, si $\mu \neq 0$, $y = \pm \infty$, avec le signe de μ; et si $\mu = 0$, $y = -1$. Le coefficient angulaire de la tangente en ce point $(1, -1)$ est la limite, quand x tend vers 1 par valeurs < 1, de $\frac{y + 1}{x - 1}$. Or, si l'on pose $x = \cos^2\alpha$, il vient

$$\frac{y - 1}{x + 1} = \frac{-\cos\alpha\sin\alpha + \alpha}{\cos\alpha\sin^3\alpha};$$

comme précédemment le coefficient angulaire de la tangente est donc $\frac{2}{3}$.

On a donc trois types généraux et deux formes particulières.

Pour $\mu < o$, donc $\mu - \frac{\pi}{2} < o$, on a $y = -\infty$ aux deux extrémités de l'intervalle. Il y a donc un maximum qui, devant toujours correspondre aux points situés sur l'hyperbole (H)

$$(2x - 1)y + 1 = 0,$$

est nécessairement négatif et a lieu pour $x > \frac{1}{2}$ (fig. 34).

Fig. 34.

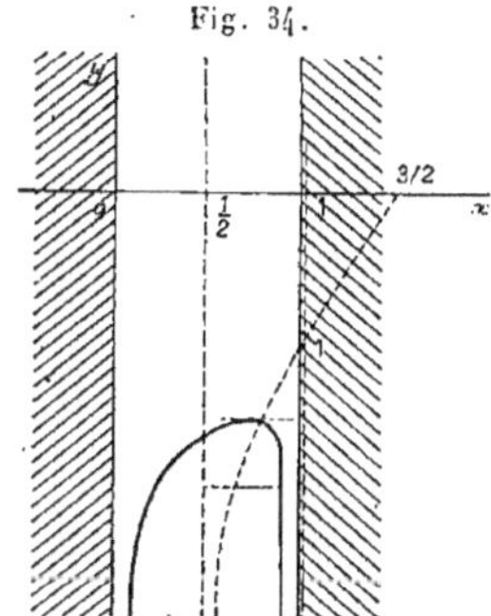

Pour $o < \mu < \frac{\pi}{2}$, l'ordonnée croît constamment de $-\infty$ à $+\infty$ (fig. 35).

Fig. 35.

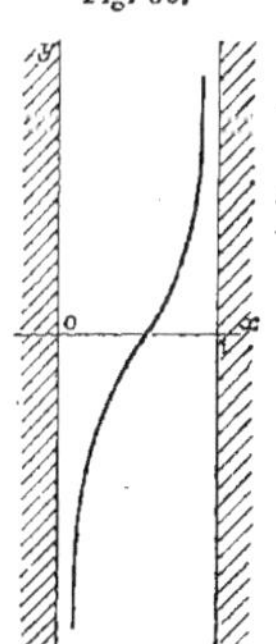

Pour $\frac{\pi}{2} < \mu$, on a $y = +\infty$ aux deux extrémités de l'intervalle.

Il y a donc un minimum qui, devant toujours correspondre aux points situés sur l'hyperbole (H) est > 0 et a lieu pour $x < \frac{1}{2}$ (*fig*. 36).

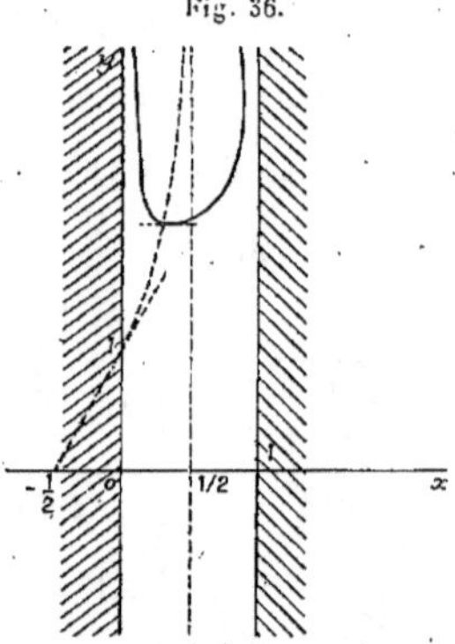

Fig. 36.

Pour $\mu = 0$, on a $y = -\infty$ pour $x = 0$ et $y = -1$ pour $x = 1$. la tangente au point $(1, -1)$ ayant pour coefficient angulaire $\frac{2}{3}$ (*fig*. 37).

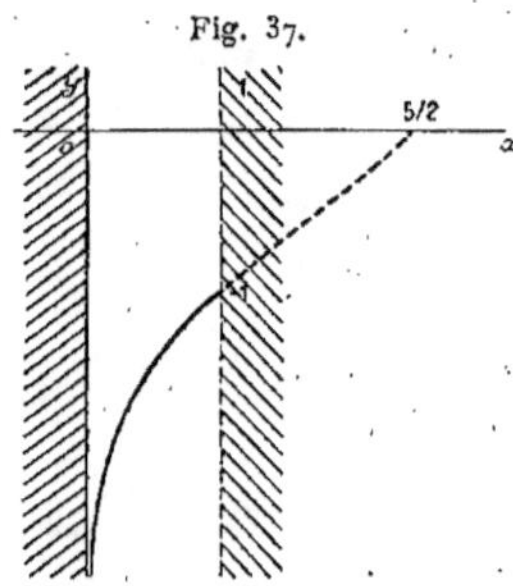

Fig. 37.

Pour $\mu = \frac{\pi}{2}$, on a $y = 1$ pour $x = 0$, la tangente au point $(0, 1)$ ayant pour coefficient angulaire $\frac{2}{3}$, et $y = +\infty$, pour $x = 1$.

21. — II-VII [M⁺m]. Étudions enfin la courbe (11) pour $x > 1$. D'après les résultats déjà obtenus au paragraphe II, pour $x = 1$,

si $\lambda \neq 0$, $y = \pm \infty$, avec le signe de λ, et, si $\lambda = 0$, $y = -1$. Le coefficient angulaire de la tangente en ce point $(1, -1)$ est la limite, quand x tend vers 1 par valeurs > 1, de $\dfrac{y+1}{x-1}$. Or si l'on pose

$$x = 1 + u^2 \, (u > 0), \qquad v = -2u\sqrt{1+u^2} + 2u^2,$$

on a

$$\frac{y+1}{x-1} = \frac{\mathrm{Log}(1+v) + 2u\sqrt{1+u^2}}{2u^3\sqrt{1+u^2}}.$$

22. — I-XII $|\mathbf{C\,1\,c\,z}|$. Au moyen de développements limités, tirés de ceux de $\mathrm{Log}(1+v)$ par rapport à v, de $\sqrt{1+u^2}$ et de v, par rapport à u. on trouve

$$\frac{y+1}{x-1} = \frac{\dfrac{4u^3}{3} + Au^4}{2u^3 + Bu^4},$$

$|A|$ et $|B|$ demeurant bornés pour u voisin de zéro. Le coefficient angulaire de la tangente est donc $\dfrac{2}{3}$.

23. — I-XIII $|\mathbf{D\,1\,a}|$. Si l'on pose $x = \dfrac{1}{u}$, l'équation (11) devient

$$y = \frac{\mathrm{Log}\left(\dfrac{2}{u} - 1 - \dfrac{2}{u}\sqrt{1-u}\right) + \lambda}{\dfrac{2}{u}\sqrt{1-u}} = z + \frac{\lambda u}{2\sqrt{1+u}},$$

avec

$$z = \frac{u}{2\sqrt{1-u}} \, \mathrm{Log} \, \frac{2 - 2\sqrt{1-u} - u}{u}.$$

D'après le développement limité de

$$(1-u)^{\frac{1}{2}} = 1 - \frac{u}{2} - \frac{u^2}{8} + Au^3,$$

$|A|$ demeurant borné pour u voisin de zéro, on a

$$z = \frac{u}{2\sqrt{1-u}} \left[\mathrm{Log}\, u + \mathrm{Log}\left(\frac{1}{4} - 2Au\right) \right].$$

Alors, quand u tend vers zéro, z tend vers $\lim \dfrac{u\,\mathrm{Log}\,u}{2} = 0$. Le coefficient de λ tend aussi vers zéro; donc y tend vers zéro; Ox est asymptote.

On peut aussi écrire, d'après la valeur trouvée pour z,

$$y = \frac{u}{2\sqrt{1-u}}\left[\operatorname{Log} u + \operatorname{Log}\left(\frac{1}{4} - 2\,\mathrm{A}\,u\right)\right];$$

Le $[\quad] = -\infty$ pour $u = 0$; donc $y < 0$ pour les petites valeurs > 0 de u. La courbe est donc asymptote au-dessous de Ox.

On a donc deux types généraux et une forme particulière.

Pour $\lambda < 0$, on a $y = -\infty$ pour $x = 1$, et $y = 0$ (négatif) pour $x = +\infty$ (*fig.* 38).

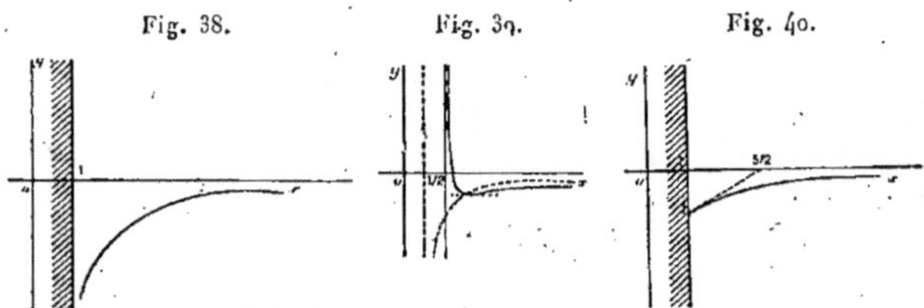

Fig. 38.   Fig. 39.   Fig. 40.

Pour $\lambda > 0$, on a $y = +\infty$ pour $x = 1$, et $y = 0$ (négatif) pour $x = +\infty$. Il y a donc un minimum, situé sur l'hyperbole (H), et négatif (*fig.* 39).

Pour $\lambda = 0$, la courbe part du point $(1; -1)$ tangente à la droite de coefficient angulaire $\frac{2}{3}$ et arrive asymptote à Ox, en dessous (*fig.* 40).

La courbe $y = \varphi(x)$, définie pour $-1 < x < 1$, s'obtient en raccordant la courbe de la figure 33, limitée à $x = -1$, et celle, non représentée, du cas $\mu = \frac{\pi}{2}$.

Deuxième composition.

Un plan vertical est rapporté à deux axes Ox, Oy; l'axe Ox est horizontal; Oy est vertical et dirigé vers le haut. Dans ce plan se trouve la trajectoire d'un point de masse unité, libre, pesant, et subissant de la part de l'air une résistance R tangente *à la trajectoire. Les unités choisies étant la seconde de temps et le mètre, la trajectoire a pour équation*

$$(1) \qquad y = ax - 8x^2 - x^3 \qquad (a > 0).$$

Le projectile part de l'origine O sur l'arc OFM situé dans l'angle des coordonnées positives; il monte au point le plus haut F, et retombe ensuite sur Ox en son point de chute M.

I. — *Calculer, en fonction de a, le coefficient angulaire m de la trajectoire au point de chute M, et la flèche f, ordonnée du point F.*

II. — *Exprimer, en fonction du temps t, l'abscisse x du mobile, et calculer le temps T qu'il met à parcourir l'arc OFM. Déterminer, en fonction de x, la composante X suivant Ox de la résistance R.*

III. — *Évaluer le travail des forces agissant sur le mobile pendant le trajet OFM. Trouver la grandeur V_M de la vitesse au point de chute.*

IV. — *Calculer l'aire balayée par le vecteur vitesse durant le même trajet.*

V. — *Divers mobiles identiques partent simultanément de l'origine sur les cubiques qui correspondent aux différentes valeurs de a. Trouver, à un instant ultérieur quelconque, le lieu de leurs positions, l'enveloppe de leurs vitesses et l'enveloppe des normales à leurs trajectoires.*

I. — *Calculer, en fonction de a, le coefficient angulaire m de la trajectoire au point de chute M, et la flèche f, ordonnée du point F.*

1. — II-x [0 2 b]. La trajectoire rencontre Ox en un point M dont l'abscisse x_1 est la racine positive de l'équation

$$(2) \qquad x^2 + 8x - a = 0,$$

soit

$$(3) \qquad x_1 = b - 4, \qquad b = \sqrt{a+16}.$$

Le coefficient angulaire m de la tangente en M est donné par

$$m = a - 16x_1 - 3x_1^2$$

ou, en tenant compte de (3),

$$(4) \qquad m = -2(a - 8b + 16), \qquad b = \sqrt{a+16}.$$

L'abscisse x_2 du point F est la racine positive de l'équation

$$3x^2 + 16x - a = 0,$$

soit

$$(5) \qquad x_2 = \frac{c-8}{3}, \qquad c = \sqrt{3a+64}.$$

L'ordonnée f du point F est alors donnée par

$$f = ax_2 - 8x_2^2 - x_2^3$$

ou, en tenant compte de (5),

$$(6) \qquad f = \frac{2(3ac - 2^2 . 3^2 a + 2^7 c + 2^9)}{3^3}.$$

II. — 1° *Exprimer, en fonction du temps t, l'abscisse x du mobile.*

2. — III-xx [**R 7 b δ**]. La résistance R étant opposée à la vitesse, ses composantes sont

$$X = -\rho \frac{dx}{dt}, \qquad Y = -\rho \frac{dy}{dt},$$

ρ désignant une variable positive. Les équations différentielles du mouvement sont alors

$$(7) \qquad \frac{d^2x}{dt^2} = -\rho \frac{dx}{dt}, \qquad \frac{d^2y}{dt^2} = -\rho \frac{dy}{dt} - g.$$

Les diverses quantités variables qui figurent ici sont encore liées par les deux relations, tirées de (1) par dérivation,

$$(8) \qquad \frac{dy}{dt} = (a - 16x - 3x^2)\frac{dx}{dt},$$

$$(9) \qquad \frac{d^2y}{dt^2} = (1 - 16x - 3x^2)\frac{d^2x}{dt^2} - 2(8 + 3x)\left(\frac{dx}{dt}\right)^2.$$

En éliminant d'abord ρ entre les deux équations (7), puis $\dfrac{dy}{dt}$ et $\dfrac{d^2y}{dt^2}$ entre l'équation obtenue, (8) et (9), et divisant par $\dfrac{dx}{dt}$, il vient

$$(10) \qquad \left(\frac{dx}{dt}\right)^2 = \frac{g}{2(3x+8)}$$

ou, comme $\dfrac{dx}{dt} > 0$,

$$(11) \qquad dt = dx\sqrt{\frac{2}{g}(3x+8)}.$$

3. — I-xix [**C 2 c**]. Pour intégrer (11) il suffit de faire le changement de variable défini par $\sqrt{3x+8} = u$, ou $x = \dfrac{u^2-8}{3}$ $(u > 0)$, qui transforme (11) en

$$dt = \frac{2}{3}\sqrt{\frac{2}{g}}\,u^2\,du.$$

En intégrant, revenant à la variable x, et remarquant que pour $t = 0$ il faut $x = 0$, il vient

$$(12) \qquad t = \frac{1}{9\sqrt{g}}\left[(6x+16)^{\frac{3}{2}} - 64\right].$$

On peut résoudre cette équation par rapport à x, et l'écrire

$$(13) \qquad x = \frac{(9t\sqrt{g}+64)^{\frac{2}{3}} - 16}{6}.$$

$2°$ *Déterminer le temps* T *que met le mobile pour aller de O en M.*

Il suffit, dans (12), de remplacer x par l'abscisse x_1 de M, donnée par (3). On obtient ainsi

$$(14) \qquad \mathrm{T} = \frac{1}{9\sqrt{g}}\left[(6b-8)^{\frac{3}{2}} - 64\right], \qquad b = \sqrt{a+16}.$$

$3°$ *Déterminer, en fonction de* x, *la composante* X *de la résistance* R.

4. — I-xi [**C 1 a**]. On a précisément $\mathrm{X} = \dfrac{d^2x}{dt^2}$. Or en déri-

vant (10) par rapport à t et divisant par $2\frac{dx}{dt}$, il vient

$$(15) \qquad X = \frac{d^2 x}{dt^2} = -\frac{3g}{4(3x+8)^2}.$$

III. — 1° *Trouver la grandeur* V_M *de la vitesse au point de chute* M.

5. — III-xix [**R 1 a**]. D'après (8) et (10), le carré de la vitesse au point d'abscisse x est donné par

$$(16) \qquad \left(\frac{dx}{dt}\right)^2 + \left(\frac{dy}{dt}\right)^2 = [1 + (a - 16x - 3x^2)^2]\frac{g}{2(3x+8)}.$$

Pour avoir V_M^2, il suffit de remplacer x par l'abscisse x_1 du point M, donnée par (3). On obtient ainsi

$$(17) \quad V_M^2 = \frac{(1+m^2)g}{2(3b-4)}, \qquad m = -2(a-8b+16), \qquad b = \sqrt{a+16}.$$

6. — III-xx [**R 6 a β**]. 2° *Évaluer le travail des forces agissant sur le mobile pendant le trajet* OFM.

D'après le théorème des forces vives on a

$$\mathfrak{C}_0^M = \frac{1}{2}(V_M^2 - V_0^2).$$

Or, si, dans (16), on fait $x = 0$, il vient

$$V_0^2 = \frac{(1+a^2)g}{16}.$$

On a donc

$$(18) \qquad \mathfrak{C}_0^M = \frac{g}{4}\left(\frac{1+m^2}{3b-4} - \frac{1+a^2}{8}\right), \qquad \begin{array}{l} m = -2(a-8b+16) \\ b = \sqrt{a+16} \end{array}.$$

IV. — *Calculer l'aire balayée par le vecteur vitesse pendant le trajet* OFM.

7. — II-xxi [**O 2 a**]. Cherchons la dérivée de cette aire par rapport à x, et, pour cela, calculons d'abord son accroissement δS quand le mobile passe d'une position A d'abscisse ξ, à une position A′ d'abscisse $\xi + \delta x$, $\delta x > 0$.

Désignons par α compté positivement dans le sens xOy et par conséquent décroissant quand x croît, l'angle de Ox et de la demi-tangente positive (dans le sens du mouvement), on a donc

$$\frac{dx}{dt} = v\cos\alpha, \qquad \frac{dy}{dt} = v\sin\alpha.$$

Par suite de la résistance du milieu, v décroît constamment. On voit donc que l'aire δS est comprise entre l'aire $\delta\Sigma$ balayée par un

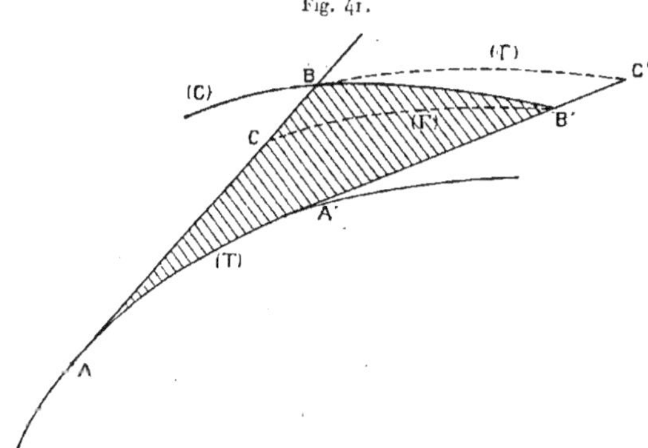

Fig. 41.

vecteur de longueur constante v (vitesse en A) et l'aire $\delta\Sigma'$ balayée par un vecteur de longueur constante $v + \delta v$ (vitesse en A'). On a donc toujours, comme $\delta v < 0$,

$$\frac{\delta\Sigma}{\delta x} > \frac{\delta S}{\delta x} > \frac{\delta\Sigma'}{\delta x}.$$

Pour déterminer la limite de $\dfrac{\delta\Sigma}{\delta x}$, menons A'D équipollent à AB. Je dis que le point D' est, pour A' suffisamment voisin de A, extérieur à la courbe (Γ) qui limite Σ. En effet, les points C' et D' sont sur un cercle de centre A' et de rayon v, et A'D' est dans la région obtenue en tournant à partir de A'C' dans le sens positif. Donc, quand δx tend vers zéro, la direction C'D' a pour limite la demi-tangente au cercle de centre A et de rayon v, donc la demi-normale BE à la droite AB, située dans la région obtenue en tournant à partir de AB dans le sens positif. D'autre part, si l'on prend pour pôle le point A′, on voit que le rayon vecteur de la courbe (Γ) décroît de AC′ à AB quand l'angle polaire croît; car

$$AC' > TC' > A'C' = AB;$$

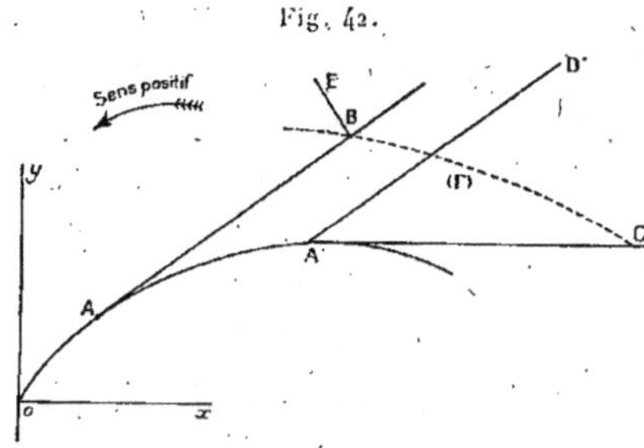

Fig. 42.

donc la sous-normale est négative. Donc, comme l'indique la figure, la direction BE est vers l'extérieur de la courbe (Γ). Il en est donc de même pour la direction C′D′, et par suite pour le point D′, pourvu que A′ soit suffisamment voisin de A.

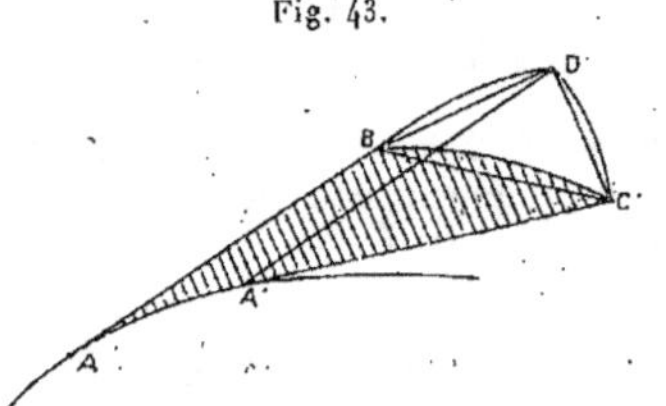

Fig. 43.

Ceci posé, on voit que $\delta\Sigma$ est somme algébrique de trois aires :

celle du secteur circulaire C′A′D′;
plus celle du parallélogramme curviligne ABA′D′;
moins celle du triangle curviligne BD′C′.

Mais les deux dernières sont, par rapport à δx ou $\delta\alpha$, d'ordre infinitésimal ≥ 2.

En effet le parallélogramme curviligne, égal au parallélogramme rectiligne de mêmes sommets, a pour aire le produit de ρ par la distance de A′ à la tangente en A; cette distance est d'ordre 3. Le triangle curviligne, est somme algébrique du triangle de mêmes sommets et de trois segments compris chacun entre un arc de courbe et sa corde, laquelle est un côté du triangle. Or on voit, d'après les coordonnées des sommets, que les trois côtés du

Fig. 44.

triangle sont d'ordre 1, et que l'aire de chaque segment, inférieure au produit de la corde (d'ordre 1) par la flèche (d'ordre 2), est d'ordre 3.

Ainsi l'aire du secteur étant $\frac{1}{2}\varrho^2|\delta\alpha|$, $\frac{\delta\Sigma}{\delta x}$ a même limite que $\frac{1}{2}\varrho^2\left|\frac{\delta\alpha}{\delta x}\right|$. De même $\frac{\delta\Sigma'}{\delta x}$ a même limite que $\frac{1}{2}\frac{(\varrho+\delta\varrho)^2|\delta\alpha|}{\delta x}$ ou que $\frac{1}{2}\varrho^2\left|\frac{\delta\alpha}{\delta x}\right|$. Il en résulte que

$$(19) \qquad \frac{dS}{dx} = -\frac{\varrho^2}{2}\frac{d\alpha}{dx}.$$

Or on a

$$\alpha = \text{arc tang}\,\frac{dy}{dx}, \qquad \text{d'où} \qquad \frac{d\alpha}{dx} = \frac{\dfrac{d^2y}{dx^2}}{1+\left(\dfrac{dy}{dx}\right)^2},$$

et

$$\varrho^2 = \left(\frac{dx}{dt}\right)^2 + \left(\frac{dy}{dt}\right)^2 = \left(\frac{dx}{dt}\right)^2\left[1+\left(\frac{dy}{dx}\right)^2\right].$$

Donc

$$\varrho^2\frac{d\alpha}{dx} = \frac{d^2y}{dx^2}\left(\frac{dx}{dt}\right)^2.$$

Ce qui, d'après (1) et (10), donne $\frac{dS}{dx} = \frac{g}{2}$. On a donc, pour expression de l'aire demandée,

$$(20) \qquad S = \frac{g}{2}\int_0^{x_1}dx = \frac{g\,x_1}{2} = \frac{g(b-4)}{2}, \qquad b = \sqrt{a+16}.$$

V. — *Divers mobiles identiques partent simultanément de l'origine sur les cubiques qui correspondent aux différentes valeurs de a.*

1° *Lieu de leurs positions à un même instant*

A l'instant, t l'abscisse du mobile a pour valeur, d'après (13),

$$x = \frac{\left(9\,t\,\sqrt{g} + 64\right)^{\frac{2}{3}} - 16}{9},$$

Comme cette valeur ne dépend pas de a, le lieu demandé est une parallèle à Oy.

2° Enveloppe de leurs vitesses à un même instant.

8. — II-x [O 2 b]. La droite qui porte la vitesse est la tangente à la courbe variable (1) au point d'abscisse fixe x_0. Son équation est donc

$$y - (ax_0 - 8x_0^2 - x_0^3) - (a - 16x_0 - 3x_0^2)(x - x_0).$$

Elle contient linéairement le paramètre variable a; donc toutes ces tangentes passent par le point fixe

$$x = 0, \qquad y = 2x_0^2(x_0 + 4).$$

3° Enveloppe des normales aux trajectoires menées par les positions des mobiles à un même instant.

9. — II-xi [O 2 f]. La normale à la courbe variable (1) au point d'abscisse fixe x_0 a pour équation

$$(21) \qquad (a - 16x_0 - 3x_0^2)\left[y - (ax_0 - 8x_0^2 - x_0^3)\right] + x - x_0 = 0.$$

L'équation de l'enveloppe s'obtient en écrivant que l'équation (21), du second degré en a, a deux racines égales. On obtient ainsi

$$(y + 24x_0^2 + 4x_0^3)^2 - 4x_0\left[x - x_0(3x_0 + 4)y - x_0(3x_0^4 + 28x_0^3 + 32x_0^2 + 1)\right] = 0.$$

C'est une parabole dont l'axe est parallèle à Ox. L'équation de cet axe, obtenue en annulant la dérivée du premier membre par rapport à y, est

$$y + 32x_0^2 + 6x_0^3 = 0.$$

ANNÉE 1917.

Première composition.

Étant donné le trièdre trirectangle $Oxyz$ auquel la droite (D) est rapportée par les équations $x - a = 0$, $z - y = 0$, on abaisse de chaque point M de cette droite, sur Oz, la perpendiculaire MI dont le pied est I; puis on considère le cercle (C), de centre I et de rayon IM, dont le plan passe par Oz.

I. — Trouver l'équation de la surface (Σ) engendrée par le cercle (C).

II. — Étudier comment varie la section de cette surface par un plan parallèle à Oxy, lorsque ce plan varie en conservant la même orientation.

III. — Déterminer, sur la surface $[\Sigma]$, les systèmes de cercles autres que celui qui a servi à sa définition, et faire voir comment on peut, pour chacun de ces systèmes, donner une construction géométrique des cercles qui le composent.

I. — *Trouver l'équation de la surface* $[\Sigma]$, *engendrée par le cercle* (C).

1. — III-1 $|\mathbf{K\,13\,a}|$. Les points I et M sont dans un même plan $z = \lambda$ parallèle à Oxy. Le cercle (C) est l'intersection du plan défini par Oz et le point M (a, λ, λ), soit

$$(1) \qquad \lambda x - a y = 0$$

avec une sphère passant par M et ayant pour centre le point

$1\,(0, 0, \lambda)$, soit

$$(2) \qquad x^2 + y^2 + z^2 - 2\lambda z - a^2 = 0.$$

Fig. 45.

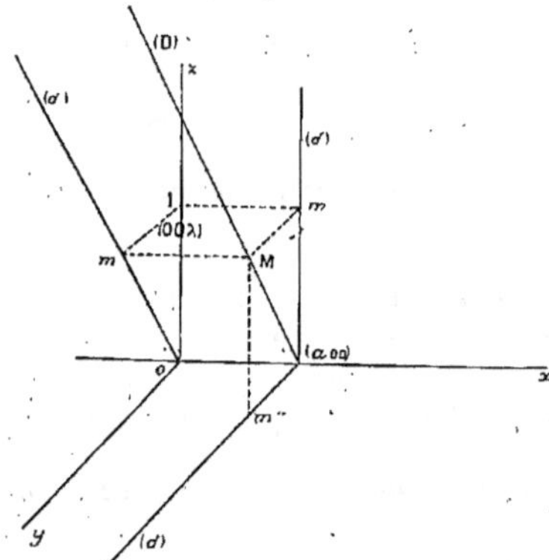

2. — III-vii [M² 3 a]. L'équation de la surface $[\Sigma]$, engendrée par le cercle (C), s'obtient par l'élimination de λ entre (1) et (2). On obtient ainsi

$$x(x^2 + y^2 + z^2 - a^2) - 2ayz = 0$$

ou

$$(3) \qquad x(x^2 + y^2 + z^2) - 2ayz - a^2 x = 0.$$

II. — *Comment varie la section de* $[\Sigma]$ *par un plan parallèle à* Oxy.

La section de $[\Sigma]$, par un plan $z = h$, a pour projection sur le plan Oxy la cubique circulaire (Γ) dont l'équation est

$$(4) \qquad x(x^2 + y^2) + (h^2 - a^2)x - 2ahy = 0.$$

Cette courbe admet toujours l'origine pour centre; elle y passe, et y présente une inflexion graphique. Si l'on change h en $-h$, on obtient une cubique symétrique de (Γ) par rapport à Ox. Il suffit donc de discuter la forme de (Γ) pour $h > 0$.

Pour construire cette courbe (Γ) il suffit d'étudier comment varient ses deux points d'intersection, symétriques par rapport à O, avec une droite pivotant autour de O. On peut faire cette étude en coordonnées cartésiennes. La droite étant $y = tx$, les deux points en question ont pour abscisses

$$x = \pm \sqrt{\frac{2\,aht + a^2 - h^2}{1 + t^2}}.$$

3. — II-II [**K 6 b**]. On peut aussi passer en coordonnées polaires. On trouve alors, pour équation polaire,

$$\rho = \pm \sqrt{2\,ah \tang \omega + a^2 - h^2}.$$

On voit donc que, dans les deux cas, la variable indépendante est toujours le coefficient angulaire de la sécante variable.

4. — II-VIII [**M¹ 5 a**], II-XV [**M¹ 5 a**]. En conservant les coordonnées cartésiennes, la portion de (Γ) située du côté des $x > 0$ a pour équations paramétriques

$$(5) \qquad x = \sqrt{\frac{2\,aht + a^2 h^2}{1 + t^2}}, \qquad y = tx.$$

Les points réels correspondent aux valeurs de $t > t_0 = \dfrac{h^2 - a^2}{2\,ah}$. Pour cette valeur t_0, la courbe part de O, la tangente ayant pour coefficient angulaire t_0. Pour $t = +\infty$, on a $x = 0$, $y = +\infty$; la courbe est asymptote à Oy.

L'allure générale de (Γ) montre que x passe par un maximum, et que, si $h < a$, donc $t_0 < 0$, y passe par un minimum négatif. Cherchons à déterminer ces points.

5. — I-XI [**C 1 a**], I-XIV [**C 1 f**]. Les dérivées de x^2 et y^2 sont

$$\frac{d(x^2)}{dt} = -\frac{2\,f(t)}{(1 + t^2)^2}, \qquad f(t) = aht^2 + (a^2 - h^2)t - ah,$$

$$\frac{d(y^2)}{dt} = \frac{2\,t\,g(t)}{(1 + t^2)^2}, \qquad g(t) = aht^3 + 3\,aht + a^2 - h^2.$$

6. — I-XI [**C 1 a**], I-XIV [**C 1 f**]. Les racines de $f(t)$, séparées par t_0 sont $-\dfrac{a}{h}$ et $\dfrac{a}{h}$; la racine $\dfrac{a}{h}$ convient seule; les valeurs correspondantes de x et y sont a et h.

7. — I-XV [**A 3 d**]. Quant à $g(t)$, comme $g(t_0) = h^2 - a^2$, il y

a deux cas à distinguer suivant le signe de $h — a$. Si $h < a$, donc $t_0 < 0$, la suite $(-\infty, t_0, 0, +\infty)$ donne les signes $(-, -, +, +)$. Donc $g(t)$ a une racine t_1 entre t_0 et 0, ne présente aucune variation, et par suite n'a pas d'autre racine $> t_0$. Si $h > a$, donc $t_0 > 0$, la suite $(-\infty, 0, t_0, +\infty)$ donne les signes $(-, -, +, +)$. Donc $g(t)$ admet une racine comprise entre 0 et t_0, présente une seule variation, et par suite n'a aucune racine $> t_0$. La courbe (Γ) présente donc deux types généraux suivant que $h \lessgtr a$, et une forme particulière $h = a$, dans laquelle le minimum de y correspond à l'origine.

Ces résultats sont représentés et résumés par les figures et tableaux suivants.

Pour $h < a$, $t_0 = \dfrac{h^2 - a^2}{2ah} < 0$:

Fig. 46.

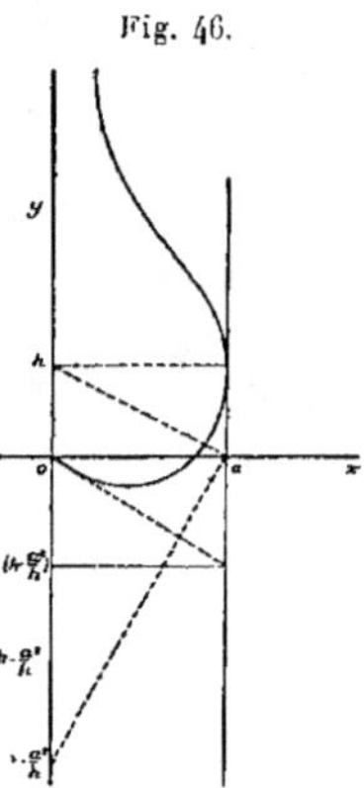

t.	x.	y.
0	0	0
	croît	décroît
t_1	x_1	y_1
	croît	croît
0	$\sqrt{a^2 - h^2}$	0
	croît	croît
$\dfrac{h}{a}$	a	h
	décroît	croît
$+\infty$	0	$+\infty$

Pour $h > a$, $t_0 = \dfrac{h^2 - a^2}{2ah} > 0$:

Fig. 47.

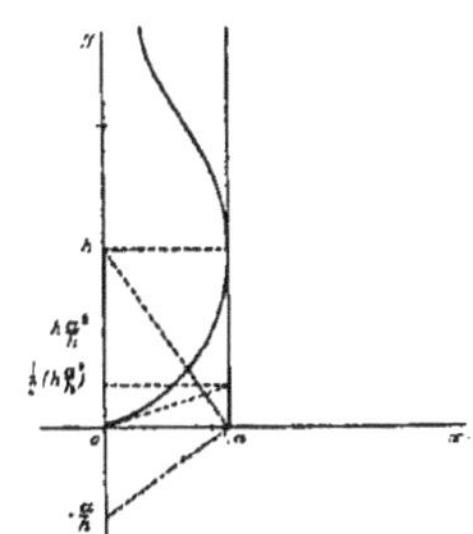

$t.$		$x.$	$y.$
t_0..........................		o	o
		croît	croît
$\dfrac{h}{a}$.....................		a	h
		décroît	croît
$+ \infty$		o	$+ \infty$

Pour $h = a$, $t_0 = 0$:

Fig. 48.

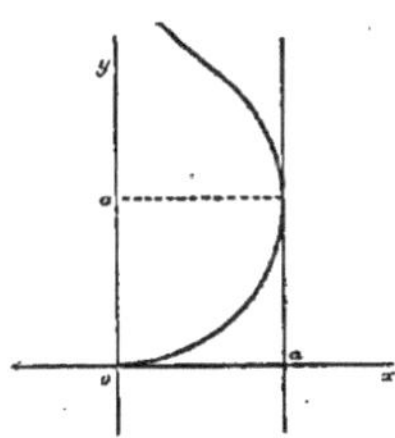

$t.$		$x.$	$y.$
o.....................		o	o
		croît	croît
$\dfrac{h}{a} = 1$.....................		a	$h = a$
		décroît	croît
$+ \infty$		o	$+ \infty$

Chacune des courbes est à compléter par symétrie par rapport à O.

On voit enfin que, pour $h = 0$, (Γ) se compose de l'axe Oy et du cercle $x^2 + y^2 - a^2 = 0$; et, en posant $h = \frac{1}{k}$, multipliant par k^2, et faisant $k = 0$, que, pour $h = +\infty$, (Γ) se réduit à Oy.

III. — 1° *Déterminer sur la surface $[\Sigma]$ les systèmes de cercles autres que celui qui a servi à sa définition.*

8. — III-VIII [**M² 1 d**]. Le cône asymptotique de $[\Sigma]$ ayant pour équation

$$x(x^2 + y^2 + z^2) = 0,$$

les points de l'infini de $[\Sigma]$ appartiennent, soit à la droite de l'infini du plan Oyz, soit au cercle imaginaire de l'infini. Un plan quelconque $[P]$ coupe donc $[\Sigma]$ suivant une cubique passant par les points cycliques de ce plan et par le point où il rencontre la droite de l'infini du plan Oxy. Cette cubique contient donc un cercle toujours et seulement si elle contient une droite unique à distance finie, autrement dit si $[P]$ contient une seule droite à distance finie de la surface $[\Sigma]$.

Or toute droite (D) de $[\Sigma]$ contenant un point réel à l'infini de $[\Sigma]$ est contenue dans un plan $[Q]$ parallèle à Oyz. Ce plan $[Q]$ contenant la droite (D) et la droite de l'infini du plan Oyz qui appartiennent à $[\Sigma]$ coupe $[\Sigma]$ suivant une troisième droite. Ainsi les droites de $[\Sigma]$ sont dans les plans tangents parallèles à Oyz. Inversement, tout plan tangent parallèle à Oyz coupe $[\Sigma]$ suivant la droite de l'infini de ce plan et une conique à point double, c'est-à-dire deux droites.

9. — III-VIII [**O 5 c**]. Les contacts de ces plans tangents sont solutions de (3) et de

$$(6) \qquad xy - az = 0, \qquad xz - ay = 0.$$

Or (6) donne, ou bien $y = z = 0$, donc $x = 0$, ou bien $x^2 - a^2 = 0$. Les trois plans tangents cherchés sont donc $x = 0$ et $x = \pm a$.

10. — II-XVI [**L¹ 1 a**]. On peut encore les déterminer en cherchant α tel que la conique section de $[\Sigma]$ par le plan $x - \alpha = 0$,

soit

$$(7) \qquad \alpha y^2 - 2ayz + \alpha z^2 + \alpha(x^2 - a^2) = 0,$$

se décompose en deux droites. La condition est évidemment

$$\alpha(x^2 - a^2) = 0.$$

Le plan $x = 0$ coupe $[\Sigma]$ suivant Oy et Oz. Les plans passant par Oz ont servi à définir $[\Sigma]$. Un premier système de cercles demandé est donc fourni par les plans passant par Oy.

Les plans $x = \varepsilon a$, $\varepsilon = \pm 1$, coupent $[\Sigma]$ suivant les droites doubles ayant pour projections $(y - \varepsilon z)^2 = 0$, c'est-à-dire la droite donnée (D) et sa symétrique (D') par rapport à O. Les deux autres systèmes de cercles demandés sont donc fournis par les deux systèmes de plans

$$(8) \qquad x - \varepsilon a + \lambda(y - \varepsilon z) = 0 \qquad (\varepsilon = \pm 1).$$

2° *Faire voir comment on peut, pour chacun de ces systèmes, donner une construction géométrique des cercles qui le composent.*

Puisque nous connaissons quatre droites de la surface, Oy, Oz, (D), (D'), un plan quelconque [P] passant par l'une d'elles coupe les trois autres en trois points que l'on peut construire. Ces trois points déterminent le cercle section de $[\Sigma]$ par [P].

Deuxième composition.

Dans un plan vertical, deux disques circulaires, de centres A et A', de même rayon a, reposent sur une horizontale xy. Ils supportent un troisième disque circulaire, de centre B, de rayon b. Les disques sont homogènes; leurs poids, en kilogrammes, sont p pour les deux premiers, q pour le troisième.

1. — *Un fil inextensible, de longueur l, relie les deux disques inférieurs par leurs centres A et A' auxquels il est attaché. L'équilibre étant établi, on demande de calculer les réactions des disques entre eux et avec xy, ainsi que la tension T du fil. On supposera ici les frottements négligeables.*

II. — *Dans la même hypothèse, on remplace le fil inextensible par un ressort : l_0 est sa longueur naturelle, et chaque unité de cette longueur reçoit un allongement k par kilogramme de tension. Étudier les conditions de l'équilibre.*

Le ressort, pour avoir une action efficace, ne devant être ni trop long ni trop mou, on supposera, dans la discussion, $l_0 < a + b$, et l'on admettra que, pour une tension égale à $\frac{q}{2}$, l'allongement a une valeur $l - l_0 < \sqrt{(a+b)^2 - l_0^2}$.

III. — *Le coefficient de frottement f, supposé le même aux quatre contacts, cessant d'être négligé, examiner les conditions de l'équilibre sous l'effet du seul frottement, le fil AA' et le ressort étant supprimés.*

L'angle $ABA' = 2\beta$ étant donné, quelle est la limite inférieure des valeurs que peut prendre f pour que l'équilibre existe?

———————

1. — *Un fil inextensible, de longueur l, relie les deux disques inférieurs par leurs centres A et A' auxquels il est attaché. L'équilibre étant établi, on demande de calculer les réactions des disques entre eux et avec xy, ainsi que la tension T du fil. On supposera ici les frottements négligeables.*

1. — II-1 [K 20 e]. Désignons l'angle ABA' par 2β, les angles en A et A' du triangle isocèle ABA' ont pour valeur commune $\frac{\pi}{2} - \beta$, et l'on a la relation

$$(1) \qquad l = 2(a + b)\sin\beta.$$

2. — III-11 [R 4 a 2]. Le point B est en équilibre sous l'action d'une force verticale descendante d'intensité q et de deux forces égales, d'intensité inconnue F_1, réactions mutuelles des disques entre eux, dirigées suivant AB et A'B. Il faut et suffit pour l'équilibre

$$(2) \qquad q = 2 F_1 \cos\beta.$$

Le point A est en équilibre sous l'action d'une force horizontale T, tension du fil, d'une force d'intensité F_1, réaction mutuelle des disques, et d'une force verticale ascendante $F_2 - p$, F_2 étant la réaction de xy. Les angles que font deux à deux les trois directions étant respectivement $\pi - \beta$, $\dfrac{\pi}{2}$ et $\pi - \left(\dfrac{\pi}{2} - \beta\right) = \dfrac{\pi}{2} + \beta$, les conditions d'équilibre de A sont

$$(3) \qquad \frac{T}{\sin\beta} = F_1 = \frac{F_2 - p}{\cos\beta}.$$

On tire de (2) et (3)

$$(4) \qquad F_1 = \frac{q}{2\cos\beta}, \qquad F_2 = p + \frac{q}{2}, \qquad T = \frac{q}{2}\tang\beta.$$

La formule (1) permet, si l'on veut, d'exprimer F_1 et T en fonction des longueurs données.

II. — *Dans la même hypothèse, on remplace le fil inextensible par un ressort : l_0 est sa longueur naturelle, et chaque unité de cette longueur reçoit un allongement k par kilogramme de tension. Étudier les conditions de l'équilibre.*

Le ressort, pour avoir une action efficace, ne devant être ni trop long ni trop mou, on supposera, dans la discussion, $l_0 < a + b$, et l'on admettra que, pour une tension égale à $\dfrac{q}{2}$, l'allongement a une valeur $l - l_0 < \sqrt{(a+b)^2 - l_0^2}$.

3. — III-II [**R 4 a δ**]. Supposons l'équilibre établi, la longueur du ressort étant l. L'allongement par unité de longueur étant $\dfrac{l - l_0}{l_0}$, la tension correspondante est $T = \dfrac{l - l_0}{k l_0}$. La troisième des équations (4) devient alors

$$(5) \qquad \frac{l - l_0}{k l_0} = \frac{q}{2}\tang\beta.$$

Les deux inconnues l et β, c'est-à-dire la position d'équilibre, sont déterminées par (1) et (5). Les réactions F_1 et F_2 sont déterminées par (4). Toute solution de (1) et (5) est acceptable, pourvu qu'elle vérifie $0 < \beta < \dfrac{\pi}{2}$.

Posons $\tang\beta = t$; en éliminant l entre (1) et (5), et posant

$$a + b = c, \qquad \frac{4c^2}{l_0^2} = m^2,$$

il vient

$$(6) \qquad \left(1 + \frac{kq}{2}\, t\right)^2 (1 + t^2) - m^2 t^2 = 0.$$

La seule condition est $t > 0$.

4. — I-xv [**A 3 f**]. Pour discuter cette équation, on peut l'écrire, en divisant par t^2,

$$(6') \qquad 0 = f(t) = \left(1 + \frac{kq}{2}\, t\right)^2 \left(\frac{1}{t^2} + 1\right) - m^2,$$

et appliquer le théorème de Rolle, en ajoutant la valeur de discontinuité 0 aux racines de $f'(t)$. Or on a

$$f'(t) = \frac{2}{t^3} \left(1 + \frac{kq}{2}\, t\right) \left(\frac{kq}{2}\, t^3 - 1\right).$$

Il suffit donc de former $f(0)$, $f(+\infty)$, et $f\left[\left(\frac{kq}{2}\right)^{-\frac{1}{3}}\right]$. Or on voit que

$$f(0) = f(+\infty) = +\infty, \quad f\left[\left(\frac{kq}{2}\right)^{-\frac{1}{3}}\right] = \left[1 + \left(\frac{kq}{2}\right)^{\frac{2}{3}}\right]^3 - m^2.$$

Cette dernière expression a même signe que

$$1 + \left(\frac{kq}{2}\right)^{\frac{2}{3}} - m^{\frac{2}{3}} = \left(\frac{kq}{2}\right)^{\frac{2}{3}} - \left(m^{\frac{2}{3}} - 1\right);$$

et l'équation $(6')$ a deux racines positives ou aucune suivant que $\frac{kq}{2} - \left(m^{\frac{2}{3}} - 1\right)^{\frac{3}{2}}$ est négatif ou positif.

Or, d'après les hypothèses de l'énoncé, on a $l_0 < c$, donc $m > 2$; puis l'allongement pour la tension $\frac{q}{2}$, c'est-à-dire $\frac{kl_0 q}{2}$, est $< \sqrt{c^2 - l_0^2}$, on a donc

$$\frac{kq}{2} < \sqrt{\frac{m^2}{4} - 1}.$$

Or on voit que la différence

$$\left(\frac{m^2}{4} - 1\right)^{\frac{1}{2}} - \left(m^{\frac{2}{3}} - 1\right)^{\frac{3}{2}}$$

a même signe que

$$\frac{m^2}{4} - 1 - \left(m^{\frac{2}{3}} - 1\right)^3 = - \frac{3\,m^{\frac{2}{3}}}{4}\left(m^{\frac{2}{3}} - 2\right)^2 < 0.$$

On a donc toujours, en admettant les hypothèses de l'énoncé,

$$\frac{kg}{2} < \left(\frac{m^2}{4} - 1\right)^{\frac{1}{2}} < \left(m^{\frac{2}{3}} - 1\right)^{\frac{3}{2}};$$

l'équation (6) a deux racines positives; il y a deux positions d'équilibre.

III. — 1° *Le coefficient de frottement f, supposé le même aux quatre contacts, cessant d'être négligé, examiner les conditions de l'équilibre sous l'effet du seul frottement, le fil AA' et le ressort étant supprimés.*

5. — III-11 [**R 9 a**]. Dans le cas de faux équilibre, les disques sont en équilibre sous l'action de leurs poids, des réactions normales F_1 et F_2 et de réactions tangentielles de frottement $f'F_1$ et $f''F_2$, $(f', f'' \leqq f)$. Les conditions d'équilibre donneront deux relations entre f', f'' et β, et les dernières inégalités détermineront les valeurs limites de β.

Les forces agissant sur le disque (B) sont le poids q, les deux réactions normales, de même intensité F_1, faisant un même angle β avec la verticale ascendante, les deux réactions tangentielles de frottement, de même intensité $f'F_1$, faisant avec la verticale ascendante un même angle $\frac{\pi}{2} - \beta$. La condition d'équilibre, obtenue en écrivant que la somme des composantes verticales des forces est nulle, est

$$(7) \qquad F_1(\cos\beta - f'\sin\beta) - \frac{q}{2} = 0.$$

Les forces agissant sur le disque (A) sont le poids p, la réaction normale F_1 faisant avec la verticale descendante l'angle β, la réaction normale F_2, verticale ascendante, les réactions tangentielles de frottement $f''F_2$, horizontale, et $f'F_1$ faisant avec l'horizontale l'angle β. Les conditions d'équilibre s'obtiennent en exprimant que les sommes respectives des composantes horizontales, des composantes verticales, et des moments par rapport au point A de toutes les forces, sont nulles. On obtient ainsi

$$(8) \qquad f'' F_2 + f' F_1 \cos\beta - F_1 \sin\beta = 0,$$
$$(9) \qquad p - F_2 + F_1 \cos\beta + f' F_1 \sin\beta = 0,$$
$$(10) \qquad f' F_1 - f'' F_2 = 0.$$

On a donc quatre équations entre les cinq inconnues β, F_1, F_2, f', f''.

En ajoutant (8) et (10) et divisant par F_1, il vient

$$(11) \qquad f'(1 + \cos\beta) - \sin\beta = 0;$$

en retranchant (7) de (9), il vient

$$(12) \qquad p + \frac{q}{2} - F_2 = 0;$$

et (10) devient alors, en tenant compte de (7) et (12),

$$(13) \qquad \frac{f'\dfrac{q}{2}}{\cos\beta + f'\sin\beta} - f''\left(p + \frac{q}{2}\right) = 0.$$

Les deux relations (11) et (13) déterminent f' et f''; elles donnent

$$(14) \qquad f' = \frac{\sin\beta}{1 + \cos\beta}, \qquad f'' = \frac{\dfrac{q}{2}\sin\beta}{\left(p + \dfrac{q}{2}\right)(1 + \cos\beta)}.$$

Comme on a toujours $f'' < f'$, la condition suffisante de faux équilibre est

$$(15) \qquad f \geqq f' = \frac{\sin\beta}{1 + \cos\beta} = \operatorname{tang}\frac{\beta}{2}.$$

La rupture d'équilibre a donc lieu au moment où l'angle β est le double de l'angle de frottement.

2° *L'angle* $ABA' = 2\beta$ *étant donné, quelle est la limite inférieure des valeurs que peut prendre* f *pour que l'équilibre existe ?*

L'angle β étant donné, l'inégalité (15) fournit la limite inférieure du coefficient de frottement f.

ANNÉE 1918.

On donne, dans un plan, un système d'axes rectangulaires Ox, Oy, un cercle fixe (ω), de centre O et de rayon r, enfin deux points fixes A et B, situés sur l'axe Ox, dont les abscisses sont désignées respectivement par αr et βr.

Un point mobile M décrivant le cercle (ω), on considère le cercle variable (γ) circonscrit au triangle MAB. Soit M' le second point de rencontre de (ω) et de (γ).

I. — Trouver le lieu du centre du cercle (γ'), orthogonal à (γ), qui passe en M et M'. Cas où ce lieu est un cercle.

II. — La loi du mouvement de M sur (ω) étant supposée donnée, on désigne par V et V' respectivement les valeurs algébriques des vitesses de M et M' sur le cercle (ω). Montrer que le rapport $\dfrac{V}{V'}$ ne dépend que de la position de M, et non de la loi du mouvement; trouver le lieu du point P de la droite MM' qui est défini par la condition que l'on ait, en grandeur et en signe, $\dfrac{PM}{PM'} = \dfrac{V}{V'}$.

III. — Soit θ l'angle polaire (Ox, OM) de M, et soit ρ le rayon du cercle (γ). Calculer la valeur moyenne du rapport $\dfrac{r}{\rho}$, considéré comme fonction de θ, pour un tour complet de M sur le cercle (ω). On supposera, pour ce calcul, que A et B sont tous deux intérieurs au cercle (ω); on montrera que la valeur moyenne demandée est alors une fonction continue du seul produit $\alpha\beta$. En est-il de même pour les autres positions de A et B?

I. — *Trouver le lieu du centre du cercle* (γ'), *orthogonal à* (γ), *qui passe en* M *et* M'. *Cas où ce lieu est un cercle.*

1. — II-v [**K 11 d**]. Lorsque M parcourt le cercle (ω), d'équation

$$(1) \qquad x^2 + y^2 - r^2 = 0,$$

le cercle (γ) parcourt le faisceau linéaire des cercles passant par les deux points A et B. En définissant ce faisceau par la droite AB et le cercle de diamètre AB, on peut mettre l'équation de (γ) sous la forme

$$(x - \alpha r)(x - \beta r) + y^2 - \lambda y = 0$$

où

$$(2) \qquad x^2 + y^2 - (\alpha + \beta) rx - \lambda y + \alpha \beta r^2 = 0.$$

Le centre d'un cercle (γ'), passant par M et M' et orthogonal à (γ), est le pôle, par rapport à (γ), de la droite MM', axe radical de (ω) et (γ), dont l'équation est

$$(3) \qquad (\alpha + \beta) rx + \lambda y - (1 + \alpha\beta) r^2 = 0.$$

Pour simplifier l'écriture, on peut poser

$$(4) \qquad (\alpha + \beta) r = a, \qquad \alpha \beta r^2 = c, \qquad -(1 + \alpha\beta) r^2 = d;$$

les équations de (γ) et MM' deviennent alors

$$(2') \qquad x^2 + y^2 - ax - \lambda y + c = 0,$$
$$(3') \qquad ax + \lambda y + d = 0.$$

2. — II-xiv [**K 10 b**]. Le pôle de MM' est déterminé par les polaires de deux de ses points. En prenant, par exemple, le point à l'infini et le point sur Oy, on obtient

$$(5) \qquad \lambda x - ay = 0$$

et

$$(6) \qquad d(2y - \lambda) + \lambda(ax + \lambda y - 2c) = 0.$$

3. — II-vi [**L'1 a**]. L'équation du lieu demandé s'obtient donc

en éliminant λ entre (5) et (6). On trouve, en multipliant par x^2,

$$(7) \qquad y[(a^2 + 2d)x^2 + a^2 y^2 - a(d + 2c)x] = 0.$$

L'axe Ox ne répond pas à la question telle qu'elle est posée. Il provient du choix des deux polaires qui déterminent le pôle, lesquelles se confondent pour $\lambda = 0$. Le véritable lieu est une conique tangente à Oy en O, et d'axes parallèles à Ox et Oy.

4. — II-xvi [L 1 a]. Le genre de cette conique dépend du signe de

$$a^2 + 2d = r^2(\alpha^2 + \beta^2 - 2).$$

C'est une ellipse ou une hyperbole suivant que le point (α, β) est extérieur ou intérieur au cercle $x^2 + y^2 - 2 = 0$. C'est un cercle pour $d = 0$, c'est-à-dire $1 + \alpha\beta = 0$; donc quand le point (α, β) décrit l'hyperbole équilatère $xy + 1 = 0$, bitangente au cercle $x^2 + y^2 - 2 = 0$.

II. — 1° *La loi du mouvement de M sur* (ω) *étant supposée donnée, on désigne par* V *et* V' *respectivement les valeurs algébriques des vitesses de M et M' sur le cercle* (ω). *Montrer que le rapport* $\dfrac{V}{V'}$ *ne dépend que de la position de M, et non de la loi du mouvement; trouver le lieu du point* P *de la droite* MM' *qui est défini par la condition que l'on ait, en grandeur et en signe,* $\dfrac{PM}{PM'} = \dfrac{V}{V'}$.

5. — III-xix [R 1 a]. Les points M et M', appartenant au cercle (1) et à la droite (3) ou (3'), ont pour angles polaires θ_1 et θ_2 vérifiant

$$(8) \qquad \alpha r \cos\theta_i + \lambda r \sin\theta_i + d = 0 \qquad (i = 1, 2).$$

Leurs vitesses angulaires $r\dfrac{d\theta_i}{dt}$ vérifient les équations dérivées de (8) par rapport à t, soit

$$(9) \qquad (\lambda \cos\theta_i - a \sin\theta_i)\dfrac{d\theta_i}{dt} + \dfrac{d\lambda}{dt}\sin\theta_i = 0 \qquad (i = 1, 2).$$

En divisant membre à membre, il vient

$$(10) \qquad \frac{V}{V'} = \frac{\sin\theta_1(\lambda\cos\theta_2 - a\sin\theta_2)}{\sin\theta_2(\lambda\cos\theta_1 - a\sin\theta_1)},$$

quantité indépendante de $\dfrac{d\lambda}{dt}$, et par conséquent de la loi du mouvement.

2° *Trouver le lieu du point P de la droite MM' tel que l'on ait, en grandeur et en signe,* $\dfrac{\overline{PM}}{\overline{PM'}} = \dfrac{V}{V'}$.

Remarquons que le point P ne change pas si l'on permute les points M et M'; les coordonnées de P sont donc des fonctions symétriques des coordonnées de M et M'. Or la détermination de ces deux points, par (1) et (3) ou (3'), par exemple, dépend d'une équation du second degré dont les coefficients sont rationnels en λ. Les coordonnées de P seront donc fonctions rationnelles de λ.

6. — II-11 [**K 6 a**]. La droite MM' passe par le point fixe C $\left(-\dfrac{d}{a},\ 0\right)$, et porte un vecteur W de composantes λ et $-a$. Les coordonnées des points M et M' peuvent s'écrire

$$-\frac{d}{a} + \lambda\rho_i \qquad \text{et} \qquad -a\rho_i \qquad (i = 1, 2),$$

$\rho = \dfrac{CM_1}{W}$ et $\rho_2 = \dfrac{CM_2}{W}$ étant racines de l'équation

$$\left(-\frac{d}{a} + \lambda\rho\right)^2 + a^2\rho^2 - r^2 = 0$$

ou

$$(11) \qquad (\lambda^2 + a^2)\rho^2 - \frac{2\,d\lambda}{a}\rho + \frac{d^2}{a^2} - r^2 = 0.$$

7. — I-VI [**A 2 b**]. D'après (10), comme $r\cos\theta_i$ et $r\sin\theta_i\ (i = 1, 2)$ sont les coordonnées de M et M', le rapport $\dfrac{V}{V'}$ peut s'exprimer en fonction de ρ_1 et ρ_2. On a, en effet,

$$\frac{V}{V'} = \frac{\rho_1\left[(\lambda^2 + a^2)\rho_2 - \dfrac{d\lambda}{a}\right]}{\rho_2\left[(\lambda^2 + a^2)\rho_1 - \dfrac{d\lambda}{a}\right]}.$$

Remplaçant $\rho_1 \rho_2$ par sa valeur tirée de (11), et posant

$$(12) \qquad A = \frac{ad}{d^2 - a^2 r^2},$$

il vient

$$(13) \qquad \frac{V}{V'} = \frac{1 - A\lambda\rho_1}{1 - A\lambda\rho_2}.$$

Soient alors

$$(14) \qquad x = -\frac{d}{a} + \lambda\rho, \qquad y = a\rho, \qquad \rho = \frac{CP}{W}$$

les coordonnées de P; on a

$$\frac{V}{V'} = \frac{PM}{PM'} = \frac{CM - CP}{CM' - CP} = \frac{\rho_1 - \rho}{\rho_2 - \rho},$$

d'où

$$\left(1 - \frac{V}{V'}\right)\rho + \frac{V}{V'}\rho_2 - \rho_1 = 0,$$

d'où, en remplaçant $\frac{V}{V'}$ par sa valeur (13), multipliant par $1 - A\lambda\rho_2$, et divisant par $\rho_1 - \rho_2$,

$$(15) \qquad \rho = \frac{1}{A\lambda}.$$

Les coordonnées de P sont donc, d'après (14),

$$x = -\frac{d}{a} + \frac{1}{A}, \qquad y = -\frac{a}{A\lambda};$$

et le lieu de P est une parallèle à Oy. D'après (12), son équation est

$$(16) \qquad x + \frac{ar^2}{d} = 0.$$

C'est la polaire du point $C\left(-\frac{d}{a},\, 0\right)$ par rapport au cercle (ω).

III. — *Soient θ l'angle polaire de M et ρ le rayon du cercle (γ).*

1° *Calculer la valeur moyenne du rapport $\frac{r}{\rho}$, considéré comme fonction de θ, pour un tour complet de M sur le cercle.*

8. — II-v [**K 11 d**]. En exprimant que ρ est la distance du centre $\left[\dfrac{(\alpha+\beta)r}{2}, \eta r\right]$ du cercle (γ) aux points $M(r\cos\theta, r\sin\theta)$ et $A(\alpha r, o)$, on a, pour déterminer ρ et η, les deux équations

$$\frac{\rho^2}{r^2} = \left(\frac{\alpha+\beta}{2} - \cos\theta\right)^2 + (\eta - \sin\theta)^2 = \frac{(\alpha-\beta)^2}{4} + \eta^2,$$

d'où l'on tire, en éliminant η, et remplaçant $\sin^2\theta$ par $1 - \cos^2\theta$,

$$(17) \quad \frac{r}{\rho} = \frac{2\,|\sin\theta|}{[(1+\alpha^2)(1+\beta^2) - 2(\alpha+\beta)(1+\alpha\beta)\cos\theta + 4\alpha\beta\cos^2\theta]^{\frac{1}{2}}}.$$

La valeur moyenne demandée est $\dfrac{1}{2\pi}\displaystyle\int_0^{2\pi} \dfrac{r}{\rho}\,d\theta$. Or comme $\dfrac{r}{\rho}$ prend des valeurs égales pour deux valeurs de θ ayant pour somme 2π, on a

$$\frac{1}{2\pi}\int_0^{2\pi}\frac{r}{\rho}\,d\theta = \frac{1}{2\pi}\left(\int_0^{\pi}\frac{r}{\rho}\,d\theta + \int_\pi^{2\pi}\frac{r}{\rho}\,d\theta\right) = \frac{1}{\pi}\int_0^{\pi}\frac{r}{\rho}\,d\theta.$$

En faisant le changement de variable $\cos\theta = u$, on a, pour $o < \theta < \pi$,

$$\frac{r}{\rho}\,d\theta = - \frac{2\,du}{(C - 2Bu + Au^2)^{\frac{1}{2}}},$$

en posant

$$(18) \quad A = 4\alpha\beta, \qquad B = (\alpha+\beta)(1+\alpha\beta), \qquad C = (1+\alpha^2)(1+\beta^2)$$

ou bien, en désignant $\alpha + \beta$ par γ, et $\alpha\beta$ par δ,

$$(19) \qquad A = 4\delta, \qquad B = \gamma(1+\delta), \qquad C = \gamma^2 + (\delta-1)^2.$$

9. — I-xix [**C 2 c**]. On sait que l'intégrale se présente sous des formes différentes suivant la réalité des racines du trinome sous le $\sqrt{\quad}$ et suivant le signe de son premier terme. Or, d'après (19), on a

$$B^2 - AC = \gamma^2(\delta+1)^2 - 4\delta[\gamma^2 + (\delta-1)^2] = (\delta-1)^2(\gamma^2 - 4\delta),$$
$$\gamma^2 - 4\delta = (\alpha-\beta)^2.$$

Les racines du trinome sont donc toujours réelles, et il suffit de distinguer deux cas, suivant le signe de $\alpha\beta$, c'est suivant la position des points A et B par rapport au point O.

Soit d'abord $A = 4\alpha\beta = 4\delta > 0$. En posant

$$(20) \qquad u - \frac{B}{A} = v, \qquad \frac{B^2 - AC}{A^2} = h^2;$$

donc

$$C - 2Bu + Au^2 = A(v^2 - h^2),$$

il vient

$$\frac{r}{\rho}\,d\theta = - \frac{2\,dv}{\sqrt{A}\,\sqrt{v^2 - h^2}};$$

d'où

$$\int \frac{r}{\rho}\,d\theta = - \frac{2}{\sqrt{A}}\,\mathrm{Log}\,\big|\,v + \sqrt{v^2 - h^2}\,\big|$$

ou, en revenant à la variable θ,

$$\int \frac{r}{\rho}\,d\theta = - \frac{1}{\sqrt{\delta}}\,\mathrm{Log}\,\bigg|\,\cos\theta - \frac{\gamma(\delta + 1)}{4\delta}$$
$$+ \frac{1}{\sqrt{4\delta}}\,\sqrt{\gamma^2 + (\delta - 1)^2 - 2\gamma(\delta + 1)\cos\theta + 4\delta\cos^2\theta}\,\bigg|;$$

donc, la valeur moyenne demandée est

$$(21) \qquad \frac{1}{\pi}\int_0^\pi \frac{r}{\rho}\,d\theta = \frac{1}{\pi\sqrt{\delta}}\,\mathrm{Log}\,\left|\frac{1 - \dfrac{\gamma(\delta + 1)}{4\delta} + \dfrac{1}{\sqrt{4\delta}}\,|\delta - \gamma + 1|}{-1 - \dfrac{\gamma(\delta - 1)}{4\delta} + \dfrac{1}{\sqrt{4\delta}}\,|\delta + \gamma + 1|}\right|.$$

Soit maintenant $A = 4\alpha\beta = 4\delta < 0$. Il vient, d'après (20),

$$\frac{r}{\rho}\,d\theta = - \frac{2\,dv}{\sqrt{-A}\,\sqrt{h^2 - v^2}};$$

d'où

$$\int \frac{r}{\rho}\,d\theta = \frac{2}{|h|\,\sqrt{-A}}\,\mathrm{arc}\cos\frac{v}{h},$$

arc cos désignant la détermination comprise entre 0 et π; ou, en revenant à la variable θ et posant $\delta = -\delta'$,

$$\int \frac{r}{\rho}\,d\theta = \frac{1}{(1 + \delta')\,\sqrt{\delta'(\gamma^2 + 4\delta')}}\,\mathrm{arc}\cos\frac{\gamma(1 - \delta') + 4\delta'\cos\theta}{4\delta'(1 + \delta')\,\sqrt{\gamma^2 + 4\delta'}};$$

donc la valeur moyenne demandée est

$$(22) \quad \frac{1}{\pi} \int_0^\pi \frac{r}{\rho}\, d\theta = \frac{1}{\pi(1+\delta')\sqrt{\delta'(\gamma^2 + 4\delta')}} \Bigg[\ \text{arc cos}\, \frac{\gamma(1-\delta') - 4\delta'}{4\delta'(1+\delta')\sqrt{\gamma^2 + 4\delta'}} \\ - \text{arc cos}\, \frac{\gamma(1-\delta') + 4\delta'}{4\delta'(1+\delta')\sqrt{\gamma^2 + 4\delta'}}\Bigg].$$

2° *Montrer que si* A *et* B *sont tous deux intérieurs au cercle* (ω), *la valeur moyenne demandée est une fonction continue du seul produit* αβ.

Comme α et β sont racines du trinome $x^2 - \gamma x + \delta$, ils sont compris entre -1 et $+1$ toujours et seulement si l'on a

$$(23) \quad 1+\gamma+\delta > 0, \quad 1-\gamma+\delta > 0, \quad \gamma < 2, \quad \gamma^2 - 4\delta > 0.$$

10. — I-1 [**A 1 a**]. Soit d'abord $\delta = \alpha\beta > 0$, la formule (21) s'écrit, d'après les conditions (23),

$$\frac{1}{\pi} \int_0^\pi \frac{r}{\rho}\, d\theta = \frac{1}{\pi\sqrt{\delta}} \text{Log} \left| \frac{1 - \dfrac{\gamma(\delta+1)}{4\delta} + \dfrac{\delta-\gamma+1}{\sqrt{4\delta}}}{-1 - \dfrac{\gamma(\delta+1)}{4\delta} + \dfrac{\delta+\gamma+1}{\sqrt{4\delta}}} \right|.$$

La fraction entre | | peut s'écrire, en multipliant les deux termes par 4δ, et divisant par $\sqrt{4\delta} - \gamma$,

$$\frac{\sqrt{4\delta} + \delta + 1}{-\sqrt{4\delta} + \delta + 1} = \frac{(1+\sqrt{\delta})^2}{(1-\sqrt{\delta})^2},$$

et l'on a bien, pour la valeur moyenne, l'expression indépendante de γ,

$$(24) \qquad \frac{1}{\pi} \int_0^\pi \frac{r}{\rho}\, d\theta = \frac{2}{\pi\sqrt{\delta}} \text{Log} \frac{1+\sqrt{\delta}}{1-\sqrt{\delta}}.$$

Ce résultat subsiste tant que l'on a

$$\delta > 0 \qquad \text{et} \qquad (\delta+\gamma+1)(\delta-\gamma+1) = (\delta+1)^2 - \gamma^2 > 0.$$

La quantité entre | | de la formule (21) peut en effet toujours s'écrire :

$$\frac{4\delta - \gamma(\delta-1) + \varepsilon\sqrt{4\delta(\delta-\gamma+1)}}{-4\delta - \gamma(\delta+1) + \varepsilon'\sqrt{4\delta(\delta+\gamma+1)}},$$

ε et ε' désignant ± 1 et choisis de manière que les derniers termes du numérateur et du dénominateur soient > 0. Ce rapport de deux fonctions linéaires de γ est indépendant de γ toujours et seulement si leurs coefficients sont proportionnels, c'est-à-dire si l'on a, quel que soit δ,

$$\frac{\varepsilon(\delta+1)+\sqrt{4\delta}}{\varepsilon'(\delta+1)-\sqrt{4\delta}} = \frac{\delta+1+\varepsilon\sqrt{4\delta}}{\delta+1-\varepsilon'\sqrt{4\delta}} = \frac{\varepsilon(\delta+1+\sqrt{4\delta})}{\varepsilon'(\delta+1-\sqrt{4\delta})}$$

ou $\varepsilon = \varepsilon'$.

Il est clair que le second membre de (22) n'est jamais indépendant de γ.

ANNÉE 1919.

CONCOURS NORMAL.

PREMIÈRE COMPOSITION.

Première question.

I. — *Étudier l'intersection (C) de la sphère $x^2 + y^2 + z^2 = 1$ et du cylindre $x^2 + y^2 = x$. On exprimera les coordonnées d'un point M de (C) en fonction de l'angle φ que fait avec Ox la projection du rayon OM sur Oxy. On construira la projection de la courbe (C) sur Oyz; on déterminera les rayons de courbure aux points où elle coupe Oz.*

II. — *Étudier le mouvement d'un mobile décrivant la courbe (C) de manière que le vecteur-accélération coupe constamment Oz; que, de plus, pour $t = 0$, on ait $\varphi = 0$, $\dfrac{d\varphi}{dt} > 0$, et que la courbe (C) soit entièrement décrite dans le temps 2π.*

On exprimera en fonction de φ le temps t, les composantes de la vitesse et de l'accélération, et la grandeur de ces deux vecteurs. Dans le mouvement en projection sur Oxy, on exprimera l'accélération en fonction de la distance à l'origine.

I. — *Étudier l'intersection (C) de la sphère*

$$(1) \qquad x^2 + y^2 + z^2 - 1 = 0$$

et du cylindre

$$(2) \qquad x^2 + y^2 - x = 0.$$

1° On exprimera les coordonnées d'un point M de (C) en fonction de l'angle que fait avec O x la projection du rayon OM sur O xy.

1. — III-1 | **K 6 a**]. Le cylindre contient Oz. Un plan quelconque passant par Oz et d'équation

$$(3) \qquad x \tan g\varphi \quad y = 0, \qquad -\frac{\pi}{2} < \varphi < \frac{\pi}{2}$$

coupe le cylindre suivant Oz et une autre génératrice dont la projection sur Oxz, obtenue par élimination de y entre (2) et (3), est

$$(4) \qquad x - \cos^2\varphi = 0.$$

Cette génératrice coupe la sphère en deux points symétriques par rapport à Oxy, dont les coordonnées, solutions de (1), (3) et (4), sont

$$x = \cos^2\varphi, \quad y = \cos\varphi \sin\varphi, \quad z = \pm \sin\varphi, \quad -\frac{\pi}{2} < \varphi < \frac{\pi}{2}.$$

Mais on peut remarquer que, si l'on remplace φ par $\pi + \varphi$, les deux déterminations de z s'échangent. On peut donc représenter la courbe tout entière par les équations paramétriques :

$$(5) \quad x = \cos^2\varphi, \quad y = \cos\varphi \sin\varphi, \quad z = \sin\varphi, \quad -\pi < \varphi < \pi,$$

ou, en prenant pour variable $\tan g\dfrac{\varphi}{2} = t$,

$$(6) \qquad x = \frac{(1 - t^2)^2}{(1 + t^2)^2}, \qquad y = \frac{2t(1 - t^2)}{(1 + t^2)^2}, \qquad z = \frac{2t}{1 + t^2};$$

sous cette forme, on voit que la courbe (C) est unicursale.

2° On construira la projection de la courbe (C) sur Oyz.

2. — II-VI | **M¹ 6 a**]. Les deux dernières équations (5) ou (6) sont des équations paramétriques de cette projection. En éliminant φ, on trouve, pour équation de cette projection,

$$(7) \qquad z^4 + y^2 - z^2 = 0 \qquad \text{ou} \qquad y^2 = z^2(1 - z^2).$$

3. — II-VII, II-VIII | **M¹ 6 a**]. On voit que cette courbe admet Oy

et Oz pour axes de symétrie et reste comprise entre les deux droites $z = \pm 1$. Quand z croît de 0 à 1, y part de 0 et $\frac{z}{y}$ de 1, et arrive à 0 ainsi que $\frac{z}{y}$. Pour $z = \frac{1}{\sqrt{2}}$, y atteint sa valeur maximum $\frac{1}{2}$. On a donc la forme suivante pour le quart de la courbe.

Fig. 49.

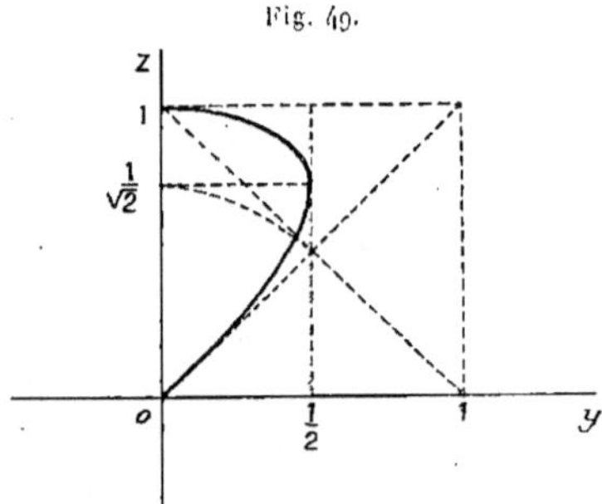

3° *On déterminera les rayons de courbure aux points où la courbe coupe Oz.*

4. — II-\ | O 2 e |. D'après (5) on a

$$y' = \cos^2\varphi - \sin^2\varphi, \qquad z' = \cos\varphi,$$
$$y'' = -2\cos\varphi\sin\varphi, \qquad z'' = -\sin\varphi;$$

et la longueur du rayon de courbure est $\rho = \dfrac{(y'^2 + z'^2)^{\frac{3}{2}}}{|y'z'' - z'y''|}$. Les points situés sur Oz correspondent aux valeurs 0 et $\frac{\pi}{2}$ de φ.

Pour $\varphi = 0$, on a

$$y'_0 = 1, \qquad z'_0 = 1,$$
$$y''_0 = 0, \qquad z''_0 = 1, \qquad \rho_0 = \infty;$$

les tangentes au point double sont en effet inflexionnelles.

Pour $\varphi = \frac{\pi}{2}$, on a

$$y'_1 = 1, \qquad z'_1 = 0,$$
$$y''_1 = 0, \qquad z''_1 = -1, \qquad \rho_1 = 1;$$

le centre de courbure correspondant est le point O.

II. — 1° *Étudier le mouvement d'un mobile décrivant la courbe* (C) *de manière que le vecteur-accélération rencontre constamment* Oz; *que, de plus, pour* $t = 0$, *on ait* $\varphi = 0$, $\dfrac{d\varphi}{dt} > 0$, *et que la courbe* (C) *soit entièrement décrite dans le temps* 2π. *On exprimera le temps* t *en fonction de* φ.

5. — III-xx |**R 7 b**|. Puisque le vecteur-accélération rencontre constamment Oz, le mouvement de la projection du mobile sur le plan Oxy, qui se fait sur le cercle (2), est produit par une force centrale, et, par suite, vérifie l'intégrale des aires, $r^2\, \dfrac{d\varphi}{dt} = \dfrac{C}{2}$.

6. — I-xviii [**C 2 h**]. Comme, d'après (2) et (5), on a

$$r^2 = x^2 + y^2 = x = \cos^2\varphi,$$

la loi différentielle du mouvement est

$$C\, dt = 2\cos^2\varphi\, d\varphi = (1 + \cos 2\varphi)\, d\varphi,$$

d'où

$$C t + C' = \varphi - \frac{1}{2}\sin 2\varphi.$$

La première des conditions initiales donne $C' = 0$. En remarquant que la courbe entière est décrite lorsque φ croît, par exemple, de $-\pi$ à $+\pi$, les deux autres conditions donnent $C = 1$. La loi du mouvement est donc

$$(8) \qquad t = \varphi + \frac{1}{2}\sin 2\varphi = \varphi + \cos\varphi \sin\varphi.$$

2° *On exprimera, en fonction de l'angle* φ, *les composantes et la grandeur du vecteur-vitesse.*

7. — III-xix |**R 7 b**|. En dérivant (5) et (8) par rapport à t, éliminant $\dfrac{d\varphi}{dt}$, et remplaçant $\cos^2\varphi$ par $\dfrac{1}{1 + \tan^2\varphi}$, on obtient

$$(9) \quad
\begin{cases}
\dfrac{dx}{dt} = -\tan\varphi, \qquad \dfrac{dy}{dt} = \dfrac{1 - \tan^2\varphi}{2}, \qquad \dfrac{dz}{dt} = \dfrac{1}{2\cos\varphi}, \\[2mm]
V^2 = \dfrac{(1 + \tan^2\varphi)(2 + \tan^2\varphi)}{4}.
\end{cases}$$

3° *On exprimera, en fonction de l'angle φ, les composantes et la grandeur du vecteur-accélération.*

En dérivant (8) et (9) par rapport à t, éliminant $\dfrac{d\varphi}{dt}$, et remplaçant $\cos^2\varphi$ par $\dfrac{1}{1+\tan^2\varphi}$, on obtient

$$(10)\quad\begin{cases}\dfrac{d^2x}{dt^2}=-\dfrac{1}{2}(1+\tan^2\varphi)^2,\qquad \dfrac{d^2y}{dt^2}=-\dfrac{\tan\varphi}{2}(1+\tan^2\varphi)^2,\\[2mm]\dfrac{d^2z}{dt^2}=\dfrac{1}{2}\sin\varphi\,(1+\tan^2\varphi,\\[2mm]A^2=\dfrac{(1+\tan^2\varphi)^3\,[(1+\tan^2\varphi)^2+\tan^2\varphi]}{4}.\end{cases}$$

4° *Dans le mouvement en projection sur Oxy, on exprimera l'accélération A_0 en fonction de la distance r à l'origine.*

Des deux premières formules (10), en élevant au carré et ajoutant, puis remplaçant $1+\tan^2\varphi$ par $\dfrac{1}{\cos^2\varphi}=\dfrac{1}{r^2}$, on obtient $A_0=\dfrac{1}{2\,r^3}$, l'accélération étant d'ailleurs toujours dirigée vers o.

Deuxième question.

1° *On considère un déterminant d'ordre n dans lequel la troisième ligne a son premier élément nul; la quatrième ligne, ses deux premiers éléments nuls; et d'une manière générale, la ligne de rang $p\,(>2)$, ses $p-2$ premiers éléments nuls. Déterminer le nombre des termes différents de zéro dans le développement du déterminant.*

2° *Même question, en supposant de plus que chacune des deux premières lignes ait ses deux derniers éléments nuls.*

8. — I-IV [**B 1 C**]. 1° Désignons par « un D_n » un déterminant de ce type, ayant n lignes et n colonnes, tel que

$$\begin{vmatrix} a_{11} & \cdot & \cdot & \cdots \\ a_{21} & \cdot & \cdot & \cdots \\ 0 & \cdot & \cdot & \cdots \\ 0 & 0 & \cdot & \cdots \\ 0 & 0 & 0 & \cdots \end{vmatrix},$$

par A_{ik} le mineur relatif à l'élément a_{ik}, et par X_n le nombre des termes $\neq 0$ d'un D_n. Un D_n peut s'écrire $a_{11}A_{11} + a_{21}A_{21}$, A_{11} et A_{21} étant des D_{n-1}. On a donc

$$(1) \qquad X_n = 2X_{n-1} \qquad (n \geq 4).$$

En considérant directement le D_3,

$$\begin{vmatrix} a & b & c \\ d & e & f \\ o & g & h \end{vmatrix},$$

on voit que $X_3 = 4$; et de (1) on conclut alors que

$$(2) \qquad X_n = 2^{n-1} \qquad (n \geq 3).$$

2° Soit Y_n le nombre des termes $\neq 0$. Le déterminant considéré peut toujours s'écrire $a_{11}A_{11} + a_{21}A_{21}$, A_{11} et A_{21} étant ce que nous appellerons des D'_{n-1}, c'est-à-dire des D_{n-1} dans lesquels les deux derniers éléments de la première ligne sont nuls. Si donc en général X'_n désigne le nombre des termes $\neq 0$ d'un D'_n, on a

$$(3) \qquad Y_n = 2X'_{n-1}.$$

Considérons donc un D'_n tel que

$$\begin{vmatrix} a_{11} & \cdot & \cdot & \cdot & o & o \\ a_{21} & \cdot & \cdot & \cdot & \cdot & \cdot \\ o & \cdot & \cdot & \cdot & \cdot & \cdot \\ o & o & \cdot & \cdot & \cdot & \cdot \\ o & o & o & \cdot & \cdot & \cdot \\ o & o & o & o & \cdot & \cdot \end{vmatrix};$$

on peut l'écrire $a_{11}A_{11} + a_{21}A_{21}$, A_{11} étant un D_{n-1} et A_{21} un D'_{n-1}; on a donc

$$(4) \qquad X'_n = X_{n-1} + X'_{n-1} \qquad (n \geq 4).$$

En considérant directement le D'_3

$$\begin{vmatrix} a & o & o \\ d & e & f \\ o & g & h \end{vmatrix},$$

on voit que $X'_3 = 2$. On a donc, d'après (2) et (4),

$$X'_4 = 2^2 + 2,$$
$$X'_5 = 2^3 + 2^2 + 2,$$
$$\dots\dots\dots\dots,$$
$$X'_{n-1} = 2^{n-3} + 2^{n-4} + \dots + 2 = 2(2^{n-3} - 1),$$

et, d'après (3),

$$(5) \qquad\qquad Y_n = 2^{n-1} - 4.$$

DEUXIÈME COMPOSITION.

Première question.

On considère l'arc ω, fonction de la variable x, compris entre 0 et $\dfrac{\pi}{2}$, et qui a pour sinus

$$\sin \omega = \sqrt{\frac{4x}{15x + 60}}.$$

I. — Étudier la variation de la fonction

$$y = \frac{\omega}{x + 4},$$

et la représenter par une courbe.

II. — Déterminer la constante a de façon que $x^2 y - ax$ ait une limite finie quand x croît indéfiniment, et déterminer cette limite.

I. — *Étudier la variation de la fonction*

$$y = \frac{\omega}{x + 4}, \qquad \omega = \text{arc sin}\sqrt{\frac{4x}{15x + 60}}, \qquad 0 < \omega < \frac{\pi}{2}.$$

1. — I-\ [D 6 b]. On peut prendre, pour variable indépendante, soit ω, soit $u = \sin\omega$. Les variables x et y sont données par

$$(1) \quad \begin{cases} x = \dfrac{60 \sin^2 \omega}{4 - 15 \sin^2 \omega} = \dfrac{60 u^2}{4 - 15 u^2}, \\[2mm] y = \dfrac{\omega}{16}(4 - 15 \sin^2 \omega) = \dfrac{1}{16}(4 - 15 u^2)\, \text{arc sin } u. \end{cases}$$

Au point de vue géométrique, les formules (1) fournissent des équations paramétriques de la courbe demandée.

2. — II-VIII [**M⁴m**]. Pour $u = 0$, $\omega = 0$, on a $x = y = 0$. La courbe part de l'origine, dans le premier quadrant. Le coefficient angulaire de la tangente est la limite, quand u tend vers zéro, de $\dfrac{y}{x} = \dfrac{y}{u} \times \dfrac{u}{x}$. Or $\dfrac{y}{u}$ tend vers $\dfrac{1}{4}$; et $\dfrac{u}{x} = \dfrac{2}{\sqrt{15\,x(x+4)}}$ augmente indéfiniment. Donc la courbe part tangente à Oy.

Pour $u = 1$, $\omega = \dfrac{\pi}{2}$, on a

$$x = -\frac{60}{11}, \qquad y = -\frac{11\pi}{32}.$$

Le coefficient angulaire de la tangente est la limite, quand ω tend vers $\dfrac{\pi}{2}$, de $\dfrac{y + \dfrac{11\pi}{32}}{x + \dfrac{60}{11}}$.

3. — I-XII [**C 1 e α**]. Or, en fonction de $\alpha = \dfrac{\pi}{2} - \omega$, on a :

$$y + \frac{11\pi}{32} = \frac{15}{16}\left(\frac{\pi}{2}\sin^2\alpha + \alpha\cos^2\alpha\right),$$

expression de l'ordre infinitésimal de α;

$$x + \frac{60}{11} = \frac{4 \times 60}{11}\,\frac{\sin^2\alpha}{4 - 15\cos^2\alpha},$$

expression de l'ordre infinitésimal de α^2.

Donc, quand α tend vers zéro, le quotient $\dfrac{y + \dfrac{11\pi}{2}}{x + \dfrac{60}{11}}$ augmente indéfiniment; la tangente est parallèle à Oy.

On voit que x devient infini pour $u = \dfrac{2}{\sqrt{15}}$; alors $y = 0$; et x et y ont le signe de $\dfrac{2}{\sqrt{15}} - u$. La courbe est donc asymptote à Ox.

Les dérivées de y et x sont

$$\frac{dx}{d\omega} = \frac{240\sin 2\omega}{(4 - 15\sin^2\omega)^2},$$

$$\frac{dy}{d\omega} = \frac{1}{16}\left(-15\omega\sin 2\omega + 4 - 15\sin^2\omega\right).$$

4. — I-xiv [C 1 f]. On voit que, pour $0 < \omega < \frac{\pi}{2}$, $\frac{dx}{d\omega}$ est toujours > 0, et que, pour $\sin\omega > \frac{2}{\sqrt{15}}$, $\frac{dy}{d\omega}$ est toujours négatif; comme, pour $\omega = 0$, $\frac{dy}{du} = \frac{1}{4}$, $\frac{dy}{d\omega}$ s'annule au moins une fois pour $0 < \sin\omega < \frac{2}{\sqrt{15}}$. Pour voir s'il y a d'autres racines, posons

$$\frac{dy}{d\omega} = \frac{\sin\omega}{16} F(\omega), \qquad F(\omega) = g(\omega) - 15\omega,$$

$$g(\omega) = \frac{4 - 15\sin^2\omega}{\sin 2\omega}.$$

On a alors

$$F'(\omega) = g'(\omega) - 15, \qquad g'(\omega) = \frac{-15\sin^2 2\omega - 2\cos 2\omega\,(4 - 15\sin^2\omega)}{\sin^2 2\omega}.$$

Dans l'intervalle considéré,

$$0 \leqq \sin\omega \leqq \frac{2}{\sqrt{15}} < \frac{1}{\sqrt{2}}, \qquad \text{donc} \qquad 0 \leqq \omega < \frac{\pi}{4}.$$

on a toujours $g'(\omega) < 0$, donc $F'(\omega) < 0$; par suite $F(\omega)$ et $\frac{dy}{d\omega}$ ne s'annulent qu'une seule fois.

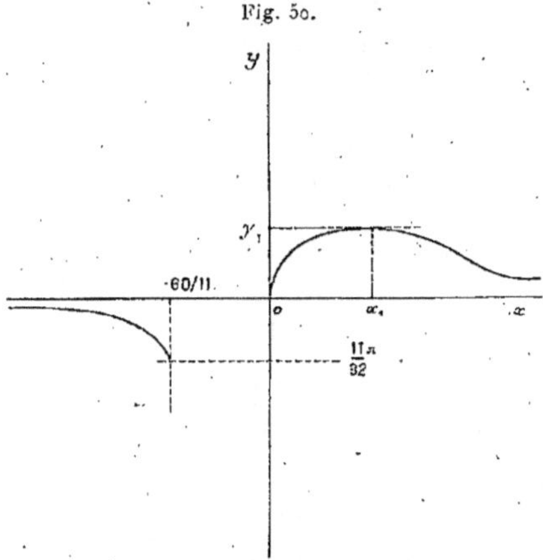

Ces résultats sont représentés et résumés par la figure 5o et le tableau suivant :

u.	ω.	x.	y.	tangente.
0	0	0	0	Oy
		croît	croît	
u_1	ω_1	x_1	y_1	$\parallel$ à Oy
		croît	décroît	
$\dfrac{\sqrt{2}}{15}$	ω_2	$\dfrac{+\infty}{-\infty}$	0	Ox
		croît	décroît	
1	$\dfrac{\pi}{2}$	$-\dfrac{60}{11}$	$-\dfrac{11\pi}{32}$	$\parallel$ à Oy

7. — I-x [**D 6 b**]. On en déduit les résultats algébriques
suivants, pour y considéré comme fonction de x. Quand x croît
de $-\infty$ à $-\dfrac{60}{11}$, y décroît de o à $-\dfrac{11\pi}{32}$, et cesse d'être réel
jusqu'à $x = 0$. Quand x croît de o à $+\infty$, y croît d'abord, passe
par un maximum, et décroît ensuite jusqu'à o.

Les limites de variation de x sont définies directement par les
deux inégalités

$$\frac{4x}{15(x+4)} > 0, \qquad \text{ou } x \text{ extérieur à } (-4, 0);$$

$$\frac{4x}{15(x+4)} < 1, \qquad \text{ou } (x+4)(11x+60) > 0,$$
$$\text{ou } x \text{ extérieur à } \left(-\frac{60}{11}, -4\right).$$

Ces deux inégalités sont simultanément vérifiées toujours et
seulement pour x extérieur à $\left(-\dfrac{60}{11}, 0\right)$.

II. — 1° *Déterminer la constante a de manière que l'expres-*
sion $x^2 y - ax$ ait une limite finie quand x croît indéfiniment.
Si l'on remplace x et y par leurs expressions (1) en fonction
de ω, il vient

$$x^2 y - ax = 15 \sin^2\omega \; \frac{15\,\omega \sin^2\omega - 4a}{4 - 15 \sin^2\omega}.$$

3. — I-xiii [**D 1 a**]. Pour que cette expression ait une limite
finie quand x croît indéfiniment, c'est-à-dire quand $\sin\omega$ tend
vers $\dfrac{2}{\sqrt{15}}$, il faut que le numérateur s'annule pour cette valeur, ce

qui donne

$$a = \operatorname{arc\,sin} \frac{2}{\sqrt{15}} \cdot$$

2° *Déterminer cette limite.*

Elle est égale à

$$4 \lim \frac{15\,\omega \sin^2 \omega - 4 \operatorname{arc\,sin} \frac{\sqrt{2}}{15}}{4 - 15 \sin^2 \omega},$$

ou, d'après la règle de l'Hospital, et en divisant par $15 \sin \omega$ le rapport des dérivées, à

$$- 4 \lim \frac{\sin \omega + 2\,\omega \cos \omega}{2 \cos \omega} = - 4 \lim \left(\frac{\sin \omega}{2 \cos \omega} + \omega \right).$$

Pour $\sin \omega = \dfrac{2}{\sqrt{15}}$, $\cos \omega = \dfrac{\sqrt{11}}{\sqrt{15}}$, cette expression devient

$$- 4 \left(\frac{1}{\sqrt{11}} + \operatorname{arc\,sin} \frac{2}{\sqrt{15}} \right) \cdot$$

Telle est la limite demandée.

CONCOURS SPÉCIAL.

PREMIÈRE COMPOSITION.

On donne une ellipse, rapportée à ses axes, de longueurs $2a$, $2b$, et les tangentes aux quatre sommets. Sur cette ellipse, on prend un point M, de coordonnées $x = a \cos \varphi$, $y = b \sin \varphi$, et l'on mène la tangente en ce point. On trace le cercle (C) qui a pour diamètre la partie de cette tangente comprise entre les tangentes aux sommets du grand axe, et le cercle (C') qui a pour diamètre la partie de la même tangente comprise entre les tangentes aux sommets du petit axe.

I. — *Former, en fonction du paramètre φ, les équations des cercles (C) et (C'). Quelles remarques peut-on faire au sujet des deux familles de cercles (C) et (C') et de leur axe radical ?*

II. — *Calculer, en fonction de φ, les coordonnées des points d'intersection D, D' des deux cercles (C) et (C').*

III. — *Trouver, lorsque* M *décrit l'ellipse, le lieu du point* P *qui divise le segment* DD' *dans un rapport donné m.*

IV. — *Enveloppe des courbes ainsi trouvées pour les diverses valeurs de m. Discuter la réalité des points de contact de ces courbes avec leur enveloppe; distinguer les divers cas de figure.*

I. — 1° *Former les équations des cercles* (C) *et* (C').

1. — II-XVII [L¹ 4 a]. La tangente en M $(a \cos\varphi,\ b \sin\varphi)$ à l'ellipse

$$(1) \qquad b^2 x^2 + a^2 y^2 - a^2 b^2 = 0$$

a pour équation

$$(2) \qquad b x \cos\varphi + a y \sin\varphi - ab = 0.$$

Elle rencontre une tangente au sommet d'un grand axe, $x = \varepsilon a$, $\varepsilon = \pm 1$, au même point que la droite

$$y \sin\varphi + b(\varepsilon \cos\varphi - 1) = 0,$$

donc au point de coordonnées

$$\varepsilon a, \qquad \frac{b}{\sin\varphi}(1 - \varepsilon \cos\varphi), \qquad \varepsilon = \pm 1.$$

Elle rencontre une tangente au sommet d'un petit axe, $y = \varepsilon' b$, $\varepsilon' = \pm 1$, au même point que la droite

$$x \cos\varphi + a(\varepsilon' \sin\varphi - 1) = 0,$$

donc au point de coordonnées

$$\frac{a}{\cos\varphi}(1 - \varepsilon' \sin\varphi), \qquad \varepsilon' b, \qquad \varepsilon' = \pm 1.$$

2. — II-V [K 10 a]. Les deux cercles (C) et (C'), définis chacun par les extrémités d'un diamètre, ont donc pour équations respectives : le cercle (C),

$$x^2 - a^2 + \left(y - \frac{b}{\sin\varphi}\right)^2 - \frac{b^2 \cos^2\varphi}{\sin^2\varphi} = 0$$

ou

$$(3) \qquad x^2 + y^2 - \frac{2by}{\sin\varphi} + b^2 - a^2 = 0,$$

et le cercle (C'),

$$\left(x - \frac{a}{\cos\varphi}\right)^2 - \frac{a^2\sin^2\varphi}{\cos^2\varphi} + y^2 - b^2 = 0$$

ou

$$(4) \qquad x^2 + y^2 - \frac{2ax}{\cos\varphi} + a^2 - b^2 = 0.$$

$2°$ *Quelles remarques peut-on faire au sujet des deux familles de cercles* (C) *et* (C') *et leur axe radical?*

3. — II-v [K 11 a]. Les cercles (C) passent par deux points fixes : les foyers réels de l'ellipse, situés sur le grand axe. De même les cercles (C') passent par deux points fixes : les foyers imaginaires de l'ellipse, situés sur le petit axe. Comme chacun des foyers réels est centre d'un cercle de rayon nul passant par les foyers imaginaires, et inversement, les familles de cercles (C) et (C') sont composées de cercles orthogonaux.

L'axe radical de deux cercles correspondants a pour équation

$$(5) \qquad \frac{ax}{\cos\varphi} - \frac{by}{\sin\varphi} + b^2 - a^2 = 0.$$

C'est la normale en M.

II. — *Calculer, en fonction de* φ, *les coordonnées des points d'intersection* D, D' *des deux cercles* (C) *et* (C').

4. — II-v [K 11 a]. Ces points sont à l'intersection de la droite (5) et de l'un des cercles (3) et (4) ou, pour plus de symétrie, du cercle dont l'équation est la somme des équations (3) et (4), soit

$$(6) \qquad x^2 + y^2 - \frac{ax}{\cos\varphi} - \frac{by}{\sin\varphi} = 0.$$

Les coordonnées d'un point quelconque de la droite (5), qui passe par le point $M(a\cos\varphi, b\sin\varphi)$ et a pour paramètres directeurs $b\cos\varphi$ et $a\sin\varphi$, sont

$$(7) \qquad x = (a + \lambda b)\cos\varphi, \qquad y = (b + \lambda a)\sin\varphi.$$

Les points D et D′ correspondent aux valeurs de λ solutions de

$$[(a + \lambda b)\cos\varphi + (b + \lambda a)\sin\varphi]^2 - a(a + \lambda b) - b(b + \lambda a) = 0,$$

équation qui, en divisant par $b^2\cos^2\varphi + a^2\sin^2\varphi$, se réduit à $\lambda^2 - 1 = 0$. Les coordonnées des points D et D′ sont donc données par (7), λ désignant ± 1.

III. *Trouver le lieu du point* P *qui divise le segment* DD′ *dans un rapport donné m.*

5. — II-11 [K 13 a]. Les expressions connues des coordonnées de P en fonction de celles des points D et D′ fournissent immédiatement des équations paramétriques du lieu demandé. On obtient ainsi

$$(8) \quad \begin{cases} x = \dfrac{[a + b - m(a - b)]\cos\varphi}{1 - m} = \left(a + b\dfrac{1 - m}{1 - m}\right)\cos\varphi, \\[2mm] y = \dfrac{[a + b \cdot m(b - a)]\sin\varphi}{1 - m} = \left(a\dfrac{1 - m}{1 - m} + b\right)\sin\varphi. \end{cases}$$

On reconnaît les équations paramétriques d'une ellipse, dont l'équation, en posant $\dfrac{1 + m}{1 - m} = k$, est

$$(9) \quad \frac{x^2}{(a + bk)^2} + \frac{y^2}{(ak + b)^2} - 1 = 0.$$

IV. — *Enveloppes des courbes ainsi trouvées pour les diverses valeurs de m. Discuter la réalité des points de contact de ces courbes avec leur enveloppe.*

6. — II-vi [O 2 f]. Ces points de contact sont à l'intersection de l'ellipse (9) avec la courbe dont l'équation est la dérivée de (9) par rapport à k, soit

$$(10) \quad \frac{bx^2}{(a + bk)^3} + \frac{ay^2}{(ak + b)^3} = 0$$

L'équation (10) représente deux droites passant par l'origine, centre de l'ellipse (9). Les points de contact sont réels ou imaginaires en même temps que les droites (10), c'est-à-dire suivant que $(a + bk)(ak + b)$ est < 0 ou > 0, c'est-à-dire suivant que $k = \dfrac{1 - m}{1 - m}$ est intérieur ou extérieur à l'intervalle $\left(-\dfrac{a}{b}, -\dfrac{b}{a}\right)$.

7. — II-II [**K 13 a**]. Or on voit sur les formules (8) que si, laissant φ, donc M, fixe, on fait croître k de $-\dfrac{a}{b}$ à $-\dfrac{b}{a}$, le point P se déplace, sur la normale en M, en décrivant le segment de cette normale compris entre Ox et Oy. Ainsi les points de contact de l'ellipse, lieu de P, avec son enveloppe sont réels toujours et seulement si le point P, correspondant à un point M de l'ellipse fixe donnée est toujours situé sur le segment de normale en M compris entre les deux axes.

Cette condition s'exprime, pour m, par l'inégalité

$$\left(a + b\,\frac{1+m}{1-m}\right)\left(a\,\frac{1-m}{1-m} + b\right) < 0$$

ou

$$(11) \qquad -\frac{a+b}{a-b} \leq m \leq \frac{a+b}{a-b}.$$

8. — II-VI [**M¹ 7 b**]. En résolvant les équations (9) et (10), qui sont linéaires en x^2 et y^2, on peut obtenir, sous forme irrationnelle, des équations paramétriques de l'enveloppe demandée. On peut poser, d'après (10),

$$x^2 = \frac{\lambda}{b}(a + bk)^3, \qquad y^2 = -\frac{\lambda}{a}(ak + b)^3,$$

λ étant, d'après (9), défini par

$$\lambda\left(\frac{a+bk}{b} - \frac{ak+b}{a}\right) - 1 = 0 \qquad \text{ou} \qquad \lambda = \frac{ab}{a^2 - b^2};$$

on a donc, en posant $a^2 - b^2 = c^2$,

$$(12) \qquad c^2 x^2 = a(a + bk)^3, \qquad c^2 y^2 = -b(ak + b)^3.$$

Ces équations permettent, en faisant varier k de $-\dfrac{a}{b}$ à $-\dfrac{b}{a}$, de construire la courbe. On peut aussi en former l'équation en éliminant k entre les deux équations, rendues linéaires en k,

$$bk + a - \left(\frac{c^2 x^2}{a}\right)^{\frac{1}{3}} = 0, \qquad ak + b + \left(\frac{c^2 y^2}{b}\right)^{\frac{1}{3}} = 0;$$

l'élimination donne

$$(ax)^{\frac{2}{3}} + (by)^{\frac{2}{3}} - c^{\frac{4}{3}} = 0.$$

On reconnaît la développée de l'ellipse fixe donnée.

DEUXIÈME COMPOSITION.

On donne l'équation en t

(E) $$(b - at)(1 + t^2) - 1 = 0.$$

I. — *Déterminer les coefficients a et b de manière que cette équation admette une racine double donnée θ.*

II. — *Considérant les expressions ainsi trouvées pour a et b comme les coordonnées rectangulaires d'un point M, construire le lieu (C) des positions que prend le point M quand on fait varier θ.*

Les coefficients a et b étant supposés quelconques, quelle est la signification géométrique de l'équation (E) relativement à la courbe (C) et au point P de coordonnées a et b ?

III. — *Dans l'équation (E), on donne à b la valeur $\dfrac{5}{8}$ et on laisse a quelconque; discuter, suivant la valeur de a, la réalité des racines de l'équation (E).*

Contrôler les résultats de la discussion algébrique, en utilisant la signification géométrique de l'équation (E).

IV. — *La tangente à la courbe (C), de coefficient angulaire $m = \tan\alpha$, rencontre cette courbe en deux points M_1 et M_2 autres que le point de contact M_0. Calculer, en fonction de α, la longueur de l'arc $M_1 M_0 M_2$ compris, sur la courbe (C), entre les points M_1 et M_2. On supposera $-\dfrac{\pi}{2} \leq \alpha \leq \dfrac{\pi}{2}$.*

I. — *Déterminer a et b de manière que l'équation admette une raison double donnée θ.*

1. — I-xv [A 3 c]. L'équation donnée admet la racine double θ toujours et seulement si a et b vérifient les deux relations obtenues en exprimant que θ satisfait à l'équation donnée et à l'équation

dérivée, soit

$$(b - a\theta)(1 + \theta^2) - b = 0, \qquad - a(1 + \theta^2) + 2\theta(b - a\theta) = 0.$$

En résolvant ces deux équations, linéaires en a et b, on trouve

$$(1) \qquad a = \frac{2\theta}{(1 - \theta^2)^2}, \qquad b = \frac{1 + 3\theta^2}{(1 + \theta^2)^2}.$$

II. — 1° *Construire le lieu* (C) *que décrit le point* M(a, b) *quand θ varie.*

2. — II-VIII [**M¹ 5 b**]. Les équations paramétriques de (C) sont

$$(2) \qquad x = \frac{2\theta}{(1 - \theta^2)^2}, \qquad y = \frac{1 + 3\theta^2}{(1 + \theta^2)^2}.$$

On voit d'abord que (C) admet Oy pour axes de symétrie, les points correspondant à deux valeurs opposées de θ étant symétriques. Il suffit donc de faire varier θ de 0 à $+\infty$.

Pour $\theta = 0$, on a $x = 0$, $y = 1$; puis, comme $\dfrac{y - 1}{x} = \dfrac{\theta - \theta^3}{2}$ part de la valeur 0 avec le signe $+$, on voit que la courbe part du point (0, 1) tangente en dessus à la droite $y = 1$.

Pour $\theta = \infty$, on a $x = y = 0$; puis, comme $\dfrac{y}{x} = \dfrac{1 + 3\theta^2}{\theta}$ est ∞ aussi, on voit que la courbe arrive au point O, tangente à Oy, x et y étant d'ailleurs toujours restés > 0.

D'autres particularités se déduisent de l'étude des dérivées. On a

$$(3) \quad \begin{cases} \dfrac{dx}{d\theta} = 2\,[(1 + \theta^2)^{-2} - 4\theta^2(1 + \theta^2)^{-3}] = \dfrac{2(1 - 3\theta^2)}{(1 + \theta^2)^3}, \\[2mm] \dfrac{dy}{d\theta} = 6\theta(1 + \theta^2)^{-2} - 4\theta(1 + \theta^2)^{-3} = \dfrac{2\theta(1 - 3\theta^2)}{(1 + \theta^2)^3}. \end{cases}$$

On voit d'abord que $\dfrac{dy}{dx} = \theta$, c'est-à-dire que le paramètre θ représente le coefficient angulaire de la tangente au point correspondant de la courbe (C); puis qu'un point singulier correspond à la valeur $\dfrac{1}{\sqrt{3}}$ de θ. Ce point a pour coordonnées $\dfrac{3\sqrt{3}}{8}$ et $\dfrac{9}{8}$; comme, en ce point, x et y cessent de croître et commencent à décroître, il y a rebroussement; comme le coefficient angulaire θ de la tangente croît constamment, il y a rebroussement de première espèce.

Ces résultats sont représentés et résumés par la figure et le tableau suivants :

Fig. 51.

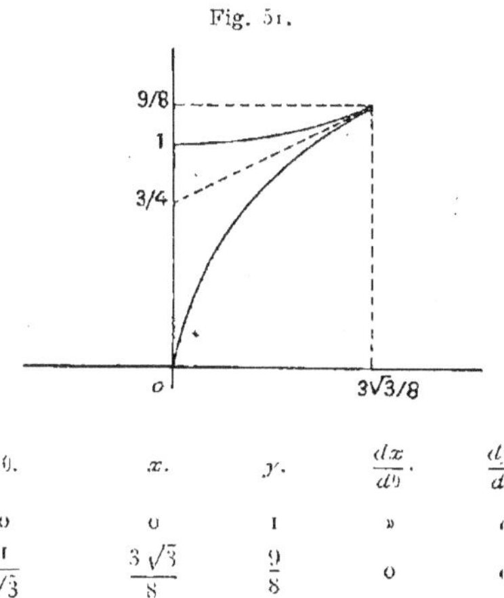

θ.	x.	y.	$\dfrac{dx}{d\theta}$.	$\dfrac{dy}{d\theta}$.
0	0	1	»	0
$\dfrac{1}{\sqrt{3}}$	$\dfrac{3\sqrt{3}}{8}$	$\dfrac{9}{8}$	0	0
$+\infty$	0	0	0	»

On reconnaît la forme de l'hypocycloïde à trois rebroussements engendrée par le roulement d'un cercle à l'intérieur d'un cercle de rayon triple. Pour la vérifier, transportons l'origine au point $\left(0, \dfrac{3}{4}\right)$, intersection des trois tangentes de rebroussement; les équations paramétriques (2) deviennent

$$(4) \qquad x = \frac{2\theta}{(1+\theta^2)^2}, \qquad y = \frac{1+3\theta^2}{(1+\theta^2)^2} - \frac{3}{4} = \frac{1+6\theta^2-3\theta^4}{4(1+\theta^2)^2}.$$

La distance de la nouvelle origine à un point de rebroussement, soit $\dfrac{3}{4}$, donne le rayon du cercle-base. L'hypocycloïde à trois rebroussements, placée comme la courbe trouvée, a pour équations paramétriques

$$x = \frac{1}{4}(2\sin t - \sin 2t), \qquad y = -\frac{1}{4}(2\cos t + \cos 2t),$$

ou, en prenant comme paramètre, pour rendre les expressions

rationnelles, $\tang \dfrac{t}{2} = \lambda$,

$$(5) \quad \begin{cases} x = \dfrac{1}{4}\left[\dfrac{4\lambda^2}{1+\lambda^2} - \dfrac{4\lambda(1-\lambda^2)}{(1+\lambda^2)^2}\right] = \dfrac{2\lambda^3}{(1+\lambda^2)^2}, \\[2ex] y = -\dfrac{1}{4}\left[\dfrac{2(1-\lambda^2)}{1+\lambda^2} + \dfrac{(1-\lambda^2)^2 - 4\lambda^2}{(1+\lambda^2)^2}\right] = -\dfrac{3-6\lambda^2-\lambda^4}{(1+\lambda^2)^2}. \end{cases}$$

On voit qu'il suffit de remplacer, dans les formules (5), λ par $\dfrac{1}{\theta}$, pour obtenir les formules (4).

$2°$ *Quelle est la signification géométrique de l'équation* (E) *relativement à la courbe* (C) *et au point* P, *de coordonnées a et b?*

3. — II-x [**M¹ 5 b**]. L'équation (E) indique que le point P(a, b) est sur la droite

$$(6) \qquad (y - t^2 x)(1 + t) - 1 = 0.$$

Or, si l'on cherche l'intersection de cette droite (6) avec la courbe (C), on est amené à résoudre, en θ, l'équation

$$\frac{1 + 3\theta^2 - 2t\theta}{(1+\theta^2)^2}(1 + t^2) - 1 = 0.$$

Mais d'après les calculs faits au paragraphe I, et comme on le voit d'ailleurs directement, cette équation en θ admet la racine double t. Ainsi la droite (6) est tangente à la courbe (C) au point correspondant à la valeur t du paramètre θ.

III. — *Discuter, suivant les valeurs de a, la réalité des racines de l'équation* (E), *où l'on fait* $b = \dfrac{5}{8}$.

4. — II-x [**M¹ 5 b**]. Cette équation

$$(7) \qquad \left(\frac{5}{8} - at\right)(1 + t^2) - 1 = 0,$$

qui exprime que le point $\left(a, \dfrac{5}{8}\right)$ appartient à la tangente au point (t), de la courbe (C), a pour racines les t des points de contact des tangentes menées du point $\left(a, \dfrac{5}{8}\right)$ à la courbe (C). Ce point décrit la parallèle à Ox d'ordonnée $\frac{5}{8}$. On voit, d'après la forme de la courbe (C), que, suivant que ce point sera extérieur ou intérieur à la courbe (C), il y aura une ou trois tangentes réelles.

Or les θ des points de rencontre de la courbe (C) avec la droite $y = \frac{5}{8}$ sont racines de

$$0 = 5(1 + \theta^2)^2 - 8(1 + 3\theta^2) = 5\theta^4 - 14\theta^2 - 3,$$

c'est-à-dire $\pm\sqrt{3}$; les abscisses de ces points, valeurs limites de a, sont donc

$$\pm \frac{2\sqrt{3}}{(1 + 3)^2} = \pm \frac{\sqrt{3}}{8}.$$

On peut retrouver ce résultat par le calcul.

5. — I-xi [**A 3 d**]. L'équation $(\frac{}{7})$, ordonnée, s'écrit

$$0 = f(t) = 8at^3 - 5t^2 + 8at + 3.$$

Si t_1 et t_2 sont les deux racines de $f'(t)$, on sait que $f(t)$ a une ou trois racines réelles suivant que $f(t_1)f(t_2)$ est $>$ ou <0. On sait aussi que $3f(t_i) = g(t_i)\,(i = 1, 2)$, $g(t)$ désignant la dérivée de $f(t)$ par rapport à une variable d'homogénéité, remplacée ensuite par 1. On sait enfin écrire $g(t_1)g(t_2)$, résultant des deux trinomes $f'(t)$ et $g(t)$.

Or on a

$$\frac{1}{2}f'(t) = 2^2.3.a.t^2 - 5.t + 2^2.a,$$
$$-g(t) = 5.t^2 - 2^3.a.t - 3^2;$$

le résultant s'écrit

$$\begin{vmatrix} 2^2.3.a & 2^2.a \\ 5 & -3^2 \end{vmatrix}^2 - \begin{vmatrix} 2^2.3.a & -5 \\ 5 & -2^3.a \end{vmatrix} \times \begin{vmatrix} -5 & 2^2.a \\ -2^3.a & -3^2 \end{vmatrix}$$

ou bien, en divisant par 3,

$$2^{12}.a^4 + 2^7.61.a^2 - 3.5^3.$$

Ce trinome en a^2 a la seule racine positive $\frac{3}{2^6}$; il est < 0 pour $a^2 < \frac{3}{2^6}$.

IV. — *La tangente à la courbe* (C), *de coefficient angulaire* $m = \tan\alpha$, *rencontre cette courbe en deux points* M_1 *et* M_2 *autres que le point de contact* M_0. *Calculer, en fonction de* α, *supposé compris entre* $\mp\frac{\pi}{2}$, *la longueur de l'arc* $M_1 M_0 M_2$ *de la courbe* (C).

Comme le paramètre de la courbe (C) représente précisément le coefficient angulaire de la tangente, le point M_0 correspond à la valeur m du paramètre.

6. — I-xv [**A 3 b**]. D'après la signification géométrique de l'équation (E), la tangente en ce point a pour équation

$$(y - mx)(1 + m^2) - 1 = 0,$$

et rencontre la courbe aux points M_1 et M_2 dont les θ sont les racines $\neq m$ de

$$(1 + 3\theta^2 - 2m\theta)(1 + m^2) - (1 + \theta^2)^2 = 0.$$

La somme des quatre racines étant 0 et leur produit $-m^2$, on a

$$(8) \qquad \theta_1 + \theta_2 = -2m, \qquad \theta_1\theta_2 = -1.$$

7. — II-xxi [**0 2 c**]. La différentielle d'arc de la courbe (C) est donnée par

$$ds^2 = dx^2 + dy^2 = \frac{4(1 - 3\theta^2)^2\, d\theta^2}{(1 + \theta^2)^5}.$$

Lorsque θ croît de $-\infty$ à $+\infty$, la courbe est décrite dans le sens ABCA; les trois intervalles

$$\left(-\infty, -\frac{1}{\sqrt{3}}\right), \quad \left(-\frac{1}{\sqrt{3}}, +\frac{1}{\sqrt{3}}\right), \quad \left(+\frac{1}{\sqrt{3}}, +\infty\right)$$

correspondant respectivement aux arcs AB, BC, CA. On a donc, sur les arcs AB et CA,

$$ds = \frac{2(3\theta^2 - 1)\, d\theta}{(1 + \theta^2)^{\frac{5}{2}}};$$

sur l'arc BC,

$$ds = \frac{2(1 - 3\theta^2)\, d\theta}{(1 + \theta^2)^{\frac{5}{2}}}.$$

Or, si M_0 est sur un de ces arcs, on voit sur la figure que M_1 et M_2
sont respectivement sur les deux autres. Si par exemple M_0 est

Fig. 52.

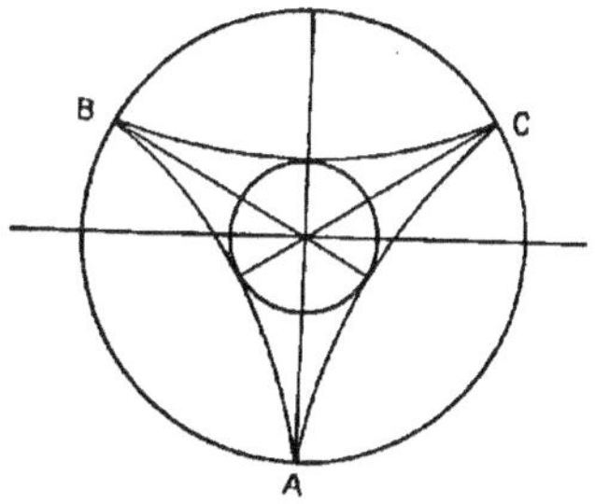

sur BC, c'est-à-dire si $-\frac{\pi}{6} < \alpha < \frac{\pi}{6}$, on a

$$t < \theta_1 < -\frac{1}{\sqrt{3}}, \qquad \frac{1}{\sqrt{3}} < \theta_2 < \frac{\pi}{2};$$

et la longueur demandée est

$$(9) \quad 2\int_{\theta_1}^{-\frac{1}{\sqrt{3}}} \frac{3\theta^2-1}{(1-\theta^2)^{\frac{3}{2}}}\, d\theta + 2\int_{-\frac{1}{\sqrt{3}}}^{\frac{1}{\sqrt{3}}} \frac{1-3\theta^2}{(1+\theta^2)^{\frac{3}{2}}}\, d\theta + 2\int_{+\frac{1}{\sqrt{3}}}^{\theta_2} \frac{3\theta^2-1}{(1+\theta^2)^{\frac{3}{2}}}\, d\theta.$$

8. — INDIX |C 2 e|. Les intégrations se simplifient par le chan-
gement de variable $\theta = \tang\varphi$, qui donne

$$\frac{(1-3\theta^2)\, d\theta}{(1+\theta^2)^{\frac{5}{2}}} = (\cos^2\varphi - 3\sin^2\varphi)\cos\varphi\, d\varphi$$
$$= (1 - 4\sin^2\varphi)\cos\varphi\, d\varphi,$$

ou, pour l'intégrale indéfinie,

$$F(\theta) = \int \frac{(1-3\theta^2)\, d\theta}{(1+\theta^2)^{\frac{5}{2}}} = \sin\varphi - \frac{4}{3}\sin^3\varphi = \frac{1}{3}\sin 3\varphi.$$

La longueur de l'arc est donc, d'après (8),

$$(10) \qquad S = 2\left[F(\theta_1) - F\left(-\frac{1}{\sqrt{3}}\right) + F\left(\frac{1}{\sqrt{3}}\right) - F\left(-\frac{1}{\sqrt{3}}\right)\right.$$
$$\left. + F\left(\frac{1}{\sqrt{3}}\right) - F(\theta_2)\right]$$
$$= 2\left[F(\theta_1) - F(\theta_2)\right] + 4\left[F\left(\frac{1}{\sqrt{3}}\right) - F\left(-\frac{1}{\sqrt{3}}\right)\right].$$

9. — I-1 [**K 20 d**]. Pour calculer $F(\theta_1)$ et $F(\theta_2)$, cherchons les angles φ_1 et φ_2, vérifiant

$$(11) \qquad \tan g\,\varphi_1 = \theta_1, \qquad \tan g\,\varphi_2 = \theta_2, \qquad -\frac{\pi}{2} < \varphi_1 < \varphi_2 < \frac{\pi}{2}.$$

La deuxième formule (8) et la condition (11) donnent $\varphi_2 = \frac{\pi}{2} + \varphi_1$, et la première formule (8) devient

$$2\tan g\,\alpha = -\frac{1}{\tan g\,\varphi_1} + \tan g\,\varphi_1 = \frac{\cos^2\varphi_1 - \sin^2\varphi_1}{\cos\varphi_1 \sin\varphi_1} = \frac{2}{\tan g\,2\varphi_1},$$

d'où

$$\tan g\,2\varphi_1 = \tan g\left(\frac{\pi}{2} - \alpha\right), \qquad 2\varphi_1 = \frac{\pi}{2} - \alpha + k\pi,$$

k étant un entier tel que $2\varphi_1$ et $\pi + 2\varphi_1$ soient compris entre $-\pi$ et $+\pi$, soit,

$$-\pi < \frac{\pi}{2} - \alpha + k\pi < 0$$

ou

$$\alpha - \frac{3\pi}{2} < k\pi < \alpha - \frac{\pi}{2}.$$

Comme on a

$$-\frac{\pi}{2} < \alpha < \frac{\pi}{2},$$

on doit avoir, en divisant par π,

$$-2 < k < 0 \qquad \text{ou} \qquad k = -1.$$

Les valeurs cherchées sont donc

$$\varphi_1 = -\frac{\pi}{4} - \frac{\alpha}{2}, \qquad \varphi_2 = \frac{\pi}{4} - \frac{\alpha}{2}.$$

Alors

$$F(\theta_1) - F(\theta_2) = \frac{1}{3}\left(\sin 3\varphi_1 - \sin 3\varphi_2\right)$$

$$= \frac{2}{3}\sin\frac{3(\varphi_1 - \varphi_2)}{2}\cos\frac{3(\varphi_1 + \varphi_2)}{2} = -\frac{\sqrt{2}}{3}\cos\frac{3\alpha}{2}.$$

Ensuite, pour $\theta = \dfrac{\varepsilon}{\sqrt{3}}$, $\varepsilon = \pm 1$, on a

$$\varphi = \frac{\varepsilon\pi}{6}, \qquad 3\varphi = \frac{\varepsilon\pi}{2}, \qquad \sin 3\varphi = \varepsilon ;$$

donc

$$F\left(\frac{1}{\sqrt{3}}\right) - F\left(-\frac{1}{\sqrt{3}}\right) = \frac{2}{3} ;$$

d'où enfin, pour l'arc demandé,

$$S = \frac{2}{3}\left(4 - \sqrt{2}\cos\frac{3\alpha}{2}\right).$$

ANNÉE 1920.

PREMIÈRE COMPOSITION.
Première question.

I. — *Calculer la valeur* $m = \varphi(x_0)$ *qu'il faut attribuer à la
constante* m *pour que la dérivée de la fonction*

$$f(x) = \left(2 - \frac{mx}{\sqrt{x^2 + 5}} \right) e^{\frac{x}{2}}$$

s'annule pour $x = x_0$.

Construire la courbe qui représente la fonction $\varphi(x)$.

II. — *Quelle est, suivant les diverses valeurs de* m, *la forme
de la courbe qui représente la fonction* $f(x)$?

I. — 1° *Calculer* $m = \varphi(x_0)$.

1. — I-xı [C 1 a]. Cette valeur $\varphi(x_0)$ s'obtient en résolvant,
par rapport à m, l'équation $f'(x_0) = 0$. Posons

$$u(x) = x(x^2 + 5)^{-\frac{1}{2}},$$

il vient

$$f(x) = [2 - mu(x)] e^{\frac{x}{2}},$$

d'où

$$f'(x) = e^{\frac{x}{2}} \left\{ 1 - m \left[\frac{u(x)}{2} + u'(x) \right] \right\}.$$

En résolvant, par rapport à m, l'équation $f'(x_0) = 0$, il vient donc

$$m = \varphi(x_0) = \frac{2}{u(x_0) + 2u'(x_0)}.$$

Or on a

$$u'(x) = \frac{5}{(x^2 + 5)^{\frac{3}{2}}},$$

d'où

(1)
$$\varphi(x_0) = \frac{2(x_0^2 + 5)^{\frac{3}{2}}}{x_0^3 + 5x_0 + 10}.$$

2° *Construire la courbe* $y = \varphi(x)$.

2. — II-vii [**M¹ 7 c**]. On voit que y est réel pour toute valeur de x et a le signe de son dénominateur.

3. — I-xv [**A 3 d**]. Ce dénominateur a une seule racine réelle x_1, comprise entre -2 et -1 dont la substitution donne les résultats -8 et $+4$. Cette valeur x_1 est l'abscisse d'une asymptote parallèle à Oy.

Lorsque $|x|$ augmente indéfiniment, on voit que y^2 tend vers 4; donc, d'après la remarque faite sur le signe de y, la courbe est asymptote à la droite $y = -2$ du côté des x négatifs, et à la droite $y = 2$ du côté des x positifs.

4. — I-xiv.[**C 1 f**]. Le sens de variation de y se déduit aisément de celui de

$$y^2 = 4(x^2 + 5)^3 (x^3 + 5x + 10)^{-2}, .$$

Or on a

$$\frac{d(y^2)}{dx} = - \frac{40(x^2 + 5)^2}{(x^3 + 5x + 10)^3}(x^2 - 6x + 5)$$

et

$$x^2 - 6x + 5 = (x - 1)(x - 5).$$

Ainsi, de $-\infty$ à x_1, y^2 croît; donc y, qui est < 0, décroît; de x_1 à 1, y^2 et y décroissent; ils croissent de 1 à 5 et décroissent de 5 à $+\infty$.

On voit que

$$\varphi(1) = \frac{3}{2}\sqrt{\frac{3}{2}} < 2, \qquad \varphi(5) = \frac{3}{4}\sqrt{\frac{15}{2}} > 2,$$

en sorte que la courbe coupe son asymptote $y = 2$ en deux points dont les abscisses, séparées par 1, sont comprises entre 0 et 5, car $\varphi(0) = \sqrt{5} > 2$.

Ces résultats sont représentés et résumés par la figure et le tableau suivants :

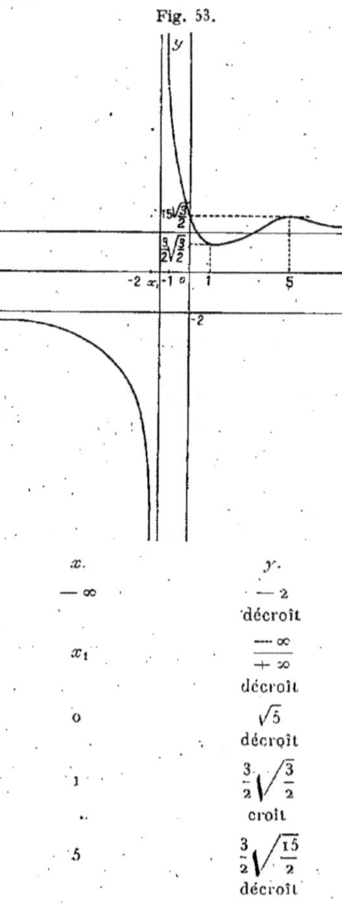

Fig. 53.

$x.$	$y.$
$-\infty$	-2
	décroît
x_1	$\dfrac{-\infty}{+\infty}$
	décroît
0	$\sqrt{5}$
	décroît
1	$\dfrac{3}{2}\sqrt{\dfrac{3}{2}}$
	croît
5	$\dfrac{3}{2}\sqrt{\dfrac{15}{2}}$
	décroît
$+\infty$	2

11. — *Discuter, suivant les diverses valeurs de m, la courbe $y = f(x)$.*

5. — I-ᴠ [**D 6 b**], II-ᴠɪɪ [**M⁴ m**]. Énumérons d'abord les particularités essentielles qui ne dépendent pas de m.

On voit que y est réel et uniforme pour toute valeur finie de x.

6. — I-ᴠɪɪɪ [**D 1 a**]. Pour x infini, le [·] a pour limite

$$2 - \varepsilon m, \qquad \varepsilon = \pm 1, \qquad \varepsilon x > 0;$$

l'exponentielle tend vers o ou ∞ suivant que x est $<$ ou $> $ o.
Ainsi, pour x infini négatif, $y = $ o, avec le signe de $2 + m$; la
courbe est asymptote à Ox du côté des x négatifs. Pour x infini
positif, y est infini avec le signe de $2 - m$. Pour chercher la limite
de $\frac{y}{x}$, on peut poser $x = \frac{1}{u}$ $(u > $ o$)$, d'où

$$\frac{y}{x} = u \left[2 - m(1 + 5u^2)^{-\frac{1}{2}} \right] e^{\frac{1}{2u}}.$$

Le [ ] tend vers $2 - m$, l'expression

$$u\, e^{\frac{1}{2u}} = \frac{e^{\frac{1}{x}}}{x}$$

augmente indéfiniment; donc aussi $\frac{y}{x}$; il y a branche parabolique
dans la direction Oy.

Il y a donc, au point de vue de la disposition des branches infinies,
trois formes générales correspondant à $m < -2$, $-2 < m < 2$,
$2 < m$, et deux formes particulières, correspondant à $m = \mp 2$.

7. — I-ᴠɪɪ [**C 1 e α**]. Si $m = -2$, en posant

$$x = -\frac{1}{u}, \qquad u > \text{o},$$

on a

$$y = 2 \left[1 - (1 + 5u^2)^{-\frac{1}{2}} \right] e^{-\frac{1}{2u}}$$

ou, en remplaçant $(1 + 5u^2)^{-\frac{1}{2}}$ par un développement limité,

$$1 - \frac{5}{2} u^2 + \frac{A}{2} u^4,$$

$|A|$ borné pour u voisin de zéro,

$$y = (5u^2 - Au^4)e^{-\frac{1}{2u}}.$$

Donc y tend vers zéro, avec le signe $+$; du côté des $x < 0$, la courbe est asymptote à Ox, en dessus. Du côté des $x > 0$, d'après le résultat général trouvé, il y a branche parabolique du côté des $y > 0$.

8. — I-XII [**C 1 e α**]. Soit $m = 2$. Du côté des $x < 0$, la courbe est asymptote à Ox, en dessus. Du côté des $x > 0$, posons

$$x = \frac{1}{u} \qquad (u > 0),$$

en sorte que

$$y = 2\left[1 - (1 + 5u^2)^{-\frac{1}{2}}\right]e^{\frac{1}{2u}}$$

ou, en remplaçant $(1 + 5u^2)^{-\frac{1}{2}}$ par son développement limité,

$$y = (5u^2 - Au^4)e^{\frac{1}{2u}} = (5 - Au^2)u^2 e^{\frac{1}{2u}}.$$

La ( ) tend vers 5; l'expression

$$u^2 e^{\frac{1}{2u}} = \frac{e^{\frac{x}{2}}}{x^2}$$

tend vers $+\infty$, donc y tend vers $+\infty$; il en est de même pour

$$\frac{y}{x} = (5 - Au^2)u^2 e^{\frac{1}{2u}};$$

il y a donc encore branche parabolique dans la direction Oy, du côté des $y > 0$.

Il faut remarquer que, pour $x = 0$, on a, quel que soit m, $y = 2$. En ce point, la tangente a pour coefficient angulaire la limite, quand x tend vers zéro, de

$$\frac{y - 2}{x} = \frac{1}{x}\left[\left(2 - \frac{mx}{\sqrt{x^2 + 5}}\right)e^{\frac{x}{2}} - 2\right].$$

9. — I-\ii [**C 1 e** x]. Remplaçons

$$\frac{1}{\sqrt{5+x^2}} = \frac{1}{\sqrt{5}}\left(1+\frac{x^2}{5}\right)^{-\frac{1}{2}}$$

par un développement limité $\frac{1}{\sqrt{5}}(1+\mathrm{A}x^2)$, et $e^{\frac{x}{2}}$ par le développement limité $1+\frac{x}{2}+\mathrm{B}x^2$, $|\mathrm{A}|$ et $|\mathrm{B}|$ bornés pour x voisin de zéro ; il vient

$$\frac{y-2}{x} \doteq \frac{\left[2-\frac{mx}{\sqrt{5}}(1+\mathrm{A}x^2)\right]\left(1+\frac{x}{2}+\mathrm{B}x^2\right)-2}{x} = 1-\frac{m}{\sqrt{5}}+\mathrm{C}x,$$

$|\mathrm{C}|$ borné pour x voisin de zéro. Le coefficient angulaire de la tangente est donc $1-\frac{m}{\sqrt{5}}$.

10. — I-\iv [**C 1 f**]. Le sens de variation de y est donné par le signe de $y'=f'(x)$. Or on a trouvé au paragraphe I, 1°,

$$f'(x) = e^{\frac{x}{2}}\left[1-\frac{m}{\varphi(x)}\right], \qquad \varphi(x) = \frac{2(x^2+5)^{\frac{1}{2}}}{x^3+5x+10}.$$

Il en résulte que y' a le signe du produit $\varphi(x)[\varphi(x)-m]$, et, en particulier, s'annule pour les valeurs de x abscisses des points d'intersection de la courbe $y=\varphi(x)$, construite au paragraphe I, 2°, avec la droite $y=m$, cette courbe ne rencontrant pas Ox. Or il résulte de la forme de la courbe $y=\varphi(x)$ que ses points d'intersection avec la droite $y=m$ présentent cinq dispositions générales différentes, suivant la position de m par rapport aux termes de la suite

$$-\infty, \quad -2, \quad \varphi(1), \quad +2, \quad \varphi(5), \quad +\infty$$

et quatre dispositions particulières pour les valeurs -2, $\varphi(1)$, 2, $\varphi(5)$. La courbe $y=f(x)$ présente donc, au point de vue du sens de variation, cinq formes générales différentes et quatre formes particulières.

Il y a lieu de remarquer que $\varphi(x_1)$ étant ∞, $f'(x_1)$ se réduit à $e^{\frac{x_1}{2}}$; les courbes $y=f(x)$ coupent donc toutes la droite $x=x_1$

sous un même angle; et aussi que y ne peut s'annuler que si $|m| > 2$, et pour $x = \dfrac{\varepsilon \sqrt{10}}{\sqrt{m^2 - 4}}$ $(\varepsilon m > 0)$.

Les résultats concernant les différentes formes de la courbe $y = f(x)$ sont représentés et résumés par les figures et tableaux suivants.

PREMIÈRE FORME GÉNÉRALE : $m < -2$; *un minimum négatif pour* $x = x_2 < x_1 < 0$.

Fig. 54.

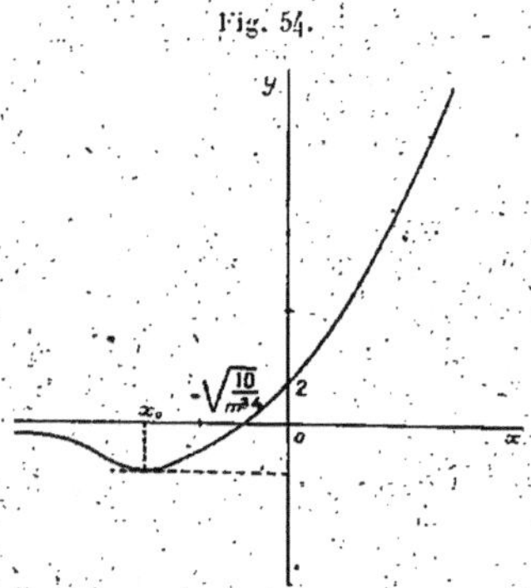

$x.$	$\varphi(x).$	Signe de y' $1 - \dfrac{m}{\varphi(x)}$	$y.$
$-\infty$	-2	$1 + \dfrac{m}{2}$	0
		$-$	décroît
x_0	m	0	minimum
		$+$	croît
$-\sqrt{\dfrac{10}{m^2 - 4}}$	»	»	$-$
0			2
$+\infty$	2	»	$+\infty$

DEUXIÈME FORME GÉNÉRALE : $2 < m < \varphi(1)$; *y constamment croissant.*

La courbe ressemble à la courbe exponentielle.

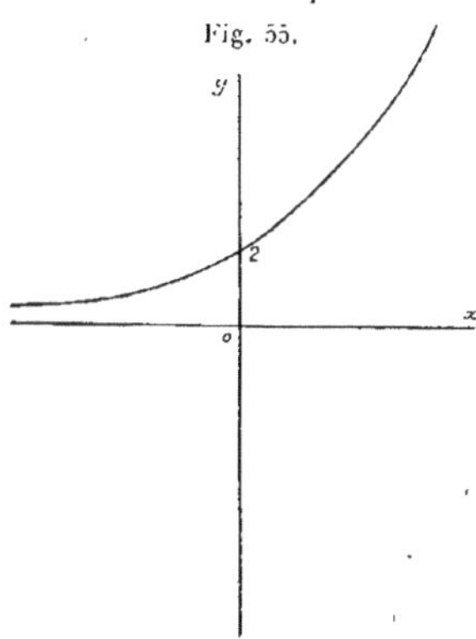

Fig. 55.

TROISIÈME FORME GÉNÉRALE : $\varphi(1) < m < 2$; *un maximum d'abscisse* x_0 *comprise entre* 0 *et* 1, *et un minimum d'abscisse* x_2 *comprise entre* 1 *et* 5.

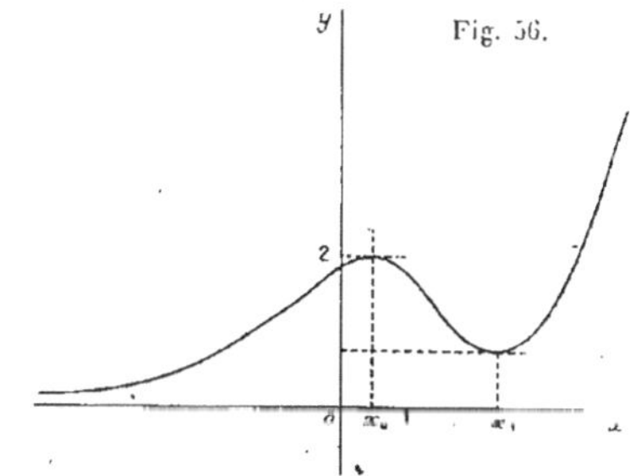

Fig. 56.

Signe de y'

x.	$\varphi(x)$.	$1 - \dfrac{m}{\varphi(x)}$.	y.
$-\infty$	-2	$1 + \dfrac{m}{2}$	0
		$+$	croît
0	"	"	2
x_0	m	0	maximum
		$-$	décroît
x_2	m	0	minimum
		$+$	croît
$+\infty$	"	"	$+\infty$

Comme y ne peut s'annuler, son minimum est > 0.

QUATRIÈME FORME GÉNÉRALE : $2 < m < \varphi(5)$; *un maximum d'abscisse x_0 comprise entre x_1 et 1; un minimum d'abscisse x_2 comprise entre 1 et 5; un maximum d'abscisse $x_3 > 5$.*

On a $x_0 >$ ou < 0 suivant que $m <$ ou $> \sqrt{5}$, ordonnée du point où la courbe $y = \varphi(x)$ rencontre Oy; mais la forme de la courbe n'en est pas modifiée.

Fig. 57.

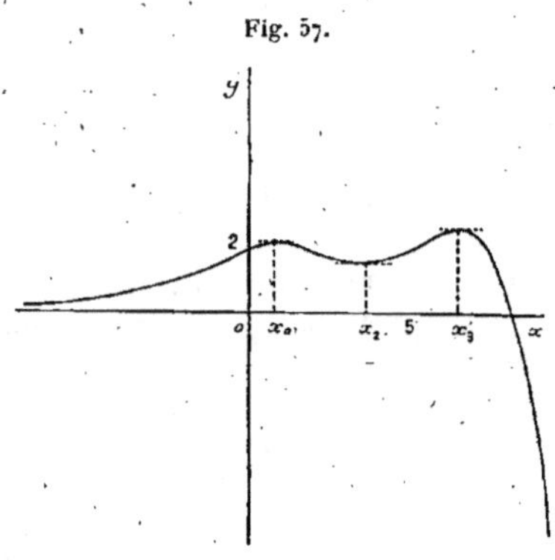

		Signe de y'	
x	$\varphi(x)$.	$1 - \dfrac{m}{\varphi(x)}$.	y.
$-\infty$	-2	$1 + \dfrac{m}{2}$	0
		$+$	croît
x_0	m	0	maximum
		$-$	décroît
x_2	m	0	minimum
			croît
x_3	m	0	maximum
			décroît
$+\infty$	$''$	$''$	$-\infty$

Comme y ne peut s'annuler qu'une fois, son minimum est > 0.

CINQUIÈME FORME GÉNÉRALE : $\varphi(5) < m$; *un maximum d'abscisse x_0 comprise entre x_1 et o.*

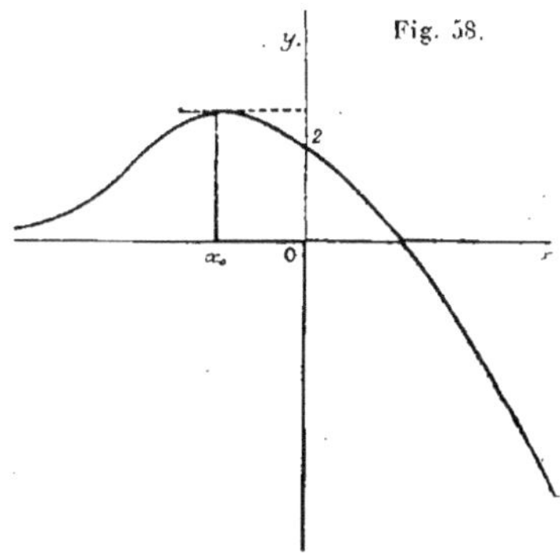

Fig. 58.

x.	$\varphi(x)$.	Signe de y' $1 - \dfrac{m}{\varphi(x)}$.	y.
$-\infty$	-2	$1 + \dfrac{m}{2}$	o
		$+$	croît
x_0	m	o	maximum
		$-$	décroît
o	$''$	$''$	2
		$-$	décroît
$+\infty$	$''$	$''$	$-\infty$

PREMIÈRE FORME PARTICULIÈRE : $m = -2$.
Même allure que dans la deuxième forme générale.

DEUXIÈME FORME PARTICULIÈRE : $m = \varphi(1)$.
Inflexion graphique d'abscisse 1.

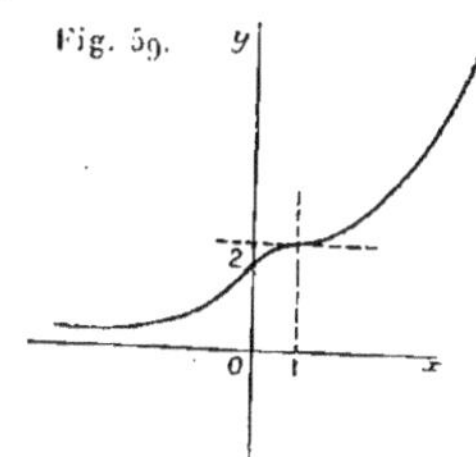

Fig. 59.

TROISIÈME FORME PARTICULIÈRE : $m = 2$.

Même allure que dans la deuxième forme générale.

QUATRIÈME FORME PARTICULIÈRE : $m = \varphi(5) > \sqrt{5}$.

Un maximum d'abscisse x_0 comprise entre x_1 et o, et une inflexion graphique d'abscisse 5.

Fig. 60.

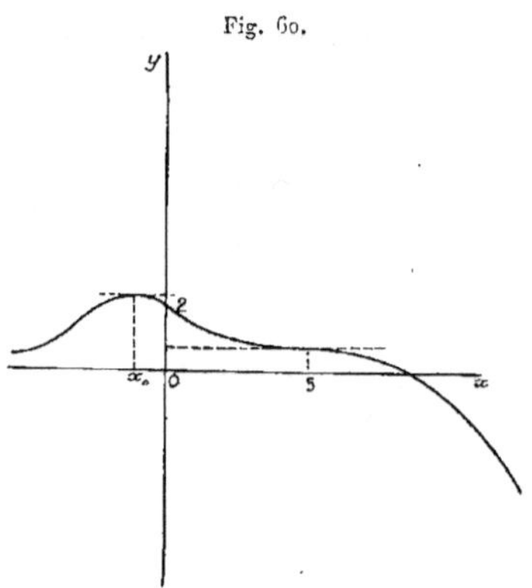

Deuxième question.

On considère la suite des nombres $S_0 = 1$, S_2, S_3. ..., S_n, ... *définie par la formule de récurrence*

$$2 S_{n+1} = S_n + \sqrt{S_n^2 + a_n},$$

où a_n est le terme général d'une série donnée, à termes positifs,

(A) $$a_1 + a_2 + a_3 + \ldots + a_n + \ldots.$$

1. — Démontrer l'inégalité

$$S_{n+1} < S_n + \frac{a_n}{4};$$

en conclure que S_n tend vers une limite pour n infini, si la série (A) est convergente.

II. — *La série* (A) *est-elle, réciproquement, convergente si* S_n *tend vers une limite pour n infini?*

I. — 1° *Étant donné* $2 S_{n+1} = S_n + \sqrt{S_n^2 + a_n}$, *en déduire* $S_{n+1} < S_n + \dfrac{a_n}{4}$.

11. — I-I [**A 1 b**]. On a, en remplaçant S_{n+1} par son expression en fonction de S_n,

$$S_n - S_{n+1} + \frac{a_n}{4} = \frac{S_n}{2} + \frac{a_n}{4} - \frac{1}{2}\sqrt{S_n^2 + a_n}.$$

Comme S_n est > 0, le second membre a même signe que son produit par l'expression positive

$$\frac{S_n}{2} + \frac{a_n}{4} + \frac{1}{2}\sqrt{S_n^2 + a_n};$$

il a donc même signe que

$$\left(\frac{S_n}{2} + \frac{a_n}{4}\right)^2 - \frac{1}{4}(S_n^2 + a_n) = \frac{a_n}{4}(S_n + a_n - 1).$$

Or S_n croît avec n et $S_0 = 1$, donc $S_n > 1$, et l'expression considérée est > 0, ce qui démontre l'inégalité.

2° *En conclure que, si la série* (A) *converge,* S_n *tend vers une limite pour n infini.*

12. — I-VIII [**D 2 a**]. On a les inégalités successives

$$S_1 < 1 + \frac{a_0}{4},$$

$$S_2 < S_1 + \frac{a_1}{4},$$

$$S_3 < S_2 + \frac{a_2}{4},$$

$$\dots\dots\dots\dots\dots,$$

$$S_n < S_{n-1} + \frac{a_{n-1}}{4};$$

d'où, par addition,

$$S_n < 1 + \frac{1}{4}(a_0 + a_1 + a_2 + \dots + a_n) < 1 + \frac{A}{4},$$

si A désigne la somme de la série (A). S_n a donc une borne supérieure. D'ailleurs, comme on l'a déjà remarqué, S_n croît avec n. Donc S_n a une limite pour n infini.

II. — *Si S_n tend vers une limite pour n infini, la série (A) est-elle convergente?*

13. — I-VIII [**D2a**]. De la formule de récurrence, on tire, en élevant au carré,

$$a_n = 4 S_{n+1}(S_{n+1} - S_n).$$

Soit S la limite de S_n pour n infini, on a, puisque S_n croît avec n,

$$S_{n+1} < S.$$

D'autre part, si l'on pose

$$u_n = S_n - S_{n-1},$$

on a

$$u_1 + u_2 + \ldots + u_{n-1} = S_n - S_0 = S_n - 1;$$

donc la série de terme général u_n est convergente et a pour somme $S - 1$.

Alors, de l'inégalité

$$a_n < 4 S u_{n+1},$$

on conclut que la série (A) est aussi convergente.

DEUXIÈME COMPOSITION.

On considère la transformation géométrique suivante : Étant donnée une origine O, on dira qu'un point M' est homologue d'un point M, si M et M' sont sur une même droite passant par l'origine, et si leurs rayons vecteurs $\rho = \overline{OM}$, $\rho' = \overline{OM'}$ satisfont à la relation $\frac{1}{\rho'} = \frac{1}{\rho} + \frac{1}{a}$, où a est une longueur donnée. On observera qu'un point M a deux homologues M', la définition précédente laissant arbitraire le sens positif sur la droite OM. Le lieu des homologues des points d'une ligne (L) ou d'une surface |S| s'appellera la ligne homologue de (L) ou la surface homologue de |S|.

I. — *Quelle est la ligne homologue d'un cercle passant par l'origine? La construire dans le cas où le rayon de ce cercle est $\frac{a}{4}$.*

II. — *Soient (C') la courbe ainsi tracée et (C) le cercle de rayon donné $\frac{a}{4}$. Chaque point M' de (C') est homologue d'un seul point M de (C). Calculer l'aire balayée par le segment de droite MM', lorsque M' décrit entièrement la courbe (C').*

III. — *Démontrer que la tangente MT en M à une courbe plane (L) est rencontrée par la tangente en M', homologue de M, à la courbe homologue (L'), en un point qui ne dépend pas de la longueur a. Comment peut-on déterminer ce point sur la droite MT?*

Comment se généralise cette propriété lorsque (L) est une courbe gauche?

IV. — *En s'appuyant sur le résultat précédent, on montrera, sans calcul, qu'une propriété analogue a lieu pour les plans tangents à une surface [S] et à la surface homologue [S']; et qu'il en résulte que la normale en M' à [S'] reste tangente à une courbe plane (E), lorsqu'on donne à a différentes valeurs, en laissant fixes la surface [S] et le point M qui a M' pour homologue. Quelle est cette courbe (E)?*

V. — *Quelle est la surface engendrée par (E) lorsque, M restant fixe sur une courbe donnée (L), la surface [S] varie en passant constamment par cette courbe?*

I. — 1° *Quelle est la ligne homologue d'un cercle passant par l'origine?*

1. — II-11 [**K 6 b**]. Prenons l'axe polaire passant par le centre du cercle, de rayon r; l'équation polaire du cercle est alors

$$\rho = 2r \cos\omega.$$

L'angle ω détermine une direction OI qui définit le sens positif de la droite OM. Sur cette demi-droite OI, le point M est défini par

$$\overline{OM} = \rho, \qquad \rho = \cos 2\omega$$

et le point M' par

$$\overline{OM'} = \rho', \qquad \frac{1}{\rho'} = \frac{1}{2r\cos\omega} + \frac{1}{a}.$$

En donnant à ω deux valeurs dont la différence est π, on a une seule position pour le point M et deux positions pour le point M'.

La courbe lieu de toutes les positions M' a pour équation polaire

$$(1) \qquad \frac{1}{\rho} = \frac{1}{2r\cos\omega} + \frac{1}{a},$$

ω parcourant un intervalle d'étendue 2π. C'est l'inverse de la courbe d'équation

$$\rho = \frac{1}{2r\cos\omega} + \frac{1}{a},$$

conchoïde de la droite $\rho = \dfrac{1}{2r\cos\omega}$ ou $x = \dfrac{1}{2r}$.

$2°$ *Construire cette courbe pour* $r = \dfrac{a}{4}$.

2. — II-xx [$M_1 3j$]. Son équation polaire est alors

$$(2) \qquad \frac{1}{\rho} = \frac{1}{a}\left(\frac{2}{\cos\omega} + 1\right) = \frac{\cos\omega + 2}{a\cos\omega}.$$

Comme on l'a déjà remarqué, un intervalle de variation d'étendue 2π est nécessaire et suffisant pour obtenir la courbe entière. Deux valeurs opposées de ω donnent pour ρ la même valeur, et par suite deux points symétriques par rapport à Ox. Il suffit donc de construire la partie de courbe correspondant à l'intervalle $(0, \pi)$. La partie correspondant à l'intervalle $(0, -\pi)$ s'obtiendra par symétrie.

Les valeurs de ρ, correspondant aux valeurs 0 et π de ω, sont $\dfrac{a}{3}$ et $-a$.

Il n'y a pas de branches infinies.

On voit que ρ s'annule pour la valeur $\dfrac{\pi}{2}$ de ω; la courbe passe au pôle, tangente à Oy.

Le calcul de la dérivée donne

$$\rho' = \frac{2\,a\,\sin\omega}{(\cos\omega + 2)^2},$$

et montre qu'aux extrémités de l'arc étudié la normale passe au pôle.

Ces résultats sont représentés et résumés par la figure et le tableau suivants :

Fig. 61.

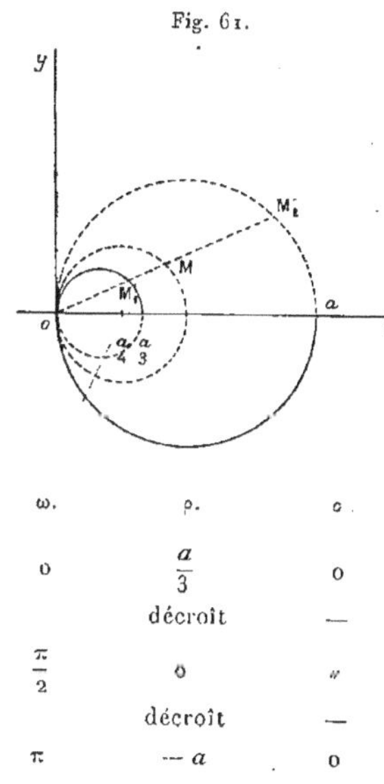

ω.	ρ.	σ.
0	$\dfrac{a}{3}$	0
	décroît	—
$\dfrac{\pi}{2}$	0	$\prime\prime$
	décroît	—
π	$-a$	0

II. — *Calculer l'aire balayée par le segment de droite* MM′ *lorsque* M′ *décrit la courbe* (C′) *tout entière.*

3. — II-xx [O2a]. On voit sur la figure que l'aire en question est la même que l'aire balayée par le segment de droite $M'_1 M'_2$, autrement dit l'aire de la grande boucle moins l'aire de la petite boucle. Or une moitié de la grande boucle correspond à l'intervalle $\left(\dfrac{\pi}{2}, \pi\right)$, et une moitié de la petite boucle à l'intervalle $0, \dfrac{\pi}{2}$.

L'aire demandée est donc $2S$ si

$$S = \frac{1}{2} \int_{\frac{\pi}{2}}^{\pi} \rho^2 \, d\omega - \frac{1}{2} \int_0^{\frac{\pi}{2}} \rho^2 \, d\omega.$$

Si donc on pose

$$(3) \qquad F(\omega) = \int \frac{\cos^2 \omega \, d\omega}{(\cos \omega + 2)^2},$$

on a

$$(4) \qquad 2S = a^2 \left[F(\pi) - 2 F\left(\frac{\pi}{2}\right) + F(o) \right].$$

4. — I-I [**A5a**]. Pour calculer $F(\omega)$ il est commode de simplifier d'abord l'expression $\frac{\cos^2 \omega}{(\cos \omega + 2)^2}$, rationnelle en $\cos \omega$. Si l'on pose

$$\cos \omega = \rho - 2,$$

il vient

$$\frac{\cos^2 \omega}{(\cos \omega + 2)^2} = 1 - \frac{4}{\rho} + \frac{4}{\rho^2} = 1 - \frac{4}{\cos \omega + 2} + \frac{4}{(\cos \omega + 2)^2}.$$

Si donc on pose

$$(5) \qquad I(\omega) = \int \frac{d\omega}{\cos \omega + 2}, \qquad J(\omega) = \int \frac{d\omega}{(\cos \omega + 2)^2},$$

on a

$$(6) \qquad F(\omega) = \omega - 4 I(\omega) + 4 J(\omega).$$

5. — I-XIX [**C2e**]. Le changement de variable $\tang \frac{\omega}{2} = t$ donne maintenant

$$(7) \quad \begin{cases} I(\omega) = \int \frac{2 \, dt}{3 + t^2}, & J(\omega) = \int \frac{2(1 + t^2) \, dt}{(3 + t^2)^2} = H(\omega) + K(\omega), \\ H(\omega) = \int \frac{2 \, dt}{(3 + t^2)^2}, & K(\omega) = \int \frac{2 t^2 \, dt}{(3 + t^2)^2}. \end{cases}$$

Par application de la méthode générale connue, on peut écrire

$$H(\omega) = \frac{1}{3} \int \frac{2(3 + t^2 - t^2) \, dt}{(3 + t^2)^2} = \frac{1}{3} I(\omega) - \frac{1}{3} K(\omega),$$

d'où

$$J(\omega) = \frac{1}{3} I(\omega) + \frac{2}{3} K(\omega)$$

et

$$(8) \qquad F(\omega) = \omega - \frac{8}{3}[I(\omega) - K(\omega)].$$

6. — I-xx [C2a]. Puis $K(\omega)$ peut, au moyen d'une intégration par parties, se ramener à $I(\omega)$. Si, en effet, on pose

$$u = - \frac{1}{3 + t^2},$$

on a

$$K(\omega) = \int t \, du = tu - \int u \, dt = - \frac{t}{3 + t^2} + \frac{1}{2} I(\omega),$$

d'où enfin, d'après (8),

$$(9) \qquad F(\omega) = \omega - \frac{4}{3} I(\omega) - \frac{8 \tan \frac{\omega}{2}}{3\left(3 + \tan^2 \frac{\omega}{2}\right)}.$$

Une intégration presque immédiate donne

$$I(\omega) = \frac{2}{\sqrt{3}} \text{ arc tang } \frac{t}{\sqrt{3}},$$

en prenant, pour arc tang, une détermination arbitraire, par exemple celle comprise entre $-\frac{\pi}{2}$ et $+\frac{\pi}{2}$.

7. — II-1 [K20d]. Dans ces conditions, on a

$$I(o) \ = \frac{2}{\sqrt{3}} \text{ arc tang } o \qquad = o,$$

$$I\left(\frac{\pi}{2}\right) = \frac{2}{\sqrt{3}} \text{ arc tang } \frac{1}{\sqrt{3}} \qquad = \frac{\pi}{3\sqrt{3}},$$

$$I(\pi) \ = \frac{2}{\sqrt{3}} \text{ arc tang}(+\infty) = \frac{\pi}{\sqrt{3}};$$

donc, d'après (9),

$$F(o) = o. \qquad F\left(\frac{\pi}{2}\right) = \frac{\pi}{2} - \frac{4\pi}{9\sqrt{3}} - \frac{2}{3}, \qquad F(\pi) = \pi - \frac{4\pi}{3\sqrt{3}};$$

et, d'après (4), l'aire considérée a pour expression

$$(10) \qquad 2S = \frac{4}{3}\left(1 - \frac{\pi}{3\sqrt{3}}\right).$$

III. — $1°$ *Démontrer que la tangente* MT *en* M *à une courbe plane* (L) *est rencontrée, par la tangente en* M′ *à* (L′), *en un point qui ne dépend pas de la longueur* a. *Déterminer ce point.*

8. — II-x [O2b], Les deux courbes (L) et (L′) ont pour équations polaires respectives

$$\frac{1}{\rho} = f(\omega), \qquad \frac{1}{\rho} = f(\omega) + \frac{1}{a}.$$

Aux points M et M′ correspondant à une même valeur α de ω, les sous-tangentes sont portées sur la même demi-droite d'angle polaire $\alpha + \frac{\pi}{2}$ et ont même valeur algébrique $\frac{1}{f'(\alpha)}$. Donc, quelle que soit la longueur a, la tangente en M′ passe toujours par l'extrémité du vecteur sous-tangente de la courbe (L) pour le point M.

$2°$ *Comment se généralise cette propriété lorsque* (L) *est une courbe gauche?*

9. — III-vi [O3a]. Les deux courbes (L) et (L′) sont alors sur un cône de sommet O. Développons ce cône sur le plan tangent le long d'une génératrice OMM′. Les courbes transformées (Λ) et (Λ′) ont entre elles la même relation que les courbes (L) et (L′); elles ont, en M et M′, respectivement les mêmes tangentes que (L) et (L′). D'après la propriété démontrée au $1°$, ces deux droites se coupent sur la perpendiculaire menée par O à OMM′, dans le plan tangent au cône ayant pour sommet O et pour directrice (L). Telle est la généralisation demandée.

Cette propriété peut être vérifiée analytiquement. En introduisant les coordonnées polaires dans l'espace, les équations paramétriques des courbes (L) et (L′) s'écrivent

$$x\frac{1}{r} = \cos\theta\cos\varphi, \qquad y\frac{1}{r} = \cos\theta\sin\varphi, \qquad z\frac{1}{r} = \sin\theta;$$

$$x'\left(\frac{1}{r}+\frac{1}{a}\right) = \cos\theta\cos\varphi, \quad y'\left(\frac{1}{r}+\frac{1}{a}\right) = \cos\theta\sin\varphi, \quad z'\left(\frac{1}{r}+\frac{1}{a}\right) = \sin\theta,$$

θ et φ étant fonctions de r. Les paramètres directeurs des tangentes en M et M′, dérivées des coordonnées par rapport à r, sont donnés par

$$\frac{dx}{dr}\frac{1}{r} = \frac{x}{r^2} - \frac{d\theta}{dr}\sin\theta\cos\varphi - \frac{d\varphi}{dr}\cos\theta\sin\varphi,$$

$$\frac{dy}{dr}\frac{1}{r} = \frac{y}{r^2} - \frac{d\theta}{dr}\sin\theta\sin\varphi + \frac{d\varphi}{dr}\cos\theta\cos\varphi,$$

$$\frac{dz}{dr}\frac{1}{r} = \frac{z}{r^2} + \frac{d\theta}{dr}\cos\theta;$$

$$\frac{dx'}{dr}\left(\frac{1}{r} + \frac{1}{a}\right) = \frac{x'}{r^2} - \frac{d\theta}{dr}\sin\theta\cos\varphi - \frac{d\varphi}{dr}\cos\theta\sin\varphi,$$

$$\frac{dy'}{dr}\left(\frac{1}{r} + \frac{1}{a}\right) = \frac{y'}{r^2} - \frac{d\theta}{dr}\sin\theta\sin\varphi + \frac{d\varphi}{dr}\cos\theta\cos\varphi,$$

$$\frac{dz'}{dr}\left(\frac{1}{r} + \frac{1}{a}\right) = \frac{z'}{r^2} + \frac{d\theta}{dr}\cos\theta.$$

Supposons que l'on ait pris OMM' pour axe Ox, et le plan tangent au cône suivant OMM' pour plan Oxz. On doit avoir, pour le point M,

$$y = z = \frac{dy}{dr} = 0 \qquad \text{ou} \qquad \sin\theta = \sin\varphi = \frac{d\varphi}{dr} = 0.$$

Alors on a, par exemple, $\cos\theta = \cos\varphi = 1$, et, pour le point M′,

$$x'\left(\frac{1}{r} + \frac{1}{a}\right) = 1, \qquad y' = 0, \qquad z' = 0,$$

$$\frac{dx'}{dr}\left(\frac{1}{r} + \frac{1}{a}\right) = \frac{x'}{r^2}, \qquad \frac{dy'}{dr} = 0, \qquad \frac{dz'}{dr}\left(\frac{1}{r} + \frac{1}{a}\right) = \frac{d\theta}{dr}.$$

10. — II-11 [к6a]. Un point quelconque de la tangente en M′, située dans le plan Oxz, a pour coordonnées, dans ce plan,

$$x' + \lambda\frac{dx'}{dr} = x'\left[1 + \frac{\lambda}{r^2\left(\frac{1}{r} + \frac{1}{a}\right)}\right], \qquad z' + \lambda\frac{dz'}{dr} = \frac{\lambda\dfrac{d\theta}{dr}}{\dfrac{1}{r} + \dfrac{1}{a}}.$$

Cette tangente rencontre Oz $(x = 0)$ au point correspondant à

$$\lambda = - r^2\left(\frac{1}{r} + \frac{1}{a}\right),$$

dont la cote, égale à $- r^2\dfrac{d\theta}{dr}$, est bien indépendante de a.

IV. — 1° *Montrer, sans calcul, qu'une propriété analogue a lieu pour les plans tangents à une surface* [S] *et à la surface homologue* [S'].

La propriété en question, pour les courbes gauches, peut s'énoncer ainsi : « Quel que soit a, la tangente en M' à (L') rencontre la tangente en M à (L) au même point que le plan [Q] mené par O perpendiculairement à OM. »

11. — III-VIII [O5c]. Or les tangentes en M à toutes les courbes (L) tracées sur la surface [S] sont dans le plan tangent [P] à [S] en M, elles rencontrent donc le plan (Q) en des points situés sur son intersection avec le plan [P]. Les tangentes en M' à toutes les courbes (L') tracées sur la surface [S'] rencontrent donc cette intersection; donc le plan tangent [P'] à [S'] en M' la contient. On a donc la propriété suivante : « Quel que soit a, le plan [P'] tangent à [S'] en M' passe par une droite fixe, intersection du plan [P] tangent à [S] en M et du plan [Q] mené par O perpendiculairement à OMM'. »

2° *Montrer que la normale à* [S'] *en M' reste tangente à une courbe plane* (E), *lorsqu'on donne à a différentes valeurs.*

Soit (D) l'intersection des plans [P] et [Q], perpendiculaire à OM que décrit M'. Le plan [P'], tangent à [S'] en M', pivote autour de (D). La normale à [S'] en M' est toujours dans le plan [R] mené par OM perpendiculairement à (D), et, dans ce plan [R], perpendiculaire à la droite qui joint M' à la trace fixe A de (D) sur [R]. La normale considérée dépend donc d'un seul paramètre, et par suite enveloppe une courbe du plan [R].

3° *Quelle est cette courbe* (E)?

12. — II-XI [O2f]. Prenons, dans le plan [R], OM pour axe Ox et OA pour axe Oy. Soient (o, c) les coordonnées de A, (λ, o) celles de M'. La droite (N), perpendiculaire au vecteur AM' de composantes λ et $-c$, a pour équation

$$(11) \qquad \lambda(x - \lambda) - cy = o.$$

L'équation de l'enveloppe s'obtient en exprimant que l'équation (11) détermine, pour λ, deux valeurs égales ; on obtient ainsi

$$x^2 - 4cy = 0.$$

Fig. 62.

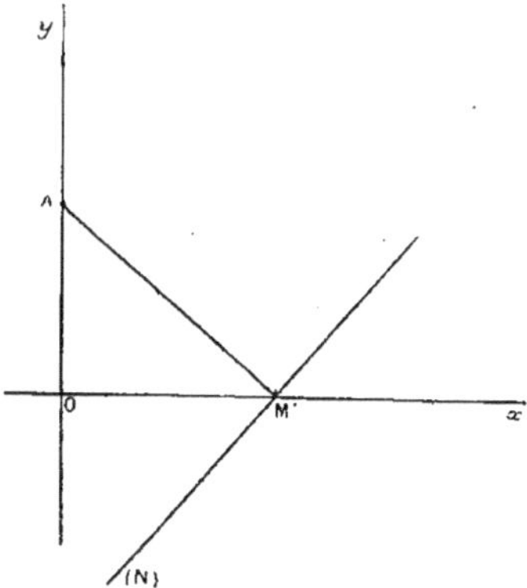

La courbe (E) est donc une parabole ayant pour foyer A et pour sommet O.

13. — II-xviii [**L 10 a**]. On peut obtenir géométriquement ce résultat en remarquant que la projection du point fixe A sur la droite mobile (N) décrit la droite fixe Ox : or il en est ainsi quand N est tangente à une parabole ayant pour foyer A et pour tangente au sommet Ox.

ANNÉE 1921.

PREMIÈRE COMPOSITION.

Une fonction de la variable réelle x est représentée par la série

$$(1) \qquad y = f(x) = x - \frac{\sin 2a}{2!}\left(\frac{-x}{\sin a}\right)^2 - \ldots - \frac{\sin na}{n!}\left(\frac{-x}{\sin a}\right)^n - \ldots,$$

où a est une constante donnée comprise entre zéro et $+\dfrac{\pi}{2}$.

I. — Montrer que la série est absolument convergente pour toute valeur de x.

II. — Former les séries qui représentent les dérivées y' et y''; montrer que la fonction y vérifie une équation différentielle linéaire du second ordre à coefficients constants.

III. — Former l'intégrale générale de cette équation différentielle; puis reconnaître, parmi les fonctions qu'elle contient, celle dont l'expression (1) représente le développement en série.

Par quelle transformation peut-on passer de la courbe représentant les variations de la fonction $y = f(x)$ à l'une quelconque de celles qui correspondent à l'intégrale générale?

IV. — Construire la courbe $y = f(x)$. Montrer qu'elle a une infinité de points de contact avec la courbe $y = e^{-x\cot a}$.

V. — Évaluer l'aire comprise entre les arcs de ces deux courbes limités à deux points de contact consécutifs.

Soient x_0, y_0 les coordonnées de l'un des points de contact.

Calculer l'aire comprise, à partir de ce point, entre les deux courbes et la droite parallèle à Oy qui a pour abscisse $x > x_0$. Que devient cette aire quand x croît indéfiniment?

I. — *Montrer que la série est absolument convergente pour toute valeur de x.*

1. — I-viii [**D 2 a α**]. Posons $x = -u \sin a$, il vient

$$(2) \qquad -y = u \sin a + \frac{u^2}{2!} \sin 2a + \ldots + \frac{u^n}{n!} \sin na + \ldots.$$

Les termes de cette série sont, en valeur absolue, respectivement moindres que ceux de la série

$$|u| + \frac{u^2}{2!} + \ldots + \frac{|u^n|}{n!} + \ldots$$

qui est convergente quel que soit u, et a pour somme $e^{|u|} - 1$.

II. — $1°$ *Former les séries qui représentent $\dfrac{dy}{dx}$ et $\dfrac{d^2 y}{dx^2}$.*

2. — I-xvi [**D 2 a γ**]. La série (2), étant absolument convergente, peut être dérivée terme à terme. On a donc

$$(3) \qquad -\frac{dy}{du} = \sin a + u \sin 2a + \ldots + \frac{u^{n-1}}{(n-1)!} \sin na + \ldots,$$

$$(4) \qquad -\frac{d^2 y}{du^2} = \sin 2a + \ldots + \frac{u^{n-2}}{(n-2)!} \sin na + \ldots.$$

On a, d'autre part,

$$(5) \qquad \frac{dy}{dx} = \frac{dy}{du} \frac{du}{dx} = -\frac{dy}{du} \frac{1}{\sin a};$$

$$(6) \qquad \frac{d^2 y}{dx^2} = -\frac{d^2 y}{du^2} \frac{du}{dx} \frac{1}{\sin a} = \frac{d^2 y}{du^2} \frac{1}{\sin^2 a};$$

d'où l'on tire les développements de $\dfrac{dy}{dx}$ et $\dfrac{d^2 y}{dx^2}$.

2° *Montrer que la fonction y vérifie une équation différentielle du second ordre à coefficients constants.*

3. — I-xx [**C1d**]. Il suffit de montrer que l'on peut trouver trois coefficients constants λ, μ, ν et une fonction $g(u)$ tels que l'on ait, quel que soit u,

$$\lambda \frac{d^2 y}{du^2} + \mu \frac{dy}{du} + \nu y + g(u) = 0.$$

Les trois premiers termes forment la série

$$-\left\{ \lambda \sin 2a + \mu \sin a + u(\lambda \sin 3a + \mu \sin 2a + \nu \sin a) + \ldots \right.$$
$$\left. + \frac{u^n}{n!}[\lambda \sin(n+2)a + \mu \sin(n+1)a + \nu \sin na] + \ldots \right\}.$$

4. — II-ı [**K20a**]. On peut déterminer λ, μ, ν de manière que l'on ait, quel que soit n,

$$(7) \qquad \lambda \sin(n+2)a + \mu \sin(n+1)a + \nu \sin na = 0,$$

car le premier membre est une fonction linéaire et homogène de $\sin na$ et $\cos na$, dont il suffira d'annuler les coefficients. On obtient ainsi :

$$\lambda \cos 2a + \mu \cos a + \nu = 0,$$
$$\lambda \sin 2a + \mu \sin a = 0, \qquad \text{ou} \qquad 2\lambda \cos a + \mu = 0.$$

5. — I-v [**A2a**]. Une solution de ce système est

$$(8) \qquad \begin{cases} \lambda = 1, & \mu = -2\cos a, \\ \nu = -\cos 2a + 2\cos^2 a = 1. \end{cases}$$

Alors les termes indépendants de u disparaissent aussi, et y vérifie l'équation différentielle à coefficients constants sans second membre

$$(9) \qquad \frac{d^2 y}{du^2} - 2\cos a \frac{dy}{du} + y = 0$$

ou, en revenant à la variable x au moyen de (5) et (6),

$$(10) \qquad \sin^2 a \frac{d^2 y}{dx^2} + \sin 2a \frac{dy}{dx} + y = 0.$$

III. — 1° *Former l'intégrale générale de cette équation.*

6. — I-xx [**H5a**]. Une solution de (9) est e^{ru}, r étant racine de l'équation caractéristique

$$(11) \qquad r^2 - 2r\cos a + 1 = 0,$$

d'où

$$r = \cos a \pm i\sin a.$$

On connaît donc deux solutions particulières de l'équation (9), à savoir $e^{u(\cos a \pm i\sin a)}$ ou, en revenant à la variable x,

$$e^{-x\cot a}\, e^{\pm ix} = e^{-x\cot a}(\cos x \pm i\sin x).$$

Par combinaisons linéaires de ces deux solutions, on obtient les deux solutions particulières réelles

$$(12) \qquad y_1 = \cos x\, e^{-x\cot a}, \qquad y_2 = \sin x\, e^{-x\cot a}.$$

Et l'intégrale générale de (10) est

$$(13) \qquad y = e^{-x\cot a}(A\cos x + B\sin x),$$

A et B désignant deux constantes arbitraires.

2° Reconnaître, parmi les fonctions que contient l'intégrale générale, celle dont l'équation (1) représente le développement en série.

7. — I-xx [**H1e**]. C'est celle qui s'annule avec x, donc $A = 0$, et dont la dérivée se réduit à 1 pour $x = 0$. Or, en dérivant (13) où l'on fait $A = 0$, il vient

$$\frac{dy}{dx} = B(-\cot a\, e^{-x\cot a}\sin x + \cos x\, e^{-x\cot a}).$$

En faisant $x = 0$, cette relation donne $1 = B$. L'intégrale particulière demandée est donc y_2.

8. — I-xvi [**O6cz**]. On peut d'ailleurs vérifier que y_2 admet le développement (1), c'est-à-dire que, pour $x = 0$, $\dfrac{d^n y_2}{dx^n}$ se réduit à $-\sin na\left(\dfrac{-1}{\sin a}\right)^n$.

9. — I-XI [C1a]. Calculons $\dfrac{d^n y_2}{dx^n}$ par la formule de Leibnitz. En posant

$$\sin x = u, \qquad -\cot a = b, \qquad e^{bx} = v,$$

on a

$$\frac{d^\alpha u}{dx^\alpha} = \sin\left(x + \frac{\alpha\pi}{2}\right), \qquad \frac{d^\beta v}{dx^\beta} = b^\beta e^{bx};$$

d'où, pour $x = 0$,

$$\frac{d^\alpha u}{dx^\alpha} = \sin\frac{\alpha\pi}{2} = \begin{cases} 0 & \text{si} \quad \alpha \text{ est pair,} \\ (-1)^{\alpha'} & \text{si} \quad \alpha = 2\alpha' + 1, \end{cases}$$

$$\frac{d^\beta v}{dx^\beta} = b^\beta = (-1)^\beta \cot^\beta a.$$

Puis on a

$$\frac{d^n y_2}{dx^n} = u \frac{d^n v}{dx^n} + C_n^1 \frac{du}{dx} \frac{d^{n-1} v}{dx^{n-1}} + C_n^2 \frac{d^2 u}{dx^2} \frac{d^{n-2} v}{dx^{n-2}} + \dots$$

Donc, pour $x = 0$,

$$\frac{d^n y_2}{dx^n} = C_n^1 (-1)^{n-1} \cot^{n-1} a - C_n^3 (-1)^{n-3} \cot^{n-3} a + \dots;$$

le second membre peut s'écrire

$$-\frac{(-1)^n}{\sin^n a} \left[C_n^1 \sin a \cos^{n-1} a - C_n^3 \sin^3 a \cos^{n-3} a + \dots \right].$$

Or la formule de Moivre,

$$(\cos a + i \sin a)^n = \cos na + i \sin na,$$

montre que le [ ] est précisément $\sin na$.

3° *Par quelle transformation peut-on passer de la courbe* $y = f(x)$ *à une courbe intégrale quelconque?*

10. — II-II [K6a]. Si l'on pose, en désignant par h une constante et par α un angle compris entre 0 et 2π,

$$A = e^h \sin\alpha, \qquad B = e^h \cos\alpha,$$

l'équation d'une courbe intégrale s'écrit

$$y = e^{h - x\cot a} \sin(x + \alpha)$$

ou, en posant $h = k - \alpha \cot a$,

$$y = e^k e^{-(x + \alpha)\cot a} \sin(x + \alpha).$$

La transformation demandée résulte donc d'une multiplication des ordonnées par une constante et d'une translation le long de Ox.

IV. — 1° *Construire la courbe* $y = f(x)$.

11. — II-VII [**M4m**], I-IX [**D6b**]. L'équation peut s'écrire

$$y = \sin x \, e^{-bx},$$

$b = \cot a$ désignant, d'après l'énoncé, une constante > 0. On voit que y est uniforme dans tout intervalle.

Lorsque x augmente indéfiniment par valeurs > 0, e^{-bx} tend vers zéro, $|\sin x|$ demeure < 1, donc y tend vers zéro par valeurs oscillantes dont l'amplitude tend vers zéro. Lorsque x augmente indéfiniment par valeurs < 0, y éprouve des oscillations dont l'amplitude augmente indéfiniment.

On voit immédiatement que y s'annule, comme $\sin x$, pour $x = k\pi$, k entier arbitraire.

12. — I-XI [**C1a**], I-XIV [**C1f**]. La dérivée a pour expression

$$y' = e^{-bx}(\cos x - b \sin x) = \frac{e^{-bx}}{\sin a} \sin(a - x).$$

Ainsi y présente des maxima et minima périodiques, d'abscisses $a + k\pi$, k entier; les maxima correspondent aux valeurs paires de k; les minima aux valeurs impaires.

2° *Montrer que* $y = \sin x \, e^{-x \cot a}$ *a une infinité de points de contact avec* $y = e^{-x \cot a}$.

13. — II-X [**O2b**]. Les points d'intersection des deux courbes

$$y = \sin x \, e^{-bx}, \qquad y = e^{-bx}$$

ont pour abscisses les racines de l'équation

$$\sin x = 1, \quad \text{d'où} \quad x = 2k\pi + \frac{\pi}{2},$$

k entier arbitraire. Pour ces valeurs de x, on a $\cos x = 0$; les deux dérivées se réduisent à $- b e^{-bx}$; les deux courbes sont tangentes.

V. — *Évaluer l'aire comprise entre les arcs des deux courbes*

$$y = \sin x \, e^{-x \cot a} \qquad \text{et} \qquad y = e^{-x \cot a}$$

entre deux points de contact consécutifs.

14. — II-XXI [O2a]. Les abscisses de deux points de contact consécutifs sont $x_0 = 2 k \pi + \dfrac{\pi}{2}$ et $x_0 + 2 \pi$. Si l'on remplace y par $y + c$ de manière que $f(x) + c$, dans l'intervalle considéré, soit toujours > 0, on voit que l'aire demandée A est la différence des aires comprises entre le nouvel axe Ox et les deux courbes. On a donc

$$\Lambda = \int_{x_0}^{x_0 + 2\pi} (e^{-bx} + c)\, dx - \int_{x_0}^{x_0 + 2\pi} (\sin x \, e^{-bx} + c)\, dx$$

$$= \int_{x_0}^{x_0 + 2\pi} e^{-bx}\, dx - \int_{x_0}^{x_0 + 2\pi} \sin x \, e^{-bx}\, dx.$$

15. — I-XVIII [C2e]. On a

$$\int e^{-bx}\, dx = -\frac{1}{b}\, e^{-bx}.$$

Pour calculer

$$F(x) = \int \sin x \, e^{-bx}\, dx,$$

on peut remplacer $\sin x$ par $\dfrac{1}{2i}(e^{ix} - e^{-ix})$, ce qui donne

$$\sin x \, e^{-bx} = \frac{1}{2i}\left[e^{-(b-i)x} - e^{-(b+i)x} \right].$$

L'intégration est alors immédiate et l'on obtient

$$F(x) = -\frac{e^{-bx}(\cos x + b \sin x)}{b^2 + 1} = -e^{-bx} \sin a \sin(x + a).$$

L'aire demandée A est donc

$$\Lambda = -\frac{1}{b}\left[e^{-b(x_0 + 2\pi)} - e^{-bx_0} \right] + F(x_0) - F(x_0 + 2\pi).$$

En remplaçant b et x_0 par leurs valeurs, il vient

$$\Lambda = \frac{\sin^3 a}{\cos a}\, e^{-bx_0}(1 - e^{-2b\pi}).$$

2° *Calculer l'aire comprise, à partir d'un point de contact d'abscisse x_0, entre les deux courbes et la droite qui a pour abscisse $x_0 + u > x_0$.*

16. — II-xxi [**O2a**]. Cette aire $A(u)$ a pour expression, d'après le raisonnement précédent,

$$A(u) = \int_{x_0}^{x_0+u} e^{-bx}\,dx - \int_{x_0}^{x_0+u} e^{-bx} \sin x\,dx$$

$$= \frac{1}{b}\, e^{-bx_0}(1 - e^{-bu}) - F(x_0 + u) + F(x_0).$$

Remplaçant x_0 et b par leurs valeurs, il vient

$$A(u) = \tang a\, e^{-bx_0} \} \sin^2 a - e^{-bu}[1 - \cos a \cos(a + u)]\}.$$

3° *Que devient cette aire quand u croît indéfiniment ?*

17. — I-xiii [**D1a**]. Quand u croît indéfiniment, ce qui a lieu par valeurs > 0, e^{-bu} tend vers zéro, le [ ] reste borné, donc $A(u)$ tend vers $\dfrac{\sin^3 a}{\cos a}\, e^{-bx_0}$.

18. — I-viii [**D2b**]. On peut d'ailleurs remarquer que les aires comprises entre deux contacts consécutifs forment une progression géométrique de raison $e^{-2b\pi}$. Leur somme a pour expression

$$\frac{\sin^3 a}{\cos a}\, e^{-bx_0}(1 - e^{-2b\pi})(1 + e^{-2b\pi} + e^{-4b\pi} + \ldots)$$

dont la limite est bien l'expression trouvée.

DEUXIÈME COMPOSITION.

Première question.

Sur un plan horizontal repose sans frottement, par un point de sa surface courbe, une demi-sphère de poids P, de centre O, de rayon R, solide, homogène, de sorte que son centre de gravité G est à la distance $OG = \frac{3}{8}R$ du centre. En deux points A et A' marqués sur le grand cercle, aux extré-

mités d'un diamètre, sont appliquées des forces F et F′ égales à P, de sens contraires et parallèles à une droite donnée Δ qui fait l'angle α avec le plan horizontal.

Quelles sont, dans les positions d'équilibre :

I. — La direction du plan AGA′?

II. — La valeur θ de l'angle de OG avec la verticale descendante?

____

I. — Déterminer la direction du plan AGA′?

1. — III-II [R4a]. La demi-sphère peut être considérée comme un solide invariable libre en équilibre sous l'action de quatre forces : les trois forces données, égales à P, appliquées respectivement en A, A′, G, et la réaction du plan horizontal, dont la ligne d'action passe par O et que l'on peut, par conséquent, sup-

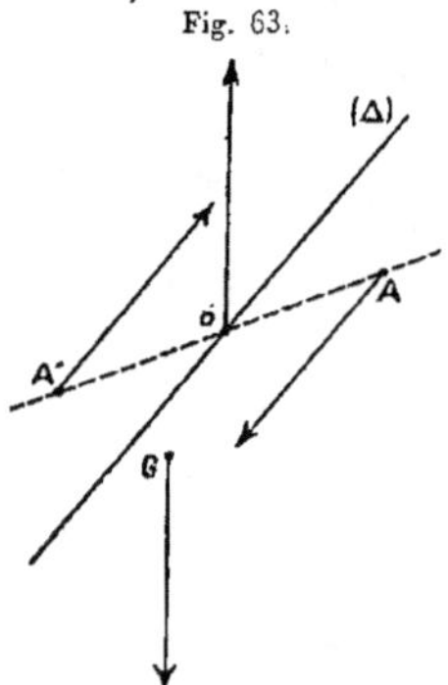

poser appliquée en ce point. Les deux premières forces forment un couple dont l'axe est perpendiculaire au plan déterminé par AA′ et Δ supposée passant par O. La résultante générale du système des quatre forces devant être nulle, les deux dernières doivent aussi former un couple, donc la réaction du plan horizontal est aussi égale à P. Alors il faut et suffit pour l'équilibre que les axes de ces deux couples soient opposés et égaux. Or, en prenant les moments par rapport au point O, on voit que le premier axe est perpendiculaire au plan [AA', Δ], le second au plan vertical de la droite OG. Il faut donc que ces deux plans soient confondus; alors *le plan AGA' est vertical et parallèle à Δ.*

On peut vérifier analytiquement ce résultat. Prenons, en effet, le centre O de la sphère pour origine, Oz vertical, Ox horizontal dans le plan vertical OAA'. Soient φ l'angle de AA' avec Ox; α, β, γ les cosinus directeurs de Δ, et ξ, η, ζ les coordonnées de G. Les forces, leurs composantes et les coordonnées de leurs points d'application sont :

Couple....... $\Big\{$	$P\alpha$	$P\beta$	$P\gamma$	$r\cos\varphi$	0	$r\sin\varphi$
	$-P\alpha$	$-P\beta$	$-P\gamma$	$-r\cos\varphi$	0	$-r\sin\varphi$
Pesanteur....	0	0	$-P$	ξ	η	ζ
Réaction.....	0	0	N	0	0	0

Les trois premières équations d'équilibre se réduisent à

$$N - P = 0.$$

Les trois dernières donnent

$$2\beta r\sin\varphi + \eta = 0, \qquad 2r(\alpha\sin\varphi - \gamma\cos\varphi) + \xi = 0, \qquad \beta\cos\varphi = 0;$$

d'où les deux solutions

$$\cos\varphi = 0, \qquad \xi = 2\varepsilon\alpha r, \qquad \eta = 2\varepsilon\beta r, \qquad \varepsilon = \pm 1,$$
$$\beta = 0, \qquad \xi = 2r(\gamma\cos\varphi - \alpha\sin\varphi), \qquad \eta = 0.$$

Dans la première, la direction (Δ) reste arbitraire, mais on a toujours $\beta\xi - \alpha\eta = 0$; dans la seconde, la direction (Δ) et le point G sont dans le plan Oxz; dans les deux cas, le plan [AGA'] est toujours confondu avec le plan vertical contenant (Δ).

II. — *Déterminer la valeur θ de l'angle de OG avec la verticale descendante.*

2. — III-II [**R4a**]. D'après le résultat précédent, toutes les forces égales à P sont dans le plan vertical du diamètre AA'. Convenons, pour préciser, de décrire les angles positifs dans le sens dans lequel $xOz = \dfrac{\pi}{2}$, et soit $\theta = z'OG$, Oz' étant la verti-

cale descendante. Comme $xOz' = \dfrac{3\pi}{2}$, on a

$$xOG = \dfrac{3\pi}{2} + \theta,$$

d'où

$$\cos xOG = \sin\theta, \qquad \sin xOG = -\cos\theta;$$

Fig. 64.

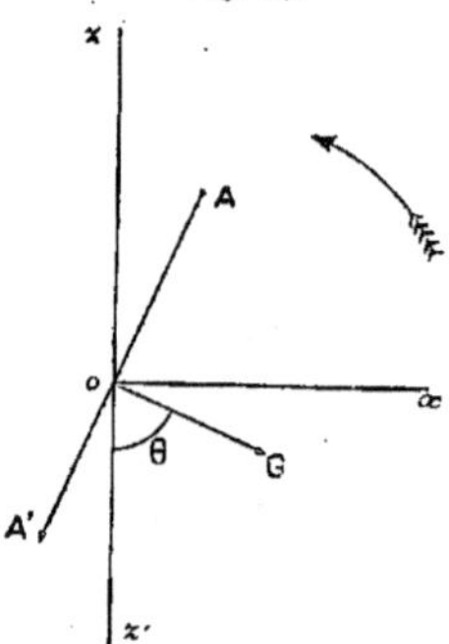

en multipliant par $\dfrac{3r}{8}$, on a les coordonnées de G. Convenons de choisir A de telle manière que

$$GOA = \dfrac{\pi}{2},$$

en sorte que

$$xOA = xOG + \dfrac{\pi}{2};$$

alors

$$\cos xOA = -\sin xOG = \cos\theta, \qquad \sin xOA = \cos xOG = \sin\theta;$$

en multipliant par r, on a les coordonnées de A. Convenons enfin de désigner par α l'angle de Ox avec la force P passant par A. Alors, en écrivant que la somme des moments par rapport au point O est nulle, il vient

$$2\,Pr(\cos\theta\sin\alpha - \cos\alpha\sin\theta) - \dfrac{3\,Pr\sin\theta}{8} = 0,$$

d'où

$$\tan g\,\theta = \dfrac{16\sin\alpha}{3 + 16\cos\alpha}.$$

Comme, d'après les conditions physiques du problème, on doit toujours avoir $-\frac{\pi}{2} < \theta < \frac{\pi}{2}$, cette formule détermine toujours, et sans ambiguïté, l'angle θ. Il y a donc toujours une position d'équilibre et une seule.

Deuxième question.

Le mouvement d'un point P dans un plan est défini, au moyen d'un paramètre u, par les trois équations

$$(1) \qquad \begin{cases} t = \dfrac{1 - u^2}{2} - \mathrm{Log}\,u, \\[2mm] x = -\left(u + \dfrac{u^3}{3}\right), \\[2mm] y = \dfrac{1}{2}\,\mathrm{Log}\,u - \dfrac{u^4}{8}, \end{cases}$$

où Log *désigne le logarithme népérien, t le temps, x et y les coordonnées du mobile P par rapport à deux axes rectangulaires* Ox *et* Oy *du plan.*

I. — *Figurer la trajectoire* (C) *et l'hodographe* (H) *du mouvement; indiquer les sens de parcours; calculer, en fonction de u, la grandeur de la vitesse, le cosinus et le sinus de l'angle* θ *de cette vitesse avec* Ox.

II. — *La masse du point matériel* P *étant prise pour unité, trouver la force* F *qui produit le mouvement, et la décomposer en deux autres forces, l'une* F' *parallèle à* Oy, *l'autre* F'' *tangente à* (C).

III. — *Conclure des résultats que les formules* (1) *peuvent, avec des unités convenables, représenter le mouvement d'un point pesant, avec frottement, sur un plan incliné, étant entendu qu'entre la composante normale* Q *de la réaction du plan et la composante tangentielle* F'' *la relation est* $F'' = Qf$, *f étant le coefficient de frottement. Quelle relation ces formules impliquent-elles entre f et l'angle i du plan incliné avec le plan horizontal?*

IV. — APPLICATION. — *On donne le coefficient de frottement $f = \frac{1}{2}$; quelle est l'inclinaison i correspondante du plan? Sur ce plan, l'accélération de la pesanteur étant $g = 981\,C.G.S.$, on lance un mobile P à partir d'un point O_1, à l'origine du temps, avec une vitesse $O_1 V_1$ égale à 50 C.G.S., dirigée vers le haut et faisant l'angle $\theta_1 = \frac{\pi}{4}$ avec les horizontales du plan. Donner des formules propres à calculer, au moyen de u, le temps T et les coordonnées X et Y du point P en unités C.G.S.*

---

1. — 1° *Figurer la trajectoire* (C).

3. — II-VIII [**M⁴m**]. (C) est définie par les équations paramétriques

$$(2) \qquad x = -\left(u + \frac{u^3}{3}\right), \qquad y = \frac{1}{2}\operatorname{Log} u - \frac{u^4}{8},$$

dans lesquelles u varie de 0 à $+\infty$.

Pour $u = 0$, on voit que $x = 0$, $y = -\infty$; pour $u = +\infty$, on voit que $x = -\infty$, et, le terme u^4 étant prépondérant, $y = -\infty$. Comme, dans x, le terme prépondérant est de degré 3, $\frac{y}{x}$ est aussi infini, et la courbe (C) présente une branche parabolique dans la direction Oy.

4. — I-XIV [**C1f**]. Les expressions des dérivées

$$(3) \qquad \frac{dx}{du} = -(1 + u^2), \qquad \frac{dy}{du} = \frac{1 - u^4}{2u}$$

montrent que, quand u croît de 0 à $+\infty$, x décroît constamment, y passant, pour $u = 1$, par un maximum égal à $-\frac{1}{8}$, auquel correspond, pour x, la valeur $-\frac{4}{3}$.

Ces résultats sont représentés et résumés par la figure et le tableau suivants :

Fig. 65.

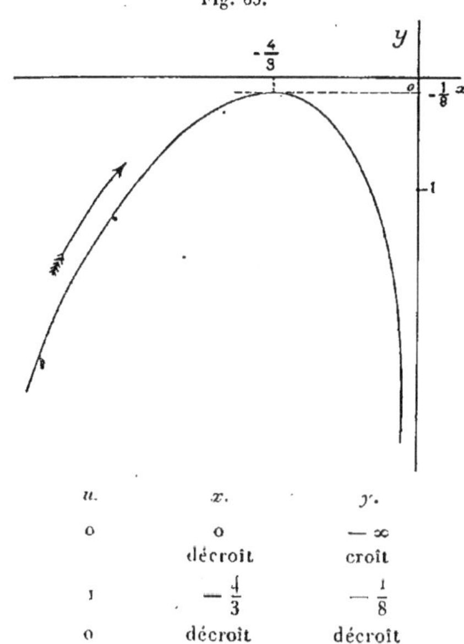

u.	x.	y.
o	o	$-\infty$
	décroît	croît
1	$-\dfrac{4}{3}$	$-\dfrac{1}{8}$
o	décroît	décroît
$+\infty$	$-\infty$	$-\infty$

2° *Figurer l'hodographe* (H).

5. — I-xi [**C1c**]. Il est nécessaire d'avoir, en fonction de u, les expressions de $\dfrac{dx}{dt}$ et $\dfrac{dy}{dt}$. Or en dérivant, par rapport à t, la relation

$$t = \frac{1 - u^2}{2} - \mathrm{Log}\, u,$$

il vient

$$(4) \qquad 1 = - \frac{1 + u^2}{u} \frac{du}{dt}, \qquad \text{d'où} \qquad \frac{du}{dt} = - \frac{u}{1 + u^2}.$$

De (3) et (4) on tire alors

$$(5) \qquad \frac{dx}{dt} = u, \qquad \frac{dy}{dt} = \frac{u^2 - 1}{2}.$$

6. — III-xix [**R1a**]. Si l'on désigne par $x' = \dfrac{dx}{dt}$ et $y' = \dfrac{dy}{dt}$ les coordonnées d'un point quelconque de l'hodographe, cette courbe a pour équations paramétriques

$$(6) \qquad x' = u, \qquad y' = \frac{u^2 - 1}{2}.$$

7. — II-vi [**L¹10a**]. Son équation est

$$(7) \qquad x^2 - 2y - 1 = 0.$$

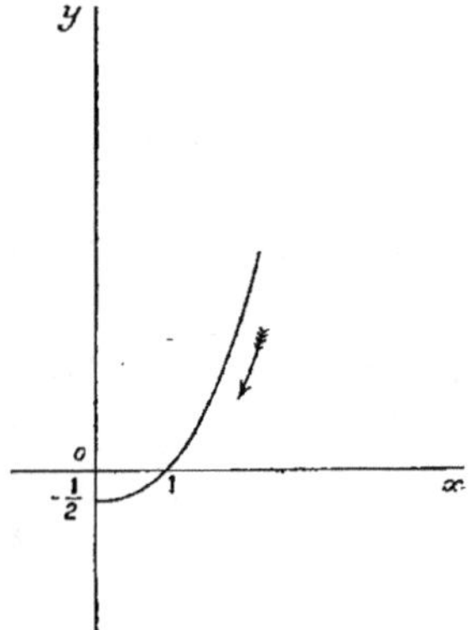

L'hodographe est donc une parabole ayant pour axe Oy, et pour sommet le point $\left(0, -\dfrac{1}{2}\right)$. Quand u croît de 0 à $+\infty$, le point (x', y') décrit, en partant du sommet, la demi-parabole située, par rapport à Oy, du côté des $x > 0$.

$3°$ *Indiquer les sens de parcours.*

On a toujours $u > 0$, donc $\dfrac{du}{dt} < 0$. Donc la trajectoire et l'hodographe sont décrites dans le sens (indiqué par une flèche) inverse de celui dans lequel elles ont été construites.

$4°$ *Déterminer la grandeur v de la vitesse et son angle θ avec Ox.*

8. — III-xix [**R1a**]. On a, en général,

$$v^2 = \left(\frac{dx}{dt}\right)^2 + \left(\frac{dy}{dt}\right)^2, \qquad v > 0,$$

$$\cos\theta = \frac{1}{v}\frac{dx}{dt}; \qquad \sin\theta = \frac{1}{v}\frac{dy}{dt},$$

9. — II-ii [**K6a**]. Ces formules donnent immédiatement, d'après (5),

$$(8) \qquad v = \frac{u^2+1}{2}, \qquad \cos\theta = \frac{2u}{u^2+1}, \qquad \sin\theta = \frac{u^2-1}{u^2+1}.$$

II. — *En prenant pour unité la masse du mobile, déterminer les composantes* F′ *suivant* O*y* *et* F″ *suivant la vitesse de la force qui produit le mouvement.*

10. — II-ii [**K6a**], III-xix [**R1a**]. Les paramètres directeurs principaux de O*y* et de la vitesse, dans le système O*xy*, sont donnés par le tableau :

	O*y*.	*v*.
O*x*................	0	$\cos\theta$
O*y*................	1	$\sin\theta$

On a donc, entre les composantes d'un même vecteur, qui sont $\frac{d^2x}{dt^2}$ et $\frac{d^2y}{dt^2}$ dans un système, F′ et F″ dans l'autre, les relations

$$(9) \qquad \frac{d^2x}{dt^2} = F''\cos\theta, \qquad \frac{d^2y}{dt^2} = F' + F''\sin\theta$$

ou

$$(10) \qquad F' = \frac{d^2y}{dt^2} - \frac{d^2x}{dt^2}\tan\theta, \qquad F'' = \frac{d^2x}{dt^2}\frac{1}{\cos\theta}.$$

11. — I-xi [**C1a**]. Des formules (4) et (5) on tire

$$\frac{d^2x}{dt^2} = \frac{du}{dt} = -\frac{u}{1+u^2}, \qquad \frac{d^2y}{dt^2} = u\frac{du}{dt} = -\frac{u^2}{1+u^2};$$

d'où, en substituant dans (10), et tenant compte de (8),

$$(11) \qquad \begin{cases} F' = -\dfrac{u^2}{1+u^2} + \dfrac{u}{1+u^2}\dfrac{u^2-1}{2u} = -\dfrac{1}{2}, \\[2mm] F'' = -\dfrac{u}{1+u^2}\dfrac{1+u^2}{2u} = -\dfrac{1}{2}. \end{cases}$$

III. — *Montrer que les formules* (1) *peuvent représenter le mouvement d'un point pesant, avec frottement, sur un plan incliné.*

12. — III-xx [**R9a**]. Prenons, dans un plan incliné, Ox horizontal et Oy suivant une ligne de plus grande pente ascendante. Les forces qui agissent sur un point pesant de masse-unité en mouvement dans le plan sont : son poids g, la réaction normale du plan Q, et la force de frottement, de grandeur Qf et opposée à la vitesse. Si nous considérons un axe Oz perpendiculaire au plan vers le bas, l'équation différentielle du mouvement relative à cet axe est, en désignant par i l'angle de la normale Oz au plan avec la verticale descendante,

$$\frac{d^2 z}{dt^2} = Q + g \cos i.$$

Comme le mouvement se fait dans le plan, z, et par suite $\dfrac{d^2 z}{dt^2}$,

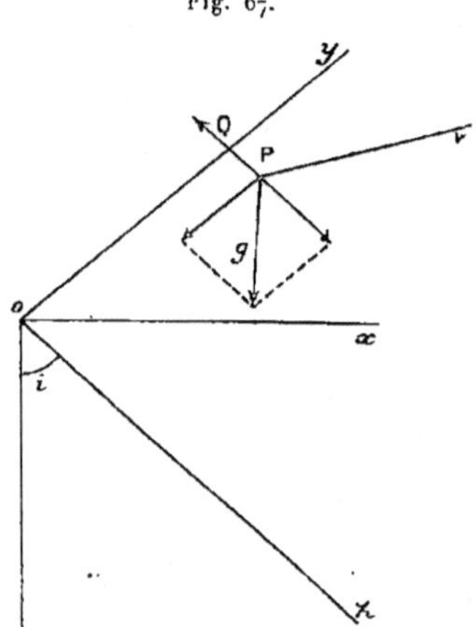

Fig. 67.

sont constamment nuls, en sorte que $Q = - g \cos i$, et la force de frottement a pour grandeur $fg \cos i$.

Cherchons alors les composantes, suivant Oz, Oy et la vitesse PV, de la résultante des trois forces. Celles de la réaction normale du plan sont Q, o, o. Celles de la force de frottement, opposée à la vitesse, donc dirigée suivant une arête du trièdre, sont o, o, $-fg\cos i$. Celles de la pesanteur g, contenue dans la face Oyz du trièdre, sont $g\cos i$, $-g\sin i$, o.

Le mouvement est donc produit, comme le mouvement que représente (1), par une force dont les composantes suivant Oy et la vitesse sont constantes. Le mouvement sera le même si l'on a

$$(12) \qquad fg\cos i = g\sin i = \frac{1}{2}\cdot$$

Il faut pour cela que l'on ait d'abord $f = \tan g\,i$, autrement dit que le coefficient de frottement soit égal à la pente du plan, ensuite que les unités de longueur et de temps soient telles que l'accélération de la pesanteur soit mesurée par le nombre $\dfrac{1}{2\sin i}\cdot$

IV. — 1° *Si* $f = \frac{1}{2}$, *quelle est l'inclinaison correspondante* i *du plan?*

L'angle i est défini par $\tan g\,i = \frac{1}{2}$, donc

$$\sin i = \frac{1}{\sqrt{5}}, \qquad \cos i = \frac{2}{\sqrt{5}}\cdot$$

Le plan a pour pente $\frac{1}{2}\cdot$

2° *Formules, en unités* C. G. S., *du mouvement d'un point pesant dans un plan ayant cette inclinaison, les conditions initiales étant qu'à l'instant* $T = o$, *la vitesse, mesurée par* 5o, *fasse avec* Ox *l'angle* $+\frac{\pi}{4}\cdot$

Si l'on pose

$$(13) \qquad T = \lambda(t - t_1), \qquad X = \mu x, \qquad Y = \mu y,$$

t, x, y étant déterminés, en fonction de u, par les formules (1), on a

$$(14) \qquad \begin{cases} \dfrac{dX}{dT} = \mu\,\dfrac{dx}{dT} = \mu\,\dfrac{dx}{dt}\,\dfrac{dt}{dT} = \dfrac{\mu}{\lambda}\,\dfrac{dx}{dt}, \\[2ex] \dfrac{d^2X}{dT^2} = \dfrac{d}{dt}\left(\dfrac{dX}{dT}\right)\dfrac{dt}{dT} = \dfrac{\mu}{\lambda^2}\,\dfrac{d^2x}{dt^2}, \end{cases}$$

et, de même,

$$(15) \qquad \frac{dY}{dT} = \frac{\mu}{\lambda}\frac{dy}{dt}, \qquad \frac{d^2Y}{dT^2} = \frac{\mu}{\lambda^2}\frac{d^2x}{dt^2}.$$

Le mouvement, représenté par (13), du point $P(X, Y)$ est produit par une force dont les composantes ($\mathfrak{F}'$ suivant Oy et $\mathfrak{F}''$ suivant la vitesse) sont données par les formules, analogues à (10),

$$(16) \qquad \mathfrak{F}' = \frac{d^2Y}{dT^2} - \frac{d^2X}{dT^2}\tang\theta, \qquad \mathfrak{F}'' = \frac{d^2X}{dT^2}\frac{1}{\cos\theta}.$$

La vitesse est donnée, en grandeur et direction, par

$$V^2 = \left(\frac{dX}{dT}\right)^2 + \left(\frac{dY}{dT}\right)^2, \qquad \cos\theta = \frac{1}{V}\frac{dX}{dT}, \qquad \sin\theta = \frac{1}{V}\frac{dY}{dT}.$$

On voit donc que

$$(17) \quad \begin{cases} \mathfrak{F}' = \dfrac{\mu}{\lambda^2}F' = -\dfrac{\mu}{2\lambda^2}, \qquad \mathfrak{F}'' = \dfrac{\mu}{\lambda^2}F'' = -\dfrac{\mu}{2\lambda^2}, \\[2mm] V = \dfrac{\mu}{\lambda}\rho = \dfrac{\mu(u^2+1)}{2\lambda}, \qquad \cos\theta = \dfrac{2u}{u^2+1}, \qquad \sin\theta = \dfrac{u^2-1}{u^2+1}. \end{cases}$$

Or, dans le mouvement du point P de masse-unité dans le plan de pente et de coefficient de frottement $\frac{1}{2}$, les composantes suivant Oy et suivant la vitesse de la force qui produit le mouvement ont pour valeur commune

$$-fg\cos i = -g\sin i = -\frac{g}{\sqrt{5}}, \qquad g = 981.$$

Pour que (13) représente le mouvement du point P dans ce plan, il faut donc

$$(18) \qquad \frac{\mu}{2\lambda^2} = \frac{g}{\sqrt{5}}.$$

D'autre part, t_1 est la valeur de t correspondant à $\theta = \frac{\pi}{4}$, donc à la valeur de u vérifiant

$$\frac{2u}{u^2+1} = \frac{u^2-1}{u^2+1} = \frac{1}{\sqrt{2}}, \qquad \text{d'où} \qquad u = 1 + \sqrt{2},$$

ce qui donne

$$(19) \qquad t_1 = -(1+\sqrt{2}) - \operatorname{Log}(1+\sqrt{2}).$$

En exprimant que, pour cette valeur de u, la vitesse V prend la valeur 5o, il vient

$$(20) \qquad 5o = \frac{\mu}{2\lambda}\big[1+(1+\sqrt{2})^2\big] = \frac{\mu}{\lambda}\sqrt{2}\,(1+\sqrt{2}).$$

Les équations (18) et (20) déterminent λ et μ; elles donnent

$$(21) \qquad \lambda = \frac{25\times\sqrt{5}}{g\sqrt{2}\,(1+\sqrt{2})}, \qquad \mu = \frac{625\times\sqrt{5}}{g\,(3+2\sqrt{2})}.$$

Le mouvement du point P est alors représenté, en unités C.G.S., par les formules (13) et (1), les constantes t_1, λ, μ ayant les valeurs données par (19) et (21), où g représente 981.

DEUXIÈME PARTIE.

RECUEIL MÉTHODIQUE DES APPLICATIONS IMMÉDIATES
DU COURS DE MATHÉMATIQUES SPÉCIALES
RENCONTRÉES DANS LES COMPOSITIONS DE MATHÉMATIQUES
DONNÉES AU CONCOURS D'ADMISSION
A L'ÉCOLE POLYTECHNIQUE DE 1901 A 1921.

CHAPITRE I.
ALGÈBRE ET ANALYSE.

I. — CALCUL DES POLYNOMES.

1. — Opérations élémentaires.

1. — [**A 1 a**]. *On donne quatre nombres distincts, a, b, c, d.
On demande de déterminer un polynome $F(x)$, de degré ≤ 3,
vérifiant*

$$\frac{1}{2} F(a) = b + c + d,$$

$$\frac{1}{2} F(b) = c + d + a,$$

$$\frac{1}{2} F(c) = d + a + b,$$

$$\frac{1}{2} F(d) = a + b + c.$$

En posant

$$\frac{1}{2} F(x) = (x - a) F_1(x) + b + c + d,$$

on trouve

$$F_1(x) = -1,$$

d'où

$$\frac{1}{2} F(x) = a + b + c + d - x.$$

(Année 1907, A.-T., n° 10, p. 62.)

2. — [A 1 a]. *Pour quelles valeurs de* P, Q, R *l'expression*

$$\frac{6t(t^3+2)+36\,\mathrm{P}+6\,\mathrm{Q}(t^3-1)}{(t^3-1)^2}+\mathrm{Log}\frac{(t-1)^4(1-t^3)^{\mathrm{R}}}{6^{\mathrm{R}}(t^2+t+1)^2}$$

a-t-elle une limite finie quand t tend vers 1 ?

En exprimant que les facteurs $t-1$ disparaissent aux deux termes de chaque fraction, on trouve

$$\mathrm{P}=-\frac{1}{2}, \qquad \mathrm{Q}=-2, \qquad \mathrm{R}=-4.$$

(Année 1909, A.-T., n° 5, p. 92.)

3. — [A 1 a]. *On considère l'expression*

$$f(\theta)=4\,\delta\cos\theta-\gamma(\delta+1)$$
$$+2\sqrt{\delta}\sqrt{\gamma^2+(\delta-1)^2-2\gamma(\delta+1)\cos\theta+4\,\delta\cos^2\theta}.$$

A quelle condition $\dfrac{f(0)}{f(\pi)}$ est-il indépendant de γ ?

La condition demandée est

$$(\delta+1)^2-\gamma^2>0.$$

(Année 1918, n° 10, p. 236.)

4. — [A 1 b]. *On considère la suite des nombres*

$$\mathrm{S}_n(n=0,\,1,\,2,\,\ldots),$$

définie par

$$\mathrm{S}_0=1, \qquad 2\,\mathrm{S}_{n+1}=\mathrm{S}_n+\sqrt{\mathrm{S}_n^2+a_n},$$

où a_n est un nombre >0. Démontrer l'inégalité

$$\mathrm{S}_{n+1}<\mathrm{S}_n+\frac{a_n}{4}.$$

Il suffit de remplacer S_{n+1} par sa valeur en fonction de S_n. On est ramené à la vérification d'une inégalité irrationnelle du second degré.

(Année 1920, 1re Compo., n° 11, p. 273.)

2. — Relations entre les coefficients et les racines d'un polynome.

5. — [A 3 b]. *On donne quatre nombres a, b, c, d; et l'on considère les deux polynomes*

$$f(x) = (x - a)(x - b)(x - c)(x - d)$$

et

$$\frac{1}{2}\,\mathrm{F}(x) = a + b + c + d - x.$$

On demande de former le polynome

$$\mathrm{G}(x) = f(x) + \frac{x^3}{2}\,\mathrm{F}(x).$$

Si l'on pose

$$q = \Sigma ab, \qquad r = \Sigma abc, \qquad s = abcd,$$

on a

$$\mathrm{G}(x) = q\,x^2 - r\,x + s.$$

(Année 1907, A.-T., n° 11; p. 63.)

3. — Diviseurs d'un polynome.

6. — [A 3 c]. *Exprimer que les racines du polynome*

$$t^8 + 2\,\mathrm{C}\,t^7 + (\mathrm{A} + 2\,\mathrm{C}')\,t^6 + 2\,\mathrm{C}''\,t^5$$
$$+ (\mathrm{A}' - 2)\,t^4 - 2\,\mathrm{C}\,t^3 + (\mathrm{A}'' - 2\,\mathrm{C}')\,t^2 - 2\,\mathrm{C}''\,t + 1$$

sont égales deux à deux.

On trouve les deux systèmes de conditions :

$$\mathrm{C}' = \varepsilon\,\mathrm{C}, \qquad \mathrm{A} = \mathrm{C}^2 - 2\,\mathrm{C}' + 4\,\varepsilon, \qquad \mathrm{A}' = 8 - 2\,\varepsilon\,\mathrm{C}^2,$$
$$\mathrm{A}'' = \mathrm{C}^2 + 2\,\mathrm{C}' + 4\,\varepsilon \qquad (\varepsilon = \pm 1).$$

(Année 1912, Géo.-Méca., n° 7, p. 151.)

4. — Décomposition d'une fonction rationnelle.

7. — [A 5 a]. *Décomposer en fractions simples l'expression*

$$\frac{1}{q\,x^2 - r\,x + s},$$

α et β désignant les racines du dénominateur.

On trouve

$$\frac{1}{q\,x^2 - r\,x + s} = \frac{1}{q\,(\alpha - \beta)}\left[\frac{1}{x - \alpha} - \frac{1}{x - \beta}\right].$$

(Année 1907, A.-T., n° 12, p. 64.)

8. — [**A 5 a**]. *Décomposer l'expression*

$$\frac{\cos^2 \omega}{(\cos \omega + 2)^2},$$

rationnelle en $\cos\omega$, *en fractions simples.*

On trouve

$$1 - \frac{4}{\cos\omega + 2} + \frac{4}{(\cos\omega + 2)^2}.$$

(Année 1920, 2° Compo., n° 4, p. 278.)

9. — [**A 5 a**]. *Décomposer en fractions simples l'expression*

$$\frac{1}{x(1 + x^2)}.$$

On trouve

$$\frac{1}{x} - \frac{1}{1 + x^2}.$$

(Année 1913, A.-T., n° 9, p. 167.)

10. — [**A 5 b**]. *Étant donnés quatre nombres* a, b, c, d, *déterminer un polynome du troisième degré* $\varphi(x)$ *tel que l'on ait*

$$\varphi(a) = b, \qquad \varphi(b) = c, \qquad \varphi(c) = d, \qquad \varphi(d) = a.$$

Si l'on pose

$$f(x) = (x - a)(x - b)(x - c)(x - d),$$

$\varphi(x)$ est déterminé par

$$\frac{\varphi(x)}{f(x)} = S\frac{A}{x - a}, \qquad A = \frac{b}{(a - b)(a - c)(a - d)},$$

les divers termes de S se déduisant du premier par permutations circulaires.

(Année 1907, A.-T., n° 6, p. 61.)

11. — [**A 5 a**]. *Étant donnés quatre nombres a, b, c, d, on désigne par $f_1(x)$ le polynome $(x-b)(x-c)(x-d)$, par $f_2(x)$, $f_3(x)$, $f_4(x)$ les polynomes déduits de $f_1(x)$ par permutations circulaires opérées sur a, b, c, d, et par p la somme $a+b+c+d$. On demande de démontrer l'identité*

$$(p-a)\frac{f_1(x)}{f_1(a)} + (p-b)\frac{f_2(x)}{f_2(b)}$$
$$+ (p-c)\frac{f_3(x)}{f_3(c)} + (p-d)\frac{f_4(x)}{f_4(d)} = p-x.$$

Il suffit, en désignant par $f(x)$ le polynome

$$(x-a)(x-b)(x-c)(x-d),$$

de décomposer en fractions simples $\dfrac{p-x}{f(x)}$.

(Année 1907, A.-T., n° 8, p. 61.)

12. — [**A 5 a**]. *Décomposer en fractions simples l'expression*

$$\frac{1+\theta^2}{[(c-x_0)\theta^2 + 2x_0'\theta + c + x_0]^2}.$$

(Année 1911, Géo.-Méca., n° 10, p. 152.)

13. — [**A 5 a**]. *Déterminer les coefficients de $\frac{1}{t}$ et de $\frac{1}{1-t}$ dans la décomposition en fractions simples de*

$$\frac{[2at + b(1-t^2) + 6(1+t^2)](1+t)(1+t^2)}{8t^4(1-t)}.$$

Ces coefficients sont $a+6$ et b.

(Année 1912, A.-T., n° 3, p. 141.)

14. — [**A 5 a**]. *Décomposer en fractions simples l'expression*

$$\frac{t^3}{(1-t^3)^3}.$$

(Année 1909, A.-T., n° 4, p. 90.)

II-III. — ANALYSE COMBINATOIRE. FORMULE DU BINOME.

15. — [**J 1 a α**]. *Étant donnés quatre nombres a, b, c, d, on désigne par $f_1(x)$ le polynome $(x-b)(x-c)(x-d)$, par $f_2(x)$, $f_3(x)$, $f_4(x)$ les polynomes déduits de $f_1(x)$ par permutations circulaires opérées sur a, b, c, d, et par $\varphi_1(x)$ le polynome*

$$b\,\frac{f_1(x)}{f_1(a)} + c\,\frac{f_2(x)}{f_2(b)} + d\,\frac{f_3(x)}{f_3(c)} + a\,\frac{f_4(x)}{f_4(d)}.$$

On demande de former le polynome $F(x)$ obtenu en ajoutant à $\varphi_1(x)$ tous les polynomes distincts que l'on obtient en y permutant les lettres a, b, c, d de toutes les manières possibles.

On trouve, en posant $a+b+c+d=p$,

$$\frac{1}{2}\,F(x) = (p-a)\,\frac{f_1(x)}{f_1(a)} + (p-b)\,\frac{f_2(x)}{f_2(b)}$$
$$+ (p-c)\,\frac{f_3(x)}{f_3(c)} + (p-d)\,\frac{f_4(x)}{f_4(d)}.$$

(Année 1907, A.-T., n° 7, p. 61.)

16. — [**J 1 d**]. *On donne quatre nombres a, b, c, d. Un polynome $\varphi_1(x)$ de degré 3 est défini par les quatre conditions*

$$\varphi_1(a)=b, \qquad \varphi_1(b)=c, \qquad \varphi_1(c)=d, \qquad \varphi_1(d)=a.$$

Montrer que, si l'on permute a, b, c, d de toutes les manières possibles, on trouve six polynomes distincts.

Chacun correspond à un des six groupes de quatre permutations circulaires, une permutation de chaque groupe étant, par exemple,

$abcd$, $bcad$, $cabd$, $bacd$, $acbd$, $cbad$.

Si $F(x)$ désigne la somme de ces six polynomes, former $F(a)$, $F(b)$, $F(c)$, $F(d)$.

$$\frac{1}{2}\,F(a) = b + c + d$$

et les autres par permutations circulaires.

(Année 1907, A.-T., n° 9, p. 62.)

IV. — DÉTERMINANTS.

17. — [B 1 c]. *On considère un déterminant d'ordre n, dans lequel la ligne de rang $p\,(p=3,\ 4,\ \ldots,\ n)$ a ses $p-2$ premiers éléments nuls. Déterminer le nombre des termes $\neq 0$ du déterminant, en supposant :*

1° Que tous les autres éléments sont $\neq 0$;

2° Que les deux derniers éléments de chacune des deux premières lignes sont nuls, tous les autres éléments du déterminant étant $\neq 0$.

Le nombre demandé est :

1°
$$X_n = 2^{n-1} ;$$

2°
$$Y_n = 2^{n-1} - 4.$$

(Année 1919, Concours normal, 1re Compo., n° 8, p. 242.)

V. — ÉQUATIONS ET SYSTÈMES D'ÉQUATIONS LINÉAIRES.

1. — Résolution ou discussion.

18. — [A 2 a]. *On considère une famille de courbes ayant pour équation*

$$y = \lambda\,\frac{\sin x(1-\cos x)}{1+\sin x} - \frac{\cos^2 x - \cos x + 1}{1+\sin x}.$$

Y a-t-il des points du plan par lesquels passent une infinité de ces courbes ?

Toutes les courbes de la famille passent par les points communs à la courbe

$$y = -\frac{\cos^2 x - \cos x + 1}{1+\sin x},$$

et aux droites représentées par

$$\sin x(1-\cos x) = 0.$$

(Année 1912, A.-T., n° 7, p. 142.)

19. — [**A 2 a**]. *Résoudre le système*

$$2(\beta x - \alpha y) + \alpha(b_1 - b) - \beta(a_1 - a) = 0,$$
$$(b_1 - b)x - (a_1 - a)y = 0.$$

On trouve

$$x = \frac{a_1 - a}{2}, \qquad y = \frac{b_1 - b}{2}.$$

(Année 1903, n° 7, p. 20.)

19 bis. — [**A 2 a**]. *Résoudre le système*

$$\lambda \cos 2a + \mu \cos a + \nu = 0,$$
$$2\lambda \cos a + \mu = 0.$$

On trouve que λ, μ, ν sont proportionnels à $1, \; - 2\cos a, \; 1$.

(Année 1921, 1re Compo., n° 3, p. 286.)

20. — [**A 2 a**]. *Les inconnues* x, y, z, λ *sont solutions du système*

$$y\mathfrak{Z} - z\mathfrak{Y} = \lambda u + \mathfrak{L},$$
$$z\mathfrak{X} - x\mathfrak{Z} = \lambda v + \mathfrak{M},$$
$$x\mathfrak{Y} - y\mathfrak{X} = \lambda w + \mathfrak{N},$$
$$ux + vy + wz + h = 0.$$

Résoudre.

On obtient :

$$\lambda = \frac{\mathfrak{X}\mathfrak{L} + \mathfrak{Y}\mathfrak{M} + \mathfrak{Z}\mathfrak{N}}{u\mathfrak{X} + v\mathfrak{Y} + w\mathfrak{Z}},$$

$$x = \frac{v\mathfrak{N} - w\mathfrak{M} - h\mathfrak{X}}{u\mathfrak{X} + v\mathfrak{Y} + w\mathfrak{Z}},$$

$$y = \frac{w\mathfrak{L} - u\mathfrak{N} - h\mathfrak{Y}}{u\mathfrak{X} + v\mathfrak{Y} + w\mathfrak{Z}},$$

$$z = \frac{u\mathfrak{M} - v\mathfrak{L} - h\mathfrak{Z}}{u\mathfrak{X} + v\mathfrak{Y} + w\mathfrak{Z}}.$$

(Année 1908, Géo.-Méca., n° 3, p. 81.)

21. — [**A 2 a**]. *Résoudre en* u, v, w *le système*

$$(1) \qquad au\cos\alpha + av\sin\alpha + wh\alpha + 1 = 0,$$
$$(2) \qquad au\cos(\alpha + \beta) + av\sin(\alpha + \beta) + wh(\alpha + \beta) + 1 = 0,$$
$$(3) \qquad au\cos(\alpha - \beta) + av\sin(\alpha - \beta) + wh(\alpha - \beta) + 1 = 0.$$

On remplace d'abord (2) et (3) par leur somme et leur différence.

La solution est, si $\cos\beta \neq 1$,

$$u = -\frac{\beta \sin\alpha}{a\alpha\sin\beta}, \qquad v = \frac{\beta\cos\alpha}{a\alpha\sin\beta}, \qquad w = -\frac{1}{h\alpha}.$$

(Année 1909, Géo.-Méca., n° 7, p. 97.)

2. — Élimination.

22. — [**A 2 a**]. *Étant donnés quatre nombres a, b, c, d, déterminer un polynome du troisième degré $\varphi(x)$ tel que l'on ait*

$$\varphi(a) = b, \qquad \varphi(b) = c, \qquad \varphi(c) = d, \qquad \varphi(d) = a.$$

Si l'on pose

$$f_1(x) = (x-b)(x-c)(x-d), \qquad f_2(x) = (x-a)(x-c)(x-d),$$
$$f_3(x) = (x-a)(x-b)(x-d), \qquad f_4(x) = (x-a)(x-b)(x-c),$$

on a

$$\varphi(x) = b\,\frac{f_1(x)}{f_1(a)} + c\,\frac{f_2(x)}{f_2(b)} + d\,\frac{f_3(x)}{f_3(c)} + a\,\frac{f_4(x)}{f_4(c)}.$$

Ou encore $\varphi(x)$ est déterminé par

$$\begin{vmatrix} x^3 & x^2 & x & 1 & \varphi(x) \\ a^3 & a^2 & a & 1 & b \\ b^3 & b^2 & b & 1 & c \\ c^3 & c^2 & c & 1 & d \\ d^3 & d^2 & d & 1 & a \end{vmatrix} = 0.$$

(Année 1907, A.-T., n° 5, p. 59.)

23. — [**A 2 a**]. *On demande d'éliminer $x_1, y_1, z_1, X_1, Y_1, Z_1, X_2, Y_2, Z_2$ entre les équations*

$$X_1 + X_2 = \mathfrak{X}, \qquad y_1 Z_1 - z_1 Y_1 + y_2 Z_2 - z_2 Y_2 = \mathfrak{L},$$
$$Y_1 + Y_2 = \mathfrak{Y}, \qquad z_1 X_1 - x_1 Z_1 + z_2 X_2 - x_2 Z_2 = \mathfrak{M},$$
$$Z_1 + Z_2 = \mathfrak{Z}, \qquad x_1 Y_1 - y_1 X_1 + x_2 Y_2 - y_2 X_2 = \mathfrak{N},$$
$$\frac{X_1}{u} = \frac{Y_1}{v} = \frac{Z_1}{w}, \qquad u X_2 + v Y_2 + w Z_2 = 0.$$

On trouve

$$(w\mathfrak{F} - v\mathfrak{Z})x_2 + (u\mathfrak{Z} - w\mathfrak{X})y_2 + (v\mathfrak{X} - u\mathfrak{F})z_2 = \mathcal{L}u + \mathfrak{M}v + \mathfrak{N}w.$$

(Année 1908, Géo.-Méca., n° 5, p. 81.)

VI. — ÉQUATIONS DU SECOND DEGRÉ.

1. — Résolution et discussion.

24. — [A 2 b]. *On donne l'équation*

$$6\sqrt{2}\,\cos^2\omega - \frac{80}{m}\cos\omega - \sqrt{2} = 0,$$

où $m < 20$. *Cette équation est-elle vérifiée par des valeurs de* ω *comprises entre* o *et* $\frac{\pi}{4}$?

Aucune valeur si $m < \dfrac{16}{\sqrt{2}}$.

Une valeur et une seule si $m > \dfrac{16}{\sqrt{2}}$.

(Année 1912, Géo.-Méca., n° 14, p. 158.)

25. — [A 2 b]. *Entre quelles limites doit être compris* h *pour que le trinome*

$$x^2 - [(a + 2r)\cos\theta + b\sin\theta]\,x + h^2 - ch + 2r\cos\theta(a\cos\theta + b\sin\theta)$$

puisse, pour certaines valeurs de θ, *avoir des racines réelles?*
h doit être compris entre les deux racines du trinome

$$4z^2 - 4cz - [(a - 2r)^2 + b^2].$$

(Année 1902, n° 9, p. 12.)

2. — Fonctions symétriques des racines.

26. — [A 2 b]. *Désignant par* α *et* β *les racines du trinome en* θ

$$(c - x_0)\theta^2 + 2x'_0\theta + c + x_0,$$

posant

$$\Lambda = \frac{1 + \alpha^2}{(1 - \beta)^2}, \qquad B = \frac{1 + \beta^2}{(\beta - \alpha)^2},$$

on demande de calculer l'expression

$$\frac{\Lambda}{\theta - \alpha} + \frac{B}{\theta - \beta}.$$

On trouve

$$\frac{(c - x_0)[(x_0'^2 - c x_0)\theta + c x_0']}{(x_0^2 + x_0'^2 - c^2)[(c - x_0)\theta^2 + 2 x_0'\theta + c + x_0]}.$$

(Année 1911, Géo.-Méca., n° 11, p. 153.)

27. — [**A 2 b**]. *Calculer*

$$\rho = \frac{\nu_1 \rho_2 - \nu_2 \rho_1}{\nu_1 - \nu_2},$$

sachant que

$$\nu_1 = \rho_1\left[(\lambda^2 + a^2)\rho_2 - \frac{d\lambda}{a}\right], \qquad \nu_2 = \rho_2\left[(\lambda^2 + a^2)\rho_1 - \frac{d\lambda}{a}\right],$$

et que ρ_1 et ρ_2 sont les racines de l'équation

$$(\lambda^2 + a^2)u^2 - \frac{2\,d\lambda}{a}\,u + \frac{d^2}{a^2} - r^2 = 0.$$

On trouve

$$\rho = \frac{d^2 - a^2 r^2}{a\,d\lambda}.$$

(Année 1918, n° 7, p. 232.)

VII. — NOMBRES COMPLEXES.

28. — [**B 12 a**]. *Mettre sous la forme $a + ib$ le nombre complexe*

$$\frac{e^{2m\theta}(\cos\theta + i\sin\theta)}{2m + i}.$$

On trouve

$$a = \frac{e^{2m\theta}(2m\cos\theta + \sin\theta)}{4m^2 + 1}, \qquad b = \frac{2m\sin\theta - \cos\theta}{4m^2 + 1}.$$

(Année 1914, Géo.-Méca., n° 3, p. 187.)

29. — **[B 12 a]**. *Déterminer le module ρ et l'argument ω du nombre complexe*

$$\frac{am e^{m\theta}(\cos\theta + i\sin\theta)}{2m + i},$$

a et m étant positifs.

On trouve

$$\rho = \frac{am e^{m\theta}}{\sqrt{4m^2 + 1}}, \qquad \operatorname{tang}(\omega - \theta) = -\frac{1}{2m}, \qquad -\frac{\pi}{2} < \omega - \theta < \frac{\pi}{2}.$$

(Année 1914, Géo.-Méca., n° 5, p. 188.)

VIII. — SÉRIES NUMÉRIQUES A TERMES POSITIFS.

1. — Généralités.

30. — **[D 2 a]**. *On considère une suite de nombres*

$$S_n(n = 0, 1, 2, \ldots)$$

vérifiant

$$S_0 = 1, \qquad S_n < S_{n+1} < S_n + \frac{a_n}{4},$$

a_n étant le terme général positif d'une série donnée (A). Montrer que, si la série (A) converge, S_n tend vers une limite pour n infini.

Il suffit de remarquer que

$$S_n < 1 + \frac{A_n}{4}, \qquad \text{si} \qquad A_n = a_0 + a_1 + a_2 + \ldots + a_n.$$

(Année 1920, 1re Compo., n° 12, p. 273.)

31. — **[D 2 a]**. *On considère une suite de nombres*

$$S_n(n = 0, 1, 2, \ldots)$$

définie par

$$S_0 = 1, \qquad 2S_{n+1} = S_n + \sqrt{S_n^2 + a_n},$$

a_n étant le terme général positif d'une série (A). Montrer que, si S_n a une limite pour n infini, la série (A) est convergente.

(Année 1920, 1re Compo., n° 13, p. 274.)

31 *bis.* — [**D 2 b**]. *On considère les expressions*

$$y_n = \frac{\sin^3 a}{\cos a} e^{-b x_n}(1 - e^{2b\pi}),$$

$$b = \cot a, \qquad 0 < a < \frac{\pi}{2},$$

$$x_n = \frac{\pi}{2} + 2\,u\pi.$$

Que devient, pour n infini, la somme $y_0 + y_1 + \ldots + y_n$.

C'est une progression géométrique de raison $e^{-2b\pi} < 1$. La limite est $\dfrac{\sin^3 a}{\cos a} e^{-\frac{b\pi}{2}}$.

(Année 1921. 1re Compo., n° 18, p. 291.)

2. — Règles de convergence.

32. — [**D 2 a γ**]. *On considère la série*

$$\sum_{n=0}^{n=\infty} a_n |x|^n$$

dont les coefficients vérifient la formule de récurrence

$$(2n+1)(2n+2)a_{n+1} = \left(4n^2 - \frac{1}{9}\right)a_n.$$

A quelle condition est-elle convergente ?

Si $|x| < 1$.

(Année 1910, A.-T., n° 2, p. 105.)

33. — [**D 2 a α**]. *Montrer que les séries*

$$a_0 + a_2 x^2 + a_4 x^4 + \ldots$$

et

$$a_1 x + a_3 x^3 + a_5 x^5 + \ldots$$

dans lesquelles on a, en désignant par a et b deux nombres positifs,

$$(n+1)(n+2)a\,a_{n+2} = |n - b|a_n$$

sont convergentes quel que soit x.

Dans chacune, le rapport d'un terme au précédent, pour n infini, a pour limite zéro.

(Année 1911, A.-T., n° 2, p. 123.)

33 bis. — [**D 2 a α**]. *Montrer que la série de terme général* $\frac{x^n}{n!} \sin n\alpha$ *est absolument convergente pour toute valeur de* x. *Comparer à la série de terme général* $\frac{|x|^n}{n!}$.

(Année 1921, 1re Compo., n° 1, p. 285.)

34. — [**D 2 a α**]. *Étudier la série de terme général*

$$u_n = \frac{n^p - \operatorname{arc\,tang} n^p}{n^{2p} \operatorname{arc\,tang} n^p},$$

p étant un nombre positif.

Elle se comporte comme la série de terme général $\frac{1}{n^p}$, divergente pour $p \leqq 1$, convergente pour $p > 1$.

(Année 1913, A.-T., n° 7, p. 167.)

35. — [**D 2 a α**]. *Pour quelles valeurs du nombre positif* x *la série de terme général* $a_n x^n$, *où* $a_n > 0$ *et* $a_n = \frac{2 n a_{n-1}}{2n - 1}$, *est-elle convergente ?*

Pour $x < 1$.

(Année 1916, 1re Compo., n° 13, p. 200.)

3. — Sommation approchée.

36. — [**D 2 b**]. *Calculer la valeur de* e^2 *à* $\frac{1}{10^4}$ *près.*

On voit qu'il suffit de calculer

$$1 + \frac{2}{1!} + \frac{2^2}{2!} + \frac{2^3}{3!} + \frac{2^4}{4!} + \frac{2^5}{5!} + \frac{2^6}{6!} + \frac{2^7}{7!} + \frac{2^8}{8!} + \frac{2^9}{9!} + \frac{2^{10}}{10!} + \frac{2^{11}}{11!},$$

et chaque terme de cette somme à $\frac{1}{10^6}$ près. On trouve ainsi, par défaut,

$$e^2 = 7,3890.$$

(Année 1905, A.-T., n° 2, p. 31.)

37. — [**D 2 b**]. *Calculer* $\dfrac{1}{4(e-1)}$ *à* $\dfrac{1}{100}$ *près, en formant d'abord une fraction ordinaire qui en diffère de moins de* $\dfrac{9}{1000}$*, puis un nombre décimal qui diffère de la fraction précédente de moins de* $\dfrac{1}{1000}$.

La fraction ordinaire, obtenue en remplaçant $e-1$ par la somme de ses quatre premiers termes, remplacés chacun par un nombre décimal qui en diffère de moins de $\dfrac{1}{1000}$, est $\dfrac{250}{1707}$. Le nombre décimal demandé est $0,14$.

(Année 1908, A.-T., n° 6, p. 76.)

38. — [**D 2 b**]. *Combien suffit-il de prendre de termes dans la série de terme général* $u_n = \dfrac{1}{n^3}$*, si l'on veut calculer la somme de la série à* $\dfrac{1}{10^4}$ *près.*

En procédant, comme pour étudier la convergence de la série au moyen de l'aire de la courbe $y = \dfrac{1}{x^3}$, on trouve qu'il suffit de prendre 18 termes.

(Année 1914, A.-T., n° 1, p. 179.)

IX. — SÉRIES NUMÉRIQUES A TERMES QUELCONQUES.

(Aucune question.)

X. — FONCTIONS TRANSCENDANTES USUELLES.

1. — Fonctions circulaires.

39. — [**D 6 b**]. *Étudier la variation de la fonction*

$$y = \frac{\sin x(1 - \cos x)}{1 + \sin x}.$$

(Année 1912, A.-T., n° 10, p. 144.)

40. — $[\mathbf{D\,6\,b\,\gamma}]$. *Transformer la série*

$$\sum_{n=1}^{n=\infty} (-1)^n z^n \cos^{2n} x$$

en une série par rapport aux cos des multiples de x.

Il suffit de remplacer $\cos^{2n} x$ par

$$\frac{1}{2^{2n-1}} \sum_{q=0}^{q=n-1} C_{2n}^q \cos(2n-q)x + \frac{1}{2^{2n}} C_{2n}^n.$$

(Année 1914, A.-T., n° 6, p. 182.)

2. — Fonctions circulaires inverses.

41. — $[\mathbf{D\,6\,b}]$. *Étudier la variation de la fonction*

$$\theta(x) = \frac{x - \text{arc tang}\,x}{x^2\,\text{arc tang}\,x},$$

quand x croît de $-\infty$ à $+\infty$, arc tang x étant compris entre $-\dfrac{\pi}{2}$ et $+\dfrac{\pi}{2}$.

(Année 1913, A.-T., n° 3, p. 165.)

42. — $[\mathbf{D\,6\,b}]$. *Étudier la variation de la fonction*

$$y = \frac{\omega}{x+4}, \qquad \sin\omega = \sqrt{\frac{4x}{15x+60}} \qquad \left(0 \leqq \omega \leqq \frac{\pi}{2}\right).$$

(Année 1919, Concours normal, 2ᵉ Compo., n°ˢ 1-7, p. 244.)

3. — Fonctions exponentielle et logarithmique.

43. — $[\mathbf{D\,6\,b}[$. *Étudier la fonction*

$$y = \text{Log}\,\frac{x-1}{x-2}.$$

(Année 1906, A.-T., n° 1, p. 46.)

44. — [**D 6 b**]. *Étudier la fonction*

$$z = \sqrt{a^2 L x^2 - x^2 - \lambda}.$$

(Année 1907, Géo.-Méca., n° 3, p. 66.)

45. — [**D 6 b**]. *Étudier la fonction*

$$y = 4e\, \frac{\operatorname{Log} \dfrac{x}{e}}{(\operatorname{Log} x)^2}.$$

(Année 1908, A.-T., n° 1, p. 73.)

46. — [**D 6 b**]. *Étudier la fonction*

$$y = x^2 \left(e^{\frac{1}{x}} - 1 - \frac{1}{x} \right).$$

(Année 1914, A.-T., n°s 7 et suiv., p. 183.)

47. — [**D 6 b**]. *Étudier la variation de la fonction*

$$y = \operatorname{Log} \frac{\sqrt{1 + x^2}\,\operatorname{arc\,tang} x}{x}, \qquad -\frac{\pi}{2} < \operatorname{arc\,tang} x < \frac{\pi}{2},$$

quand x croît de $-\infty$ *à* $+\infty$.

(Année 1913, A.-T., n° 10, p. 168.)

48. — [**D 6 b**]. *Étudier, suivant les valeurs de m, la variation de la fonction*,

$$f(x) = \left(2 - \frac{m x}{\sqrt{x^2 + 5}} \right) e^{\frac{x}{2}}.$$

(Année 1920, 1re Compo., n°s 5 et suiv., p. 265.)

48 bis. — [**D 6 b**]. *Étudier la fonction*

$$y = \sin x\, e^{-x \cot a}, \qquad 0 < a < \frac{\pi}{2}.$$

(Année 1921, 1re Compo., n° 11, p. 289.)

XI. — DÉRIVÉES ET DIFFÉRENTIELLES.

1. — Calcul symbolique. Généralités.

49. — [C 1 a]. *On donne une fonction* $f(x)$. *Deux autres fonctions,* $\varphi(x)$ *et* $F(x)$, *sont définies par*

$$f'(x)\varphi'(x) = k, \qquad F(x) = f(x)\varphi(x),$$

k étant un nombre constant. Démontrer les identités

$$\frac{F''(x)}{F(x)} = \frac{f''(x)}{f(x)} + \frac{\varphi''(x)}{\varphi(x)} + \frac{2k}{f(x)\varphi(x)},$$

$$\frac{F'''(x)}{F(x)} = \frac{f'''(x)}{f(x)} + \frac{\varphi'''(x)}{\varphi(x)}.$$

Il suffit de calculer les premiers membres d'après la définition de $F(x)$.

(Année 1906, A.-T., n° 4, p. 48.)

50. — [C 1 a]. x, y, z *et* ξ, η, ζ *sont des fonctions de t vérifiant*

$$\frac{d^2x}{dt^2} + a^2x = \frac{d^2y}{dt^2} + b^2y = \frac{d^2z}{dt^2} + c^2z = 0,$$

$$\frac{d^2\xi}{dt^2} + a^2\xi = \frac{d^2\eta}{dt^2} + b^2\eta = \frac{d^2\zeta}{dt^2} + c^2\zeta = 0.$$

A quelles relations doit satisfaire une fonction λ de t pour que l'on ait, quel que soit t,

$$\xi = x(1 - \rho a^2), \qquad \eta = y(1 - \rho b^2), \qquad \zeta = z(1 - \rho c^2).$$

On doit avoir

$$2\frac{dx}{dt}\frac{d\lambda}{dt} + x\frac{d^2\lambda}{dt^2} = 2\frac{dy}{dt}\frac{d\lambda}{dt} + y\frac{d^2\lambda}{dt^2} = 2\frac{dz}{dt} + z\frac{d^2\lambda}{dt^2}.$$

(Année 1910, Géo.-Méca., n° 8, p. 117.)

2. — Calcul pratique de dérivées.

51. — [C 1 a]. *Calculer* $\dfrac{d(x^2)}{dt}$, *sachant que*

$$x^2 = \frac{2aht + a^2 - h^2}{1 + t^2}.$$

On trouve

$$\frac{d(x^2)}{dt} = -\frac{2f(t)}{(1+t^2)^2}, \qquad f(t) = aht^2 + (a^2 - h^2)t - ah$$

(Année 1917, 1re Compo., n° 5, p. 219.)

52. — [C 1 a]. *Calculer* $\dfrac{d(y^2)}{dt}$, *sachant que*

$$y^2 = \frac{t^2(2aht + a^2 - h^2)}{t^2 + 1}.$$

On trouve

$$\frac{d(y^2)}{dt} = \frac{2tg(t)}{(1+t^2)^2}, \qquad g(t) = aht^3 + 3aht + a^2 - h^2.$$

(Année 1917, 1re Compo., n° 5, p. 219.)

53. — [C 1 a]. *Calculer la dérivée* $f'(t)$ *de la fonction*

$$f(t) = \left(1 + \frac{kq}{2}t\right)^2\left(\frac{1}{t^2} + 1\right) - m^2.$$

On trouve

$$f'(t) = \frac{2}{t^3}\left(1 + \frac{kq}{2}t\right)\left(\frac{kq}{2}t^3 - 1\right).$$

(Année 1917, 2e Compo., n° 4, p. 226.)

54. — [C 1 a]. *On sait que* x *est lié à* t *par*

$$\left(\frac{dx}{dt}\right)^2 = \frac{g}{2(3x+8)}.$$

Calculer $\dfrac{d^2 x}{dt^2}$.

On trouve

$$\frac{d^2 x}{dt^2} = -\frac{3g}{4(3x+8)^2}.$$

(Année 1916, 2e Compo., n° 4, p. 211.)

55. — [C 1 a]. *On donne la fonction*

$$\theta(x) = \frac{x - \text{arc tang}\,x}{x^2\,\text{arc tang}\,x}.$$

Montrer que $\vartheta'(x)$ a même signe que

$$f(x) = (\text{arc tang} x)^2 - x \,\text{arc tang} x - \frac{x^2}{1+x^2};$$

que $f'(x)$ a même signe que

$$g(x) = (3-x^2)\,\text{arc tang} x - \frac{x(3+x^2)}{1+x^2};$$

que $g'(x)$ a même signe que

$$h(x) = -\,\text{arc tang} x + \frac{x(1-x^2)}{(1+x^2)^2};$$

et que $h'(x)$ est toujours négatif.

(Année 1913, A.-T., n° 6, p. 166.)

56. — [**D 1 c**]. *Calculer la dérivée de la fonction*

$$y = x^2\left(e^{\frac{1}{x}} - 1 - \frac{1}{x}\right).$$

On trouve

$$y' = (2x-1)e^{\frac{1}{x}} - (2x+1).$$

(Année 1914, A.-T., n° 11, p. 184.)

57. — [**C 1 a**]. *Calculer la valeur $\varphi(x_0)$ qu'il faut attribuer à la constante m pour que la dérivée de la fonction*

$$f(x) = \left(2 - \frac{mx}{\sqrt{x^2+5}}\right)e^{\frac{x}{2}}$$

s'annule pour $x = x_0$.

On trouve

$$\varphi(x_0) = \frac{2(x_0^2+5)^{\frac{3}{2}}}{x_0^3 + 5x_0 + 10}.$$

(Année 1920, 1re Compo., n° 1, p. 262.)

57 bis. — [**C 1 a**]. *Calculer la dérivée de*

$$y = e^{-bx}\sin x, \qquad b = \cot a.$$

On trouve

$$y' = \frac{e^{-bx}}{\sin a}\sin(a-x).$$

(Année 1921, 1re Compo., n° 8, p. 287.)

57 *ter.* — | C 1 a]. On donne la fonction $y = e^{-bx} \sin x$.

Quelle est, pour $x = 0$, la valeur de $\dfrac{dy^n}{dx^n}$.

Par la formule de Leibnitz, on trouve $-\sin na \left(\dfrac{-1}{\sin a}\right)^n$.

(Année 1921, 1re Compo., n° 9, p. 288.)

4. — Changements de variables.

58. — [C 1 c]. *Soient* $f(\theta)$ *et* $\varphi(\theta)$ *deux fonctions de la variable indépendante* θ, *on pose*

$$x = f(\theta) - \varphi'(\theta), \qquad y = \varphi(\theta) - f'(\theta),$$
$$X = f'(\theta)\sin\theta - \varphi'(\theta)\cos\theta, \qquad Y = f'(\theta)\cos\theta + \varphi'(\theta)\sin\theta.$$

Vérifier l'identité

$$dx^2 + dy^2 = dX^2 + dY^2.$$

(Année 1907, A.-T., n° 1, p. 57.)

58 *bis.* | C 1 c]. *On donne trois variables* t, x, y, *déterminées en fonction de* u *par*

$$t = \frac{1-u^2}{2}\operatorname{Log} u, \qquad x = -\left(u + \frac{u^3}{3}\right), \qquad y = \frac{1}{2}\operatorname{Log} u - \frac{u^4}{8}.$$

On demande les expressions, en fonction de u, *de* $\dfrac{dx}{dt}$ *et* $\dfrac{dy}{dt}$.

On trouve

$$\frac{dx}{dt} = u, \qquad \frac{dy}{dt} = \frac{u^2 - 1}{2}.$$

(Année 1921, 2e Compo., n° 5, p. 297.)

59. — | C 1 c). *On considère l'expression*

$$9(1 - x^2)\frac{d^2 y}{dx^2} - 9x\frac{dy}{dx} + y.$$

Que devient-elle si l'on prend pour variable indépendante une certaine fonction de t *de* x?

On trouve

$$9(1-x^2)\left(\frac{dt}{dx}\right)^2\frac{d^2y}{dt^2} + 9\left[(1-x^2)\frac{dt^2}{dx^2} - x\frac{dt}{dx}\right]\frac{dy}{dt} + y.$$

(Année 1910. A.-T., n° 3, p. 106.)

60. — [C 1 c]. *Que devient l'équation différentielle*

$$9(1-x^2)\frac{d^2y}{dx^2} - 9x\frac{dy}{dx} + y = 0,$$

si l'on prend pour variable indépendante t définie par

$$3\omega t + \lambda = \operatorname{arc}{\genfrac{}{}{0pt}{}{\sin}{\cos}} x\,?$$

L'équation devient

$$\frac{d^2y}{dt^2} + \omega^2 y = 0.$$

(Année 1910, A.-T., n° 5, p. 107.)

61. — [C 1 c]. *Que devient l'équation différentielle*

$$9(1-x^2)\frac{d^2y}{dx^2} - 9x\frac{dy}{dx} + y = 0,$$

si l'on prend pour variable indépendante t définie par

$$3\omega t + \lambda = \operatorname{Log}\left(x + \sqrt{x^2-1}\right).$$

L'équation devient

$$\frac{d^2y}{dt^2} - \omega^2 y = 0.$$

(Année 1910, A.-T., n° 8, p. 108.)

62. — [C 1 c]. *y est une fonction de x vérifiant la relation*

(1) $$2x(x-1)y' + (2x-1)y + 1 = 0.$$

On pose

(2) $$x = \frac{(1+u)^2}{4u}, \qquad y = \frac{2uv}{1+v^2}.$$

On définit ainsi une fonction v de u. Former la relation qui existe entre u v et la dérivée v' de v par rapport à u.

On trouve

$$y' = \frac{8\,u^2\,v'}{u^4 - 1} - \frac{8\,u^2\,v}{(u^2+1)^2};$$

et la relation demandée est

$$u(u^4 - 1)v' + 4u^2 v + (u^2 + 1)^2 = 0.$$

(Année 1916, 1re Compo., n° 9, p. 197.)

62 bis. — [C 1 c]. *On donne trois variables t, x, y, détermi-nées, en fonction de u, par*

$$t = \frac{1 - u^2}{2} - \operatorname{Log} u, \qquad x = -\left(u + \frac{u^3}{3}\right); \qquad y = \frac{1}{2}\operatorname{Log} u - \frac{u^4}{8}.$$

On demande les expressions, en fonction de u, de $\dfrac{d^2 x}{dt^2}$ et $\dfrac{d^2 y}{dt^2}$.
On trouve

$$\frac{d^2 x}{dt^2} = -\frac{u}{1 + u^2}, \qquad \frac{d^2 y}{dt^2} = -\frac{u^2}{1 + u^2}.$$

(Année 1921, 2e Compo., n° 11, p. 299.)

63. — [C 1 d]. *Montrer que, si une fonction de x vérifie l'équation*

$$a\frac{d^2 y}{dx^2} - x\frac{dy}{dx} + by = 0,$$

ses dérivées successives vérifient des équations de même forme.

Si u désigne la dérivée d'ordre α de y, on a

$$a\frac{d^2 u}{dx^2} - x\frac{du}{dx} + (b - \alpha)u = 0.$$

(Année 1911, A.-T., n° 3, p. 123.)

XII. — FORMULES DE TAYLOR ET DE MAC-LAURIN ET APPLICATION A LA RECHERCHE DE VRAIES VALEURS D'EXPRESSIONS INDÉTER-MINÉES.

1. — Expressions irrationnelles.

64. — [C 1 e α]. *Limite, pour x infini, de :*

$$x^{\frac{2}{3}}(x - 6)^{\frac{1}{3}} - x.$$

En posant $x = \dfrac{u}{1}$ et faisant un développement limité, on trouve pour limite 1.

(Année 1909, A.-T., n° 2, p. 89.)

2. — Expressions dépendant de fonctions circulaires.

65. — [**C 1 e**]. *On donne la fonction*

$$f(x) = \frac{\sin x\,(1 - \cos x)}{1 + \sin x}.$$

On demande de déterminer trois constantes A, B, C *de manière que l'expression*

$$f(x) - \frac{A}{\left(x - \dfrac{3\pi}{2}\right)^2} - \frac{B}{x - \dfrac{3\pi}{2}} - C$$

ait pour limite 0 *quand* x *tend vers* $\dfrac{3\pi}{2}$:

$$A = -2, \qquad B = 2, \qquad C = \frac{5}{6}.$$

(Année 1912, A.-T., n° 13, p. 146.)

66. — |**C 1 e**]. *Trouver la limite de*

$$\frac{\alpha - \cos\alpha\,\sin\alpha}{\cos\alpha\,\sin^3\alpha}$$

quand α *tend vers zéro.*

Remplacer les deux termes de la fraction par des développements limités aux termes en α^3. La limite est $\dfrac{2}{3}$.

(Année 1916, 1re Compo., n° 20, p. 204.)

3. — Expressions dépendant de fonctions circulaires inverses.

67. — [**C 1 e α**]. *Faire un développement limité de chacun des deux termes de*

$$0 = \frac{x - \operatorname{arc\,tang} x}{x^2\,\operatorname{arc\,tang} x}. \qquad -\frac{\pi}{2} < \operatorname{arc\,tang} x < \frac{\pi}{2}.$$

On trouve

$$0 = \frac{\frac{1}{3} - A x}{1 + B x},$$

A et B étant des fonctions de x bornées pour x voisin de zéro.

(Année 1913, A.-T., n° 2, p. 165.)

68. — [C 1 e α]. *On donne*

$$0 = \frac{x - \text{arc tang} x}{x^2 \, \text{arc tang} x}, \qquad -\frac{\pi}{2} < \text{arc tang} x < \frac{\pi}{2}.$$

Trouver, pour $x = 0$, la limite de $\dfrac{0 - \frac{1}{3}}{x}$.

On trouve, par des développements limités,

$$\frac{0 - \frac{1}{3}}{x} = \frac{E x}{1 + A x},$$

A et E étant des fonctions de x bornées au voisinage de zéro. La limite demandée est donc zéro.

Trouver, au voisinage de zéro, le signe de $0 - \frac{1}{3}$.

On trouve

$$0 - \frac{1}{3} = \frac{-4 x^2 + H x^3}{45(1 + A x)},$$

expression toujours négative au voisinage de zéro.

(Année 1913, A.-T., n° 4, p. 166.)

69. — [C 1 e α]. *On donne*

$$x = \frac{60 \sin^2 \omega}{4 - 15 \sin^2 \omega}, \qquad y = \frac{\omega}{16}(4 - 15 \sin^2 \omega).$$

Quelle est, quand ω tend vers $\frac{\pi}{2}$, la limite de

$$\frac{y + \dfrac{11\pi}{32}}{x + \dfrac{60}{11}}?$$

Cette expression augmente indéfiniment.

(Année 1919, Concours normal, 2ᵉ Compo., nᵒ 3, p. 245.)

4. — Expressions dépendant des fonctions exponentielle ou logarithmique.

70. — [C 1 e a]. *Déterminer, au moyen d'un développement limité, ce que devient, pour $u = o$, l'expression*

$$y = \frac{e^u - 1 - u}{u^2}.$$

Sa limite est $\frac{1}{2}$, et $y - \frac{1}{2}$ a le signe de u.

(Année 1914, A.-T., nᵒ 9, p. 184.)

71. — [C 1 e a]. *Trouver la limite de*

$$y = \frac{\text{Log}\,\big|\,2\sqrt{x(x-1)} - 2x + 1\,\big|}{2\sqrt{x(x-1)}},$$

quand x tend vers zéro par valeurs négatives.

Poser $x = -u^2$, $u > o$, et faire un développement limité de chaque terme de la fraction.
La limite est 1.

(Année 1916, 1ʳᵉ Compo., nᵒ 5, p. 195.)

72. — [C 1 e a]. *Trouver la limite de*

$$y = \frac{\text{Log}\,\big|\,2x - 1 - 2\sqrt{x(x-1)}\,\big|}{2\sqrt{x(x-1)}}$$

quand x tend vers 1 par valeurs > 1.

Poser $x = 1 + u^2 (u > 0)$ et remplacer chaque terme de la fraction par un développement limité. La limite est -1.

(Année 1916, 1re Compo., n° 8, p. 196.)

73. — [C 1 e α]. *On donne la fonction*

$$y = \frac{\operatorname{Log}\left[2\sqrt{x(x-1)} - 2x + 1\right]}{2\sqrt{x(x-1)}}.$$

Trouver la limite de $\dfrac{y-1}{x}$, quand x tend vers zéro par valeur < 0.

La limite est $\dfrac{2}{3}$.

(Année 1916, 1re Compo., n° 18, p. 203.)

74. — [C 1 e α]. *On donne la fonction*

$$y = \frac{\operatorname{Log}\left[2x - 1 - 2\sqrt{x(x-1)}\right]}{2\sqrt{x(x-1)}}.$$

Trouver la limite de $\dfrac{y+1}{x-1}$, quand x tend vers 1 par valeurs > 1.

La limite est $\dfrac{2}{3}$.

(Année 1916, 1re Compo., n° 22, p. 207.)

75. — [C 1 e α]. *Trouver la limite de*

$$y = \frac{\operatorname{L}\left[2x - 1 - 2\sqrt{x(x-1)}\right]}{2\sqrt{x(x-1)}}$$

pour $x = +\infty$.

Poser $x - \dfrac{1}{u}$. Par développements limités, y prend la forme

$$\frac{u\left[\operatorname{L} u + \operatorname{L}\dfrac{1 + \Lambda u}{4}\right]}{2\sqrt{1+u}}.$$

La limite est zéro.

(Année 1916, 1re Compo., n° 23, p. 207.)

76. — [**C 1 e α**]. *Que devient, pour* $x = -\infty$, *l'expression*

$$f(x) = 2\left(1 + \frac{x}{\sqrt{x^2 + 5}}\right)e^{\frac{x}{2}}.$$

L'expression tend vers zéro, par valeurs > 0.

(Année 1920, 1re Compo., n° 7, p. 265.)

77. — [**C 1 e α**]. *Que devient, pour* $x = +\infty$, *l'expression*

$$f(x) = 2\left(1 - \frac{x}{\sqrt{x^2 + 5}}\right)e^{\frac{x}{2}}.$$

L'expression tend vers $+\infty$.

(Année 1920, 1re Compo., n° 8, p. 266.)

78. [**C 1 e α**]. *Déterminer la limite, quand* x *tend vers zéro,
de l'expression*

$$\frac{1}{x}\left[\left(2 - \frac{m x}{\sqrt{x^2 + 5}}\right)e^{\frac{x}{2}} - 2\right].$$

La limite est $1 - \dfrac{m}{\sqrt{5}}$.

(Année 1920, 1re Compo., n° 9, p. 267.)

XIII. — LIMITES D'EXPRESSIONS DE FORME INDÉTERMINÉE SANS APPLICATION DE LA FORMULE DE TAYLOR.

1. — Expressions dépendant de fonctions circulaires inverses.

79. — [**D 1 a**]. *Trouver la limite de*

$$y = \frac{\dfrac{\pi}{2} - \arctan\sqrt{\dfrac{1-x}{x}}}{\sqrt{x(1-x)}}$$

quand x *tend vers zéro par valeurs positives.*

Poser $x = \sin^2\alpha$. La limite est 1.

(Année 1916, 1re Compo., n° 6, p. 196.)

80. — [**D 1 a**]. *Trouver, quand x tend vers 1 par valeurs < 1, la limite de la détermination principale de*

$$y = -\ \frac{\operatorname{arc\,tang}\sqrt{\dfrac{1-x}{x}}}{\sqrt{x(1-x)}}\,.$$

Poser $x = \cos^2\alpha$. La limite est -1.

(Année 1916, 1re Compo., n° 7, p. 196.)

81. — [**D 1 a**]. *Déterminer les limites, pour $x = 0$ et $x = \pm\infty$, de l'expression*

$$0 = \frac{x - \operatorname{arc\,tang} x}{x^2 \operatorname{arc\,tang} x}, \qquad -\frac{\pi}{2} < \operatorname{arc\,tang} x < \frac{\pi}{2}.$$

Pour $x = 0$,

$$0 = \frac{1}{3}\,.$$

Pour $x = \pm\infty$,

$$0 = 0.$$

(Année 1913, A.-T., n° 1, p. 165.)

82. — [**D 1 a**]. *On donne*

$$x = \frac{60\sin^2\omega}{4 - 15\sin^4\omega}, \qquad y = \frac{\omega}{16}\,(4 - 15\sin^2\omega).$$

$1°$ *Déterminer la constante a de manière que, pour x infini, l'expression $x^2 y - ax$ ait une limite finie.*

$2°$ *Déterminer cette limite.*

$1°$ Il faut $a = \operatorname{arc\,sin}\dfrac{2}{\sqrt{15}}\,.$

$2°$ La limite est $-4\left(\dfrac{1}{\sqrt{11}} + \operatorname{arc\,sin}\dfrac{2}{\sqrt{15}}\right).$

(Année 1919, Concours normal, 2e Compo., n° 5, p. 247.)

2. — Expressions dépendant des fonctions exponentielle ou logarithmique.

83. — [**D 1 a**]. *Que devient, pour $x = 0$, l'expression*

$$y = x^2\left(e^{\frac{1}{x}} - 1 - \frac{1}{x}\right).$$

Quand x s'annule en croissant, y arrive à zéro et part de $+\infty$.

(Année 1914, A.-T., n° 8, p. 183.)

84. — [**D 1 a**]. *Que devient, pour $t = 1$, l'expression*

$$\frac{6t(2 + t^3)}{(1 - t^3)^2} + \operatorname{Log}\frac{(t - 1)^4}{(t^2 + t + 1)^2} - 4\sqrt{3}\ \text{arc tang}\ \frac{2t + 1}{\sqrt{3}}$$
$$- \frac{18}{(1 - t^3)^2} + \frac{12}{1 - t^3} - \operatorname{Log}(1 - t^3)^4 + 4\operatorname{Log}6.$$

Même limite que

$$4\operatorname{Log}6 - 6\operatorname{Log}(t^2 + t + 1) - 4\sqrt{3}\ \text{arc tang}\ \frac{2t + 1}{\sqrt{3}},$$

c'est-à-dire

$$4\operatorname{Log}2 - 2\operatorname{Log}3 - \frac{4\pi}{\sqrt{3}}.$$

(Année 1909, A.-T., n° 6, p. 92.)

85. — [**D 1 a**]. *Limite, pour $x = -\infty$, de*

$$y = \frac{\operatorname{L}\left[2\sqrt{x(x - 1)} - 2x + 1\right] + \lambda}{2\sqrt{x(x - 1)}}.$$

On trouve 0, quel que soit λ.

(Année 1916, 1re Compo., n° 17, p. 202.)

86. — [**D 1 a**]. *Que devient, pour $x = \mp\infty$, l'expression*

$$f(x) = \left(2 - \frac{mx}{\sqrt{x^2 + 5}}\right)e^{\frac{x}{2}}.$$

On trouve, en général :

$$f(-\infty) = \quad 0 \text{ avec le signe de } 2 + m\,;$$
$$f(+\infty) = \pm\infty \text{ avec le signe de } 2 - m.$$

(Année 1920, 1re Compo., n° 6, p. 265.)

86 *bis*. — [D 1 a]. *Que devient, pour x infini > 0, l'expression*

$$e^{-bx} \cos(a + x), \qquad b = \cot a, \qquad 0 < a < \frac{\pi}{2}?$$

Cette expression a pour limite o.

(Année 1921, 1re Compo., n° 17, p. 291.)

XIV. — SENS DE VARIATION DES FONCTIONS; MAXIMUM ET MINIMUM.

1. — Fonctions irrationnelles.

87. — [C 1 f]. *Pour quelle valeur de t la fonction*

$$x = \sqrt{\frac{2aht + a^2 - h^2}{1 + t^2}}$$

est-elle maximum, et quel est ce maximum?

Pour $t = \dfrac{h}{a}$, la fonction x prend la valeur maximum a.

(Année 1917, 1re Compo., n° 5, p. 219.)

88. — [C 1 f]. *Pour quelle valeur de t, la fonction*

$$y = t\sqrt{\frac{2aht + a^2 - h^2}{1 + t^2}}$$

est-elle minimum. Discuter suivant les diverses valeurs > 0 de h, a étant un nombre fixe > 0.

Si $h < a$, y présente un minimum négatif obtenu pour une valeur de t comprise entre $-\dfrac{a^2 - h^2}{2ah}$ et o.

Si $h > a$, y croît toujours avec t.

Si $h = a$, y prend pour $t = 0$ la valeur minimum o.

(Année 1917, n°s 6 et suiv., p. 219.)

89. — [C 1 f]. *Étudier la fonction*

$$y = \sqrt[3]{x^2(x - 6)}.$$

(Année 1909, A.-T., n° 1, p. 89.)

90. — [**C 1 f**]. *Étudier le sens de variation de la fonction*

$$\varphi(x) = \frac{2(x^2 + 5)^{\frac{3}{2}}}{x^3 + 5x + 10}.$$

Il y a minimum pour $x = 1$, maximum pour $x = 5$.

(Année 1920, 1re Compo., n° 4, p. 263.)

2. — Fonctions dépendant des fonctions circulaires.

91. — [**C 1 f**]. *Étudier la fonction*

$$y = \frac{\sin x}{x}.$$

(Année 1909, Géo.-Méca., n° 9, p. 98.)

92. — [**C 1 f**]. *Déterminer les maxima et minima de la fonction*

$$y = \frac{\sin x (1 - \cos x)}{1 + \sin x}.$$

En posant $\tan \frac{x}{2} = t$, les maxima et minima correspondent aux racines de

$$t^3 - t^2 - t - 3 = 0.$$

(Année 1912, A.-T., n° 10, p. 144.)

93. — [**C 1 f**]. *Étudier, suivant les diverses valeurs de $m < 20$, la fonction*

$$x = \frac{14a}{3} \cos 2\omega \left(\frac{20}{m} - \sqrt{2} \cos \omega \right)$$

quand ω varie de 0 à $+ \frac{\pi}{4}$, de manière que x demeure positif.

1° $m < \frac{16}{\sqrt{2}}$. Quand ω croît de 0 à $\frac{\pi}{4}$, x décroît constamment de $\frac{14a}{3} \left(\frac{20}{m} - \sqrt{2} \right)$ à 0.

2° $\frac{16}{\sqrt{2}} < m < \frac{20}{\sqrt{2}}$. Mêmes valeurs extrêmes; mais x présente un maximum.

$3°$ $\dfrac{20}{\sqrt{2}} < m < 20$. L'intervalle de variation de ω se réduit à $\left(\omega_1, \dfrac{\pi}{4}\right)$, si $\cos\omega_1 = \dfrac{20}{m\sqrt{2}}$. La fonction x présente un maximum, les deux valeurs extrêmes étant 0.

(Année 1912, Géo.-Méca., n° 13, p. 158.)

3. — Fonctions dépendant des fonctions circulaires inverses.

94. — [**C 1 f**]. *Étudier le sens de variation de*

$$y = \frac{x - \operatorname{arc tang} x}{x^2 \operatorname{arc tang} x}, \qquad -\frac{\pi}{2} < \operatorname{arc tang} x < \frac{\pi}{2},$$

x variant de 0 à $+\infty$.

On démontre que y est toujours décroissant.

(Année 1913, A.-T., n° 5, p. 166.)

95. — [**C 1 f**]. *Étudier le sens de variation de la fonction*

$$y = \frac{\omega}{16}\,(4 - 15\sin^2\omega)$$

quand ω croît de 0 à $\dfrac{\pi}{2}$.

La fonction présente un maximum pour une valeur de ω comprise entre 0 et $\operatorname{arc sin} \dfrac{\sqrt{2}}{15}$.

(Année 1919, Concours normal, 2° Compo., n° 4, p. 246.)

4. — Fonctions dépendant des fonctions exponentielle ou logarithmique.

96. — [**C 1 f**]. *Maximum de la fonction*

$$\frac{\operatorname{Log} \dfrac{x}{e}}{(\operatorname{Log} x)^2}.$$

Le maximum e est atteint pour $x = e^2$.

(Année 1908, A.-T., n° 1, p. 73.)

97. — [C 1 f]. *Maximum de la fonction*

$$a^2 \, \mathrm{L} \, x^2 - x^2 - \lambda.$$

(Année 1907, Géo.-Méca., n° 4, p. 66.)

97 bis. — [C 1 f]. *Déterminer le maximum de la fonction*

$$f(u) = \frac{1}{2} \operatorname{Log} u - \frac{u^4}{8}.$$

Ce maximum est $f(1) = -1/8$.

(Année 1921, 2e Compo., n° 4, p. 296.)

98. — [C 1 f]. *Vérifier que la fonction*

$$y = x^2 \left(e^{\frac{1}{x}} - c - \frac{1}{x} \right)$$

est constamment décroissante.

(Année 1914, A.-T., n°s 10 et suiv., p. 184.)

98 bis. — [C 1 f]. *Déterminer les maxima et minima de la fonction*

$$y = e^{-bx} \sin x, \qquad b = \cot a, \qquad 0 < a < \frac{\pi}{2}.$$

Les maxima correspondent aux valeurs $a + 2\,k\pi$ de x, les minima aux valeurs $a + (2\,k + 1)\,\pi$.

(Année 1921, 1re Compo., n° 12, p. 289.)

99. — [C 1 f]. *Étudier, suivant les valeurs de m, le sens de variation de la fonction*

$$f(x) = \left(2 - \frac{mx}{\sqrt{x^2 + 5}} \right) e^{\frac{x}{2}}.$$

(Année 1920, 1re Compo., n° 10, p. 267.)

XV. — ÉQUATIONS ALGÉBRIQUES.

1. — Fonctions symétriques des racines.

100. — [**A 3 b**]. *On donne l'équation du troisième degré en* t

$$w(a\gamma' - b\gamma t)(1 + t^2) + 2ab(\gamma' - \gamma)t(u + vt) = 0,$$

où

$$
\begin{aligned}
u &= b\gamma\lambda\lambda'(\lambda\lambda' - 1) + a\gamma'(\lambda + \lambda'), \\
v &= -b\gamma\lambda\lambda'(\lambda + \lambda') + a\gamma'(\lambda\lambda' - 1), \\
w &= 2ab\lambda\lambda'(\gamma - \gamma').
\end{aligned}
$$

L'équation admet pour racines λ *et* λ'. *Déterminer la troisième racine* λ''.

On trouve

$$\lambda'' = \frac{a\gamma'}{b\gamma\lambda\lambda'}.$$

(Année 1905, Géo.-Méca., n° 9, p. 40.)

101. — [**A 3 b**]. *Former l'équation du troisième degré ayant pour racines* a, b, c *définis par*

$$a + b + c = 2p, \qquad \frac{1}{a} + \frac{1}{b} + \frac{1}{c} = \frac{h}{S}, \qquad p(p-a)(p-b)(p-c) = S^2.$$

Rép. :

$$x^3 - 2px^2 + \frac{h(S^2 + p^4)}{p(ph - S)}x - \frac{S(S^2 + p^4)}{p(ph - S)} = 0.$$

[**A 3 g**]. *Déterminer les racines pour*

$$p = 8, \qquad h = 6,8, \qquad S = 12.$$

L'équation devient

$$x^3 - 16x^2 + 85x - 150 = 0;$$

les racines sont 5, 5 et 6.

(Année 1907, A.-T., nᵒˢ 3, 4, p. 58.)

102. — [**A 3 b**]. *L'équation en* θ,

$$(1 + m^2)(1 - 2m\theta + 3\theta^2) - (1 + \theta^2)^2 = 0,$$

admet la racine double m : Déterminer les deux autres racines, θ_1 *et* θ_2.

On a
$$\theta_1 + \theta_2 = -2m, \qquad \theta_1 \theta_2 = -1.$$

(Année 1919, Concours spécial, 2e Compo., n° 6, p. 258.)

103. — [A 3 h]. *L'équation*
$$x^3 - \alpha x^2 + \beta x - \gamma = 0$$

a pour racines les longueurs a, b, c des côtés d'un triangle ABC. *Former l'équation ayant pour racines* cos A, cos B, cos C.

Le problème revient à chercher l'équation ayant pour racines les trois expressions telles que $\dfrac{2bc - 2\alpha a + \alpha^2}{2bc}$. On trouve

$$[\alpha^3 - 2\alpha\beta(1-\gamma) + 2\gamma(1-\gamma^2)][\alpha^3 - 4\alpha\beta + 4\gamma(1-\gamma)] + 2\alpha^3\gamma(1+\gamma)^2 = 0.$$

(Année 1906, A.-T., n° 3, p. 47.)

2. — Racines égales.

104. — [A 3 c]. *Déterminer a et b de manière que l'équation en t*
$$(b - at)(1 + t^2) - 1 = 0$$

admette une racine double donnée θ.

On trouve
$$a = \frac{2\theta}{(1+\theta^2)^2}, \qquad b = \frac{1 + 3\theta^2}{(1+\theta^2)^2}.$$

(Année 1919, Concours spécial, 2e Compo., n° 1, p. 253.)

3. — Séparation des racines. Discussion de leur réalité.

105. — [A 3 d]. *On donne l'équation*

(1)
$$a\frac{dy^2}{dx^2} - x\frac{dv}{dx} + 2my = 0,$$

où a est un nombre algébrique réel et m un entier arithmé-
tique. Il existe un polynome $P(x)$ de degré $2m$, vérifiant

$$P(0) = 1, \qquad P'(0) = 0,$$

et satisfaisant à l'équation (1). *Ce polynome est*

$$P(x) = 1 - \frac{2m}{a.2!}\,x^2 + \frac{2^2.m(m-1)}{a^2.4!}\,x^4 - \frac{2^3.m(m-1)(m-2)}{a^3.6!}\,x^6 + \ldots$$
$$+ (-1)^m \frac{2^m.m!}{a^m.(2m)!}\,x^{2m}.$$

On demande de discuter, suivant le signe de a, le nombre
des racines réelles de ce polynome.

Si $a < 0$, aucune racine réelle;
Si $a > 0$, $2m$ racines réelles distinctes.

(Année 1911, A.-T., n° 6, p. 125.)

106. — [A 3 d]. *Compter les racines positives de*

$$t^3 - t^2 - t - 3 = 0.$$

Il y a une seule racine positive, qui est comprise entre 2 et 3.

(Année 1912, A.-T., n° 11, p. 144.)

107. — [A 3 d]. *Discuter le système*

$$aht^3 + 3aht + a^2 - h^2 = 0, \qquad 2aht + a^2 - h^2 \gtreqless 0$$

quand h varie de 0 à $+\infty$, a étant un nombre fixe > 0.

Pour $h < a$, il y a une solution unique < 0.
Pour $h > a$, il n'y a aucune solution.
Pour $a = a$, il y a la solution unique 0.

(Année 1917, 1re Compo., n° 7, p. 219.)

108. — [A 3 d]. *Discuter, en faisant varier a, le nombre des*
racines réelles de l'équation en t

$$8at^3 - 5t^2 + 8at + 3 = 0,$$

Il y a une ou trois racines réelles suivant que a est extérieur ou intérieur à l'intervalle $\left(-\dfrac{\sqrt{3}}{8}, +\dfrac{\sqrt{3}}{8}\right)$.

(Année 1919, Concours spécial, 2ᵉ Compo., nº 5, p. 257.)

109. — [**A 3 f**]. *Discuter, d'après les valeurs positives de* λ, *le nombre des racines positives de l'équation*

$$(1 + \lambda x)^2(1 + x^2) - m^2 x^2 = 0.$$

Il y a deux racines positives, ou bien aucune, suivant que l'expression $\lambda^{\frac{2}{3}} - m^{\frac{2}{3}} + 1$ est négative ou positive.

(Année 1917, 2ᵉ Compo., nº 4, p. 226.)

4. — Résolution approchée.

110. — [**A 3 g**]. *Déterminer à* 0,001 *près la racine positive de l'équation*

$$x^3 + x^2 - 27,48 = 0,$$

en appliquant la méthode d'approximation de Newton.

On trouve 2,718.

(Année 1904, nº 9, p. 27.)

111. — [**A 3 g**]. *L'équation*

$$t^3 - t^2 - t - 3 = 0$$

a une seule racine entre 2 *et* 3. *On en demande des valeurs plus approchées.*

La méthode de Descartes donne, par défaut, $\dfrac{27}{13}$. La méthode de Newton donne, par excès, $\dfrac{12}{5}$. L'intervalle est maintenant

$$\frac{21}{65} < \frac{1}{3}.$$

(Année 1912, A.-T., nº 12, p. 144.)

112. — [A 3 g]. *Résoudre l'équation*

$$x^3 + 5x + 10 = 0.$$

Il y a une seule racine, comprise entre -2 et -1.

(Année 1920, 1re Compo., n° 3, p. 268.)

XVI. — SÉRIES ENTIÈRES (VARIABLE RÉELLE).

1. — Développement d'une fonction en série.

112 bis. — [D 2 a γ]. *On donne la fonction*

$$y = f(u) = u \sin a + \ldots + \frac{u^n}{n!} \sin na \ldots$$

On sait que la série second membre est absolument conver-gente pour toute valeur de u. Former les séries qui représentent

$$\frac{dy}{du} \qquad et \qquad \frac{d^2y}{du^2}.$$

(Année 1921, 1re Compo., n° 2, p. 285.)

113. — [D 6 c α]. *Développer en série entière, par rapport à z, l'expression* $f(z) = \dfrac{\pi}{\sqrt{1+z}}.$

On a

$$f(z) = \pi \left[1 + \sum_{n=1}^{n=\infty} (-1)^n \frac{1.3.5\ldots(2n-1)}{2.4.6\ldots 2n} z^n \right].$$

(Année 1914, A.-T., n° 4, p. 182.)

114. — [D 2 a γ]. *On donne la fonction*

$$y = x^{\frac{2}{3}} (x-6)^{\frac{1}{3}} = f(x)$$

et l'on désigne par F(x) *une primitive de* $f(x)$. *On demande de trouver trois constantes* P, Q, R *telles que*

$$\Phi(x) F(x) - P x^2 - Q x - R \operatorname{Log}|x|$$

reste fini quand $x \to \infty$; *et de montrer que la solution est unique.*

Poser $x = \dfrac{1}{u}$; former pour y le développement

$$\frac{1}{u} - 2 - 4u - \frac{40}{3}u^2 - u^3 s(u),$$

d'où, pour $y\,dx = -\dfrac{y\,du}{u^2}$, le développement

$$du\left[-\frac{1}{u^3} + \frac{2}{u^2} + \frac{4}{u} + \frac{40}{3} + us(u) \right],$$

$s(u)$ désignant une série entière absolument convergente, d'où pour $F(x)$, à une constante additive près, le développement

$$\frac{1}{2u^2} - \frac{2}{u} + 4\,L|u| + uS(u),$$

$S(u)$ désignant une série entière absolument convergente.

On trouve alors comme solution unique

$$P = \frac{1}{2}, \qquad Q = -2, \qquad R = -4.$$

(Année 1909, A.-T., n° 7, p. 92.)

115. — [D 6 a α]. *Développer en série entière, par rapport à z, l'expression* $\dfrac{1}{1 + z\cos^2 x}$.

On trouve

$$1 + \sum_{n=1}^{n=\infty} (-1)^n z^n \cos^{2n} x.$$

(Année 1914, A.-T., n° 5, p. 182.)

116. — [D 6 c α]. *On considère, dans l'intervalle* $0 < x < 1$, *la fonction*

$$y = \frac{\operatorname{arc\,tang}\sqrt{\dfrac{x}{1-x}} + \lambda}{\sqrt{x(1-x)}};$$

montrer qu'elle admet un développement de la forme

$$\varphi(x) + \frac{\lambda\psi(x)}{\sqrt{x}},$$

$\varphi(x)$ et $\psi(x)$ étant deux séries entières absolument convergentes.

En posant $x = u^2$, la partie $\dfrac{\operatorname{arc\,tang}\sqrt{\dfrac{x}{1-x}}}{\sqrt{x(1-x)}}$ est développable en une série entière en u^2; et le reste est le produit par $\dfrac{\lambda}{\sqrt{x}}$ de $\dfrac{1}{\sqrt{1-x}}$, développable en série entière.

(Année 1916, 1re Compo., n° 15, p. 201.)

117. — [**D 6 c** 2]. *On considère, dans l'intervalle* $-1 < x < 0$, *la fonction*

$$y = \frac{\operatorname{Log}\left[2\sqrt{x(x-1)} - 2x + 1\right] + \lambda}{2\sqrt{x(x-1)}};$$

montrer qu'elle admet un développement de la forme

$$\varphi(x) + \frac{\lambda\psi(x)}{\sqrt{|x|}},$$

$\varphi(x)$ et $\psi(x)$ étant deux séries entières absolument convergentes.

En posant $x = -u^2$, la partie $\dfrac{\operatorname{Log}\left[2\sqrt{x(x-1)} - 2x + 1\right]}{2\sqrt{x(x-1)}}$ est une fonction paire de u développable en série entière; et le reste est le produit par $\dfrac{\lambda}{\sqrt{|x|}}$ de $\dfrac{1}{2\sqrt{1-x}}$, développable en série entière.

(Année 1916, 1re Compo., n° 14, p. 200.)

117 bis. — [**D 6 c** 2]. *Former le développement en série entière de la fonction* $x - e^{-x\cot a}$.

Calculer, pour $x = 0$, la dérivée $n^{ième}$. On trouve

$$-\sin na \left(\frac{-1}{\sin a}\right)^n.$$

(Année 1921, 1re Compo., n° 8, p. 287.)

2. — Intégration d'une équation différentielle par une série entière.

118. — [**H 1 c**]. *Trouver une série entière vérifiant identiquement la relation*

$$P_2 S'' + P_1 S' + P_0 S = 0$$

ou

$$
\begin{aligned}
P_0 &= 2p[1 + (2 - p)x], \\
P_1 &= -2 - 4x + (p - 2)(p + 1)x, \\
P_2 &= x[2 + (4 - p)x + (2 - p)x^2],
\end{aligned}
$$

en supposant :

1° $p = 2$;
2° *p entier positif;*
3° *p quelconque.*

On trouve la série dont la somme est

$$A x^2 + B(1 + x)^p \qquad \text{(A et B arbitraires)}.$$

[**D a α**]. *Conditions de convergence de la série obtenue.*
Ce sont $-1 < x < 1$.

(Année 1905, A.-T., n°s 3 et 4, p. 33.)

119. — [**H 1 c**]. *Trouver une série entière en x, $S(x)$, satisfaisant à l'équation différentielle*

$$9(1 - x^2)\frac{d^2y}{dx^2} - 9x\frac{dy}{dx} + y = 0,$$

et aux conditions suivantes :

$$S(0) = 1, \qquad S'(0) = -\frac{1}{3}.$$

Si

$$S(x) = \sum_{n=0}^{n=\infty} a_n x^n,$$

on a la formule de récurrence

$$(n + 1)(n + 2)a_{n+2} = \left(n^2 - \frac{1}{9}\right)a_n,$$

et les conditions initiales donnent

$$a_0 = 1, \qquad a_1 = -\frac{1}{3}.$$

(Année 1910, A.-T., n° 1, p. 104.)

120. — [**H 1 c**]. *Déterminer une série entière en x,*

$$S(x) = \lambda_0 + \lambda_1 x + \lambda_2 x^2 + \dots$$

vérifiant l'équation

$$a \frac{d^2 y}{dx^2} - x \frac{dy}{dx} + b y = 0,$$

où a et b désignent deux constantes réelles.

On trouve

$$S(x) = \lambda_0 f(x, a, b) + \lambda_1 g(x, a, b),$$

λ_0 et λ_1 étant arbitraires et

$$f(x, a, b) = 1 + \alpha_1 x^2 + \alpha_2 x^4 + \dots,$$
$$g(x, a, b) = x + \beta_1 x^3 + \beta_2 x^5 + \dots$$

avec

$$\alpha_n = \frac{-b(2-b)(4-b)\dots[2(n-1)-b]}{(2n)!\, a^n},$$

$$\beta_n = \frac{(1-b)(3-b)\dots(2n-1-b)}{(2n+1)!\, a^n}.$$

(Année 1911, A.-T., n° 1, p. 122.)

121. — [**H 1 c**]. *On donne l'équation différentielle*

$$(1) \qquad 2x(x-1)y' + (2x-1)y + 1 = 0.$$

On demande de trouver deux séries entières $\varphi(x)$ et $\psi(x)$ telles que $\varphi(x) + \dfrac{1}{\sqrt{(x)}}\,\psi(x)$ vérifie l'équation (1).

On trouve que $\varphi(x)$ et $\psi(x)$ vérifient séparément

$$2x(x-1)\varphi'(x) + (2x-1)\varphi(x) + 1 = 0,$$
$$2(x-1)\psi'(x) + \psi(x) = 0;$$

d'où l'on tire

$$\varphi(x) = 1 + \frac{2}{1}\,x + \frac{2.4}{1.3}\,x^2 + \frac{2.4.6}{1.3.5}\,x^3 + \ldots,$$

$$\psi(x) = \lambda\left[1 + \frac{1}{2}\,x + \frac{1.3}{2.4}\,x^2 + \frac{1.3.5}{2.4.6}\,x^3 + \ldots\right].$$

(Année 1916, 1re Compo., n° 12, p. 199.)

XVII. — SÉRIES ENTIÈRES (VARIABLE COMPLEXE). FONCTIONS CIRCULAIRES ET EXPONENTIELLES D'UNE VARIABLE COMPLEXE. FONCTIONS HYPERBOLIQUES.

(Aucune question.)

XVIII. — INTÉGRATION IMMÉDIATE. INTÉGRALES DÉFINIES.

A. — INTÉGRATION IMMÉDIATE.

1. — Fonction rationnelle ayant une primitive rationnelle.

122. — [C 2 a]. *Calculer*

$$I = \int \frac{dx}{q\,x^2 - r\,x + s},$$

avec $r^2 - 4qs = 0$.

Rép. :

$$I = - \frac{2}{2\,q\,x - r}.$$

(Année 1907, A.-T., n° 13, p. 64.)

123. — [C 2 a]. *Calculer*

$$\frac{3}{4}\int \frac{(1 - \lambda^4)\,d\lambda}{\lambda^4}.$$

On trouve, à une constante additive près,

$$-\left(\frac{1}{4\lambda^3} + \frac{3\lambda}{4}\right).$$

(Année 1912, A.-T., n° 6, p. 142.)

2. — Fonction rationnelle ayant une primitive irrationnelle ou transcendante.

124. — [**C 2 a**]. *Indiquer une solution particulière de l'équation*

$$2x(x-1)u' + (2x-1)u = 0.$$

Une solution particulière est

$$\frac{1}{\sqrt{|x(x-1)|}}.$$

(Année 1916, 1re Compo., n° 2, p. 193.)

125. — [**C 2 a**]. *Déterminer une fonction t de x telle que l'expression* $9(1-x^2)\left(\dfrac{dt}{dx}\right)^2$ *ait la valeur constante* $\dfrac{1}{a^2}$ $(a > 0)$.
On trouve

$$3at + b = \text{arc} \begin{smallmatrix} \sin \\ \cos \end{smallmatrix} x,$$

b étant une constante arbitraire, en prenant soit une détermination de l'arc sin dont le cosinus est positif, soit une détermination de l'arc cos dont le sinus est négatif.

(Année 1910, A.-T., n° 4, p.106.)

126. — [**C 2 a**]. *Quelles sont les fonctions de x, y, z ayant pour dérivées partielles :*

$1°$ $\qquad\qquad k^2 x, \qquad k^2 y, \qquad k^2 z;$

$2°$ $\qquad \dfrac{k^2 a^2 x}{x^2 + y^2}, \quad \dfrac{k^2 a^2 y}{x^2 + y^2}, \quad 0;$

$3°$ $\quad -\dfrac{k^2 x(x^2 + y^2 - a^2)}{x^2 + y^2}, \quad -\dfrac{k^2 y(x^2 + y^2 - a^2)}{x^2 + y^2}, \quad -k^2 z.$

Ce sont :

$1°$ $\qquad\qquad \dfrac{k^2}{2}(x^2 + y^2 + z^2),$

$2°$ $\qquad\qquad \dfrac{k^2 a^2}{2} L(x^2 + y^2),$

$3°$ $\quad \dfrac{k^2}{2}[a^2 L(x^2 + y^2) - (x^2 + y^2 + z^2)],$

à des constantes additives près.

(Année 1907, Géo.-Méca., n° 2, p. 65.)

127. — [C 2 a]. *Les trajectoires orthogonales des courbes de la famille*

$$2a^2 Lx - x^2 - y^2 - \lambda = 0$$

ont pour équation différentielle

$$\frac{x\,dx}{x^2 - a^2} - \frac{dz}{z} = 0.$$

On demande leur équation en termes finis.

Rép. :

$$x^2 - \mu y^2 - a^2 = 0.$$

(Année 1907, Géo.-Méca., n° 6, p. 67.)

4. — Fonction irrationnelle.

128. — [C 2 a]. *Intégrer les équations*

$$2\frac{dx}{dt}\frac{d\lambda}{dt} + x\frac{d^2\lambda}{dt^2} = 2\frac{dy}{dt}\frac{d\lambda}{dt} + y\frac{d^2\lambda}{dt^2} = 2\frac{dz}{dt} + z\frac{d^2\lambda}{dt^2}.$$

On trouve

$$\sqrt{\frac{d\lambda}{dt}} = \frac{A}{x} = \frac{B}{y} = \frac{C}{z},$$

A, B, C désignent trois constantes arbitraires. Donc, ou bien λ est une constante, ou bien x, y, z sont proportionnelles à trois quantités constantes.

(Année 1910, Géo.-Méca., n° 9, p. 117.)

129. — [C 2 a]. *Intégrer*

$$\int \left[\frac{1}{\sqrt{\xi^2 + a^2}} - \frac{1}{a} \right] \xi\, d\xi.$$

On trouve

$$2\sqrt{\xi^2 + a^2} - \frac{\xi^2}{a}.$$

(Année 1912, Géo.-Méca., n° 12, p. 156.)

5. — Fonction dépendant des fonctions circulaires.

130. — [C 2 e]. *Calculer*

$$\int \frac{3 + 2\cos x - 2\sin x + \cos 2x}{\sin 2x}\, dx.$$

On trouve

$$\frac{3}{2} \operatorname{Log} \tan g\, x + \operatorname{Log} \tan g\, \frac{x}{2} + \operatorname{Log} \tan g\left(\frac{\pi}{4} - \frac{x}{2}\right) + \frac{1}{2} \operatorname{Log} \sin 2x.$$

(Année 1912, A.-T., n° 2, p. 140.)

131. — [C 2 e]. *Calculer*

$$\int_0^\pi \cos^{2n} x\, dx.$$

On trouve

$$\frac{\pi \cdot 2n(2n-1)\ldots(n+1)}{2^{2n}\cdot n!}.$$

(Année 1914, A.-T., n° 6, p. 182.)

131 *bis*. — [C 2 e]. *Évaluer l'intégrale*

$$F(x) = \int e^{-bx}(1 - \sin x)\, dx, \qquad b = \cot g\, a.$$

On trouve

$$F(x) = -\tan g\, a . e^{-bx}[1 + \cos a \sin(x + a)].$$

(Année 1921, 1re Compo., n° 15, p. 290.)

6. — Fonction dépendant des fonctions circulaires inverses.

132. — [C 2 e]. *Calculer l'intégrale*

$$I = \int_a^x \frac{dx}{(1 + x^2)\operatorname{arc} \tan g\, x}.$$

On trouve

$$I = \operatorname{Log} \frac{\pi}{2\operatorname{arc} \tan g\, a}.$$

(Année 1913, A.-T., n° 8, p. 167.)

133. — [C 2 e]. *Calculer*

$$\int e^{m\theta}\, d\theta, \quad \int e^{2m\theta} \cos\theta\, d\theta, \quad \int e^{2m\theta} \sin\theta\, d\theta.$$

On trouve respectivement

$$\frac{1}{m}\, e^{m\theta}, \quad \frac{1}{4\,m^2+1}\,(2\,m\cos\theta + \sin\theta), \quad \frac{1}{4\,m^2+1}\,(2\,m\sin\theta - \cos\theta).$$

$$\text{(Année 1914, Géo.-Méca., n}^\circ\text{ 2, p. 187.)}$$

B. — INTÉGRALES DÉFINIES.

134. — [C 2 h]. *Sachant que*

$$\int \frac{dx}{1 + z\cos^2 x} = \frac{1}{\sqrt{1+z}}\, \text{arc tang}\, \frac{\text{tang}\,x}{\sqrt{1+z}},$$

calculer $\displaystyle\int_0^\pi \frac{dx}{1 + z\cos^2 x}$.

En calculant $\displaystyle\int_0^{\frac{\pi}{2}} + \int_{\frac{\pi}{2}}^{\pi}$, on trouve $\dfrac{\pi}{\sqrt{1+z}}$.

$$\text{(Année 1914, A.-T., n}^\circ\text{ 3, p. 181.)}$$

135. — [C 2 h]. *On considère les fonctions*

$$\theta(x) = \frac{x - \text{arc tang}\,x}{x^2\,\text{arc tang}\,x}$$

et

$$F(\xi) = \int_\xi^{+\infty} \frac{x\,\theta(x)\, dx}{1 + x^2}.$$

On demande $F'(\xi)$.

On a

$$F'(\xi) = -\frac{\xi\theta(\xi)}{1+\xi^2}.$$

$$\text{(Année 1913, A.-T., n}^\circ\text{ 11, p. 168.)}$$

136. — [C 2 h]. *Les quantités x, y, l, ξ, η sont des fonctions de t vérifiant, quel que soit t, les relations*

$$l\xi = \int_{t_0}^{t} x l' \, dt, \qquad l\eta = \int_{0}^{t} y l' \, dt.$$

On demande de dériver ces deux relations.

On trouve

$$l'\xi + l\xi' = x l', \qquad l'\eta + l\eta' = y l'.$$

(Année 1914, Géo.-Méca., n° 8, p. 189.)

137. — [C 2 h]. *On donne un trièdre trirectangle $Oxyz$. Un mobile décrit la courbe*

$$x = \cos^2\varphi, \qquad y = \cos\varphi \sin\varphi, \qquad z = \sin\varphi,$$

la loi différentielle du mouvement étant

$$C \, dt = \cos^2\varphi \, d\varphi,$$

C désignant une constante arbitraire. On demande l'expression de t en fonction de φ, sachant que φ et t s'annulent en même temps, et que la courbe est tout entière décrite dans le temps 2π.

On trouve

$$t = \varphi + \cos\varphi \sin\varphi.$$

(Année 1919, Concours normal, 1re Compo., n° 6, p. 241.)

XIX. — TRANSFORMATION D'UNE INTÉGRALE PAR CHANGEMENT DE VARIABLE.

1. — Fonction rationnelle.

138. — [C 2 a]. *Une droite AB passe par les deux points*

$$A(c, o), \qquad B(d, b).$$

Transformer l'intégrale $\int_{c}^{d} u \, dx$, en faisant le changement de variable qui consiste à passer de l'abscisse à l'ordonnée d'un point de la droite AB.

On trouve

$$\int_c^d u\,dx = \frac{d-c}{b}\int_0^b u\,dy.$$

(Année 1908, A.-T., n° 8, p. 77.)

139. — [C 2 a] *Calculer*

$$I = \int \frac{dx}{q\,x^2 - r\,x + s},$$

avec

$$r^2 - 4\,qs < 0.$$

En désignant les deux racines par $\lambda \pm i\mu$, on a

$$I = \frac{1}{q\,\mu}\ \text{arc tang}\frac{x-\lambda}{\mu}.$$

(Année 1907, A.-T., n° 14, p. 64.)

2. — Fonction irrationnelle.

140. — [C 2 c]. *Ramener l'intégration de*

$$dt = dx\sqrt{\frac{2}{g}(3x+8)}$$

à celle d'une fonction rationnelle.

En posant $x = \frac{u^2-8}{3}$ $(u>0)$, on est ramené à

$$dt = \frac{2}{3}\sqrt{\frac{2}{g}}\,u^2\,du.$$

(Année 1916, 2ᵉ Compo., n° 3, p. 211.)

141. — [C 2 c]. *Évaluer l'intégrale*

$$\int_0^z \frac{dx}{(2x^2+1)\sqrt{x^2+1}}.$$

Par les changements de variables

$$x = \tang\theta, \qquad \sin\theta = y,$$

on trouve

$$\arc\tang\sqrt{\frac{x^2}{1+x^2}}.$$

(Année 1906, A.-T., n° 2, p. 46.)

142. — [C 2 c]. *Déterminer la fonction t de x définie par*

$$3\frac{dt}{dx}\sqrt{x^2-1} = \frac{1}{\omega}.$$

On trouve

$$3\omega t + \lambda = \Log\left(x+\sqrt{x^2-1}\right).$$

(Année 1910, A.-T., n° 7, p. 108.)

143. — [C 2 c]. *Ramener l'intégration de*

$$dv = -\frac{\varepsilon\,dx}{2\sqrt{\varepsilon x(x-1)}} \qquad [\varepsilon = \pm 1,\ \varepsilon x(x-1) > 0]$$

à l'intégration d'une fonction rationnelle.

En posant

$$y = tx, \qquad x = \frac{1}{1-\varepsilon t^2},$$

l'équation devient

$$dv = -\frac{dt}{1+\varepsilon t^2}.$$

(Année 1916, 1re Compo., n° 3, p. 193.)

144. — [C 2 c]. *Ramener à des intégrales connues l'expression*

$$I = \int \frac{\sin\theta\,d\theta}{(A\cos^2\theta - 2B\cos\theta + C)^{\frac{1}{2}}},$$

où $B^2 - AC > 0.$

Poser d'abord

$$\cos\theta = u, \qquad u - \frac{B}{A} = v, \qquad \frac{B^2-AC}{A^2} = h^2;$$

alors, si $A > 0$,

$$I = -\frac{1}{\sqrt{A}} \int \frac{dv}{\sqrt{v^2 - h^2}} = -\frac{1}{\sqrt{A}} \operatorname{Log}\left| v + \sqrt{v^2 - h^2} \right|;$$

si $A < 0$,

$$I = \frac{1}{\sqrt{-A}} \int \frac{dv}{\sqrt{h^2 - v^2}} = \frac{1}{|h|\sqrt{-A}} \arccos \frac{v}{h},$$

en prenant pour arc cos, par exemple, la détermination comprise entre 0 et π.

(Année 1918, n° 9, p. 234.)

145. — |C 2|. *Ramener à l'intégration d'une fonction rationnelle le calcul de*

$$F(x) = \int y \, dx, \qquad y = x^{\frac{2}{3}}(x - 6)^{\frac{1}{3}}.$$

Poser

$$x = \frac{6}{1 - t^3}, \qquad y = \frac{6t}{1 - t^3};$$

il vient

$$F(x) = 108 \int \frac{t^3 \, dt}{(1 - t^3)^3}.$$

(Année 1909, A.-T., n° 3, p. 90.)

146. — [C 2 e]. *Calculer*

$$F(\theta) = \int \frac{(1 - 3\theta^2) \, d\theta}{(1 + \theta^2)^{\frac{3}{2}}}.$$

En posant

$$\theta = \operatorname{tang}\varphi, \qquad -\frac{\pi}{2} < \varphi < \frac{\pi}{2},$$

on trouve

$$F(\theta) = \frac{1}{3} \sin 3\varphi.$$

(Année 1919, Concours spécial, 2° Compo., n° 8, p. 259.)

3. — Fonction dépendant des fonctions circulaires.

147. — |C 2 e|. *Ramener la quadrature*

$$\int \frac{dt}{(1 + \cos t)^2}$$

à celle d'une fonction rationnelle.

Par le changement de variable $\tan\frac{t}{2} = \theta$, on est ramené à

$$\frac{1}{2}\int (1+\theta^2)\,d\theta.$$

(Année 1911, Géo.-Méca., n° 14, p. 136.)

148. — [C 2 e]. *Ramener la quadrature*

$$\int \frac{dt}{(x_0\cos t + x'_0\sin t + c)^2}$$

à celle d'une fonction rationnelle.

Par le changement de variable $\tan\frac{t}{2} = \theta$, on est ramené à

$$2\int \frac{(1+\theta^2)\,d\theta}{[(c-x_0)\theta^2 + 2x'_0\theta + c + x_0]^2}.$$

(Année 1911, Géo.-Méca., n° 9, p. 152.)

149. — [C 2 e]. *Ramener le calcul de*

$$\int \frac{(a\sin x + b\cos x + 6)(1+\sin x)}{\sin x \sin 2x(1-\cos x)}\,dx$$

à l'intégration d'une fonction rationnelle.

Par le changement de variable $\tan\frac{x}{2} = t$, on est ramené à

$$\int \frac{[2at + b(1-t^2) + 6(1+t^2)](1+t)(1+t^2)}{8t^4(1-t)}\,dt.$$

(Année 1912, A.-T., n° 4, p. 141.)

150. — [C 2 e]. *Évaluer l'intégrale*

$$F(x, z) = \int \frac{dx}{1 + z\cos^2 x},$$

avec $z > -1$.

On trouve

$$F(x, z) = \frac{1}{\sqrt{1+z}}\arctan\frac{\tan x}{\sqrt{1+z}}.$$

(Année 1914, A.-T., n° 2, p. 181.)

151. — |C 2 e|. *Ramener le calcul de*

$$I(\omega) = \int \frac{d\omega}{\cos\omega + 2}, \qquad J(\omega) = \int \frac{d\omega}{(\cos\omega + 2)^2}$$

à l'intégration de fonctions rationnelles.

Par le changement de variable $\operatorname{tang}\frac{\omega}{2} = t$, on obtient

$$I(\omega) = \int \frac{2\,dt}{3 + t^2}, \qquad J(\omega) = \int \frac{2(1 + t^2)\,dt}{(3 + t^2)^2}.$$

(Année 1920, 2ᵉ Compo., nº 5, p. 278.)

4. — Fonction dépendant des fonctions exponentielle ou logarithmique.

152. — |C 2 a|. *Faire dans l'intégrale*

$$\int \left[\frac{1}{Lx} - \frac{1}{(Lx)^2} \right] dx$$

le changement de variable $x = e^y$.

On obtient

$$\int \left(\frac{1}{y} - \frac{1}{y^2} \right) e^y\, dy.$$

(Année 1908, A.-T., nº 3, p. 74.)

XX. — TRANSFORMATION D'UNE INTÉGRALE PAR L'INTÉGRATION PAR PARTIES.

153. — [C 2 a]. *Simplifier* $\int \frac{2t^2\,dt}{(3 + t^2)^2}$.

En posant $u = -\dfrac{1}{3 + t^2}$, on trouve

$$-\frac{t}{3 + t^2} + \int \frac{dt}{3 + t^2}.$$

(Année 1920, 2ᵉ Compo., nº 6, p. 279.)

154. — [C 2 a]. *Évaluer l'intégrale*

$$I = 4e \int_1^2 \left(\frac{1}{y} - \frac{1}{y^2} \right) e^y \, dy.$$

Rép. :

$$I = 2e^2(e - 2).$$

(Année 1908, A.-T., n° 4, p. 74.)

XXI. — INTÉGRATION D'UNE FONCTION RATIONNELLE.

155. — [C 2 a]. *Calculer*

$$I = \int \frac{dx}{q x^2 - r x + s}$$

avec

$$r^2 - 4qs > 0.$$

En désignant par α et β les racines du dénominateur, on a

$$I = \int \frac{1}{q(\alpha - \beta)} \operatorname{Log} \frac{x - \alpha}{x - \beta}.$$

(Année 1907, A.-T., n° 12, p. 64.)

156. — [C 2 a]. *Intégrer* $\int \dfrac{dt}{t^2 - 1}$.

On trouve $L \left| \dfrac{t-1}{t+1} \right| + \lambda$,

(Année 1916, 1re Compo., n 4, p. 194.)

157. — [C 2 a]. *Intégrer*

$$\int \frac{(1 + \theta^2) \, d\theta}{[(c - x_0)\theta^2 + 2 x_0' \theta + c + x_0]^2}.$$

Si les racines α et β du dénominateur sont réelles, on trouve

$$\frac{1}{(c - x_0)(x_0^2 + x_0'^2 - c^2)} \left[\frac{(x_0'^2 - c x_0)\theta + c x_0'}{(c - x_0)\theta^2 + 2 x_0' \theta + c + x_0} + c \operatorname{Log} \left(\frac{\theta - \alpha}{\theta - \beta} \right)^{\frac{1}{\alpha - \beta}} \right].$$

Si les racines du dénominateur sont imaginaires, on trouve

$$\frac{1}{c^2 - x_0^2 - x_0'^2} \left\{ - \frac{(x_0'^2 - c x_0)\theta + c x_0'}{(c - x_0)[(c - x_0)\theta^2 + 2 x_0'\theta + c + x_0]} \right.$$
$$\left. + \frac{c}{\sqrt{c^2 - x_0^2 - x_0'^2}} \, \text{arc tang} \, \frac{(c - x_0)\theta + x_0'}{\sqrt{c^2 - x_0^2 - x_0'^2}} \right\}.$$

(Année 1911, Géo.-Méca., n 10, p. 132.)

158. — |C 2 a|. *Calculer l'intégrale*

$$\mathrm{K} = \int \frac{dx}{x(1 + x^2)}.$$

On trouve

$$\mathrm{K} = \int \frac{dx}{x} - \int \frac{x \, dx}{1 + x^2} = \mathrm{L} \, \frac{x}{\sqrt{1 + x^2}}.$$

(Année 1913, A.-T., n° 9, p. 167.)

159. — |C 2 a|. *Intégrer*

$$\frac{y'}{y} + \frac{4x}{x^4 - 1} = 0.$$

Rép. :

$$y = \frac{\lambda(x^2 + 1)}{x^2 - 1}.$$

(Année 1916, 1re Compo., n° 11, p. 198.)

160. — |C 2 a|. *A quelles conditions l'intégrale*

$$\int \frac{[2at + b(1 - t^2) + 6(1 + t^2)](1 + t)(1 + t^2)}{8 t^4 (1 - t)} \, dt$$

est-elle une fonction rationnelle de t?

A condition que $a = -6$, $b = 0$.

(Année 1912, A.-T., n° 5, p. 141.)

161. — |C 2 a|. *Intégrer* $108 \int \frac{t^3 \, dt}{(1 - t^3)^3}.$

On trouve, à une constante additive près,

$$\frac{6t(t^3 + 2)}{(t^3 - 1)^2} + 2 \, \text{Log} \, \frac{(t - 1)^2}{t^2 + t + 1} - 4\sqrt{3} \, \text{arc tang} \, \frac{2t + 1}{\sqrt{3}}.$$

(Année 1909, A.-T., n° 4, p. 90.)

XXII. — CALCUL NUMÉRIQUE APPROCHÉ DES INTÉGRALES DÉFINIES.

(Aucune question.)

XXIII. — ÉQUATIONS DIFFÉRENTIELLES DU PREMIER ORDRE.

162. — [**H 1 c**]. *Intégrer l'équation différentielle*

$$2x(x-1)y' + (2x-1)y - 1 = 0.$$

On a $y = uv$, u étant une solution particulière de

$$2x(x-1)u' + (2x-1)u = 0,$$

et v la solution générale de

$$2x(x-1)uv' + 1 = 0.$$

(Année 1916, 1re Compo., n° 1, p. 193.)

163. — [**H 1 c**]. *Ramener à des quadratures l'intégrale de l'équation différentielle*

$$x(x^4-1)y' + 4x^2y + (x^2+1)^2 = 0.$$

On a

$$y = uv,$$
$$u = e^{-\int \frac{4x\,dx}{x^4-1}},$$
$$v = -\int \frac{(x^2+1)\,dx}{x(x^2-1)u},$$

(Année 1916, 1re Compo., n° 10, p. 198.)

164. — [**H 1 c**]. *On donne l'équation différentielle*

$$x\frac{dz}{dt} - \frac{dx}{dt}z + 12 = 0, \qquad x = -2(1+\cos t).$$

On demande de la ramener à une quadrature.

On trouve

$$z = -x\left[\int \frac{3\,dt}{(1+\cos t)^2} + C\right].$$

(Année 1911, Géo.-Méca., n° 13, p. 136.)

165. — |**H 1 c**|. *On donne l'équation différentielle*

$$x \frac{dz}{dt} - \frac{dx}{dt} z = C_1, \qquad x = x_0 \cos t + x_0' \sin t + c.$$

On demande de la ramener à une quadrature.

On trouve

$$z = x \left[C_1 \int \frac{dt}{x^2} + C_2 \right].$$

(Année 1911, Géo.-Méca., n° 8, p. 132.)

166. — |**H 1 c**|. *Ramener à des quadratures l'intégration de l'équation différentielle*

$$\sin 2x \frac{dy}{dx} - y f(x) - g(x) = 0,$$

où

$$f(x) = 3 + 2 \cos x - 2 \sin x + \cos 2x,$$
$$g(x) = a \sin x + b \cos x + 6.$$

L'intégrale générale est $y = uv$, u étant une solution particulière de

$$\frac{du}{u} - \frac{f(x)\,dx}{\sin 2x} = 0,$$

et v la solution générale de

$$dv - \frac{g(x)\,dx}{u \sin 2x} = 0.$$

(Année 1912, A.-T., n° 1, p. 140.)

XXIV. — ÉQUATIONS DIFFÉRENTIELLES DU SECOND ORDRE LINÉAIRES.

167. — |**H 4 a**|. *On donne l'équation différentielle*

$$(1) \qquad a \frac{d^2 y}{dx^2} - x \frac{dy}{dx} + by = 0.$$

On désigne par $f(x, a, b)$ et $g(x, a, b)$ les intégrales particulières déterminées par les conditions initiales suivantes :

$$f(0, a, b) = 1, \qquad f_x'(0, a, b) = 0,$$
$$g(0, a, b) = 0, \qquad g_x'(0, a, b) = 1.$$

On sait que les dérivées des intégrales de (1) *sont intégrales de*

$$(2) \qquad a\frac{d^2y}{dx^2} - x\frac{dy}{dx} + (b-1)y = 0.$$

On demande d'exprimer $f'_x(x, a, b)$ *et* $g'_x(x, a, b)$ *en fonction de* $f(x, a, b-1)$, *et* $g(x, a, b-1)$.

(1) permet de calculer $f''_x(0, a, b)$ et $g''_x(0, a, b)$ et par suite d'avoir les conditions initiales déterminant les intégrales particulières de (2) qui sont les fonctions cherchées. On trouve ainsi :

$$f'_x(x, a, b) = -\frac{b}{a}\, g(x, a, b-1),$$

$$g'_x(x, a, b) = f(x, a, b-1).$$

(Année 1911, A.-T., n° 4, p. 124.)

168. — |**H 5 a**|. *Déterminer trois fonctions* x, y, z *de* t *vérifiant*

$$\frac{d^2x}{dt^2} + a^2x = 0, \qquad \frac{d^2y}{dt^2} + b^2y = 0, \qquad \frac{d^2z}{dt^2} + c^2z = 0,$$

sachant que, pour $t = 0$, *elles prennent respectivement des valeurs* x_0, y_0, z_0 *et leurs dérivées des valeurs* x'_0, y'_0, z'_0.

Rép. :

$$x = x_0\cos at + \frac{x'_0}{a}\sin at,$$

$$y = y_0\cos bt + \frac{y'_0}{a}\sin bt,$$

$$z = z_0\cos ct + \frac{z'_0}{a}\sin ct.$$

(Année 1910, Géo.-Méca., n° 1, p. 114.)

168 bis. — [**H 1 e**]. *On donne l'équation différentielle*

$$\sin^2 a.\frac{d^2y}{dx^2} + \sin 2a.\frac{dy}{dx} + y = 0$$

dont l'intégrale générale est $e^{-x\cot a}(\mathrm{A}\cos x + \mathrm{B}\sin x)$, *et que vérifie la série*

$$f(x) = x - \frac{\sin 2a}{2!}\left(\frac{-x}{\sin a}\right)^2 - \ldots - \frac{\sin na}{n!}\left(\frac{-x}{\sin a}\right)^n - \ldots$$

Quelle est, parmi les fonctions que contient l'intégrale générale, celle dont $f(x)$ représente le développement en série?

C'est $\sin x . e^{-x \cot a}$, correspondant à $A = 0$, $B = 1$.

(Année 1921, 1re Compo., n° 7, p. 287.)

169. — |**H 5 a**]. *Si, dans l'équation différentielle*

$$9(1 - x^2) \frac{d^2 y}{dx^2} - 9x \frac{dy}{dx} + y = 0,$$

on prend pour variable indépendante t défini par

$$3t = \text{Log}\left(x + \sqrt{x^2 - 1}\right),$$

on obtient

$$\frac{d^2 y}{dt^2} - y = 0.$$

Trouver l'intégrale.

L'intégrale générale est

$$y = P e^t + Q e^{-t},$$

P et Q désignant des constantes arbitraires.

(Année 1910, A.-T., n° 9, p, 108.)

169 bis. — |**H 3 a**]. *Intégrer l'équation différentielle*

$$\sin^2 a \frac{d^2 y}{dx^2} - \sin 2a \frac{dy}{dx} + y = 8.$$

L'intégrale générale est $y = e^{-x \cot a} (A \cos x + B \sin x)$, A et B désignant deux constantes arbitraires.

(Année 1921, 1re Compo., n° 6, p. 287.)

170. — |**H 5 a**]. *Si, dans l'équation différentielle*

$$9(1 - x^2) \frac{d^2 y}{dx^2} - 9x \frac{dy}{dx} + y = 0,$$

on prend pour variable indépendante t défini par

$$x = \cos 3t, \qquad \pi < 3t < 2\pi,$$

on obtient

$$\frac{d^2 y}{dt^2} + y = 0.$$

Trouver l'intégrale y qui, pour $x = 0$, se réduit à 1 et $\frac{dy}{dx}$ à $-\frac{1}{3}$.

A $x = 0$ correspond $t = \frac{\pi}{2}$. L'intégrale demandée est $\cos t + \sin t$.

(Année 1910, A.-T., n° 6, p. 107.)

171. — [**H 5 g**]. *On donne l'équation différentielle*

$$a \frac{d^2 y}{dx^2} - x \frac{dy}{dx} + by = 0,$$

où b désigne un nombre entier. Vérifier que cette équation admet pour intégrale un polynome.

Former une série entière vérifiant formellement l'équation.

(Année 1911, A.-T., n° 5, p. 124.)

171 bis. — [**C 1 d**]. *Une fonction y de la variable réelle u et ses dérivées $\frac{dy}{du}$ et $\frac{d^2 y}{du^2}$ sont respectivement représentées par les séries absolument convergentes :*

$$-y = u \sin a + \ldots + \frac{u^n}{n!} \sin na + \ldots,$$

$$-\frac{dy}{du} = \sin a + \ldots + \frac{u^{n-1}}{(n-1)!} \sin na + \ldots,$$

$$-\frac{d^2 y}{du^2} = \sin 2a + \ldots + \frac{u^{n-2}}{(n-2)!} \sin na + \ldots.$$

Montrer que la fonction y vérifie une équation différentielle à coefficients constants.

Déterminer λ, μ, ν de manière que les termes de la série $\lambda \frac{d^2 y}{du^2} + \mu \frac{dp}{du} + \nu y$ soient tous nuls.

(Année 1921, 1re Compo., n° 3, p. 286.)

CHAPITRE II.

TRIGONOMÉTRIE ET GÉOMÉTRIE ANALYTIQUE DANS LE PLAN.

I. — TRIGONOMÉTRIE.

1. — Relations entre éléments d'un triangle.

172. — [K 1 b]. *Dans un triangle on donne le périmètre* $2p$, *la somme des trois hauteurs* $2h$, *la surface* $2S$. *Former trois équations déterminant les trois côtés.*

Rép. :

$$a + b + c = p,$$

$$\frac{1}{a} + \frac{1}{b} + \frac{1}{c} = \frac{h}{S},$$

$$p(p - a)(p - b)(p - c) = S^2.$$

(Année 1907, A.-T., nᵘ 2, p. 58.)

173. — [K 8 b]. O, A, B *sont trois points d'un cercle de rayon* r, OA $=$ OB $= r$. P *étant un point variable de l'arc* AB *opposé à* O, *on demande d'exprimer la longueur* PA $+$ PB *en fonction de l'angle* ω *que fait* OP *avec la bissectrice de l'angle* AOB.

On trouve

$$PA + PB = 2r\sqrt{3}\cos\omega.$$

(Année 1913, Géo.-Méca., n° 3, p. 172.)

2. — Relations entre lignes trigonométriques de divers arcs.

174. — [K 20 a]. *Calculer l'expression*

$$\tan g^{\frac{3}{2}} x \, \tan g \frac{x}{2} \, \tan g\left(\frac{\pi}{4} - \frac{x}{2}\right) \sin^{\frac{1}{2}} 2x$$

en fonction rationnelle de $\cos x$ *et* $\sin x$.

Par application de $\tan g\dfrac{x}{2} = \dfrac{1 + \cos x}{\sin x}$, on trouve

$$\frac{\sin x(1 - \cos x)}{1 + \sin x}.$$

(Année 1912, A.-T., n° 3, p. 140.)

175. — [K 20 a]. *Déterminer les points communs à la courbe*

$$y = -\frac{\cos^2 x - \cos x + 1}{1 + \sin x},$$

et aux droites représentées par

$$\sin x(1 - \cos x) = 0.$$

Ce sont les points $(2m\pi, -1)$ et $[(2m+1)\pi, -3]$, m désignant un entier arbitraire.

(Année 1912, A.-T., n° 8, p. 143.)

176. — [K 20 a]. *A quelles conditions le mouvement*

$$x = x_0 \cos at + \frac{x_0'}{a} \sin at,$$
$$y = y_0 \cos bt + \frac{y_0'}{b} \sin bt,$$
$$z = z_0 \cos ct + \frac{z_0'}{c} \sin ct$$

est-il périodique ?

A condition que a, b, c soient proportionnels à trois nombres entiers.

(Année 1910, Géo.-Méca., n° 2, p. 115.)

177. — [K 20 d]. *Démontrer que l'égalité*

(1) $$5 \sin B - \sin(2A + B) = 0$$

entraîne

(2) $$2 \tan g(A + B) - 3 \tan g A = 0.$$

Poser

$$(3) \qquad\qquad A + B = C$$

et éliminer C entre (1) et (3).

(Année 1905, A.-T., n° 1, p. 30.)

178. — |K 20 d|. *Calculer* $\sin 3\varphi_1 - \sin 3\varphi_2$, *sachant que*

$$-\frac{\pi}{2} < \varphi_1 < \varphi_2 < \frac{\pi}{2},$$

et que $\tan \varphi_1$ *et* $\tan \varphi_2$ *sont racines de l'équation*

$$\theta^2 + 2\theta \tan\alpha - 1 = 0, \qquad -\frac{\pi}{2} < \alpha < \frac{\pi}{2}.$$

On trouve

$$\sin 3\varphi_1 - \sin 3\varphi_2 = -\sqrt{2}\,\cos\frac{3\alpha}{2}.$$

(Année 1919, Concours spécial, 2ᵉ Compo., n° 9, p. 260.)

178 bis. — |K 20 a|. *Montrer que l'on peut déterminer* λ, μ, ν *en fonction d'une constante* a, *de manière que l'on ait, quel que soit* n,

$$\lambda \sin(n+2)a + \mu \sin(n+1)a + \nu \sin na = 0.$$

Il faut et suffit que λ, μ, ν soient proportionnels à 1, $x - 2\cos a$, 1.

(Année 1921, 1ʳᵉ Compo., n° 4, p. 286.)

179. — |K 20 d|. *Quelles sont les valeurs de la fonction*

$$f(\omega) = \frac{2}{\sqrt{3}} \arctan\left(\frac{1}{\sqrt{3}} \tan\frac{\omega}{2}\right),$$

où arc tang *désigne la détermination comprise entre* $-\frac{\pi}{2}$ *et* $+\frac{\pi}{2}$, *quand on donne successivement à* ω *les valeurs* 0, $\frac{\pi}{2}$ *et* π?

On a

$$f(0) = 0, \qquad f\left(\frac{\pi}{2}\right) = \frac{\pi}{3\sqrt{3}}, \qquad f(\pi) = \frac{\pi}{\sqrt{3}}.$$

(Année 1920, 2ᵉ Compo., n° 7, p. 279.)

3. — Questions diverses.

180. — [**K 20 e**]. *On donne, par rapport à un système rectangulaire* O*xy, le cercle* (C) *d'équation*

$$(1) \qquad x^2 + y^2 - 2rx = 0,$$

et, sur ce cercle, les deux points A *et* B *tels que* OA = OB = *r.*
Sur (C) *se meut un point* P, *défini par l'angle* *x*OP = ω. *On
demande de calculer, en fonction de* ω, *la longueur*

$$z = PA + PB.$$

On trouve : pour $-\dfrac{\pi}{2} < \omega < -\dfrac{\pi}{3}$,

$$z = -2r\sin\omega;$$

pour $-\dfrac{\pi}{3} < \omega < \dfrac{\pi}{3}$,

$$z = 2r\sqrt{3}\cos\omega;$$

pour $\dfrac{\pi}{3} < \omega < \dfrac{\pi}{2}$,

$$z = 2r\sin\omega.$$

(Année 1913, Géo.-Méca., n° **1**, p. 169.)

181. — [**K 20 e**]. *Dans un plan vertical, deux disques circulaires, de centres* A, A', *de même rayon* a, *reposent sur une
horizontale* xy. *Ils supportent un troisième disque circulaire,
de centre* B, *de rayon* b. *Quelle est la relation qui existe entre
l'angle* ABA' = 2β, *et la distance* AA' = l?

La relation est

$$l = 2(a + b)\sin\beta.$$

(Année 1917, 2ᵉ Compo., n° **1**, p. 224.)

II. — COORDONNÉES. ANGLES. DISTANCES. DROITES.

1. — Composantes d'un vecteur. Coordonnées d'un point.
Équations paramétriques d'une droite.

182. — [**K 6 a**]. *On donne deux axes rectangulaires* O*xz et
une parallèle à* O*z d'abscisse* c. *Une droite joignant l'origine*

à un point $M(x, z)$ rencontre cette parallèle en un point R. Quelles sont les composantes du vecteur MR?

Ce sont $c - x$ et $\dfrac{z(c - x)}{x}$.

(Année 1911, Géo.-Méca., n° 6, p. 131.)

182 bis. — |**K 6 a**|. *Déterminer, en fonction de u, la grandeur* V, *et l'angle* θ *avec* Ox, *d'un vecteur dont les composantes sont*

$$X = u, \qquad Y = \frac{u^2 - 1}{2}.$$

On trouve

$$V = \frac{u^2 + 1}{2}, \qquad \cos\theta = \frac{2u}{u^2 + 1}, \qquad \sin\theta = \frac{u^2 - 1}{u^2 + 1}.$$

(Année 1921, 2ᵉ Compo., n° 9, p. 299.)

183. — |**K 6 a**|. *On donne, dans un plan vertical, deux segments de droites perpendiculaires, AB et CD, se coupant en O, avec* $OB = OC = OD = a$, $OA = \dfrac{4a}{3}$; *AB fait avec la verti-*

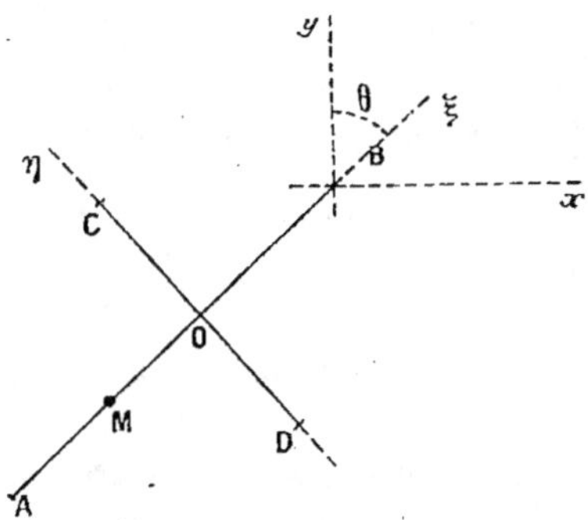

cale By *un angle* θ. *On prend pour axes d'abord* Bxy, *puis* O$\xi\eta$. *On demande les composantes :*

1° *Suivant* Oξ *et* Oη, *d'un vecteur vertical descendant de longueur* mg;

$2°$ *Suivant* $O\xi$, *d'un vecteur de longueur* $\dfrac{K(CM - CO)}{CO}$ *dirigé suivant* CM, $M(\xi, o)$ *étant un point de* AB.

On trouve :

$1°$
$$- mg\cos\theta, \qquad - mg\sin\theta\,;$$

$2°$
$$K\xi\left(\frac{1}{\sqrt{\xi^2 + a^2}} - \frac{1}{a}\right).$$

(Année 1912, Géo.-Méca., n° 10, p. 155.)

183 bis. — *Par rapport à un système rectangulaire* Oxy *un vecteur a pour composantes* X *et* Y. *On demande ses composantes* F′ *et* F″ *suivant* Oy *et une direction faisant avec* Ox *un angle* θ.

On a
$$F' = Y\,X\tan\theta, \qquad F'' = \frac{X}{\cos\theta}.$$

(Année 1921, 2ᵉ Compo., n° 10, p. 299.)

183 ter. — [K 6 a]. *On donne une famille de courbes*
$$y = e^{h - x\cot a}\sin(x + \alpha).$$

Par quelle transformation passe-t-on de la courbe particulière
$$y = e^{-x\cot a}\sin x$$

à une courbe quelconque de la famille?

En donnant à la courbe particulière une translation α parallèle à Ox, et multipliant ses ordonnées par e^k, $k = h + \alpha\cot a$.

(Année 1921, 1ʳᵉ Compo., n° 10, p. 288.)

184. — [K 6 b]. *Étant donné un point* O, *à tout point* M *on fait correspondre un point* M′ *situé sur* OM *et tel que*
$$\frac{1}{OM'} = \frac{1}{OM} + \frac{1}{a},$$

a étant un nombre positif donné. Quelle est la ligne homologue d'un cercle passant par O, *d'équation* $\rho = 2\,r\cos\omega$?

C'est la courbe d'équation

$$\frac{1}{\rho} = \frac{1}{2\,r\cos 2\,\omega} + \frac{1}{a}.$$

(Année 1920, 2ᵉ Compo., nº **1**, p. 275.)

185. — [**K 6 b**]. *On demande l'équation polaire de la courbe ayant pour équation cartésienne*

$$x(x^2 + y^2) + (h^2 - a^2)x - 2ahy = 0.$$

Cette équation est

$$\rho^2 = 2ah\tan\omega + a^2 - h^2.$$

(Année 1917, 1ʳᵉ Compo., nº **3**, p. 219.)

186. — [**K 11 e**]. *On donne un système rectangulaire* Oxy. *Un cercle* (C) *de rayon* $\frac{a}{2}(1-m)$ *du plan* xOy *est animé d'un mouvement de translation dans lequel son centre* C *décrit, dans le sens* xO$y = \frac{\pi}{2}$ *et avec une vitesse angulaire* $\omega(1-m)$, *un cercle de centre* O *et de rayon* $\frac{a}{2}(1+m)$. *En même temps, un point* P, *mobile sur* (C), *le parcourt dans le même sens, avec une vitesse angulaire* $\omega(1+m)$. *On demande d'exprimer, en fonction du temps* t, *les coordonnées du point* P, *sachant que, à l'époque* $t = 0$, *les points* C *et* P *sont tous deux sur la partie positive de* Ox, P *en* P₀$(a, 0)$.

Rép. :

$$x = \frac{a}{2}\left[(1+m)\cos(1-m)\omega t + (1-m)\cos(1+m)\omega t\right],$$

$$y = \frac{a}{2}\left[(1+m)\sin(1-m)\omega t + (1-m)\sin(1+m)\omega t\right].$$

(Année 1906, Géo.-Méca., nº **1**, p. 51.)

187. — [K 13 a]. *On considère, par rapport à deux axes rectangulaires* Oxy, *un point fixe* $M(a\cos\varphi, b\sin\varphi)$ *et un point* $P[(a+bk)\cos\varphi, (b+ak)\sin\varphi]$, *variable avec* k. *On suppose* $a > b > 0$. *Quelle ligne décrit le point* P *lorsque* k *croît de* $-\dfrac{a}{b}$ *à* $-\dfrac{b}{a}$?

Le point P décrit le segment, compris entre les axes, d'une droite passant par M, dont les paramètres directeurs sont $b\cos\varphi$ et $a\sin\varphi$.

(Année 1919, Concours spécial, 1re Compo., n° 7, p. 252.)

188. — [K 13 a]. *On considère, par rapport à deux axes rectangulaires* Oxy, *un point* $M(a\cos\varphi, b\sin\varphi)$, *qui décrit une ellipse* $(a > b)$. *A ce point sont liés deux points* D *et* D′ *de coordonnées*

$$(a + \varepsilon b)\cos\varphi, \qquad (\varepsilon a + b)\sin\varphi \qquad (\varepsilon = \pm 1).$$

On demande de déterminer le point P *qui divise le segment* DD′ *dans un rapport donné* m.

Le point P est déterminé par

$$x = (a + bk)\cos\varphi, \qquad y = (ak + b)\sin\varphi, \qquad k = \frac{1 + m}{1 - m}.$$

(Année 1919, Concours spécial, 1re Compo., n° 5, p. 251.)

2. — Changements d'axes de coordonnées.

(Aucune question.)

3. — Angles. Longueurs.

189. — [K 6 a]. *On donne, par rapport à un système rectangulaire* Oxy, *le cercle* (C) *d'équation*

$$x^2 + y^2 - 2rx = 0,$$

et, sur ce cercle, les deux points A *et* B *tels que* $OA = OB = r$. *Sur* (C) *se meut un point* P_1 *défini par l'angle* $xOP = \omega$. *On demande de calculer, en fonction de* ω, *la longueur*

$$z = \mathrm{PA} + \mathrm{PB}.$$

On trouve : pour $-\dfrac{\pi}{2} < \omega < -\dfrac{\pi}{3}$,

$$z = -2\,r\sin\omega;$$

pour $-\dfrac{\pi}{3} < \omega < \dfrac{\pi}{3}$,

$$z = 2\,r\sqrt{3}\cos\omega;$$

pour $\dfrac{\pi}{3} < \omega < \dfrac{\pi}{2}$,

$$z = 2\,r\sin\omega.$$

(Année 1913, Géo.-Méca., n° 2, p. 171.)

190. — $|\mathbf{K\,6\,a}|$. *On donne par rapport à un système rectan-gulaire* $\mathrm{O}xy$, *et en coordonnées polaires, les points*

$$\mathrm{A}\!\left(\frac{\pi}{3},\,r\right),\quad \mathrm{B}\!\left(-\frac{\pi}{3},\,r\right),\quad \mathrm{C}(\pi,\,r),\quad \mathrm{I}(\omega,\,\rho).$$

Les points A, B, C *sont origines de trois vecteurs, de lon-gueurs* α, β, γ, *respectivement perpendiculaires à* AI, BI, CI *et définissant un même sens de rotation autour de* I. *On demande d'exprimer que le vecteur, somme géométrique de ces trois vecteurs, est perpendiculaire sur* OI. *On désignera par* a, b, c *les longueurs* IA, IB, IC.

La condition demandée est

$$\frac{\alpha}{a}\sin\!\left(\omega - \frac{\pi}{3}\right) + \frac{\beta}{b}\sin\!\left(\omega + \frac{\pi}{3}\right) - \frac{\gamma}{c}\sin\omega = 0.$$

(Année 1913, Géo.-Méca., n° 11, p. 176.)

4. — Droites représentées par des équations. Distances. Intersections.

191. — $|\mathbf{K\,1\,c}|$. *On donne deux axes rectangulaires* $\mathrm{O}xy$, *et les points* $\mathrm{A}(a,\,o)$, $\mathrm{A}'(a',\,o)$, $\mathrm{B}(o,\,b)$. *On considère une droite variable* (D_λ) *d'équation*

$$x(2b + \mathrm{B}) - x_1(y - \lambda x) - (\mathrm{B} + b)x_1 = 0$$

avec

$$x_1 = \frac{A + B\lambda}{1 + \lambda^2},$$

$$A = a + a', \qquad B = \frac{aa'}{b} - b.$$

On demande de vérifier que la droite (D_λ) *passe, quel que soit* λ, *par l'orthocentre* C *du triangle* A A'B.

Les coordonnées de C *sont* o *et* $-\frac{aa'}{b}$. *Elles vérifient, quel que soit* λ, *l'équation de* (D_λ).

(Année 1901, n° 5, p. 4.)

192. — | **K 6 a** |. *Dans le plan* O xz, *on considère un point*

$$M'\left(x' = \frac{1}{\dfrac{1}{r} + \dfrac{1}{a}}, \qquad z' = 0 \right);$$

par ce point on mène une droite ayant pour paramètres directeurs

$$\frac{1}{r^2\left(\dfrac{1}{r} + \dfrac{1}{a}\right)^2} \qquad \text{et} \qquad \frac{\dfrac{d\theta}{dr}}{\dfrac{1}{r} + \dfrac{1}{a}};$$

déterminer le point de rencontre de cette droite avec O z.

Ce point a pour cote $\quad r^2\dfrac{d\theta}{dr}$.

(Année 1920, 2ᵉ Compo., n° 10, p. 281.)

193. — | **K 10 e** |. *On donne, par rapport à un système rectangulaire* O xy, *les deux cercles*

$$(1) \qquad\qquad x^2 + y^2 - 2ax = 0,$$

$$(2) \qquad\qquad x^2 + y^2 - 2by = 0.$$

Deux droites issues de O *et de coefficients angulaires* λ *et* λ' *rencontrent le cercle* (1) *en* C *et* D, *le cercle* (2) *en* E *et* F. *On demande les équations des droites* CD *et* EF.

On trouve

(CD) $\qquad (1 - \lambda\lambda')x + (\lambda + \lambda')y - 2a = 0,$

(EF) $\qquad (\lambda + \lambda')x - (1 - \lambda\lambda')y - 2b\lambda\lambda' = 0.$

(Année 1905, Géo.-Méca., n° 6, p. 39.)

194. — [K 13 a]. *On donne deux axes rectangulaires* Oxy, *et un cercle* (ω) *de centre* O *et de rayon* r. *Une droite variable, passant par un point fixe de* Ox, *et ayant pour équation*

$$ax + \lambda y + d = 0,$$

rencontre (ω) *en deux points* M_1 *et* M_2, *dont les angles polaires sont* θ_1 *et* θ_2. *On demande de déterminer le point* P *de la droite* $M_1 M_2$ *tel que l'on ait, en grandeur et en signe,*

$$\frac{PM_1}{PM_2} = \frac{\sin\theta_1(\lambda\cos\theta_2 - a\sin\theta_2)}{\sin\theta_2(\lambda\cos\theta_1 - a\sin\theta_1)}.$$

Le point P est déterminé par

$$x = -\frac{ar^2}{d}, \qquad y = \frac{a^2 r^2 - d^2}{d\lambda}.$$

(Année 1918. n° 6, p. 232.)

196. — [M¹ 1 a α]. *On donne, par rapport à un système rectangulaire* Oxy, *une courbe* (C), *d'équation*

$$(a\gamma'x - b\gamma y)(x^2 + y^2) + 2ab(\gamma - \gamma')xy = 0.$$

On demande de déterminer les coefficients angulaires des droites joignant O *aux points de rencontre de* (C) *et d'une droite d'équation*

$$ux + vy + w = 0.$$

Ce sont les racines de l'équation

$$w(a\gamma' - b\gamma t)(1 + t^2) + 2ab(\gamma' - \gamma)t(u + vt) = 0.$$

(Année 1905, Géo.-Méca., n° 8, p. 39.)

III. — ÉLÉMENTS IMAGINAIRES.

(Aucune question.)

IV. — HOMOGRAPHIE ET INVOLUTION.

(Aucune question.)

V. - LE CERCLE.

197. — [K10 a]. *On donne deux axes rectangulaires* Oxy, *sur* Ox *deux points* A *et* A' *d'abscisses* a *et* a', *sur* Oy *un point* B *d'abscisse* b. *On demande l'équation du cercle circonscrit au triangle* AA'B.

Cette équation est

$$x^2 + y^2 - (a + a')x - \left(b + \frac{aa'}{b}\right) y + aa' = 0.$$

(Année 1901, n° 2, p. 2.)

198. — [K10 a]. *On donne deux axes rectangulaires* Oxy. *Un point* P, *de masse* m, *est lancé d'un point* $P_0(c, o)$, *dans une direction du plan* xOy *faisant avec* Ox *un angle* φ, *avec une vitesse* v_0. *Il est soumis à une force attractive, émanant de* O, *et dont l'intensité est le produit de la distance* OP *par une constante positive* k. *Il décrit l'ellipse*

$$\frac{(x \sin\varphi - y\cos\varphi)^2}{c^2 \sin^2\varphi} + \frac{k^2 y^2}{m v_0^2 \sin^2\varphi} - 1 = 0.$$

On demande quelles doivent être les conditions initiales pour que la trajectoire soit un cercle.

La direction initiale doit être perpendiculaire à OP_0 et la vitesse initiale égale au produit de OP_0 par $\sqrt{\dfrac{k}{m}}$.

(Année 1909, Géo.-Méca., n° 15, p. 102.)

199. — [K10 a]. *La tangente à une ellipse*,

$$bx\cos\varphi + ay\cos\varphi - ab = 0,$$

rencontre les tangentes aux quatre sommets en des points de coordonnées

$$\varepsilon a, \quad \frac{b}{\sin\varphi}(1 - \varepsilon\cos\varphi), \quad \frac{a}{\cos\varphi}(1 - \varepsilon'\sin\varphi), \quad \varepsilon'b \qquad (\varepsilon,\ \varepsilon' = \pm 1).$$

Former les équations des cercles (C) *et* (C') *ayant respectivement pour diamètres les segments de la tangente donnée compris entre les deux tangentes aux sommets du grand axe, et les deux tangentes aux sommets du petit axe.*

On trouve, en posant $a^2 - b^2 = c^2$,

$$(\text{C}) \qquad x^2 + y^2 - \frac{2by}{\sin\varphi} - c^2 = 0,$$

$$(\text{C}') \qquad x^2 + y^2 - \frac{2ax}{\cos\varphi} + c^2 = 0.$$

(Année 1919, Concours spécial, 1ʳᵉ Compo., nᵒ 2, p. 249.)

200. — [K11a]. *On donne deux familles de cercles*

$$(\text{C}) \qquad x^2 + y^2 - \frac{2by}{\sin\varphi} - c^2 = 0$$
$$(\text{C}') \qquad x^2 + y^2 - \frac{2ax}{\cos\varphi} + c^2 = 0 \qquad (a^2 - b^2 = c^2),$$

chacun de ces cercles étant en relation avec un point $\text{M}(a\cos\varphi,\ b\sin\varphi)$ *d'une ellipse. Que peut-on dire de ces cercles et de l'axe radical de deux cercles correspondant à un même point* M.

(C) passe par les deux foyers réels et (C') par les deux foyers imaginaires.

Tout cercle (C) est orthogonal à tout cercle (C').

L'axe radical de deux cercles correspondant à un même point M est la normale à l'ellipse en ce même point.

(Année 1919, Concours spécial, 1ʳᵉ Compo., nᵒ 3, p. 250.)

201. — [K11a]. *On donne deux familles de cercles*

$$(\text{C}) \qquad x^2 + y^2 - \frac{2by}{\sin\varphi} - c^2 = 0$$
$$(\text{C}') \qquad x^2 + y^2 - \frac{2ax}{\cos\varphi} + c^2 = 0 \qquad (a^2 - b^2 = c^2),$$

chacun de ces cercles étant en relation avec un point $M(a\cos\varphi,\ b\sin\varphi)$ d'une ellipse. Calculer les coordonnées des points d'intersection de deux cercles correspondant à un même point M.

Ces coordonnées sont

$$(a+\varepsilon b)\cos\varphi,\quad (b+\varepsilon a)\sin\varphi\qquad (\varepsilon=\pm 1).$$

(Année 1919, Concours spécial, 1re Compo., n° 4; p. 250.)

202. — |**K 11 d**|. *On donne, dans un plan, un système d'axes rectangulaires* Oxy, *un cercle fixe* (ω) *de centre* O *et de rayon* r, *enfin deux points fixes* A *et* B, *situés sur l'axe* Ox, *dont les abscisses sont désignées respectivement par* αr *et* βr.

Par A *et* B *on mène un cercle* (γ), *qui rencontre* (ω) *en* M *et* M'. *On demande de déterminer, en fonction de l'ordonnée* $\dfrac{\lambda}{2}$ *du centre de* (γ), *le centre d'un cercle orthogonal à* (γ) *en* M *et* M'.

Les coordonnées de ce centre sont solutions de

$$\lambda x - ay = 0,\qquad d(2y-\lambda)+\lambda(ax+\lambda y - 2c)=0,$$
$$a=(\alpha+\beta)r,\qquad c=\alpha\beta r^2.$$

(Année 1918, n° 1, p. 230.)

203. — |**K 11 d**|. *On donne un système rectangulaire* Oxy. *Par deux points fixes* $A(\alpha r,\ 0)$ *et* $B(\beta r,\ 0)$, *de l'axe* Ox, *et un point* $M(r\cos\theta,\ r\sin\theta)$ *d'un cercle fixe de centre* O *et de rayon* r, *on fait passer un cercle. Désignant par* ρ *le rayon de ce cercle, on demande de calculer, en fonction de* θ, *le rapport* $\dfrac{r}{\rho}$.

On trouve

$$\frac{r}{\rho}=\frac{2\,|\sin\theta|}{[(1+\alpha^2)(1+\beta^2)-2(\alpha+\beta)(1+\alpha\beta)\cos\theta+4\alpha\beta\cos^2\theta]^{\frac{1}{2}}}.$$

(Année 1918, n° 8, p. 234.)

VI. — RECHERCHE DE LIEUX GÉOMÉTRIQUES.

204. — [**K 10 e**]. *On donne, par rapport à un système rectangulaire* Oxy, *et en coordonnées polaires, deux points* $A\left(\dfrac{\pi}{3},\, r\right)$ *et* $B\left(-\dfrac{\pi}{3},\, r\right)$ *On considère un point* $I(\omega,\, \rho)$ *dont les distances* a *et* b *aux points* A *et* B *vérifient la relation*

$$(1) \qquad a \sin\left(\omega + \frac{\pi}{3}\right) + b \sin\left(\omega - \frac{\pi}{3}\right) = 0.$$

On demande le lieu du point I.

On trouve

$$\sin\omega = 0, \qquad \rho = 2r\cos\omega, \qquad \rho = \frac{r}{2\cos\omega}$$

avec

$$-\frac{\pi}{3} < \omega < \frac{\pi}{3}.$$

(Année 1913, Géo.-Méca., n° 12, p. 177.)

205. — [**L¹ 1 a**]. *Le mouvement d'un point* P *de masse* m *soumis à une force attractive émanant d'un point* O *et proportionnelle à la distance* OP, *le facteur de proportionnalité, étant le nombre positif* k, *est défini par*

$$x = c \cos\left(t\sqrt{\frac{k}{m}}\right) + v_0 \sqrt{\frac{m}{k}} \cos\varphi \sin\left(t\sqrt{\frac{k}{m}}\right),$$

$$y = \qquad\qquad v_0 \sqrt{\frac{m}{k}} \sin\varphi \sin\left(t\sqrt{\frac{k}{m}}\right).$$

On demande l'équation de la trajectoire.

L'équation est

$$\frac{(x\sin\varphi - y\cos\varphi)}{c^2 \sin^2\varphi} + \frac{ky}{m v_0^2 \sin^2\varphi} - 1 = 0.$$

(Année 1909, Géo.-Méca., n° 14, p. 102.)

206. — [**L¹ 1 a**]. *Par rapport à deux axes rectangulaires* Oxy, *le pôle d'une droite* $ax + \lambda y + d = 0$, *par* *rapport au cercle $x^2 + y^2 - ax - \lambda y + c = 0$, est à l'intersection des deux droites*

$$\lambda x - ay = 0, \qquad d(2y - \lambda) + \lambda(ax + \lambda y - 2c) = 0.$$

On demande le lieu de ce point quand λ varie.

Le lieu se compose de l'axe $O.x$, lieu singulier correspondant à $\lambda = 0$, et de la conique

$$(a^2 + 2d)x^2 + a^2 y^2 - a(d + 2c)x = 0.$$

(Année 1918, n° 3, p. 230.)

206 *bis*. — [**L' 10a**]. *Quelle est la courbe dont les équations paramétriques sont*

$$x = u, \qquad y = \frac{u^2 - 1}{2}?$$

C'est la parabole

$$x^2 - 2y - 1 = 0.$$

(Année 1921, 2ᵉ Compo., n° 7, p. 298.)

207. — [**L'10**]. *On demande l'équation cartésienne de la courbe dont les équations paramétriques sont*

$$x = 2r\cos^2\omega, \qquad z = 2r\sin\omega.$$

On trouve

$$z^2 + 2r(x - 2r) = 0.$$

(Année 1913, Géo.-Méca., n° 4, p. 173.)

208. — [**L'10**]. *On demande l'équation cartésienne de la courbe dont les équations paramétriques sont*

$$x = 2r\cos^2\omega, \qquad z = 2r\sqrt{3}\cos\omega.$$

On trouve

$$z^2 - 6rx = 0.$$

(Année 1913, Géo.-Méca., n° 7, p. 174.)

209. — [**L¹ 11 a**]. *On demande l'équation du lieu de l'intersection de l'hyperbole équilatère*

$$x^2 + 2\lambda.xy - y^2 - Ax - By + aa' = 0,$$

$$A = a + a', \qquad B = \frac{aa'}{b} - b,$$

avec son diamètre

$$2(1 + m\lambda)x + 2(\lambda - m)y - (A + Bm) = 0,$$

quand λ varie

L'équation du lieu, obtenue par élimination de λ, est

$$(y - mx)(x^2 + y^2) + Amx^2 + By^2 - aa'(y + mx) = 0.$$

(Année 1901, n° 7, p. 4.)

210. — [**M¹ 1 a**]. *Former l'équation d'une courbe ayant pour équations paramétriques*

$$x = \frac{\cos\theta[(a + 2r)\cos\theta + b\sin\theta]}{2},$$

$$y = \frac{\sin\theta[(a + 2r)\cos\theta + b\sin\theta]}{2}.$$

L'équation s'obtient par élimination de θ et λ entre

$$(a + 2r)\cos\theta + b\sin\theta = 2\lambda,$$

$$x = \lambda\cos\theta, \qquad y = \lambda\sin\theta.$$

On obtient ainsi

$$2(x^2 + y^2) - (a + 2r)x - by = 0.$$

(Année 1902, n° 7, p. 14.)

211. — [**M¹ 1 a**]. *Les coordonnées d'un point M par rapport à un trièdre trirectangle $Oxyz$ ont pour expressions, en fonction d'un paramètre variable t,*

$$x = r\cos^2\omega t, \qquad y = r\cos\omega t \sin\omega t, \qquad z = r\sin\omega t.$$

On demande les équations des projections de la courbe décrite sur les trois plans-coordonnées.

On trouve, sur Oxy, le cercle

$$x^2 + y^2 - rx = 0;$$

sur Oxz. la parabole

$$z^2 + r(x - r) = 0;$$

sur Oyz. la courbe

$$z^4 + r^2(y^2 - z^2) = 0.$$

(Année 1904, n° 3, p. 25.)

212. — $|\mathbf{M_1 1a}|$. *Par rapport à un système rectangulaire* Oxy, *le mouvement d'un point* $M(x, y)$ *est défini par*

$$x = r(2 - 3\cos^2 \omega t), \qquad y = 3r \cos \omega t \sin \omega t.$$

On demande l'équation de la trajectoire.

La trajectoire est le cercle

$$x^2 + y^2 - rx - 2r^2 = 0.$$

(Année 1904, n° 6, p. 26.)

213. — $|\mathbf{M^1 5a}|$ — *Le mouvement d'un point* M *est défini par*

$$x = -2\cos t, \qquad z = \sin t \left(3 + \tan^2 \frac{t}{2}\right).$$

On demande l'équation de la trajectoire.

On trouve

$$(x - 2)z^2 - (x + 2)(x - 4)^2 = 0.$$

(Année 1911, Géo.-Méca., n° 15, p. 138.)

214. — $|\mathbf{M^1 6a}|$. *On demande l'équation cartésienne de la courbe dont les équations paramétriques sont*

$$y = 2r \cos \omega \sin \omega, \qquad z = 2r \sin \omega.$$

On trouve

$$z^4 + 4r^2(y^2 - z^2) = 0.$$

(Année 1913, Géo.-Méca., n° 5, p. 173.)

215. — [**M¹ 6 a**]. *On demande l'équation cartésienne de la courbe dont les équations paramétriques sont*

$$y = 2r\cos\omega\sin\omega, \qquad z = 2r\sqrt{3}\cos\omega.$$

On trouve

$$z^4 + 12r^2 - (3y^2 - z^2) = 0.$$

(Année 1913, Géo.-Méca., n° 8, p. 174.)

216. — [**M¹ 6 a**]. *Former l'équation de la courbe dont les équations paramétriques sont*

$$y = \cos\varphi\sin\varphi, \qquad z = \sin\varphi.$$

L'équation est

$$z^4 + y^2 - z^2 = 0.$$

(Année 1919, Concours normal, 1ʳᵉ Compo., n° 2, p. 239.)

217. — [**M¹ 7 b**]. *Équation du lieu de l'intersection de l'ellipse*

$$\frac{x^2}{(a+bk)^2} + \frac{y^2}{(b+ak)^2} - 1 = 0$$

et du système de deux droites

$$\frac{bx^2}{(a+bk)^3} + \frac{ay^2}{(b+ak)^3} = 0$$

lorsque k varie.

L'équation demandée est

$$(ax)^{\frac{2}{3}} + (by)^{\frac{2}{3}} - c^{\frac{4}{3}} = 0.$$

(Année 1919, Concours spécial, 1ʳᵉ Compo., n° 8, p. 252.)

218. — [**M⁴ e**]. *Trouver l'équation, en coordonnées polaires, de la courbe ayant pour équations paramétriques, en coordonnées cartésiennes,*

$$x = \frac{ame^{m\theta}(2m\cos\theta + \sin\theta)}{4m^2 + 1},$$

$$y = \frac{ame^{m\theta}(2m\sin\theta - \cos\theta)}{4m^2 + 1}.$$

On trouve

$$\rho = \frac{am e^{m(\omega-\alpha)}}{\sqrt{4 m^2 + 1}},$$

α étant défini par $\tang \alpha = -\dfrac{1}{2m}$.

(Année 1914, Géo.-Méca., n°s 4 et 5, p. 188.)

VII. — COURBES D'ÉQUATION RÉSOLUE PAR RAPPORT A UNE COORDONNÉE.

1. — Courbes algébriques.

219. — [M¹5a]. *Construire la courbe*

$$y = x^{\frac{2}{3}}(x - 6)^{\frac{1}{3}}.$$

(Année 1909, A.-T., n° 1, p. 89.)

220. — [M¹5a]. *Construire la courbe*

$$z^2 = \frac{(4 - x)^2(2 + x)}{2 - x}.$$

(Année 1911, Géo.-Méca., n° 16, p. 138.)

221. — [M¹6a]. *Construire la courbe*

$$y^2 = \frac{z^2(4r^2 - z^2)}{4r^2}.$$

(Année 1913, Géo.-Méca., n° 6, p. 173.)

222. — [M¹6a]. *Construire la courbe*

$$y'^2 = \frac{z^2(12r^2 - z^2)}{36r^2}.$$

(Année 1913, Géo.-Méca., n° 9, p. 174.)

223. — [M¹6a]. *Construire la courbe*

$$y'^2 = z^2(1 - z^2).$$

(Année 1919, Concours normal, 1re Compo., n° 3, p. 239.)

224. — [M¹7 c]. *Construire la courbe*

$$y = \frac{2(x^2 + 5)^{\frac{3}{2}}}{x^3 + 5x + 10}.$$

(Année 1920, 1ʳᵉ Compo., nᵒˢ 2 et suiv., p. 263.)

2. — Courbes dépendant de fonctions circulaires.

225. — [M⁴m]. *Étudier la courbe* $y = \dfrac{\sin x}{x}$.

(Année 1909, Géo.-Méca., nᵒ 9, p. 98.)

226. — [M⁴m]. *Construire la courbe*

$$y = \frac{\sin x(1 - \cos x)}{1 + \sin x}.$$

(Année 1912, A.-T., nᵒˢ 10, 11, p. 144.)

227. — [M⁴m]. *Construire la courbe*

$$y = a \cos 2x \left(\frac{20}{m} - \sqrt{2} \cos x \right)$$

pour $0 < x < \dfrac{\pi}{4}$ *et* $y > 0$, *suivant les diverses valeurs de* $m < 20$.

(Année 1912, Géo.-Méca., nᵒ 13, p. 158.)

3. — Courbes dépendant de fonctions circulaires inverses.

228. — [M⁴m]. *Construire la courbe*

$$y = \frac{x - \operatorname{arc\,tang} x}{x^2 \operatorname{arc\,tang} x}, \qquad -\frac{\pi}{2} < \operatorname{arc\,tang} x < \frac{\pi}{2}.$$

(Année 1913, A.-T., nᵒˢ 3, 4, 5, 6, p. 165.)

229. — [M⁴m]. *Construire la courbe*

$$y = \frac{-\operatorname{arc\,tang}\left(\sqrt{\dfrac{1 - x}{x}} + \mu\right)}{2\sqrt{x(1 - x)}},$$

d'après les diverses valeurs de μ.

Il y a trois types généraux suivant l'intervalle de la suite $-\infty$, $0, \frac{\pi}{2}, +\infty$ dans lequel se trouve μ et deux formes particulières correspondant aux valeurs 0 et $\frac{\pi}{2}$ de μ.

(Année 1916, 1${}^{\text{re}}$ Compo., n${}^{\text{os}}$ 19 et suiv., p. 204.)

4. — Courbes dépendant de fonctions exponentielle ou logarithmique.

230. — [M⁴m]. *Construire la courbe*

$$y = \operatorname{Log} \frac{x-1}{x-2}.$$

(Année 1906, A.-T., n° 1, p. 46.)

231. — [M⁴m]. *Étudier les courbes*

$1°$
$$y = 2a^2 \operatorname{Log} x - x^2 - \lambda,$$
$2°$
$$y^2 = 2a^2 \operatorname{Log} x - x^2 - \lambda.$$

(Année 1907, Géo.-Méca., n° 3, p. 66.)

232. — [M⁴m]. *Construire la courbe*

$$y = 4e \frac{\operatorname{L}\frac{x}{e}}{(\operatorname{L}x)^2}.$$

(Année 1908, A.-T., n° 1, p. 75.)

233. — [M⁴m]. *Étudier la courbe*

$$y = \operatorname{Log} \frac{\sqrt{1+x^2} \cdot \operatorname{arc tang} x}{x}.$$

(Année 1913, A.-T., n° 10, p. 168.)

234. — [M⁴m]. *Construire la courbe*

$$y = x^2 \left(e^{\frac{1}{x}} - 1 - \frac{1}{x} \right).$$

(Année 1914, A.-T., n${}^{\text{os}}$ 7 et suiv., p. 183.)

235. — [**M⁴m**]. *Construire la courbe*

$$y = \frac{\mathrm{Log}\left[2\sqrt{x(x-1)} - 2x + 1\right] + \lambda}{2\sqrt{x(x-1)}}.$$

Il y a deux types généraux, correspondant à $\lambda \lessgtr 0$, et une forme particulière, correspondant à $\lambda = 0$.

(Année 1916, 1ʳᵉ Compo., n° **16**, p. 202.)

236. — [**M⁴m**]. *Construire la courbe*

$$y = \frac{\mathrm{Log}\left[2x - 1 - 2\sqrt{x(x-1)}\right] + \lambda}{2\sqrt{x(x-1)}}.$$

Il y a deux types généraux, correspondant à $\lambda \gtrless 0$, et une forme particulière, correspondant à $\lambda = 0$.

(Année 1916, 1ʳᵉ Compo., n° **21**, p. 207.)

237. — [**M⁴m**]. *Étudier, suivant les valeurs de m, la forme de la courbe*

$$y = \left(2 - \frac{mx}{\sqrt{x^2 + 5}}\right) e^{\frac{x}{2}}.$$

(Année 1920, 1ʳᵉ Compo., nᵒˢ **5** et suiv., p. 265.)

237 bis. — [**M⁴m**]. *Construire la courbe*

$$y = \sin x . e^{-x \cot a}, \qquad 0 < a < \frac{\pi}{2}.$$

(Année 1921, 1ʳᵉ Compo., n° **11**, p. 289.)

VIII. — COURBES DÉFINIES PAR L'EXPRESSION DES COORDONNÉES D'UN POINT VARIABLE EN FONCTION D'UN PARAMÈTRE.

1. — Courbes dépendant de fonctions rationnelles (unicursales).

238. — [**M¹4a**]. *Construire la courbe*

$$x = \frac{2(\theta^2 - 1)}{\theta^2 + 1}, \qquad z = \frac{2\theta(\theta^2 + 3)}{\theta^2 + 1}.$$

(Année 1911, Géo.-Méca., n° **17**, p. 138.)

239. — [M¹ 5 a]. *Étudier la courbe donnée par les équations paramétriques*

$$x = \frac{2ab(\gamma' - \gamma)t}{(a\gamma' - b\gamma t)(1 + t^2)}, \qquad y = tx \qquad (\gamma' > \gamma > 0).$$

(Année 1905, Géo.-Méca., n° 5, p. 38.)

240. — [M¹ 5 b]. *Construire, en faisant varier* θ, *la courbe*

$$x = \frac{2\theta}{(1 + \theta^2)^2}, \qquad y = \frac{1 + 3\theta^2}{(1 + \theta^2)^2}.$$

C'est une hypocycloïde à trois rebroussements.

(Année 1919, Concours spécial, 2ᵉ Compo., n° 2, p. 254.)

241. — [M¹ 6 a]. *Étudier les projections, sur les plans coordonnés, de la courbe gauche dont les équations paramétriques sont*

$$x = \frac{t^3}{t^4 - 1}, \qquad y = \frac{t^2}{t^4 - 1}, \qquad z = \frac{t}{t^4 - 1}.$$

(Année 1912, Géo.-Méca., n° 5, p. 149.)

242. — [M¹ 6 a]. *Construire la courbe*

$$y = \frac{2t(1 - t^2)}{(1 + t^2)^2}, \qquad z = \frac{2t}{1 + t^2}.$$

(Année 1919, Concours normal, 1ʳᵉ Compo., n° 3, p. 239.)

2. — Courbes dépendant de fonctions irrationnelles.

243. — [M¹ 5 a]. *Étudier et construire, suivant les diverses valeurs* > 0 *de h, la courbe d'équations paramétriques*

$$x = \sqrt{\frac{2aht + a^2 - h^2}{1 + t^2}}, \qquad y = tx \qquad (a > 0).$$

Il y a deux types généraux suivant que $h \lessgtr a$, et une forme particulière intermédiaire.

(Année 1917, 1ʳᵉ Compo., n° 4, p. 219.)

3. — Courbes dépendant de fonctions circulaires (unicursales).

244. — [$\mathbf{M^1\,6\,a}$]. *Construire la courbe*

$$y = 2\,r\cos\omega, \qquad z = r\sin\omega.$$

Indiquer en particulier l'arc correspondant à

$$\frac{\pi}{3} \leqq \omega \leqq \frac{\pi}{2}.$$

(Année 1913, Géo.-Méca., n° 6, p. 173.)

245. — [$\mathbf{M^1\,6\,a}$]. *Construire la courbe*

$$y = 2\,r\cos\omega\sin\omega, \qquad z = 2\,r\sqrt{3}\cos\omega.$$

Indiquer en particulier l'arc correspondant à l'intervalle

$$-\frac{\pi}{3} < \omega < \frac{\pi}{3}.$$

(Année 1913, Géo.-Méca., n° 9, p. 174.)

246. — [$\mathbf{M^1\,6\,a}$]. *Construire la courbe*

$$y = \cos\varphi\sin\varphi, \qquad z = \sin\varphi.$$

(Année 1919, Concours normal, 1re Compo., n° 3, p. 239.)

247. — [$\mathbf{M^1\,7\,b}$]. *Étudier la courbe*

$$x = \cos 3t, \qquad y = \cos t + \sin t.$$

(Année 1910, A.-T., n° 10, p. 109.)

4. — Courbes dépendant de fonctions transcendantes.

248. — [$\mathbf{M^4\,m}$]. *Construire la courbe*

$$x = \frac{60\sin^2\omega}{4 - 15\sin^2\omega}, \qquad y = \frac{\omega}{16}\,(4 - 15\sin^2\omega),$$

en faisant varier ω de 0 à $\dfrac{\pi}{2}$.

(Année 1919, Concours normal, 2e Compo., n° 2, p. 245.)

248 bis. — [M⁴m]. *Figurer la courbe* (C) *définie par les équations paramétriques*

$$x = \frac{}{}\left(u + \frac{u^3}{3}\right), \qquad y = \frac{1}{2}\operatorname{Log} u - \frac{u^4}{8},$$

où Log désigne le logarithme népérien.

(Année 1921, 2ᵉ Compo., n° 3, p. 296.)

IX. — COURBES DÉFINIES PAR UNE ÉQUATION IMPLICITE.

249. — [M¹3k]. *Étudier la courbe*

$$(y - mx)(x^2 + y^2) + A\,mx^2 + B\,y^2 - aa'(y + mx) = 0,$$

$$A = a + a', \qquad B = \frac{aa'}{b} - b,$$

d'abord dans le cas général, puis en supposant $B = 0$. Que devient la courbe quand m s'annule ou devient infini?

(Année 1901, n° 8, p. 5.)

250. — |M¹5az|. *Étudier la forme de la courbe*

$$(a\gamma'x - b\gamma y)(x^2 + y^2) + 2ab(\gamma - \gamma')xy = 0,$$

en la coupant par une parallèle à son asymptote.

(Année 1905, Géo. Méca., n° 3, p. 36.)

X. — PROPRIÉTÉS INFINITÉSIMALES DES COURBES PLANES.

1. — Tangente et normale.

251. — |O2b|. *On donne une fonction* $y = f(x)$ *qui, pour les valeurs* e *et* e^2 *de* x, *prend les valeurs* 0 *et* e. *Soit* $\overset{\frown}{AB}$ *l'arc correspondant de la courbe représentative. A tout point* M *de cet arc, on fait correspondre un point* S *de la manière suivante :*

MP, *perpendiculaire à* Ox, *rencontre la droite* AB *en* N,

NQ, *parallèle à* Ox, *rencontre l'arc* AB *en* R *et en* Q *la parallèle* Ay' *à* Oy. *Sur le prolongement de* PM, *on prend* MS $=$ QR. *On demande le coefficient angulaire de la tangente à la courbe décrite par* S.

Si $e+u$ désigne l'abscisse de R correspondant à M (x, y), le point S a pour coordonnées x et $y+u$. Le coefficient angulaire demandé est

$$f(x)+\frac{1}{(e-1)f'(e+u)}.$$

Appliquer à

$$f(x)=4e\frac{L\dfrac{x}{e}}{(Lx)^2}$$

pour $x=e,\ u=0$.

Rép. :

$$4+\frac{1}{4(e-1)}.$$

(Année 1908, A.-T., n° 5, p. 75.)

252. — |0 2 b]. *On donne la courbe*

$$y=ax-8x^2-x^3 \qquad (a>0),$$

qui coupe Ox *en un point* M *d'abscisse* >0. *On demande le coefficient angulaire* m *de la tangente en* M.

On trouve

$$m=-2(a-8b+16), \qquad b=\sqrt{a+16}.$$

On demande l'abscisse x_2 *et l'ordonnée* f *du point le plus haut* F *entre* O *et* M.

On trouve

$$x_2=\frac{c-8}{3}, \qquad c=\sqrt{3a+64},$$

$$f=\frac{2(3ac-2^3 3^2 a+2^7 c+2^9)}{3^3}.$$

(Année 1916, 2ᵉ Compo., n° 1, p. 209.)

253. — [O 2 b]. *On donne une famille de courbes*

$$y = \lambda x - 8 x^2 - x^3.$$

On les coupe par une parallèle à Oy *d'abscisse* α*. Montrer que les tangentes aux points ainsi obtenus passent par un point fixe, pour chaque valeur de* α*.*

L'équation des tangentes est linéaire en λ.

(Année 1916, 2ᵉ Compo., n° 8, p. 216.)

254. — [O 2 b]. *Déterminer les trajectoires orthogonales des courbes*

$$0 = f(x, y, \lambda) = 2 a^2 L x - x^2 - y^2 - \lambda.$$

Un point d'une des lignes demandées a pour coordonnées des fonctions x et y de λ vérifiant

$$\frac{x \, dx}{x^2 - a^2} - \frac{dy}{y} = 0.$$

(Année 1907, Géo.-Méca., n° 5, p. 67.)

255. — [O 2 b]. *En exprimant que l'équation en* t

$$(1) \qquad (y - tx)(1 + t^2) - 1 = 0$$

admet une racine double donnée θ*, on trouve*

$$(2) \qquad x = \frac{2\theta}{(1 + \theta^2)^2}, \qquad y = \frac{1 + 3\theta^2}{(1 + \theta^2)^2}.$$

Quelle est la signification géométrique de l'équation (1) *par rapport à la courbe ayant* (2) *pour équations paramétriques?*

L'équation (1) représente la tangente à la courbe, au point $\theta = t$.

(Année 1919, Concours spécial, 2ᵉ Compo., n° 3, p. 256.)

256. — [O 2 b]. *Les équations paramétriques*

$$x = \frac{2t}{(1 + t^2)^2}, \qquad y = \frac{1 + 3t^2}{(1 + t^2)^2}$$

représentent une hypocycloïde à trois rebroussements. Déter-

miner les tangentes menées à cette courbe d'un point $\left(a, \frac{5}{8}\right)$. *Discuter en faisant varier a.*

On voit que les nombres des tangentes réelles est 1 ou 3 suivant que a est extérieur ou intérieur à l'intervalle ayant pour limites

$$\pm \frac{\sqrt{3}}{8},$$

abscisses des points d'intersection de la courbe et de la droite

$$y = \frac{5}{8}.$$

(Année 1919, Concours spécial, 2ᵉ Compo., nº 4, p. 256.)

257. — [O 2 b]. *Étant donné un point* O, *à tout point* M *on fait correspondre un point* M′ *tel que*

$$\frac{1}{\overline{OM'}} = \frac{1}{\overline{OM}} + \frac{1}{a},$$

a étant un nombre positif donné. Démontrer que, si M *décrit une courbe* (L), *la tangente en* M′ *à la courbe correspondante* (L′) *rencontre la tangente en* M *à la courbe* (L) *en un point qui ne dépend pas de a.*

Ce point est l'extrémité de la sous-tangente.

(Année 1920, 2ᵉ Compo., nº 8, p. 280.)

257 bis. — [O 2b]. *Montrer que les deux courbes*

$$y = e^{-bx}\sin x, \qquad y = e^{-bx}$$

ont une infinité de points de contact.

Ce sont les points d'abscisse $2k\pi + \frac{\pi}{2}$, k entier arbitraire

(Année 1921, 1ʳᵉ Compo., nº 13, p. 289.)

2. — Courbure.

258. — [0 2 e]. *On considère la famille de courbes ayant pour équation*

$$y = \frac{\lambda \sin x (1 - \cos x)}{1 + \sin x} - \frac{\cos^2 x - \cos x + 1}{1 + \sin x}.$$

Toutes ces courbes passent par les points

$$(2\,m\pi, \, -1) \quad et \quad [(2\,m + 1)\pi, \, -3],$$

m désignant un entier arbitraire. Montrer qu'en chacun des points de la première série toutes ces courbes ont même centre de courbure et qu'il n'en est ainsi en aucun des points de la deuxième série.

(Année 1912, A.-T., n° 9, p. 143.)

259. — [0 2 e]. *Déterminer les rayons de courbure de la courbe*

$$y = \cos\varphi \sin\psi, \qquad x = \sin\varphi,$$

aux points situés sur Ox.

On trouve :

$$\infty, \quad \text{au point } (0, 0),$$
$$1, \quad \text{aux points } (0, \pm 1).$$

(Année 1919, Concours normal, 1re Compo., n° 4, p. 240.)

XI. — ENVELOPPES.

260. — [0 2 f]. *On donne une famille de courbes*

$$y = \lambda x - 8 x^2 - x^3.$$

On les coupe par une parallèle à Oy *d'abcisse* u, *on demande l'enveloppe des normales aux points d'intersection.*

L'enveloppe est une parabole d'axe parallèle à Ox.

(Année 1916, 2e Compo., n° 9, p. 216.)

261. — **[O 2 f]**. *On demande, quand t varie, l'enveloppe (E) de la droite (Δ)*

$$(1) \qquad x \sin \omega t - y \cos \omega t - \frac{a}{m} \sin m \omega t = 0$$

et la développée de cette enveloppe (E).

(E) a pour équations paramétriques :

$$\begin{cases} x = -\dfrac{a}{m}(\sin \omega t \sin m \omega t + m \cos \omega t \cos m \omega t), \\[2mm] y = \dfrac{a}{m}(\cos \omega t \sin m \omega t - m \sin \omega t \cos m \omega t), \end{cases}$$

ou bien :

$$\begin{cases} x = -\dfrac{a}{2m}[(1+m)\cos(1-m)\omega t - (1-m)\cos(1+m)\omega t], \\[2mm] y = -\dfrac{a}{2m}[(1-m)\sin(1-m)\omega t - (1-m)\sin(1+m)\omega t]. \end{cases}$$

Et la développée de (E) a pour équations paramétriques :

$$(5) \qquad \begin{cases} x = a(\cos \omega t \cos m \omega t + m \sin \omega t \sin m \omega t), \\ y = a(\sin \omega t \cos m \omega t - m \cos \omega t \sin m \omega t), \end{cases}$$

ou bien :

$$(6) \qquad \begin{cases} x = \dfrac{a}{2}[(1+m)\cos(1-m)\omega t + (1-m)\cos(1+m)\omega t], \\[2mm] y = \dfrac{a}{2}[(1+m)\sin(1-m)\omega t + (1-m)\sin(1+m)\omega t]. \end{cases}$$

(Année 1906, Géo.-Méca., n° 8, p. 55.)

262. — **[O 2 f]**. *On considère par rapport à deux axes rectangulaires Oxy, l'ellipse, variable avec k,*

$$\frac{x^2}{(a+bk)^2} + \frac{y^2}{(b+ak)^2} - 1 = 0 \qquad (a > b > 0).$$

On demande de déterminer les points de contact de cette ellipse avec son enveloppe et de discuter la réalité de ces points.

Ces points sont à l'intersection de l'ellipse et du système de deux droites

$$\frac{b\,x^2}{(a+bk)^3} + \frac{a\,y^2}{(ak+b)^3} = 0.$$

Ils sont réels ou imaginaires suivant que k est intérieur ou extérieur à l'intervalle $\left(-\dfrac{a}{b}, -\dfrac{b}{a}\right)$.

(Année 1919, Concours spécial, 1re Compo., n° 6, p. 251.)

263. — [O 2 f]. *On donne un système rectangulaire* Oxy, *et, sur* Oy, *un point* A(o, a). *Un point* M *décrit* Ox. *Enveloppe de la perpendiculaire à* MA *menée par* M.

On trouve la parabole $x^2 - 4ay = o$.

(Année 1920, 2° Compo., n° 12, p. 282.)

XII. — INTERSECTION D'UNE DROITE ET D'UNE CONIQUE. POINTS A L'INFINI.

264. — [L 11 a]. *On donne deux axes rectangulaires* Oxy, *sur* Ox *deux points* A *et* A' *d'abscisses* a *et* a', *sur* Oy *un point* B *d'ordonnée* b. *On demande l'équation générale des hyperboles équilatères circonscrites au triangle* AA'B.

Cette équation est

$$x^2 + 2\lambda xy - y^2 - (a + a')x + \left(b - \frac{aa'}{b}\right) y = aa' = o,$$

λ désignant un paramètre variable.

(Année 1901, n° 1, p. 2.)

XIII. — CLASSIFICATION DES CONIQUES PAR DÉCOMPOSITION EN CARRÉS.

(Aucune question.)

XIV. — POLES ET POLAIRES.

265. — [K 10 b]. *On demande de déterminer le pôle de la droite*

$$ax + \lambda y + d = o$$

par rapport au cercle

$$x^2 + y^2 - ax - \lambda y + c = 0.$$

Ce point est à l'intersection des deux droites

$$\lambda x + ay = 0, \qquad d(2y - \lambda) + \lambda(ax + \lambda y - 2c) = 0.$$

(Année 1918, n° 2, p. 230.)

XV. — CENTRES, DIAMÈTRES, AXES DES CONIQUES.

266. — [**L 3 c**]. *On donne deux axes rectangulaires* Oxy. *Une hyperbole équilatère* (H$_\lambda$) *passant par les trois points* A$(a, 0)$, A$'(a', 0)$ *et* B$(0, b)$, *a pour équation*

$$x^2 + 2\lambda xy - y^2 - Ax - By + aa' < 0$$

avec

$$A = a + a', \qquad B = \frac{aa'}{b} - b;$$

(H$_\lambda$) *rencontre le cercle* (C) *circonscrit au triangle* AA$'$B *en un quatrième point* M, *de coordonnées*

$$x_1 = \frac{A + B\lambda}{1 + \lambda}, \qquad y_1 = \lambda x_1 + b.$$

On demande l'équation du diamètre de l'hyperbole H$_\lambda$ *qui est mené par le point* M.

Ce diamètre a pour équation

$$x(2b + B) - x_1(y - \lambda x) - (B + b)x_1 = 0.$$

(Année 1901, n° 4, p. 3.)

XVI. — RÉDUCTION ET CLASSIFICATION DES CONIQUES.

267. — [**L 1 a**]. *Pour quelles valeurs de* α *la conique*

$$\alpha y^2 - 2ayz + \alpha z^2 + \alpha(\alpha^2 - a^2) = 0$$

se décompose-t-elle en deux droites ?

Pour les trois valeurs 0 et $\pm a$.

(Année 1917, 1re Compo., n° 10, p. 223.)

268. — [**L1 a**]. *Discuter la nature de la conique*

$$(a^2 + 2d)x^2 + a^2 y^2 - a(d + 2c) = 0,$$
$$a = (\alpha + \beta)r, \qquad c = \alpha\beta r^2, \qquad d = -(1 + \alpha\beta)r^2,$$

suivant la position du point (α, β) *dans le plan.*

La conique est une hyperbole ou une ellipse suivant que le point (α, β) est intérieur ou extérieur au cercle $x^2 + y^2 - 2 = 0$. C'est une parabole quand le point (α, β) décrit ce cercle. C'est un cercle quand le point (α, β) décrit l'hyperbole $xy + 1 + 0$.

(Année 1918, n° 4, p. 231.)

XVII. — TANGENTES ET NORMALES AUX CONIQUES.

269. — [**L¹4 a**]. *On donne, par rapport à deux axes rectangulaires* Ox, Oy, *l'ellipse d'équations paramétriques*

$$x = a\cos\varphi, \qquad y = b\sin\varphi, \qquad a > b.$$

On demande de déterminer, en fonction de φ, *les coordonnées des points de rencontre d'une tangente au point correspondant avec les tangentes aux quatre sommets.*

Ces coordonnées sont

$$\varepsilon a, \quad \frac{b}{\sin\varphi}(1 - \varepsilon\cos\varphi); \quad \frac{a}{\cos\varphi}(1 - \varepsilon'\sin\varphi), \quad \varepsilon' b; \quad \varepsilon, \varepsilon' = \pm 1.$$

(Année 1919, Concours spécial, 1ʳᵉ Compo., n° 1, p. 249.)

270. — [**L¹4 c**]. *On donne deux axes rectangulaires* Oxy, *et les points* $A(a, 0)$, $A'(a', 0)$, $B(0, b)$. *Une hyperbole équilatère* (H_λ) *circonscrite au triangle* $AA'B$ *a pour équation*

$$x^2 + 2\lambda xy - y^2 - Ax - By + aa' = 0$$

avec

$$A = a + a', \qquad B = \frac{aa'}{b} - b.$$

On demande de déterminer les points de (H_λ) *où la tangente a une direction donnée de coefficient angulaire* m.

Ces points sont à l'intersection de H_λ avec le diamètre de la direction m dont l'équation est

$$2x + 2\lambda y - A + m(2\lambda x - 2y - B) = 0.$$

(Année 1901, n° 6, p. 4.)

XVIII. — FOYERS ET DIRECTRICES DES CONIQUES.

271. — [L¹ 10 a]. *On donne un système rectangulaire Oxy. On demande l'équation d'une parabole de foyer $F(1, 0)$ d'axe parallèle à Oy, passant en O et concave vers les y positifs.*

L'équation est
$$x^2 - 2(x + y) = 0.$$

(Année 1911, Géo.-Méca., n° 1, p. 127.)

272. — [L¹ 10 a]. *On donne une droite (D) et un point A fixes. Un point M décrit (D). Enveloppe de la perpendiculaire à MA menée par M.*

L'enveloppe est une parabole ayant A pour foyer et (D) pour tangente au sommet.

(Année 1920, 2ᵉ Compo., n° 13, p. 283.)

XIX. — POINTS COMMUNS A DEUX CONIQUES.

273. — [L¹ 17 a]. *On donne deux axes rectangulaires Oxy et les points $A(a, 0)$, $A'(a', 0)$ et $B(0, b)$. Une hyperbole équilatère (H_λ) circonscrit au triangle $AA'B$ a pour équation*

$$x^2 + 2\lambda xy - y^2 - (a + a')x + \left(b - \frac{aa'}{b}\right)y + aa' = 0;$$

le cercle (C) circonscrit au même triangle a pour équation

$$x^2 + y^2 - (a + a')x - \left(b + \frac{aa'}{b}\right)y + aa' = 0.$$

On demande les coordonnées x_1, y_1 du quatrième point M commun à (C) et H_λ.

On a

$$x_1 = \frac{A + B\lambda}{1 + \lambda^2}, \qquad y_1 = \lambda x_1 + b$$

avec

$$A = a + a', \qquad B = \frac{aa'}{b} - b.$$

(Année 1901, n° 3, p. 3.)

XX. — CONSTRUCTIONS DE COURBES EN COORDONNÉES POLAIRES.

274. — [**M¹3j**]. *Construire la courbe*

$$\rho = \frac{a \cos \omega}{\cos \omega + 2}.$$

(Année 1920, 2ᵉ Compo., n° 2, p. 276.)

275. — [**M¹3j**]. *Construire la courbe*

$$\rho^2 + r^2 \cos 2\omega = 0.$$

(Année 1904, n° 4, p. 26.)

276. — [**M¹5a**]. *Étudier et construire, suivant les diverses valeurs* > o *de h, la courbe*

$$\rho = \sqrt{2ah \tan g^2 \omega + a^2 - h^2}.$$

Il y a deux types généraux suivant que $h \lessgtr a$, et une forme particulière intermédiaire.

(Année 1917, 1ʳᵉ Compo., n° 4, p. 219.)

XXI. — APPLICATIONS GÉOMÉTRIQUES DU CALCUL INTÉGRAL.

1. — Aire d'une surface plane.

277. — [**O 2 a**]. *On considère l'arc de la courbe*

$$x = 4c \frac{\operatorname{Log} \dfrac{x}{c}}{(\operatorname{Log} x^2)}$$

compris entre les points A$(e, 0)$ *et* B(e^2, e). *A tout point* M *de cet arc on fait correspondre un point* S *en menant* MP, *perpendiculaire à* Ox, *qui rencontre la droite* AB *en* N, *puis* NQ, *parallèle à* Ox, *qui rencontre l'arc* AB *en* R, *et en* Q *la parallèle* Ay' *à* Oy, *puis, prenant, sur le prolongement de* PM, MS $=$ QR. *On demande l'expression de l'aire comprise entre les deux arcs de courbe respectivement décrits par* M *et* S.

L'expression de cette aire est, en désignant par y et Y les ordonnées de M et S,

$$\int_{e}^{e^2} (Y - y)\, dx,$$

ou, en désignant par α et β les coordonnées du point R,

$$\int_{e}^{e^2} (\alpha - e)\, dx.$$

(Année 1908, A.-T., n° 7, p. 77.)

278. — |O 2 a|. *Un mobile décrit une trajectoire* $y = f(x)$. *Quelle est, entre deux positions, l'aire balayée par le vecteur-vitesse, sachant que la loi du mouvement est* $\left(\dfrac{dx}{dt}\right)^2 = \dfrac{g}{f''(x)}$.

L'aire est le produit par $\dfrac{g}{2}$ de la différence des abscisses.

(Année 1916, 2° Compo., n° 7, p. 212.)

279. — |O 2 a|. *Évaluer, entre les abscisses* e *et* e^2, *l'aire* Σ *comprise entre* Ox *et la courbe*

$$y = 4e\,\frac{\mathrm{L}\,\dfrac{x}{e}}{(\mathrm{L}x)^2}.$$

Rép. :

$$\Sigma = 2e^2(e - 2).$$

(Année 1908, A.-T., n° 2, p. 74.)

279 *bis.* — [O 2 a]. *On donne les deux courbes*

$$y = \sin x \,.\, e^{-x \cot a}, \qquad y = e^{-x \cot a}.$$

Ces deux courbes sont tangentes en tous les points d'abscisses $2k\pi + \dfrac{\pi}{2}$, k *entier arbitraire. On demande de calculer l'aire* A *comprise entre les deux courbes, entre deux points de contact consécutifs.*

En posant $x_0 = 2k\pi + \dfrac{\pi}{2}$, on a

$$A = \int_{x_0}^{x_0 + 2\pi} e^{-x \cot a}(1 - \sin x)\, dx.$$

(Année 1921, 1re Compo., n° 14, p. 290.)

279 *ter.* — [O 2a]. *On donne les deux courbes*

$$y = e^{-bx}\sin x, \qquad y = e^{-bx}, \qquad b = \cot a.$$

Ces deux courbes sont tangentes en tous les points d'abscisses $2k\pi + \dfrac{\pi}{2}$, *k entier arbitraire. On demande de calculer l'aire* $A(u)$ *comprise, partir d'un point de contact, d'abscisse* x_0, *entre les courbes et la droite qui a pour abscisse* $x_0 + u > x_0$.

On trouve :

$$A(u) = \operatorname{tang} a\, e^{-bx_0}\big[\sin^2 u - e^{-bu}[1 - \cos a \cos(a + u)]\big].$$

(Année 1921, 1re Compo., n° 16, p. 291.)

280. — [O 2 a]. *Un point* $M(\omega, \rho)$ *décrit le cercle* $\dfrac{1}{\rho} = \dfrac{2}{a\cos\omega}$, *a étant un nombre positif. Sur la droite* OM *on prend un point* M' *tel que* $\dfrac{1}{\overline{OM'}} = \dfrac{1}{\overline{OM}} + \dfrac{1}{a}$. *Le point* M' *décrit une courbe fermée* (C') *lorsque* ω *parcourt un intervalle d'étendue* 2π. *Calculer l'aire balayée, dans ces conditions, par le vecteur* MM'.

Si l'on pose

$$F(\omega) = \int \frac{\cos^2 \omega\, d\omega}{(\cos\omega + 2)^2},$$

l'aire demandée a pour expression

$$F(\pi) - 2F\left(\frac{\pi}{2}\right) + F(0).$$

(Année 1920, 2e Compo., n° 3, p. 277.)

2. — Longueur d'un arc de courbe plane.

281. — **[O 2 c].** *On donne la courbe (hypocycloïde à trois rebroussements)*

$$x = \frac{2\theta}{(1+\theta^2)}, \qquad y = \frac{1+3\theta^2}{(1+\theta^2)^2}.$$

On demande de calculer la longueur S *de l'arc décrit par le point* (x, y) *lorsque* θ *croît de la plus petite à la plus grande racine de l'équation*

$$\theta^2 + 2\theta \tang\alpha - 1 = 0, \qquad -\frac{\pi}{6} < \alpha < \frac{\pi}{6}.$$

En posant

$$F(\theta) = \int \frac{(1-3\theta^2)\,d\theta}{(1+\theta^2)^{\frac{3}{2}}},$$

et désignant par θ_1 et θ_2 les deux racines, on trouve

$$S = 2[F(\theta_1) - F(\theta_2)] + 4\left[F\left(\frac{1}{\sqrt{3}}\right) - F\left(-\frac{1}{\sqrt{3}}\right)\right].$$

(Année 1919, Concours spécial, 2ᵉ Compo., nᵒ 7, p. 258.)

3. — Centre de gravité d'une ligne ou d'une surface planes.

282. — **[O 2 d].** *On donne la courbe*

$$r = ae^{m\theta}.$$

Calculer les coordonnées du centre de gravité de l'arc $M_0 M$ *correspondant à l'intervalle* (θ_0, θ).

Ces coordonnées sont

$$\xi = \frac{a \int e^{2m\theta} \cos\theta \, d\theta}{\int e^{m\theta}\, d\theta}, \qquad \eta = \frac{a \int e^{2m\theta} \sin\theta \, d\theta}{\int e^{m\theta}\, d\theta}.$$

(Année 1914, Géo.-Méca., nᵒ 1, p. 186.)

4. — Attraction par une ligne ou une surface planes.

(Aucune question.)

CHAPITRE III.

GÉOMÉTRIE ANALYTIQUE DANS L'ESPACE ET MÉCANIQUE.

I. — COORDONNÉES. ANGLES. DISTANCES. PLANS. DROITES.

1. — Composantes d'un vecteur. Coordonnées d'un point. Équations paramétriques d'une droite.

283. — [**K 13 a**]. *Les coordonnées d'un point* G *ont pour expressions, en fonction d'un paramètre variable* t,

$$x = \frac{\mu a + \mu_1 a_1}{\mu + \mu_1} - \frac{1}{2} g \gamma \frac{\mu \alpha + \mu_1 \alpha_1}{\mu + \mu_1} t^2,$$

$$y = \frac{\mu b + \mu_1 b_1}{\mu + \mu_1} - \frac{1}{2} g \gamma \frac{\mu \beta + \mu_1 \beta_1}{\mu + \mu_1} t^2,$$

$$z = c - \frac{1}{2} g \gamma^2 t^2.$$

On demande à quelles conditions doivent satisfaire α, α_1, β, β_1, $\frac{\mu}{\mu_1}$ *pour que* G *décrive une droite verticale,* α, β, γ, α_1, β_1, γ *étant les cosinus directeurs de deux droites.*

Les conditions demandées sont

$$\mu_1 = \mu, \qquad \alpha_1 = - \alpha, \qquad \beta_1 = - \beta.$$

(Année 1903, n° 3, p. 17.)

284. — [**K 6 a**]. *On donne une sphère de rayon* r *et de centre* O, *origine de coordonnées rectangulaires* Oxyz. *Un point* M, *primitivement situé en* M_0 *sur* Ox, *se déplace uniformément sur le grand cercle* $M_0 N$, *de* M_0 *vers* N, *avec une vitesse angulaire* ω. *En même temps, le plan, primitivement situé en* OM_0N, *tourne uniformément autour de* ON, *de* OM_0N

vers OEN, *avec la même vitesse angulaire. Par suite de ce double mouvement, le point mobile considéré, occupera, au bout du temps t, une certaine position* M. *On demande de déterminer, en fonction de t, les coordonnées de* M.

On trouve :

$$x = r \cos^2 \omega t, \qquad y = r \cos \omega t \sin \omega t, \qquad z = r \sin \omega t.$$

(Année 1904, n° 1, p. 24.)

285. — [**K 6 a**]. *Par rapport à un trièdre trirectangle* O xyz, *le mouvement d'un point* M(x, y, z) *est défini par*

$$x = r \cos^2 \omega t, \qquad y = r \cos \omega t \sin \omega t, \qquad z = r \sin \omega t;$$

le vecteur accélération MW *de ce point a pour composantes*

$$x'' = -2r\omega^2 \cos 2\omega t, \qquad y'' = -2r\omega^2 \sin 2\omega t, \qquad z'' = -r\omega^2 \sin \omega t.$$

On demande les coordonnées du point P *où la droite* MW *rencontre le plan* Oxy.

Les coordonnées de ce point P sont

$$r - 3\cos^2 \omega t, \quad 3r \cos \omega t \sin \omega t, \quad 0.$$

(Année 1904, n° 5, p. 26.)

286. — [**K 6 a**]. *On donne un trièdre trirectangle* Oxyz. *A un point* M(x, y, z) *on fait correspondre le point*

$$Q\left(\frac{a^2 x}{x^2 + y^2}, \frac{a^2 y}{x^2 + y^2}, 0 \right).$$

Le point M *est attiré par le point* Q, *l'intensité de l'attraction étant le produit de* MQ *par un coefficient donné* k^2, *on demande d'évaluer les composantes de la force.*

Rép. :

$$X = -\frac{k^2 x (x^2 + y^2 - a^2)}{x^2 + y^2},$$
$$Y = -\frac{k^2 y (x^2 + y^2 - a^2)}{x^2 + y^2},$$
$$Z = -k^2 z.$$

(Année 1907, Géo.-Méca., n° 1, p. 65.)

287. — [**K 6 a**]. *On donne l'hélice cylindrique*

$$(1) \qquad x = a \cos\theta, \qquad y = a \sin\theta, \qquad z = h\theta.$$

Un élément d'arc de cette courbe, de longueur ds, qui sera désigné par E, attire un point $P(x_0, y_0, z_0)$, *l'attraction ayant pour expression* $\mu r\, ds$, μ *étant une constante positive, et* r *désignant la distance* PE. *On demande les composantes de cette attraction.*

Ces composantes sont

$$\mu(a\cos\theta - x_0)\, ds, \qquad \mu(a\sin\theta - y_0)\, ds, \qquad \mu(h\theta - z_0)\, ds.$$

(Année 1909, Géo.-Méca., n° 11, p. 100.)

[**K 6 a**]. *Lorsque* θ *parcourt l'intervalle* $(\alpha - \beta,\ \alpha + \beta)$, *le point* (x, y, z) *de l'hélice décrit un arc* LN, *de milieu* M. *Le centre de gravité* G *de cet arc a pour coordonnées*

$$\xi = a\cos\alpha\, \frac{\sin\beta}{\beta}, \qquad \eta = a\sin\alpha\, \frac{\sin\beta}{\beta}, \qquad \zeta = h\alpha.$$

L'attraction $\overline{F}$ *exercée sur le point* P *par l'arc* LN *a pour composantes, si l'on pose*

$$b^2 = a^2 + h^2, \qquad b > 0,$$
$$X = 2\mu b(a\cos\alpha\sin\beta - x_0\beta),$$
$$Y = 2\mu b(a\sin\alpha\sin\beta - y_0\beta),$$
$$Z = 2\mu b(h\alpha - z_0\beta).$$

On demande de démontrer que $\overline{F}$ *est dirigée vers* G.

Les composantes du vecteur $\overline{F}$ sont les produits, par le nombre positif $2\mu b\beta$, des composantes $\xi - x_0$, $\eta - y_0$, $\zeta - z_0$ du vecteur PG.

(Année 1909, Géo.-Méca., n° 12, p. 100.)

288. — [**K 6 a**]. x, y, z *étant les coordonnées d'un point* M *et* $-ax$, $-by$, $-cz$ *les composantes d'un vecteur* MF, *quelles sont les coordonnées du point* F?

Rép. :

$$x(1 - a), \qquad y(1 - b), \qquad z(1 - c).$$

(Année 1910, Géo.-Méca., n° 3, p. 116.)

289. — [**K 6 a**]. *$M(x, y, z)$ est un point mobile, x, y, z étant fonctions du temps t. Un vecteur MF a pour composantes — ax, — by, — cz. Quelle sera la forme des fonctions de t représentant les coordonnées d'un autre point mobile N, toujours situé sur la droite MF?*

Rép. :

$$\xi = x(1 - \lambda a), \qquad \eta = y(1 - \lambda b), \qquad \zeta = z(1 - \lambda c),$$

λ, représentant le rapport $\dfrac{\mathrm{MN}}{\mathrm{MF}}$, étant une fonction arbitraire de t.

(Année 1910, Géo.-Méca., n° 6, p. 119.)

290. — [**K 6 a**]. *Sur une droite fixe passant par un point $M_0(x_0, y_0, z_0)$, et portant un vecteur M_0F_0 de composantes — ax_0, — by_0, — cz_0, se meut un point N_0. Désignant par λ le rapport $\dfrac{M_0 N_0}{M_0 F_0}$ et par x'_0, y'_0, z'_0 les composantes d'un vecteur fixe $M_0 V_0$, on considère le vecteur $N_0 W_0$ de composantes $x'_0(1 - a\lambda)$, $y'_0(1 - b\lambda)$, $z'_0(1 - c\lambda)$. On demande le lieu de l'extrémité W_0 de ce vecteur.*

C'est la droite

$$\frac{x - (x_0 + x'_0)}{a(x_0 + x'_0)} = \frac{y - (y_0 + y'_0)}{b(y_0 + y'_0)} = \frac{z - (z_0 + z'_0)}{c(z_0 + z'_0)}.$$

(Année 1910, Géo.-Méca., n° 10, p. 190.)

291. — [**K 6 a**]. *On donne Oxy rectangulaires et Oz arbitraire, et, sur Oz, le point $M_0(0, 0, 2a)$. Dans le plan Oxy se meut un point $M(2r\cos\theta, 2r\sin\theta, 0)$. On demande le centre de gravité G de la ligne homogène formée des deux segments $M_0 O M$, sachant que G divise la droite qui joint les milieux des deux segments dans un rapport inverse et changé de signe du rapport de leurs longueurs.*

Les coordonnées de G sont données par

$$(a + r)x - r^2\cos\theta = 0, \qquad (a + r)y - r^2\sin\theta = 0,$$
$$(a + r)z - a^2 = 0.$$

(Année 1914, Géo.-Méca., n° 9, p. 190.)

2. — Changement d'axes de coordonnées.

292. — **| K 6 a]**. *On donne un trièdre trirectangle* $Oxyz$.
Dans un plan $Ox'z$, $\widehat{xOx'} = \theta$, *on considère un cercle ayant pour équation*

$$x'^2 + z'^2 - [(a + 2r)\cos\theta + b\sin\theta]x' - cz'$$
$$+ 2r\cos\theta(a\cos\theta + b\sin\theta) = 0.$$

On demande de déterminer le centre de ce cercle par rapport au trièdre $Oxyz$.

Les coordonnées de ce centre sont

$$\frac{\cos\theta[(a + 2r)\cos\theta + b\sin\theta]}{2},$$

$$\frac{\sin\theta[(a + 2r)\cos\theta + b\sin\theta]}{2},$$

$$\frac{c}{2}.$$

(Année 1902, n° 6, p. 11.)

293. — **[K 6 a]**. *On donne, par rapport à un trièdre trirectangle* $Oxyz$, *un cercle* (C)

$$z = 0, \qquad x^2 + y^2 - 2rx = 0,$$

et un point P(a, b, c). *Le lieu des projections du point* P *sur les droites rencontrant à la fois l'axe* Oz *et le cercle* (C) *est une surface* [S] *ayant pour équation*

$$(x^2 + y^2)(x^2 + y^2 + z^2) - (x^2 + y^2)[(a + 2r)x + by + cz]$$
$$+ 2rx(ax + by) = 0.$$

On coupe la surface [S] *par un plan passant par l'axe* Oz *et faisant avec le plan* Oxz *un angle* θ. *On demande l'équation de la section dans son plan.*

L'équation s'obtient en remplaçant, dans l'équation de [S],

x par $x \cos\theta$ et y par $x \sin\theta$. On trouve ainsi

$$x^2 \left| x^2 + z^2 - [(a + 2r)\cos\theta + b\sin\theta]x - cz \right.$$
$$\left. + [2r\cos\theta(a\cos\theta + b\sin\theta)] \right| = 0.$$

La section se compose de l'axe Oz deux fois et d'un cercle.

(Année 1902, n° 5, p. 10.)

3. — Angles. Longueurs.

294. — [K 13 a]. *Deux points* L *et* N *ont pour coordonnées les expressions*

$$a\cos\theta, \quad a\sin\theta, \quad h\theta,$$

dans lesquelles on fait $\theta = \alpha \pm \beta$. *On demande d'exprimer que la droite* LN *est parallèle au plan* [P] *d'équation*

$$ux + vy + wz = 0.$$

La condition est

$$a\sin\beta(u\sin\alpha - v\cos\alpha) - hw\beta = 0.$$

(Année 1909, Géo.-Méca., n° 4, p. 96.)

4. — Plans et droites représentés par des équations. Distances. Intersections.

295. — [K 13 a]. *On donne, par rapport à un trièdre trirectangle* Oxyz, *un point* M(ξ, η, ζ) *et un point* R$(0, 0, \zeta')$. *On demande d'exprimer que la droite* MR *est parallèle au plan d'équation* $z = lx$.

La condition est

$$l\xi - \zeta + \zeta' = 0.$$

(Année 1911, Géo.-Méca., n° 3, p. 128.)

296. — [K 13 a]. *On donne, par rapport à un trièdre trirectangle* Oxyz, *le cercle* (C) *d'équations*

$$x^2 + y^2 - 2rx = 0, \qquad z = 0,$$

et le point $P(a, b, c)$. *D'un point* $B(o, o, h)$ *on mène une droite rencontrant le cercle* (C). *On demande de déterminer la projection du point* P *sur cette droite.*

Les coordonnées de cette projection sont solutions du système

$$(1) \qquad \frac{x}{2r\cos^2\theta} = \frac{y}{2r\cos\theta\sin\theta} = \frac{z-h}{-h},$$

$$(2) \qquad \frac{x-a}{\lambda} = \frac{y-b}{\mu} = \frac{z-c}{\nu},$$

avec la condition

$$(3) \qquad 2r\lambda\cos^2\theta + 2r\mu\cos\theta\sin\theta - h\nu = 0.$$

Elles sont aussi solutions du système

$$\frac{x}{\lambda} = \frac{y}{\mu} = \frac{z-h}{\nu},$$
$$\lambda(x-a) + \mu(y-b) + \nu(z-c) = 0,$$
$$h[h(\lambda^2 + \mu^2) + 2r\lambda\nu] = 0.$$

(Année 1902, n°s 1, 3, p. 9.)

297. — [**K 13** a[. *On donne un trièdre trirectangle* $Oxyz$. *Un vecteur* MW *a pour origine un point* M *dont les coordonnées ont pour expressions, en fonction d'un paramètre variable* t,

$$x = r\cos^2\omega t, \qquad y = r\cos\omega t\sin\omega t, \qquad z = r\sin\omega t.$$

Les composantes de ce vecteur ont pour expressions

$$x'' = -2r\omega^2\cos 2\omega t, \qquad y'' = -2r\omega^2\sin 2\omega t, \qquad z'' = -r\omega^2\sin\omega t.$$

On demande de démontrer que la droite MW *rencontre une droite fixe.*

La droite MW rencontre la droite fixe

$$x = \frac{r}{2}, \qquad y = 0.$$

(Année 1904, n° 8, p. 27.)

298. — 1° [**K 13** a]. *On donne un trièdre trirectangle* $Oxyz$. *On demande les équations des plans respectivement définis* *par :* — *un point* $S(o, o, \gamma)$ *et une droite* CD :

$$(1 - \lambda\lambda')x + (\lambda + \lambda')y - 2a = o, \qquad z = o,$$

— *un point* $T(o, o, \gamma')$ *et une droite* EF :

$$(\lambda + \lambda')x - (1 - \lambda\lambda')y - 2b\lambda\lambda' = o, \qquad z = o.$$

Ces équations sont :

[SCD] $\qquad (1 - \lambda\lambda')x + (\lambda + \lambda')y + \dfrac{2a}{\gamma} \ (z - \gamma) = o,$

. [TEF] $\qquad (\lambda + \lambda')x - (1 - \lambda\lambda')y + \dfrac{2b\lambda\lambda'}{\gamma'} (z - \gamma') = o.$

$2°$ [**K 13 a**]. *On demande l'équation du plan passant par l'intersection de ces plans et parallèle à* Oz.

Cette équation est $ux + vy + w = o$, avec

$$u = b\gamma\lambda\lambda'(\lambda\lambda' - 1) + a\gamma'(\lambda + \lambda'),$$
$$v = b\gamma\lambda\lambda'(\lambda + \lambda') + a\gamma(\lambda\lambda' - 1),$$
$$w = 2ab\lambda\lambda'(\gamma - \gamma').$$

(Année 1905, Géo.-Méca., n° 7, p. 39.)

299. — [**K 13 a**]. *On donne un trièdre trirectangle* Oxyz; *on considère le plan*

(1) $\qquad A(x - \xi) + B(y - \eta) + C(z - \zeta) = o,$

où l'on a

(2) $\qquad \begin{cases} \xi = a(\cos\omega t \cos m\omega t + m \sin\omega t \sin m\omega t), \\ \eta = a(\sin\omega t \cos m\omega t - m \cos\omega t \sin m\omega t), \\ \zeta = \dfrac{a(1 - m^2)\cos\theta}{m \sin\theta} \sin m\omega t. \end{cases}$

et

(3) $\qquad A = \cos\theta \sin\omega t, \qquad B = -\cos\theta \cos\omega t, \qquad C = \sin\theta.$

On demande de montrer que la trace (Δ) *de ce plan sur* Oxy *ne dépend pas de* θ.

(Δ) a pour équation

$$x \sin\omega t - y \cos\omega t - \dfrac{a}{m} \sin m\omega t = o.$$

(Année 1906, Géo.-Méca., n° 7, p. 55.)

300. — [**K 13 a**]. *Deux vecteurs* $F_i(X_i, Y_i, Z_i)$ *d'origines*

$$(x_i, y_i, z_i) \qquad (i = 1, 2)$$

sont déterminés par les relations suivantes :

$$X_1 + X_2 = \mathfrak{X}, \qquad y_1 Z_1 - z_1 Y_1 + y_2 Z_2 - z_2 Y_2 = \mathfrak{L},$$
$$Y_1 + Y_2 = \mathfrak{Y}, \qquad z_1 X_1 - x_1 Z_1 + z_2 X_2 - x_2 Z_2 = \mathfrak{M},$$
$$Z_1 + Z_2 = \mathfrak{Z}, \qquad x_1 Y_1 - y_1 X_1 + x_2 Y_2 - y_2 X_2 = \mathfrak{N},$$
$$u x_1 + v y_1 + w z_1 + h = 0, \qquad u x_2 + v y_2 + w z_2 + h = 0,$$
$$\frac{X_1}{u} = \frac{Y_1}{v} = \frac{Z_1}{w}, \qquad u X_2 + v Y_3 + w Z_2 = 0.$$

On demande de former l'équation d'un plan passant par la droite qui porte le vecteur F_2, *laquelle est contenue dans le plan*

$$u x + v y + w z + h = 0,$$

et perpendiculaire à ce dernier plan.

L'équation demandée est

$$(w\mathfrak{Y} - v\mathfrak{Z})x + (u\mathfrak{Z} - w\mathfrak{X})y + (v\mathfrak{X} - u\mathfrak{Y})z = \mathfrak{L}u + \mathfrak{M}v + \mathfrak{N}w.$$

(Année 1908, Géo.-Méca., n°s 4, 5, p. 81.)

301. — [**K 13 a**]. *A un plan* [P] *d'équation*

$$u x + v y + w z + h = 0,$$

on fait correspondre un point A *par les formules*

$$x = \frac{v - \beta w - ah}{au + bv + cw},$$
$$y = \frac{\alpha w - \gamma u - bh}{au + bv + cw},$$
$$z = \frac{\beta u - \alpha v - ch}{au + bv + cw}.$$

On demande le lieu du point A *quand le plan* [P] *pivote autour d'une droite fixe.*

A décrit une droite.

(Année 1908, Géo.-Méca., n 6, p. 82.)

302. — [**K 13 a**]. *On donne l'hélice cylindrique*

$$x = a \cos \theta, \qquad y = a \sin \theta, \qquad z = h\theta.$$

Le centre de gravité G *de l'arc* LN, *que décrit le point* (x, y, z), *lorsque* θ *parcourt l'intervalle* $(\alpha - \beta, \alpha + \beta)$, *a pour coordonnées*

$$\xi = \frac{a}{\beta} \cos\alpha \sin\beta, \qquad \eta = \frac{a}{\beta} \sin\alpha \sin\beta, \qquad \zeta = h\alpha.$$

On demande le lieu de G *quand* β *varie seul.*

Le lieu est la droite

$$x \sin\alpha - y \cos\alpha = 0, \qquad z = h\alpha,$$

normale au cylindre au milieu M de l'arc LN.

(Année 1909, Géo.-Méca., n° 3, p. 96.)

303. — [**K 13 a**]. *On donne un trièdre trirectangle* Oxyz, *une parabole* (P)

$$z = 0, \qquad x^2 - 2(x + y) = 0.$$

On demande de démontrer qu'à tout point M(ξ, η, ζ) *correspond sur* Oz *un point unique* R, *distinct en général de* O, *tel que* MR *rencontre* (P).

La cote de R est définie par

$$[\xi^2 - 2(\xi + \eta)]z + 2(\xi + \eta)\zeta = 0.$$

(Année 1911, Géo.-Méca., n° 2, p. 127.)

304. — [**K 13 a**]. *Déterminer les points d'intersection d'un plan quelconque passant par la droite* (D)

$$y = 0, \qquad z = \mathrm{K}x, \qquad \mathrm{K} = \frac{1 + \sqrt{5}}{2},$$

avec le cercle (Γ)

$$x = 0, \qquad y^2 + z^2 + y = 0,$$

et l'hyperbole (H)

$$z = 0, \qquad x^2 - y^2 - y = 0.$$

En mettant l'équation du plan sous la forme $z - \mathrm{K}x + \lambda y = 0$, les coordonnées des points, autres que O, où il rencontre (Γ) et (II) sont

$$0, \quad -\frac{1}{1+\lambda^2}, \quad \frac{\lambda}{1+\lambda^2} \quad \text{et} \quad \frac{K\lambda}{\lambda^2-K^2}, \quad \frac{K^2}{\lambda^2-K^2}, \quad 0.$$

(Année 1912, Géo.-Méca., n° 1, p. 148.)

305. — [**K 13 a**]. *On donne, par rapport à un trièdre trirectangle* Oxyz *une droite d'équation*

$$x - a = 0, \quad y - z = 0,$$

sur laquelle se meut un point M *de cote* λ. *On demande les équations du plan* OMz *et de la sphère passant par* M *et ayant pour centre le point* I *projection de* M *sur* Oz.

Ces équations sont

$$\lambda x - ay = 0, \quad x^2 + y^2 + z^2 - 2\lambda z - a^2 = 0.$$

(Année 1917, 1re Compo., n° 1, p. 217.)

306. — [**K 6 a**]. *On donne trois axes rectangulaires* Oxyz. *On demande les coordonnées des points, non situés sur* Oz, *communs à la sphère*

$$x^2 + y^2 + z^2 - 1 = 0,$$

au cylindre parallèle à Oz *ayant pour base le cercle*

$$x^2 + y^2 - x = 0,$$

et au plan passant par Oz

$$x \tan g \varphi - y = 0.$$

Les coordonnées sont

$$\cos^2\varphi, \quad \cos\varphi \sin\varphi, \quad \pm \sin\varphi.$$

(Année 1919, Concours normal, 1re Compo., n° 1, p. 238.

II. — ENSEMBLES DE VECTEURS. APPLICATIONS STATIQUES.

1. — Centres de gravité.

307. — [**R 2 b**[. *Les coordonnées de deux points* M *et* M_1, *de masses* μ *et* μ_1, *ont pour expressions, en fonction du temps,*

$$x = a - \frac{1}{2} g \gamma \alpha t^2, \qquad x_1 = a_1 - \frac{1}{2} g \gamma_1 \alpha_1 t^2,$$

$$y = b - \frac{1}{2} g \gamma \beta t^2, \qquad y_1 = b_1 - \frac{1}{2} g \gamma_1 \beta_1 t^2,$$

$$z = c - \frac{1}{2} g \gamma^2 t^2, \qquad z_1 = c_1 - \frac{1}{2} g \gamma_1^2 t^2.$$

On demande les expressions des coordonnées du centre de gravité G *de ces deux points.*

Ces expressions sont :

$$X = \frac{\mu a + \mu_1 a_1}{\mu + \mu_1} - \frac{1}{2} g \frac{\mu \gamma \alpha + \mu_1 \gamma_1 \alpha_1}{\mu + \mu_1} t^2,$$

$$Y = \frac{\mu b + \mu_1 b_1}{\mu_1 + \mu_1} - \frac{1}{2} g \frac{\mu \gamma \beta + \mu_1 \gamma_1 \beta_1}{\mu + \mu_1} t^2,$$

$$Z = \frac{\mu c + \mu_1 c_1}{\mu + \mu_1} - \frac{1}{2} g \frac{\mu \gamma^2 + \mu_1 \gamma_1^2}{\mu + \mu_1} t^2.$$

(Année 1903, n° 2, p. 17.)

2. — Moments.

308. — [**R 3 a**]. *On donne :*

Un trièdre trirectangle Oxyz;

Un ensemble de vecteurs [$\mathcal{S}$] *de coordonnées* $\mathfrak{X}$, $\mathfrak{Y}$, $\mathfrak{Z}$; $\mathcal{L}$, $\mathfrak{M}$, $\mathfrak{N}$;

Un plan [P],

$$ux + \nu y + wz + h = 0.$$

On demande les coordonnées d'un point A *de* [P] *tel que le moment résultant de* [$\mathcal{S}$] *relatif à* A *est normal au plan* [P].

Ces coordonnées et une inconnue auxiliaire λ sont solutions du système

$$y\mathfrak{Z} - z\mathfrak{Y} = \lambda u + \mathfrak{L},$$
$$z\mathfrak{X} - x\mathfrak{Z} = \lambda v + \mathfrak{M},$$
$$x\mathfrak{Y} - y\mathfrak{X} = \lambda w + \mathfrak{N},$$
$$ux + vy + wz + h = 0.$$

Les coordonnées demandées sont :

$$\frac{v\mathfrak{N} - w\mathfrak{M} - h\mathfrak{X}}{u\mathfrak{X} + v\mathfrak{Y} + w\mathfrak{Z}}, \qquad \frac{w\mathfrak{L} - u\mathfrak{N} - h\mathfrak{Y}}{u\mathfrak{X} + v\mathfrak{Y} + w\mathfrak{Z}}, \qquad \frac{u\mathfrak{M} - v\mathfrak{L} - h\mathfrak{Z}}{u\mathfrak{X} + v\mathfrak{Y} + w\mathfrak{Z}}.$$

(Année 1908, Géo.-Méca., n° 2, p. 80.)

309. — [**R 3 a**]. *Sur un cercle (C) de rayon r on prend trois points* O, A, B *tels que* OA = OB = r. *Sur la perpendiculaire de* O *au milieu de* AB *se meut un point* I. *On considère deux vecteurs de même grandeur* a, *d'origines* A *et* B, *respectivement perpendiculaires à* IA *et* IB, *et définissant, par rapport à* I, *le même sens de rotation. Exprimer, en fonction de l'abscisse x de* I, *la grandeur du moment résultant, par rapport à* I, *du système de ces deux vecteurs.*

C'est $\sqrt{x^2 - rx - r^2}$.

(Année 1913, Géo.-Méca., n° 13, p. 178.)

4. — Réduction. Équilibre sans frottement.

310. — [**R 4 a**]. *Étant donnés un plan* [P] *et un système* [S] *de vecteurs, montrer que* [S] *peut être équivalemment remplacé par deux vecteurs, l'un* F_1, *normal au plan* [P]; *l'autre* F_2, *contenu dans le plan* [P].

Faire la réduction sur un point A *situé dans le plan* [P] *et tel que le moment résultant de* [S] *relatif à* A *soit normal à* [P].

(Année 1908, Géo.-Méca., n° 1, p. 79.)

311. — [**R 4 a δ**]. *Dans un plan vertical, deux disques circulaires, de centres* A *et* A', *de même rayon* a, *reposent sur une horizontale* xy. *Ils supportent un troisième disque circulaire, de centre* B, *de rayon* b. *Les disques sont homogènes; leurs*

poids, en kilogrammes, sont p pour les deux premiers, q pour le troisième.

Un fil inextensible, de longueur l, relie les deux disques inférieurs par leurs centres A et A' auxquels il est attaché. L'équilibre étant établi, on demande, en supposant les frottements négligeables, de calculer l'intensité commune F_1 des réactions des disques entre eux, l'intensité commune F_2 des réactions des disques inférieurs avec l'horizontale, et la tension T du fil.

En désignant par 2β l'angle ABA', on trouve

$$F_1 = \frac{q}{2\cos\beta}, \qquad F_2 = p + \frac{q}{2}, \qquad T = \frac{q}{2}\tang\beta,$$

β étant déterminé par $\sin\beta = \dfrac{l}{2(a+b)}$.

(Année 1917, 2e Compo., n° 2, p. 224.)

312. — [**R 4 a δ**]. *Dans un plan vertical, deux disques circulaires, de centres A et A', de même rayon a, reposent sur une horizontale xy. Ils supportent un troisième disque circulaire, de centre B, de rayon b. Les disques sont homogènes; leurs poids, en kilogrammes, sont p pour les deux premiers, q pour le troisième.*

Les deux centres A et A' sont reliés par un ressort dont la longueur naturelle est $l_0 < a + b$. Chaque unité de cette longueur reçoit un allongement k par kilogramme de tension.

On suppose k tel que, pour une tension égale à $\frac{q}{2}$, l'allongement est $< \sqrt{(a+b)^2 - l_0^2}$.

On demande d'étudier les conditions de l'équilibre.

En désignant par 2β l'angle ABA', on trouve que $\tang\beta = t$ est définie par l'équation

$$\left(1 + \frac{kq}{2}t\right)^2(1 + t^2) - m^2 t^2 = 0, \qquad m = \frac{2(a+b)}{l_0},$$

qui, dans les hypothèses de l'énoncé, a toujours deux racines > 0, déterminant deux positions d'équilibre.

(Année 1917, 2e Compo., n° 3, p. 225.)

312 bis. — [R4a]. *Sur un plan horizontal repose sans frottement, par un point de surface courbe, une demi-sphère de poids P, de centre O, de rayon r, solide, homogène, de sorte que son centre de gravité G est à la distance $OG = \dfrac{3r}{8}$ du centre. En deux points A et A', marqués sur le grand cercle aux extrémités d'un diamètre, sont appliquées des forces F et F' égales à P, de sens contraires, et parallèles à une droite (Δ) qui fait l'angle α avec le plan horizontal.*

On demande quelles sont, dans la position d'équilibre.

1° La direction du plan AGA';

2° La valeur θ de l'angle de OG avec la verticale descendante.

(Année 1921, 2ᵉ Compo., nᵒˢ 1, 2, p. 292.)

5. — Équilibre avec frottement.

313. — [R 9 a]. *On donne, dans un plan vertical, deux segments de droite perpendiculaires, AB et CD, se coupant en O, avec*

$$OB = OC = OD = a, \qquad OA = \frac{4a}{3}.$$

Un point matériel M, de masse m, se meut sur la droite AB, dont le coefficient de frottement, au départ et pendant le mouvement, est un nombre f. Ce point est soumis aux tensions égales de deux fils élastiques, fixés en C et D, la valeur commune de ces tensions étant $K\dfrac{CM - CO}{CO}$. Quelles relations doivent exister entre m, K et f, sachant que : 1° AB étant vertical, le point M est en équilibre au point A, et 2° M demeure en A tant que AB fait avec la verticale un angle $\theta < \dfrac{\pi}{2}$, mais part dès que θ dépasse $\dfrac{\pi}{2}$. Application à $m = 112$.

On trouve :

$$\frac{16\,K}{15} = mg = mfg;$$

ce qui, pour $m = 112$, donne

$$K = 105 g, \qquad f = 1.$$

· (Année 1912, Géo.-Méca., n° 8, p. 153.)

314. — [**R 9 a**]. A, B, C *sont les centres de trois demi-sphères obtenues en coupant trois sphères égales par le plan* ABC. *Les trois demi-sphères, homogènes, sont réunies par une lame triangulaire* ABC *avec laquelle elles forment un solide invariable. Les parties convexes des trois demi-sphères reposent en* A', B', C' *sur un plan horizontal, sur lequel leurs coefficients de frottement respectifs sont* α, β, γ. *Le système tourne autour d'un axe vertical de pied* I. *Que peut-on dire des réactions de frottement.*

Les réactions de frottement sont dirigées en sens inverse du mouvement, tangentiellement à des cercles de centre I. Les pressions normales étant égales, les grandeurs des réactions de frottement sont proportionnelles aux coefficients α, β, γ.

(Année 1913, Géo.-Méca., n° 10, p. 175.)

315. — [**R 9 a**]. *Dans un plan vertical, deux disques circulaires de centres* A *et* A', *de même rayon* a, *reposent sur une horizontale* xy. *Ils supportent un troisième disque circulaire, de centre* B, *de rayon* b. *Les disques sont homogènes; leurs poids, en kilogrammes, sont* p *pour les deux premiers,* q *pour le troisième.*

Le coefficient de frottement ayant, aux quatre contacts, une même valeur f, *examiner les conditions d'équilibre. L'angle* ABA' = 2β *étant donné, quelle est la limite inférieure des valeurs que peut prendre* f *pour que l'équilibre existe?*

Si f est donné, il y a faux équilibre pour toute position telle que $\tang \frac{\beta}{2} \leqq f$. Inversement, si β est donné, la limite inférieure de f, pour que l'équilibre existe, est $\tang \frac{\beta}{2}$.

(Année 1917, 2ᵉ Compo., n° 5, p. 227.)

315 bis. — [**R9a**]. *Un point matériel, de masse-unité, pesant, se meut sur un plan faisant l'angle i avec le plan horizontal. Le coefficient de frottement est f.*

On considère, à chaque instant, le trièdre ayant pour sommet la position P du mobile à cet instant, et pour arêtes : Px la direction de la vitesse, Py la ligne de plus grande pente ascendente du plan, Pz la demi-normale au plan dirigée vers le bas.

On demande, relativement à ce trièdre, les composantes du poids, de la réaction normale du plan et de la force tangentielle de frottement.

Les composantes sont :

Pour le poids : $0, - g\sin i, g\cos i$;
Pour la réaction normale du plan : $0, 0, - g\cos i$;
Pour la force tangentielle de frottement : $-fg\cos i. \ 0, 0.$

(Année 1921, 2e Compo., n° 12, p. 300.)

III. — ÉLÉMENTS IMAGINAIRES.

(Aucune question.)

IV. — LA SPHÈRE.

(Aucune question.)

V. — REPRÉSENTATION PARAMÉTRIQUE D'UNE COURBE GAUCHE.

316. — [**M¹4a**]. *Montrer que, si p et q sont entiers, la courbe d'équations paramétriques*

$$x = x_0 \cos pu - y_0 \sin pu,$$
$$y = x_0 \sin pu + y_0 \cos pu,$$
$$z = z_0 \cos qu + z_0' \sin qu$$

est algébrique et unicursale.

Les quatre lignes trigonométriques sont fonctions rationnelles de $\tang \frac{u}{2} = t$.

(Année 1907, Géo.-Méca., n° 8, p. 71.)

317. — [**M²1 d a**]. *Par rapport à un trièdre trirectangle* $Oxyz$, *une courbe* (k) *a pour équations paramétriques*

$$(1) \quad \begin{cases} x = \dfrac{a}{2}\,[(1+m)\cos(1-m)\omega t + (1-m)\cos(1+m)\omega t], \\[2mm] y = \dfrac{a}{2}\,[(1+m)\sin(1-m)\omega t + (1-m)\sin(1+m)\omega t], \\[2mm] z = \dfrac{a(1-m^2)\cot\theta}{m}\,\sin m\omega t. \end{cases}$$

Montrer que l'on peut déterminer b *de manière que l'ellipsoïde*

$$(2) \qquad \frac{x^2+y^2}{a^2} + \frac{z^2}{b^2} - 1 = 0$$

contienne la courbe (k).

En remplaçant x, y, z par leurs valeurs (1), le premier membre de (2) devient

$$(1-m^2)\left[-1 + \frac{a^2(1-m^2)\cot^2\theta}{b^2 m^2}\right]\sin^2 m\omega t.$$

Donc (2) est vérifiée quel que soit t si

$$b^2 = \frac{a^2(1-m^2)\cot^2\theta}{m^2}.$$

(Année 1906, Géo.-Méca., n° 3, p. 52.)

318. — [**M³5 a**]. *Deux cônes contenant* Oz *ont pour équations*

$$0 = S(x,y) = \gamma\,(x^2+y^2) + 2az x - 2a\gamma\,x,$$
$$0 = T(x,y) = \gamma'(x^2+y^2) + 2byz - 2b\gamma'y = 0.$$

Ils se coupent suivant une cubique (Γ) *dont les équations paramétriques sont*

$$x = \frac{2ab(\gamma'-\gamma)t}{(a\gamma'-b\gamma t)(1+t^2)}, \qquad y = tx, \qquad z = \frac{\gamma\gamma'(a-bt)}{a\gamma'-b\gamma t}.$$

Un hyperboloïde (H) *passant par l'intersection de ces deux cônes a pour équation*

$$S(x,y) + kT(x,y).$$

Sa génératrice (G) *parallèle à* Oz *passe par le point* M de (C) dont le t a pour valeur $-\dfrac{a}{bk}$. Ses génératrices du même système que Oz rencontrent (G) et ont pour projections horizontales

$$bky + ax + \mu(\gamma + k\gamma')(ay - bkx) + 2abk\mu(\gamma - \gamma') = 0.$$

On demande de déterminer les intersections de ces projections avec la projection (C) de la cubique (Γ).

Ces points sont m, projection de M, et p et q correspondant aux valeurs de t racines de

$$\gamma t^2 + \frac{1}{\mu} t - k\gamma' = 0.$$

(Année 1905, Géo.-Méca., n° 13, p. 42.)

319. — [M³5 a]. *On donne les deux cônes, contenant* Oz, *d'équations*

$$\gamma(x^2 + y^2) + 2azx - 2a\gamma x = 0,$$
$$\gamma'(x^2 + y^2) + 2byz - 2b\gamma'y = 0.$$

Ils se coupent en outre suivant une cubique gauche (Γ). *On demande les équations paramétriques de* (Γ).

En coupant par $y = tx$, on obtient

$$x = \frac{2ab(\gamma' - \gamma)t}{(a\gamma' - b\gamma t)(1 + t^2)},$$

$$y = \frac{2ab(\gamma' - \gamma)t^2}{(a\gamma' - b\gamma t)(1 + t^2)},$$

$$z = \frac{\gamma\gamma'(bt - a)}{b\gamma t - a\gamma'} = \frac{\gamma\gamma'(a - bt)}{a\gamma' - b\gamma t}.$$

(Année 1905, Géo.-Méca., n° 4, p. 37.)

320. — [M³6 a]. *Montrer que la quartique gauche commune aux trois quadriques*

$$x^2 - y^2 - z^2 + zx - y = 0,$$
$$x^2 - z^2 - y = 0,$$
$$x^2 + y^2 - z^2 - zx - y = 0$$

est unicursale.

La quartique présente en O un point double, dont les tangentes sont Ox et Oz. En coupant par $x = ty$, on obtient les équations paramétriques

$$x = \frac{t^3}{t^4 - 1}, \qquad y = \frac{t^2}{t^4 - 1}, \qquad z = \frac{t}{t^4 - 1}.$$

(Année 1912, Géo.-Méca., nᵒ 4, p. 149.)

321. — [**M³6 a**]. *Déterminer l'intersection de la quadrique*

$$A x^2 + A' y^2 + A'' z^2 + 2 C x + 2 C' y + 2 C'' z + 1 = 0,$$

avec la courbe d'équations paramétriques

$$x = \frac{t^3}{t^4 - 1}, \qquad y = \frac{t^2}{t^4 - 1}, \qquad z = \frac{t}{t^4 - 1}.$$

Les points d'intersection correspondent aux valeurs de t solutions de

$$t^8 + C t^7 + (A + 2 C') t^6 + 2 C'' t^5 + (A' - 2) t^4 - 2 C t^3$$
$$+ (A'' - 2 C') t^2 - 2 C'' t + 1 = 0.$$

(Année 1912, Géo.-Méca., nᵒ 6, p. 151.)

322. — [**M⁴g**]. *Équations paramétriques de l'hélice tracée sur un cylindre de révolution. Mettre en évidence le milieu et les deux extrémités d'un arc.*

Si a est le rayon de base du cylindre et h le pas réduit, les équations paramétriques sont

$$x = a \cos\theta, \qquad y = a \sin\theta, \qquad z = h\theta.$$

Le milieu et les deux extrémités d'un arc correspondent aux valeurs α, $\alpha \pm \beta$ du paramètre θ.

(Année 1909, Géo.-Méca., nᵒ 1, p. 95.)

VI. — PROPRIÉTÉS INFINITÉSIMALES D'UNE COURBE GAUCHE.

323. — [**O 3 a**]. *On donne un trièdre trirectangulaire $Oxyz$. Un point $M(x, y, z)$ a pour projection le point $P(x, y, o)$ dont* *la position à l'instant t est donnée par*

$$(1) \qquad x = \frac{a}{2} \left[(1+m)\cos(1-m)\omega t + (1-m)\cos(1+m)\omega t \right],$$

$$(2) \qquad y = \frac{a}{2} \left[(1+m)\sin(1-m)\omega t + (1-m)\sin(1+m)\omega t \right].$$

On demande d'exprimer que le vecteur vitesse du point M *fait avec* Oz *un angle* θ *et d'en déduire l'expression de* z.

La condition est

$$z' = a\omega(1-m^2)\cot\theta\cos m\omega t,$$

d'où

$$(3) \qquad z = \frac{a(1-m^2)\cot\theta}{m}\sin m\omega t + z_0.$$

(Année 1906, Géo.-Méca., n° 2, p. 52.)

324. — [O 3 a]. *Étant donné un point* O, *à tout point* M *on fait correspondre un point* M′ *situé sur la droite* OM *et tel que*

$$\frac{1}{\overline{OM'}} = \frac{1}{\overline{OM}} + \frac{1}{a},$$

a *étant un nombre positif donné.*

On sait que, si M *décrit une courbe plane* (L) *dont le plan contient* O, *la tangente en* M′ *à la courbe correspondante* (L′) *rencontre, quel que soit* a, *la tangente en* M *à* (L) *sur la perpendiculaire menée de* O *à* OM.

Comment se généralise cette propriété si (L) *est une courbe gauche.*

La propriété subsiste dans le plan tangent, le long de OMM′, au cône ayant pour sommet O et pour directrice (L).

(Année 1920, 2ᵉ Compo., n° 9, p. 280.)

325. — *On donne un trièdre trirectangulaire* Oxyz, *et une courbe* (K) *dont les équations paramétriques sont*

$$x = \frac{a}{2} \left[(1+m)\cos(1-m)\omega t + (1-m)\cos(1+m)\omega t \right],$$

$$y = \frac{a}{2} \left[(1+m)\sin(1-m)\omega t + (1-m)\sin(1+m)\omega t \right],$$

$$z = \frac{a(1-m^2)\cot\theta}{m}\sin m\omega t,$$

Calculer : [**O 3 a**] *les cosinus directeurs* α, β, γ *de la tangente,* [**O 3 d**] *le rayon de courbure* R, *et* [**O 3 b**] *les coefficients* A, B, C *du plan osculateur en un point de* (K) :

$$\alpha = -\sin\theta\sin\omega t, \qquad \beta = \sin\theta\cos\omega t, \qquad \gamma = \cos\theta,$$

$$R = \frac{a(1 - m^2)\cos m\omega t}{\sin^2\theta},$$

$$A = \cos\theta\sin\omega t, \qquad B = -\cos\theta\cos\omega t, \qquad C = \sin\theta.$$

(Année 1906, Géo.-Méca., n°s 4, 5 et 6, p. 53.)

VII. — REPRÉSENTATION D'UNE SURFACE PAR UNE ÉQUATION.

326. — [**L²1 b**]. *On donne, par rapport à un trièdre trirectangle* Oxyz, *une droite variable, d'équations*

$$(1 - \lambda\lambda')x + (\lambda + \lambda')y + \frac{2a}{\gamma}(z - \gamma) = 0,$$

$$(\lambda + \lambda')x - (1 - \lambda\lambda')y + \frac{2b\lambda\lambda'}{\gamma'}(z - \gamma') = 0,$$

λ *et* λ' *désignant deux paramètres variables.*

On demande quelle est la surface engendrée par cette droite lorsque :

1° *le produit* $\lambda\lambda'$ *conserve une valeur constante* k ;
2° *la somme* $\lambda + \lambda'$ *demeure nulle.*

La surface engendrée est :

$$1° \qquad (1 - k)(x^2 + y^2) + 2z\left(\frac{ax}{\gamma} - \frac{bky}{\gamma'}\right) - 2ax + 2bky = 0;$$

$$2° \qquad z(b\gamma x + a\gamma'y + 2abz)$$
$$- b\gamma\gamma'x - a\gamma\gamma'y - 2ab(\gamma + \gamma')z + 2ab\gamma\gamma' = 0.$$

(Année 1905, Géo.-Méca., n° 10, p. 40.)

327. — [**L²1 b**]. *Une droite variable avec deux paramètres* k *et* μ *a pour équations*

$$x + \mu[(\gamma + k\gamma')y + 2bkz - 2bk\gamma'] = 0,$$
$$y - \mu[(\gamma + k\gamma')x + 2az - 2a\gamma] = 0.$$

Former l'équation de la surface engendrée par cette droite dans les trois cas suivants :

1° k *est constant;*

2° *on a* $\dfrac{1}{\mu} = 0$;

3° k *a la valeur* $\dfrac{\gamma}{\gamma'}$.

On obtient :

1° l'hyperboloïde

$$(\gamma + k\gamma')(x^2 + y^2) + 2azx - 2a\gamma x - 2bk\gamma'y = 0;$$

2° le paraboloïde

$$z(b\gamma x + a\gamma'y + 2abz) - \gamma\gamma'(bx + ay - 2a) = 0;$$

3° l'hyperboloïde

$$2(x^2 + y^2) + \frac{b}{\gamma'}yz + \frac{a}{\gamma}xz - ax - by = 0.$$

(Année 1905, Géo.-Méca., n° 14, p. 43.)

328. — [**L² 1 b**]. *Quel est le lieu d'une droite située dans un plan variable*

$$z - Kx + \lambda y = 0, \qquad K = \frac{1 + \sqrt{5}}{2},$$

et passant par les points (situés dans ce plan), de coordonnées

$$0, \quad -\frac{1}{1 + \lambda^2}, \quad \frac{\lambda}{1 + \lambda^2}, \qquad et \qquad \frac{K\lambda}{\lambda^2 - K^2}, \quad \frac{K^2}{\lambda^2 - K^2}, \quad 0.$$

Le lieu est la quadrique

$$x^2 - y^2 - z^2 + zx - y = 0.$$

(Année 1912, Géo.-Méca., n° 2, p. 148.)

329. — [**L² 1 b**]. *Par rapport à un trièdre trirectangle* O xyz, *on considère un plan* [P] *d'équation*

$$0 = P(x, y, z) = ux + vy + wz + h,$$

auquel on associe un plan [Π] *d'équation*

$$0 = \Pi(x, y, z) = (v\mathfrak{Z} - w\mathfrak{Y})x + (w\mathfrak{X} - u\mathfrak{Z})y$$
$$+ (u\mathfrak{Y} - v\mathfrak{X})z + \mathcal{L}u + \mathfrak{M}v + \mathfrak{N}w = 0.$$

Quel est, quand [P] *pivote autour d'une droite fixe, le lieu de l'intersection des plans* [P] *et* [Π] ?

En désignant par P_1, P_2, Π_1, Π_2 ce que deviennent P et Π lorsqu'on affecte u, v, w, h des indices 1 et 2, et supposant que la droite fixe est $P_1 = P_2 = 0$, on trouve que le lieu demandé est quadrique réglée $P_1 \Pi_2 - \Pi_1 P_2 = 0$.

(Année 1908, Géo.-Méca., n° 7, p. 83.)

330. — [L²2]. *Former l'équation d'un cône de sommet* $(0, 0, \gamma)$, *ayant pour base*

$$\begin{cases} z = 0, \\ x^2 + y^2 - 2ax = 0. \end{cases}$$

Rép. :

$$\gamma(x^2 + y^2) + 2azx - 2a\gamma x = 0.$$

(Année 1905, Géo.-Méca., n° 1, p. 36.)

331. — [L²21 a]. *Les coordonnées des deux points* M *et* M_1 *ont pour expressions, en fonction d'un paramètre variable* t :

$$x = a - \frac{1}{2} g \gamma \alpha t^2, \qquad x_1 = a_1 - \frac{1}{2} g \gamma \alpha t^2,$$

$$y = b - \frac{1}{2} g \gamma \beta t^2, \qquad y_1 = b_1 - \frac{1}{2} g \gamma \beta t^2,$$

$$z = c - \frac{1}{2} g \gamma^2 t^2, \qquad z_1 = c - \frac{1}{2} g \gamma^2 t^2 = z,$$

α, β, γ *étant les cosinus directeurs d'une direction. Quelle est la surface décrite par la droite* MM_1 *quand* t *varie?*

C'est le paraboloïde hyperbolique représenté par

$$[\gamma(x - a) + \alpha(z - c)][\gamma(b_1 - b) + 2\beta(z - c)]$$
$$= [\gamma(y - b) + \beta(z - c)][\gamma(a_1 - a) + 2\alpha(z - c)].$$

(Année 1903, n° 4, p. 18.)

332. — [L²21 a]. *Sur une droite fixe passant par un point* $M_0(x_0, y_0, z_0)$, *et portant un vecteur* $M_0 F_0$ *de composantes* $-ax_0$, $-by_0$, $-cz_0$, *se meut un point* N_0. *Désignant*

par λ le rapport $\dfrac{M_0 N_0}{M_0 F_0}$ et par x'_0, y'_0, z'_0 les composantes d'un vecteur fixe $M_0 V_0$, on considère le vecteur $N_0 W_0$ de composantes $x'_0(1 - a^2\lambda)$, $y'_0(1 - b^2\lambda)$, $z'_0(1 - c^2\lambda)$. On demande le lieu de la droite qui porte ce vecteur.

L'équation du lieu est

$$LM + \Delta N = 0$$

avec

$$L = \begin{vmatrix} x - x_0 & -x'_0 & a^2 x'_0 \\ y - y_0 & -y'_0 & b^2 y'_0 \\ z - z_0 & -z'_0 & c^2 z'_0 \end{vmatrix},$$

$$M = \begin{vmatrix} a^2 x_0 & x - x_0 & a^2 x'_0 \\ b^2 y_0 & y - y_0 & b^2 y'_0 \\ c^2 z_0 & z - z_0 & c^2 z'_0 \end{vmatrix},$$

$$N = \begin{vmatrix} a^2 x_0 & -x'_0 & x - x_0 \\ b^2 y_0 & -y'_0 & y - y_0 \\ c^2 z_0 & -z'_0 & z - z_0 \end{vmatrix},$$

$$\Delta = \begin{vmatrix} a^2 x_0 & -x'_0 & a^2 x'_0 \\ b^2 y_0 & -y'_0 & b^2 y'_0 \\ c^2 z_0 & -z'_0 & c^2 z'_0 \end{vmatrix},$$

C'est un paraboloïde hyperbolique dont les plans directeurs sont $L = 0$, $M = 0$.

(Année 1910, Géo.-Méca., n° 11, p. 119.)

333. — [$L^2 21\,a$]. *On donne un trièdre trirectangle $Oxyz$. On demande le lieu d'un point $M(\xi, \eta, \zeta)$ tel que la droite joignant ce point au point $R(0, 0, \zeta')$, lié à M par*

$$\zeta' = -\frac{2\zeta(\xi + \eta)}{\xi^2 - 2(\xi + \eta)},$$

soit parallèle au plan $z = lx$, ce qui donne la condition

$$l\xi - \zeta + \zeta' = 0.$$

Le lieu est le paraboloïde hyperbolique

$$x(z - lx) - 2l(x + y) = 0.$$

(Année 1911, Géo.-Méca., n° 4, p. 128.)

334. — [M²1 a]. *Former l'équation du lieu du point d'intersection des deux droites*

$$\frac{x}{2\,r\cos^2\theta} = \frac{y}{2\,r\cos\theta\sin\theta} = \frac{z-h}{-h}$$

et

$$\frac{x-a}{\lambda} = \frac{y-b}{\mu} = \frac{z-c}{\nu},$$

les paramètres variables λ, μ, ν, θ, h *étant liés par*

$$2\,r\lambda\cos^2\theta + 2\,r\mu\cos\theta\sin\theta - h\nu = 0.$$

L'équation demandée est

$$(x^2+y^2)(x^2+y^2+z^2)$$
$$-(x^2+y^2)[(a+2r)x+by+cz]+2rx(ax+by)=0.$$

(Année 1902, n° 2, p. 9.)

335. — [M²1 a]. *Par rapport à un trièdre trirectangle* $\mathrm{O}\,xyz$, *une droite rencontrant l'axe* $\mathrm{O}\,z$ *et le cercle*

$$z=0, \qquad x^2+y^2-2rx=0$$

à pour équations

$$\frac{x}{\lambda} = \frac{y}{\mu} = \frac{z-h}{\nu},$$

avec la condition

$$h[h(\lambda^2+\mu^2)+2r\lambda\nu]=0.$$

Un plan mené d'un point $\mathrm{P}(a, b, c)$, *perpendiculairement sur cette droite, a pour équation*

$$\lambda(x-a)+\mu(y-b)+\nu(z-c)=0.$$

On demande le lieu du point d'intersection de la droite et du plan.

Le lieu se compose de la sphère de diamètre OP et d'une surface du quatrième degré, dont l'équation est

$$(x^2+y^2)(x^2+y^2+z^2)$$
$$-(x^2+y^2)[(a+2r)x+by+cz]+2rx(ax+by)=0.$$

(Année 1902, n° 4, p. 10.)

336. — [$\mathbf{M^2 1\,a\,\beta}$]. *Former l'équation du cylindre* (C) *parallèle à* Oz *passant par la courbe d'intersection des deux cônes*

[S] $$\gamma(x^2+y^2) + 2ax(z-\gamma) = 0,$$
[T] $$\gamma'(x^2+y^2) + 2by(z-\gamma') = 0.$$

On trouve :

$$(a\gamma'x - b\gamma y)(x^2+y^2) + 2ab(\gamma-\gamma')xy = 0.$$

(Année 1905, Géo.-Méca., n° 2, p. 36.)

337. — [$\mathbf{M^2 3\,a}$]. *Équation de la surface* [Σ] *engendrée par le cercle* (C) *intersection du plan* $\lambda x - ay = 0$, *avec la sphère*

$$x^2+y^2+z^2 - 2\lambda z - a^2 = 0,$$

quand λ *varie.*

L'équation de [Σ] est

$$x(x^2+y^2+z^2) - 2ayz - a^2x = 0.$$

(Année 1917, 1re Compo., n° 2, p. 218.)

338. — [$\mathbf{M^2 4\,R}$]. *On demande l'équation de la surface dont les équations paramétriques, en fonction des paramètres variables* r *et* θ, *sont*

$$x = \frac{r^2\cos\theta}{a+r}, \qquad y = \frac{r^2\sin\theta}{a+r}, \qquad z = \frac{a^2}{a+r}.$$

L'équation est

$$(x^2+y^2)z^2 - (z-a)^4 = 0.$$

(Année 1914, Géo.-Méca., n° 10, p. 198.)

339. — [$\mathbf{M^4 i}$]. *On donne l'hélice cylindrique*

(1) $$x = a\cos\theta, \qquad y = a\sin\theta, \qquad z = h\theta.$$

Le centre de gravité G *de l'arc* LN, *décrit par le point* (x, y, z) *quand* θ *parcourt l'intervalle* $(\alpha-\beta, \alpha+\beta)$, *a pour coordonnées*

(2) $$\xi = a\cos\alpha\,\frac{\sin\beta}{\beta}, \qquad \eta = a\sin\alpha\,\frac{\sin\beta}{\beta}, \qquad \zeta = h\alpha.$$

On demande le lieu de G lorsque L et N se déplacent sur l'hélice indépendamment l'un de l'autre.

C'est l'hélicoïde

$$(4) \qquad x \tan\frac{z}{h} - y = 0.$$

Lorsque L et N se déplacent de manière que la droite LN reste parallèle à un plan fixe, d'équation

$$u x + v y + w z = 0,$$

α *et* β *sont liés par*

$$(3) \qquad a \sin\beta (u \sin\alpha - v \cos\alpha) - h w \beta = 0.$$

On demande quel est alors le lieu de G.

Le lieu est la section de l'hélicoïde (4) par le plan

$$(5) \qquad v x - u y + h w = 0.$$

(Année 1909, Géo.-Méca., n° 5, p. 96.)

VIII. — SECTIONS PLANES. PROPRIÉTÉS INFINITÉSIMALES DES SURFACES.

1. — Sections planes.

340. — [M²2j]. *On considère, par rapport à un trièdre trirectangle* $Oxyz$, *une surface* [S] *d'équation*

$$(x^2 + y^2)(x^2 + y^2 + z^2)$$
$$- (x^2 + y^2)[(a + 2r)x + by + cz] + 2rx(ax + by) = 0.$$

Les sections de la surface [S] *par les plans* $z = h$ *ont pour équation polaire*

$$\rho^2 - [(a + 2r)\cos\theta + b\sin\theta]\rho$$
$$+ h^2 - ch + 2r\cos\theta(a\cos\theta + b\sin\theta) = 0.$$

On demande entre quelles limites doit être compris h *pour que cette courbe soit réelle.*

h doit être compris entre les deux racines du trinome

$$4z^2 - 4cz - [(a - 2r)^2 + b^2].$$

(Année 1902, n°s 8, 9, p. 11.)

341. — |**M¹1 d**|. *Quelle est la nature des sections planes de la surface* [Σ] *dont l'équation est*

$$x(x^2 + y^2 + z^2) - 2ayz - a^2 x = 0 ?$$

En général, une cubique circulaire ayant pour direction asymptotique réelle la trace de son plan sur Oyz :

Si le plan est parallèle à Oyz, la droite de l'infini *et* une ? conique.

Si le plan, parallèle à Oyz, est tangent, c'est-à-dire si son abscisse a l'une des trois valeurs 0, $\pm a$, les axes Oy et Oz, une parallèle double à la première ou à la deuxième bissectrice de Oyz.

Si le plan, non parallèle à Oyz, contient une de ces quatre droites, cette droite et un cercle.

(Année 1917, 1re Compo., n° 8, p. 222.)

2. — Plans tangents. Normales.

342. — | **O 5 c** |. *On donne la surface*

$$x(x^2 + y^2 + z^2) - 2ayz - a^2 x = 0.$$

On demande les plans tangents parallèles à Oyz.

Ce sont les trois plans $x = 0$, $x = \pm a$.

(Année 1917, 1re Compo., n° 9, p. 222.)

343. — | **O 5 c** |. *On donne l'hélice cylindrique*

$$(1) \qquad x = a\cos\theta, \qquad y = a\sin\theta, \qquad z = h\theta.$$

Le centre de gravité G *d'un arc* LN *de cette hélice, lorsque* L *et* N *se déplacent indépendamment l'un de l'autre, a pour lieu l'hélicoïde* |S| *d'équation*

$$(2) \qquad x\,\tan g\frac{z}{h} - y = 0.$$

On demande l'équation d'un plan tangent à [S] *en un point* $G(\xi, \eta, \zeta)$ *de cette surface.*

Cette équation est

$$(3) \qquad \eta x - \xi y + (\xi^2 + \eta^2)\,\frac{z - \zeta}{h} = 0$$

avec

$$(4) \qquad \xi \tang \frac{\zeta}{h} - \eta = 0.$$

[**M⁵g**]. *L'arc LN, de milieu M, étant l'arc décrit par le point (x, y, z) lorsque θ parcourt l'intervalle $(\alpha - \beta, \alpha + \beta)$ les coordonnées de G sont*

$$(5) \qquad \xi = a \cos\alpha\,\frac{\sin\beta}{\beta}, \qquad \eta = a \sin\alpha\,\frac{\sin\beta}{\beta}, \qquad \zeta = h\alpha.$$

On demande de démontrer que le plan tangent à |S| en G est le plan |LMN|.

Par (5), l'équation (3) du plan tangent devient

$$x \sin\alpha - y \cos\alpha + a\,\frac{\sin\beta}{\beta}\left(\frac{z}{h} - \alpha\right) = 0.$$

Cette équation est vérifiée pour les points L, M, N de coordonnées

$$a \cos(\alpha + \varepsilon\beta), \qquad a \sin(\alpha + \varepsilon\beta), \qquad h(\alpha + \varepsilon\beta),$$
$$\varepsilon = -1, \quad 0, \quad +1.$$

(Année 1909, Géo.-Méca., n° 6, p. 97.)

344. — |**O 4 d**|. *Par rapport à un trièdre trirectangle $Oxyz$, on donne l'hélicoïde |S| d'équation*

$$y - x \tang \frac{z}{h} = 0.$$

On demande comment varie le plan tangent à |S| en un point $G(\xi, 0, 0)$ lié au point $N(a\cos\beta,\ a\sin\beta,\ h\beta)$ de l'hélice (II) directrice de |S| par la relation

$$\xi = \frac{a \sin\beta}{\beta},$$

quand N décrit l'hélice (II).

L'angle φ du plan tangent avec Oz est défini par

$$\tan g\varphi = \frac{a \sin \beta}{h\beta}.$$

Lorsque β croît, le plan tangent oscille autour de Ox de part et d'autre du plan Oxz, en se rapprochant indéfiniment de ce plan.

(Année 1909, Géo.-Méca., n° 8, p. 98.)

345. — $|$ O 5 c $]$. *Étant donné un point* O, *à tout point* M *on fait correspondre un point* M′ *situé sur la droite* OM, *et tel que*

$$\frac{1}{\overline{OM'}} = \frac{1}{\overline{OM}} + \frac{1}{a},$$

a étant un nombre positif donné. On sait que, si M *décrit une courbe gauche* (L), *la tangente en* M′ *à la courbe correspondante* (L′) *rencontre la tangente à* (L) *en* M, *quel que soit* a, *au même point que le plan* $|$Q$]$ *mené par* O *perpendiculairement à* OM. *En déduire une propriété analogue pour les plans tangents à deux surfaces homologues* $|$S$]$ *et* $|$S′$|$ *en deux points homologues* M *et* M′.

On démontre que, quel que soit a, le plan tangent à $|$S′$|$ en M′ contient l'intersection du plan $|$Q$]$ et du plan tangent à $|$S$]$ en M.

(Année 1920, 2ᵉ Compo., n° 11, p. 282.)

3. — Courbure des sections normales.

(Aucune question.)

4. — Surfaces enveloppes.

(Aucune question.)

IX. — INTERSECTION D'UNE DROITE ET D'UNE QUADRIQUE.
POINTS A L'INFINI.

(Aucune question.)

X. — CLASSIFICATION DES QUADRIQUES PAR DÉCOMPOSITION EN CARRÉS.

(Aucune question.)

XI. — POLES ET PLANS POLAIRES.

(Aucune question.)

XII. — CENTRES, PLANS DIAMÉTRAUX ET PRINCIPAUX, DIAMÈTRES ET AXES.

346. — $|$ **L²4 a** $|$. *Déterminer le sommet du paraboloïde représenté par l'équation*

$$[\gamma(x-a)+\alpha(z-c)][\gamma(b_1-b)+2\beta(z-c)]$$
$$=[\gamma(y-b)+\beta(z-c)][\gamma(a_1-a)+2\alpha(z-c)].$$

Les coordonnées du sommet sont

$$\frac{a+a_1}{2}, \quad \frac{b+b_1}{c}, \quad c-\frac{\gamma[\alpha(a_1-a)+\beta(b_1-'b)]}{2(\alpha^2+\beta^2)}.$$

(Année 1903, n° 6, p. 19.)

XIII. — RÉDUCTION ET CLASSIFICATION DES QUADRIQUES.

347. — $|$ **L²1 a** $|$. *Réduire et discuter la quadrique*

$$\gamma(x^2+y^2)-\beta yz-\alpha zx+(K\beta-n)x+(K\alpha+m)y-Kp=0.$$

Si $\gamma \neq 0$, la quadrique est un hyperboloïde à une nappe, se réduisant à un cône pour $p\gamma+K(\alpha^2+\beta^2)=0$.

Si $\gamma = 0$, la quadrique est un paraboloïde équilatère, dont l'équation réduite ne dépend que de K.

(Année 1908, Géo.-Méca., n° 8, p. 85.)

XIV. — PLANS TANGENTS ET NORMALES AUX QUADRIQUES.

(Aucune question.)

XV. — SECTIONS PLANES EN GÉNÉRAL
ET SECTIONS CIRCULAIRES DES QUADRIQUES.

(Aucune question.)

XVI. — GÉNÉRATRICES RECTILIGNES DES QUADRIQUES.

348. — [L²7]. *Déterminer les génératrices rectilignes du paraboloïde dont l'équation est*

$$[\gamma(x-a)+\alpha(z-c)][\gamma(b_1-b)+2\beta(z-c)]$$
$$=[\gamma(y-b)+\beta(z-c)][\gamma(a_1-a)+2\alpha(z-c)].$$

Le premier système est représenté par

$$\begin{cases} \gamma(x-a)+\alpha(z-c)=\lambda[\gamma(y-b)+\beta(z-c)], \\ \gamma(a_1-a)+2\alpha(z-c)=\lambda[\gamma(b_1-b)+2\beta(z-c)]; \end{cases}$$

et le second système par

$$\begin{cases} \gamma(x-a)+\alpha(z-c)=\mu[\gamma(a_1-a)+2\alpha(z-c)], \\ \gamma(y-b)+\beta(z-c)=\mu[\gamma(b_1-b)+2\beta(z-c)]. \end{cases}$$

(Année 1903, n° 5, p. 18.)

349. — [L²7a]. *Les deux cônes* [S] *et* [T]

$$\gamma(x^2+y^2)+2azx-2a\gamma x=0,$$
$$\gamma'(x^2+y^2)+2byz-2b\gamma'y=0$$

ont en commun Oz *et une cubique gauche* (Γ). *Par leur intersection passe un hyperboloïde* [H] *d'équation*

$$(\gamma+k\gamma')(x^2+y^2)+2bkyz+2azx-2a\gamma x-2bk\gamma'y=0.$$

On demande les deux systèmes de génératrices de [H] *et les relations avec* (Γ) *des génératrices de chaque système.*

Premier système (génératrices rencontrant Oz) :

$$y-\lambda x=0,$$
$$(\gamma+k\gamma')(x+\lambda y)+2(a+bk\lambda)z+2(bk\lambda\gamma'-a\gamma)=0.$$

Chacune rencontre (Γ) en un point et un seul.

Deuxième système (génératrices du système de Oz) :

$$x + \mu[(\gamma + k\gamma')y + 2bkz - 2bk\gamma'] = 0,$$
$$y - \mu[(\gamma + k\gamma')x + 2az - 2a\gamma] = 0.$$

Chacune rencontre (Γ) en deux points. Toutes rencontrent la génératrice du premier système qui est parallèle à Oz, donnée par

$$a + hk\lambda = 0.$$

Leurs projections sur Oxy rencontrent toutes (C), projection de (Γ), sur la trace de cette droite.

(Année 1905, Géo.-Méca., n° 12, p. 42.)

XVII. — POINTS COMMUNS A DEUX QUADRIQUES.

350. — [**L²17a**]. *Montrer que les trois quadriques*

$$x^2 - y^2 - z^2 + zx - y = 0,$$
$$x^2 - z^2 - y = 0,$$
$$x^2 + y^2 - z^2 - zx - y = 0$$

se coupent deux à deux suivant une même courbe.

On vérifie l'existence d'une identité linéaire entre les trois premiers membres.

(Année 1912, Géo.-Méca., n° 3, p. 149.)

350 bis. — [**M³5c**]. *On donne, par rapport à un trièdre trirectangle* $Oxyz$, *les deux cônes*

$$\gamma(x^2 + y^2) + 2azx - 2a\gamma x = 0,$$
$$\gamma'(x^2 + y^2) + 2byz - 2b\gamma y = 0.$$

Ils se coupent suivant Oz *et une cubique gauche* (Γ). *On demande l'équation générale des quadriques contenant cette intersection.*

Rép. :

$$(\gamma + k\gamma')(x^2 + y^2) + 2bkyz + 2azx - 2a\gamma x - 2bk\gamma'y = 0.$$

(Année 1905, Géo.-Méca., n° 11, p. 41.)

XVIII. — APPLICATIONS GÉOMÉTRIQUES DU CALCUL INTÉGRAL.

1. — Longueur d'un arc de courbe.

(Aucune question.)

2. — Aire d'une surface.

(Aucune question.)

3. — Volume.

(Aucune question.)

4. — Centre de gravité d'un arc de courbe, d'une surface, d'un volume.

351. — |O 2 d]. *Étant donnée l'hélice cylindrique*

$$x = a \cos\theta, \qquad y = a \sin\theta, \qquad z = h\theta,$$

on demande les coordonnées du centre de gravité de l'arc décrit par le point (x, y, z) lorsque θ décrit l'intervalle $\alpha - \beta$, $\alpha + \beta$.

Rép. :

$$\xi = \frac{a}{\beta} \cos\alpha \sin\beta, \qquad \eta = \frac{a}{\beta} \sin\alpha \sin\beta, \qquad \zeta = h\alpha.$$

(Année 1909, Géo.-Méca., n° 2, p. 95.)

5. — Moment d'inertie.

(Aucune question.)

6. — Attraction par une ligne, une surface, un solide.

352. — |R 5 a α|. *On donne l'hélice cylindrique*

$$(1) \qquad x = a \cos\theta, \qquad y = a \sin\theta, \qquad z = h\theta.$$

Quand θ parcourt l'intervalle $(\alpha - \beta, \alpha + \beta)$, le point (x, y, z) décrit un arc LN, de milieu M. Chaque élément de cet arc attire un point $P(x_0, y_0, z_0)$, l'attraction exercée par l'élé-

ment E, de longueur ds, ayant pour expression $\mu\, r\, ds$, μ désignant une constante positive, et r désignant la distance PE. On demande les composantes X, Y, Z de l'attraction $\overline{F}$ exercée sur le point P par l'arc LN.

En intégrant, entre les limites $\alpha \mp \beta$, les composantes de l'attraction élémentaire, et posant

$$a^2 + h^2 = b^2 \quad (b > 0),$$

on trouve

$$X = 2\mu b(a \cos\alpha \sin\beta - x_0\beta),$$
$$Y = 2\mu b(a \sin\alpha \sin\beta - y_0\beta),$$
$$Z = 2\mu b(h\alpha - z_0\beta).$$

(Année 1909, Géo.-Méca., n°s 10, 11, p. 120.)

XIX. — CINÉMATIQUE.

353. — [R1a]. *Par rapport à un trièdre trirectangle* Oxyz, *les coordonnées d'un point* M *ont pour expressions, en fonction du temps,*

$$x = r \cos^2\omega t, \qquad y = r \cos\omega t \sin\omega t, \qquad z = r \sin\omega t.$$

On demande les expressions, en fonction du temps, des composantes, par rapport au trièdre de référence, de la vitesse et de l'accélération, de la grandeur v de la vitesse, des composantes w_T *et* w_N *des accélérations tangentielle et normale.*

On trouve :

$$x' = -r\omega \sin 2\omega t, \qquad y' = r\omega \cos 2\omega t, \qquad z' = r\omega \cos\omega t,$$
$$x'' = -2r\omega^2 \cos 2\omega t, \qquad y'' = -2r\omega^2 \sin 2\omega t, \qquad z'' = -r\omega^2 \sin\omega t,$$
$$v = -r\omega \sqrt{1 + \cos^2\omega t}, \qquad w_T = -\frac{r\omega^2 \cos\omega t \sin\omega t}{\sqrt{1 + \cos^2\omega t}},$$
$$w_N = r\omega^2 \sqrt{\frac{5 + 3\cos^2\omega t}{1 + \cos^2\omega t}}.$$

(Année 1904, n° 2, p. 24.)

354. — [R1a]. *Par rapport à un système rectangulaire* Oxy, *le mouvement d'un point* M(x, y) *est défini par*

$$x = r(2 - 3\cos^2\omega t), \qquad y = 3r \cos\omega t \sin\omega t.$$

On demande la grandeur v de la vitesse.

On trouve :

$$v = 3r\omega.$$

(Année 1904, n° 7, p. 27.)

355. — |**R1a**|. *On donne un trièdre trirectangle* $Oxyz$. *Un point* $M(x, y, z)$ *a un mouvement défini par*

$$x = \frac{a}{2}\left[(1+m)\cos(1-m)\omega t + (1-m)\cos(1+m)\omega t\right],$$

$$y = \frac{a}{2}\left[(1+m)\sin(1-m)\omega t + (1-m)\sin(1+m)\omega t\right],$$

$$z = \frac{a(1+m^2)\cot\theta}{m}\sin m\omega t.$$

Calculer la grandeur v et les cosinus directeurs α, β, γ de la vitesse du point M ainsi que l'arc s de trajectoire décrit pendant le temps t.

On trouve :

$$v = \frac{a\omega(1-m^2)}{\sin\theta}\cos m\omega t,$$

$$\alpha = -\sin\theta\sin\omega t, \qquad \beta = \sin\theta\cos\omega t, \qquad \gamma = \cos\theta,$$

$$s = \frac{a(1-m^2)}{m\sin\theta}\sin m\omega t.$$

(Année 1906, Géo.-Méca., n° 4, p. 53.)

356. — [**R1a**]. *Un point mobile* $F(\xi, \eta, \zeta)$ *est lié à un point* $M(x, y, z)$ *par les relations*

$$\xi = Ax, \qquad \eta = By, \qquad \zeta = Cz,$$

A, B, C *étant trois constantes; quelles sont les relations qui existent entre les vitesses au même instant (ξ', η', ζ') du point F et (x', y', z') du point M?*

Ce sont :

$$\xi' = Ax', \qquad \eta' = By', \qquad \zeta' = Cz'.$$

(Année 1910, Géo.-Méca., n° 5, p. 116.)

357. — |**R1a**|. *Le mouvement d'un point* (ω, ρ) *est défini en fonction du temps t par*

$$\rho = \frac{mae^{mt}}{\sqrt{4m^2+1}}, \qquad \omega = t - \text{arc tang}\,\frac{1}{2m}.$$

On demande de déterminer la vitesse et l'accélération.

Les composantes suivant les demi-droites faisant avec Ox les angles ω et $\omega + \frac{\pi}{2}$ sont :

Pour le vecteur vitesse : $m\rho$ et ρ;
Pour le vecteur accélération : $(m^2 - 1)\rho$ et $2m\rho$.

(Année 1914, Géo.-Méca., n° 6, p. 189.)

358. — |**R1a**|. *x et y sont deux fonctions données du temps. Si M_0 et M sont les deux positions de M aux instants t_0 et t, on connaît les valeurs à l'instant t de l'arc de trajectoire d'origine M_0, l' et l'' de ses dérivées premières et secondes.*

On demande de déterminer, à l'instant t, les vecteurs vitesse et accélération du centre de gravité G de l'arc de trajectoire M_0M, en fonction des données et des coordonnées ξ, η de G.

Les composantes du vecteur vitesse sont

$$\frac{l'}{l}(x-\xi), \quad \frac{l'}{l}(y-\eta).$$

Les composantes du vecteur accélération sont

$$\frac{ll'' - 2l'^2}{l^2}(x-\alpha) + \frac{l'}{l}x',$$
$$\frac{ll'' - 2l'^2}{l^2}(y-\beta) + \frac{l'}{l}y'.$$

(Année 1914, Géo.-Méca., n° 7, p. 189.)

359. — |**R1a**|. *Un point pesant, de masse unité, décrit dans un plan Oxy (Ox horizontal, Oy vertical ascendant), la trajectoire d'équation*

$$y = ax - 8x^2 - x^3 \quad (a > 0).$$

La loi de son mouvement est donnée par

$$\left(\frac{dx}{dt}\right)^2 = \frac{g}{2(3x+8)}.$$

On demande la vitesse V_M *au point* M *d'abscisse*

$$x_1 = b - 4, \qquad b = \sqrt{a+16}.$$

On trouve :

$$V_M^2 = \frac{g(1+m^2)}{2(3b-4)}, \qquad m = -2(a-8b+16).$$

(Année 1916, 2ᵉ Compo., n° 5, p. 212.)

360. — [**R1a**]. *On donne un système rectangulaire* Oxy. *Un cercle variable, passant par deux points fixes de l'axe* Ox, *et d'équation*

$$x^2 + y^2 - ax - \lambda y + c = 0,$$

rencontre en M_1 *et* M_2 *le cercle fixe d'équation*

$$x^2 + y^2 - r^2 = 0.$$

On demande, λ *étant fonction du temps, de déterminer les vitesses angulaires des points* M_1 *et* M_2 *sur le cercle fixe.*

Les angles polaires θ_1 et θ_2 des points M_1 et M_2 vérifient

$$ar\cos\theta_i + \lambda r \sin\theta_i + d = 0 \qquad (i = 1, 2);$$

et les vitesses angulaires $r\dfrac{d\theta_i}{dt}$ sont données par

$$(\lambda\cos\theta_i - a\sin\theta_i)\frac{d\theta_i}{dt} + \frac{d\lambda}{dt}\sin\theta_i = 0.$$

(Année 1918, n° 5, p. 231.)

361. — [**R1a**]. *On donne un trièdre trirectangle* Oxyz. *Un mobile décrit la courbe*

$$x = \cos^2\varphi, \qquad y = \cos\varphi\sin\varphi, \qquad z = \sin\varphi,$$

la loi du mouvement étant

$$t = \varphi + \cos\varphi\sin\varphi.$$

Exprimer en fonction de φ, *les composantes et grandeurs* V *et* A *de la vitesse et de l'accélération, et, en fonction de la distance r du mobile à l'origine, la grandeur* A_0 *de l'accélération du mouvement en projection sur* Oxy.

On trouve :

$$\frac{dx}{dt} = -\tang\varphi, \qquad \frac{dy}{dt} = \frac{1}{2}(1 - \tang^2\varphi), \qquad \frac{dz}{dt} = \frac{1}{2\cos\varphi},$$

$$V^2 = \frac{1}{4}(1 + \tang^2\varphi)(2 + \tang^2\varphi);$$

$$\frac{d^2 x}{dt^2} = -\frac{1}{2}(1 + \tang^2\varphi)^2, \qquad \frac{d^2 y}{dt^2} = -\frac{1}{2}\tang\varphi(1 + \tang^2\varphi)^2,$$

$$\frac{d^2 z}{dt^2} = \frac{1}{2}\sin\varphi(1 + \tang^2\varphi)^2;$$

$$A^2 = \frac{1}{4}(1 + \tang^2\varphi)^3[(1 + \tang^2\varphi)^2 + \tang^2\varphi)],$$

$$A_0 = \frac{1}{2\,r^5}.$$

(Année 1919, Concours normal, 1re Compo., n° 7, p. 241.)

361 *bis.* — [**R 1 a**]. *Déterminer la grandeur* v *et l'angle* θ *avec* Ox, *de la vitesse d'un point* $P(x, y)$ *dont le mouvement est défini par*

$$t = \frac{1 - u^2}{2} - \operatorname{Log} u, \qquad x = -\left(u + \frac{u^3}{3}\right), \qquad y = \frac{1}{2}\operatorname{Log} u - \frac{u^4}{8}.$$

On trouve :

$$v = \frac{u^2 + 1}{2}, \qquad \cos\theta = \frac{2u}{u^2 + 1}, \qquad \sin\theta = \frac{u^2 - 1}{u^2 + 1}.$$

(Année 1921, 2e Compo., n° 8, p. 299.)

361 *ter.* — [**R 1 a**]. *Déterminer l'hodographe* (H) *du mouvement d'un point* $P(x, y)$ *défini par*

$$t = \frac{1 - u^2}{2} - \operatorname{Log} u, \qquad x = -\left(u + \frac{u^3}{3}\right), \qquad y = \frac{1}{2}\operatorname{Log} u - \frac{u^4}{8};$$

(H) a pour équations paramétriques

$$x' = u, \qquad y' = \frac{u^2 - 1}{2}.$$

(Année 1921, 2e Compo., n° 6, p. 298.)

361 quater. — [**R 1 a**]. *Le mouvement d'un point* $P(x, y)$ *est défini par*

$$i = \frac{1 - u^2}{2} - \operatorname{Log} u, \qquad x = -\left(u + \frac{u^3}{2}\right), \qquad y = \frac{1}{2}\operatorname{Log} u - \frac{u^4}{8}.$$

On demande d'exprimer en fonction de u *les composantes de l'accélération* F' *suivant* Oy *et* F'' *suivant la direction de la vitesse, sachant que les cosinus directeurs de la vitesse sont*

$$\cos\theta = \frac{2u}{u^2 + 1}, \qquad \sin\theta = \frac{u^2 - 1}{u^2 + 1}.$$

On trouve :

$$F' = F'' = -\frac{1}{2}.$$

(Année 1921, 2ᵉ Compo., nº **11**, p. 299.)

XX. — DYNAMIQUE DU POINT.

1. — Travail et force vive.

362. — [**R 6 a β**]. *Un point pesant, de masse-unité, décrit, dans un plan* Oxy *(Ox horizontal, Oy vertical ascendant), la trajectoire d'équation*

$$y = ax - 8x^2 - x^3 \qquad (a > 0).$$

La loi de son mouvement est donnée par

$$V^2 = \frac{g(1 + m^2)}{2(3x + 8)} \qquad (m = a - 16x - 3x^2).$$

La trajectoire rencontre Ox *en un point* M *d'abscisse positive. On demande d'exprimer, dans le déplacement de O en M, le travail de la force qui produit le mouvement.*

On trouve :

$$\mathcal{C}_0^M = \frac{g}{4}\left(\frac{1 + m_1^2}{3b - 4} - \frac{1 + a^2}{8}\right) \qquad \left[m_1 = -2(a - 8b + 16),\ b = \sqrt{a + 16}\right].$$

(Année 1916, 2ᵉ Compo., nº **6**, p. 212.)

2. — Détermination du mouvement connaissant la force.

363. — [**R 6 b δ**]. *Un point matériel* M, *de masse* m, *mobile sur une droite*

$$\mathrm{AOB}\left(\overline{\mathrm{OA}} = -\frac{4a}{3},\ \overline{\mathrm{OB}} = a,\ \overline{\mathrm{OM}} = \xi\right)$$

est soumis à :

une force $-mg\cos\theta$ *dirigé suivant cette droite;*
une force $mg\sin\theta$ *normale à cette droite;*
une force $\mathrm{K}\xi\left(\dfrac{1}{\sqrt{\xi^2+a^2}} - \dfrac{1}{a}\right)$ *dirigée suivant cette droite.*

Le coefficient de frottement sur cette droite, au départ et pendant le mouvement, a pour valeur 1.

Le point M *part de* A *sans vitesse initiale. A partir de* O, *la troisième force n'agit plus :* 1° *Quelle est l'expression de la vitesse en fonction de* ξ? 2° *En supposant* $\mathrm{K} = 105$, *quelles sont suivant les valeurs de* m *et de* θ, *compris entre* 0 *et* $\dfrac{\pi}{2}$, *les particularités du mouvement?*

1° Entre A et O, la vitesse est donnée par

$$\frac{mv^2}{2} = \int_{-\frac{4a}{3}}^{\xi} \left[-mg(\cos\theta + \sin\theta) + 2\mathrm{K}\xi\left(\frac{1}{\sqrt{\xi^2+a^2}} - \frac{1}{a}\right)\right] d\xi\,;$$

entre O et B, la vitesse est donnée par

$$\frac{mv^2}{2} = 2\mathrm{K}\int_{-\frac{4a}{3}}^{0} \xi\left(\frac{1}{\sqrt{\xi^2+a^2}} - \frac{1}{a}\right) d\xi - mg(\cos\theta + \sin\theta)\int_{-\frac{4a}{3}}^{\xi} d\xi.$$

2° Soit $\theta = \dfrac{\pi}{4} + \omega$. Si $m < \dfrac{20}{\sqrt{2}}$, M atteint B quel que soit θ.

Si $\dfrac{20}{\sqrt{2}} < m < 20$, M atteint B toujours et seulement si $\cos\omega < \dfrac{20}{m\sqrt{2}}$.

Si $20 < m < \dfrac{35}{\sqrt{2}}$, M n'atteint jamais B, mais dépasse O quel que

soit θ. Si $\dfrac{35}{\sqrt{2}} < m < 35$, M atteint O toujours et seulement si $\cos\omega < \dfrac{35}{m\sqrt{2}}$. Si $35 < m < \dfrac{112}{\sqrt{2}}$, M n'atteint jamais O, mais quitte A quel que soit θ. Si $\dfrac{112}{\sqrt{2}} < m < 112$, M quitte A toujours et seulement si $\cos\omega < \dfrac{112}{m\sqrt{2}}$. Si $112 < m$, M ne quitte jamais A.

$$\text{(Année 1912, Géo.-Méca., n° 11, p. 155.)}$$

364. — [R 7 a]. *Un point* $M(x, y, z)$ *de masse-unité est soumis à un champ de forces, les composantes de la force du champ étant* $-ax$, $-by$, $-cz$. *Montrer que si* A, B, C *sont trois constantes arbitraires, le point* F *de masse-unité et de coordonnées*

$$\xi = Ax, \qquad \eta = By, \qquad \zeta = Cz$$

est soumis au même champ de forces.

En effet,

$$\frac{d^2\xi}{dt^2} = -A\,\frac{d^2x}{dt^2} = -Aax = -a\xi.$$

$$\text{(Année 1910, Géo.-Méca., n° 4, p. 116.)}$$

365. — [R 7 a]. *Un point matériel de masse-unité* $M(x, y, z)$ *est soumis à une force* MF *qui a pour composantes*

$$X = -ax, \qquad Y = -by, \qquad Z = -cz,$$

a, b, c, *étant trois constantes positives données. Former, en fonction de la position* (x_0, y_0, z_0) *et de la vitesse* (x'_0, y'_0, z'_0) *initiales, les équations du mouvement.*

On trouve :

$$x = x_0 \cos t\sqrt{a} + \frac{x'_0}{\sqrt{a}} \sin t\sqrt{a},$$

et deux expressions analogues pour y et z.

$$\text{(Année 1910, Géo.-Méca., n° 1, p. 114.)}$$

366. — [R 7 a z]. *Deux points* P, P_1, *rapportés à un système d'axes rectangulaires* $Oxyz$, *ont pour coordonnées* a, b, c *et* a_1,

b_1, c_1. De ces points partent respectivement deux droites (D) et (D$_1$) ayant pour cosinus directeurs α, β, γ et α_1, β_1, γ_1. L'axe des z est vertical.

Deux points pesants, placés d'abord en P et P$_1$, sont abandonnés à eux-mêmes au même instant et descendent sur les droites (D) et (D$_1$) sur lesquelles ils occupent, au bout du temps t, les positions M et M$_1$.

Exprimer les coordonnées des points M et M$_1$ en fonction du temps.

Ces coordonnées sont :

$$(\text{M})\quad \begin{cases} x = a - \dfrac{1}{2}\, g\gamma\alpha\, t^2, \\[2mm] y = b - \dfrac{1}{2}\, g\gamma\beta\, t^2, \\[2mm] z = c - \dfrac{1}{2}\, g\gamma^2 t^2; \end{cases}$$

$$(\text{M}_1)\quad \begin{cases} x_1 = a_1 - \dfrac{1}{2}\, g\gamma_1\alpha_1\, t^2, \\[2mm] y_1 = b_1 - \dfrac{1}{2}\, g\gamma_1\beta_1\, t^2, \\[2mm] z_1 = c_1 - \dfrac{1}{2}\, g\gamma_1^2 t^2. \end{cases}$$

(Année 1903, n° 1, p. 16.)

367. — [R 7 b]. On donne deux axes rectangulaires Oxz. Un point M, de masse-unité, se meut dans ce plan sous l'action d'une force définie de la manière suivante : On joint M au point A(2, 0), cette droite rencontre Oz en un point R, le vecteur MR représente la force. On demande d'étudier le mouvement, la position initiale étant M$_0$(— 2, 0), et la vitesse initiale ayant pour composantes 0 et 3.

En transportant l'origine au point A, le mouvement est défini par

$$x = - 2(1 + \cos t),$$

$$x\,\frac{dz}{dt} - \frac{dx}{dt}\, z + 12 = 0.$$

(Année 1911, Géo.-Méca., n° 12, p. 135.)

368. — [**R 7 b**]. *On donne un trièdre trirectangle* O*xyz*. *Un point* M(x, y, z), *de masse-unité, est soumis à une force représentée par le vecteur* MR, *de composantes*

$$-x, \quad -y, \quad -\frac{x^2 z}{x^2 - 2(x+y)},$$

dont la droite rencontre constamment Oz *et la parabole d'équations* $z = 0$, $x^2 - 2(x+y) = 0$.

1° *Quel est le mouvement de la projection du point* M *sur le plan* Oxy?

C'est le mouvement elliptique produit par une force centrale attractive proportionnelle à la distance.

2° *Quel est le mouvement du point* M *quand la vitesse initiale de ce point est dans le plan passant par* Oz *et la position initiale* M$_0$?

La trajectoire est dans le plan [M$_0$, Oz]. La force passe alors par un point fixe A de la trace de ce plan sur le plan Oxy. En prenant cette trace pour axe Ax', Az' parallèle à Az, et Ay' perpendiculaire à ces deux directions, le mouvement de M par rapport à ce nouveau trièdre de référence est, en supprimant les accents, défini par

$$x = x_0 \cos t + x_0' \cos t + c,$$
$$x\frac{dz}{dt} \quad \frac{dx}{dt} z = x_0 z_0' - x_0' z_0;$$

par rapport au nouveau trièdre, c désigne l'abscisse de l'ancienne origine; x_0, 0, z_0 désignent les coordonnées de la position initiale; x_0', 0, z_0' désignent les composantes de la vitesse initiale.

(Année 1911, Géo.-Méca., n°s 5 et 7, p. 129, 131.)

369. — [**R 7 b**]. *On donne un trièdre trirectangle* O*xyz*. *Un mobile décrit la courbe*

$$x = \cos^2\varphi, \quad y = \cos\varphi\sin\varphi, \quad z = \sin\varphi,$$

de manière que le vecteur accélération rencontre constamment Oz. *On demande la loi différentielle du mouvement.*

Elle est donnée par

$$C\,dt = \cos^2\varphi\,d\varphi,$$

C désignant une constante arbitraire.

(Année 1919, Concours normal, 1re Compo., n° 5, p. 241.)

370. — [**R** 7 **b** γ]. *Un point matériel pesant est lancé dans le vide avec une vitesse v_1 dans une direction faisant avec la verticale ascendante un angle donné* θ. *A quelle distance x de son point de départ retombe-t-il dans le plan horizontal de ce point?*

On trouve :

$$x = \frac{v_1^2 \sin 2\theta}{g}.$$

(Année 1912, Géo.-Méca., n° 9, p. 154.)

371. — [**R** 7 **b** δ]. *Un point pesant de masse-unité décrit dans un plan vertical Oxy (Ox horizontal, Oy vertical ascendant) la courbe d'équation*

$$y = ax - 8x^2 - x^3.$$

Il est soumis à une résistance variable, toujours tangente à la trajectoire. On demande de former la relation différentielle qui lie l'abscisse x et le temps t.

On trouve :

$$2(3x + 8)\left(\frac{dx}{dt}\right)^2 - g = 0.$$

(Année 1916, 2e Compo., n° 2, p. 210.)

371 *bis*. — [**R** 7 **g**]. *Les trois formules*

$$(1)\quad t = \frac{1 - u^2}{2} - \operatorname{Log} u, \qquad x = -\left(u + \frac{u^2}{2}\right), \qquad y = \frac{1}{2}\operatorname{Log} u - \frac{u^4}{8}$$

représentent, dans le plan Oxy, le mouvement d'un point $P(x, y)$. Les composantes de l'accélération suivant la vitesse et Oy ont pour valeur commune $-\frac{1}{2}$.

On sait d'autre part que, lorsqu'un point matériel pesant se *meut dans un plan faisant avec le plan horizontal un angle i, le coefficient de frottement étant $\frac{1}{2}$, les composantes de l'accélération, suivant la vitesse et la ligne de plus grande pente ascendante du plan, sont $-\frac{g}{2}\cos i$ et $-g\sin i$.*

1° *Quelle doit être la pente du plan pour que les formules (1) puissent, avec des unités convenablement choisies, représenter le mouvement d'un point pesant dans ce plan.*

La pente doit être $\frac{1}{2}$.

2° *Donner, en unités C.G.S., les formules de ce mouvement dans un plan de pente $\frac{1}{2}$, les conditions initiales étant, qu'à l'instant $T = 0$, la vitesse, mesurée par 50, fasse avec les horizontales du plan, l'angle $\frac{\pi}{4}$.*

La position (X, Y)-du mobile à l'instant T est donnée par les formules (1) jointes à

$$T = \lambda(t - t_1), \qquad X = \mu x, \qquad Y = \mu y;$$

$$\lambda = \frac{25 \times \sqrt{5}}{g\sqrt{2}(1 + \sqrt{2})}, \qquad \mu = \frac{624 \times \sqrt{5}}{g(3 + 2\sqrt{2})}, \qquad g = 981,$$

(Année 1921, 2ᵉ Compo., n° 12, p. 300.)

3. — Détermination des conditions initiales connaissant la force et certaines conditions du mouvement.

372. — |**R 7 a**|. *Dans un champ de forces, où les composantes de la force en un point sont les produits respectifs des coordonnées du point par $-a$, $-b$, $-c$, se meuvent un point $M(x, y, z)$, et un point $N(\xi, \eta, \zeta)$. On donne pour $t = 0$ la position $M_0(x_0, y_0, z_0)$ et la vitesse $M_0 V_0(x'_0, y'_0, z'_0)$. À quelles conditions initiales doit satisfaire N pour qu'il se trouve à chaque instant sur la droite portant la force du champ relative à M au même instant?*

$N_0(\xi_0, \eta_0, \zeta_0)$ doit être sur $M_0 F_0$:

$$\xi_0 = x_0(1 - \rho_0 a), \qquad \eta_0 = y'_0(1 - \rho_0 b), \qquad \zeta_0 = z_0(1 - \rho_0 c).$$

Sa vitesse initiale doit avoir pour composantes

$$\xi'_0 = x'_0(1 - \rho_0 a), \qquad \eta'_0 = y'_0(1 - \rho_0 b), \qquad \zeta'_0 = z'_0(1 - \rho_0 c).$$

Et alors le point N dans son mouvement se trouve toujours sur la droite MF et divise le segment MF dans un rapport constant.

(Année 1910, Géo.-Méca., n° 7, p. 116.)

373. — $[\mathbf{R\,7\,b}]$. *Dans le plan* Oxy, *un point* P *de masse* 1, *est soumis à une force de composantes*

$$X = -\frac{k^2 x(x^2 + y^2 - a^2)}{x^2 + y^2}, \qquad Y = -\frac{k^2 y(x^2 + y^2 - a^2)}{x^2 + y^2}.$$

Quelles doivent être les conditions initiales pour que le point P *décrive un cercle de centre* O?

Si $P_0(OP_0 = r_0)$ désigne la position initiale, la vitesse initiale doit être perpendiculaire à OP_0 et de grandeur

$$v_0 = \frac{k}{r_0}\sqrt{r_0^2 - a^2}.$$

(Année 1907, Géo.-Méca., n° 7, p. 86.)

374. — $[\mathbf{R\,7\,b}]$. *Un point* P, *de masse* m, *est attiré par un point fixe* O. *L'attraction a pour expression* kr, *si* r *désigne la distance* OP, *k étant une constante positive. La position initiale ayant pour coordonnées* c *et* 0 *par rapport à deux axes rectangulaires* Oxy, *quelle doit être la vitesse initiale pour que* P *décrive, dans le plan* xOy, *un cercle de centre* O?

Si v_0 est la vitesse initiale et φ son angle avec Ox, les conditions sont

$$\cos\varphi = 0, \qquad m v_0^2 = k c^2.$$

(Année 1909, Géo.-Méca., n° 13, p. 101.)

FIN

65444-22 — Paris. Imp. Gauthier-Villars et Cie, 55, Quai des Grands-Augustins.